高等职业教育系列教材

工程力学与机械设计基础

主　编　柴鹏飞
副主编　张立萍
参　编　陈宇鹏　郑威强　王潞红
主　审　侯克青

U0397996

机械工业出版社

本书主要介绍构件的受力分析、杆件基本变形的形式，常用机构的工作原理、运动特性、设计方法、应用场合与选择，以及通用零件在一般工作条件下的工作原理、结构特点、使用要求、设计原理与选用等内容。全书共 14 章，每章后附有知识小结和适量的习题。

考虑到目前高职教育的生源状况，本书从培养学生具有初步的工程实践技能出发，在内容的选取上，遵循"必需与够用"的编写原则，既保证基本内容够用，又注重知识的工程实用性，以培养学生分析问题和解决问题的工程实践能力。在内容的编排上，结合各章所讲授的内容，每章前面有"引言"提出问题，后面有"实例分析"，分析和解决工程实例，着力提高学生的应用能力；在图例的选取上，大量采用实物图和立体图，直观明了，源于实际，贴近生活。

本书可作为高等职业院校机械、机电、近机类各专业的教材，也可以作为高等专科学校、成人高等教育用书及有关工程技术人员的参考用书。

图书在版编目（CIP）数据

工程力学与机械设计基础/柴鹏飞主编. —北京：机械工业出版社，2013. 2（2023. 1 重印）

高等职业教育系列教材

ISBN 978 - 7 - 111 - 41422 - 3

Ⅰ. ①工… Ⅱ. ①柴… Ⅲ. ①工程力学 - 高等职业教育 - 教材 ②机械设计 - 高等职业教育 - 教材 Ⅳ. ①TB12②TH122

中国版本图书馆 CIP 数据核字（2013）第 025293 号

机械工业出版社（北京市百万庄大街 22 号　邮政编码 100037）

策划编辑：王海峰　责任编辑：刘良超　王海峰

版式设计：霍永明　责任校对：陈秀丽

封面设计：鞠　杨　责任印制：刘　媛

涿州市京南印刷厂印刷

2023 年 1 月第 1 版·第 13 次印刷

184mm × 260mm · 22. 75 印张 · 565 千字

标准书号：ISBN 978 - 7 - 111 - 41422 - 3

定价：59. 80 元

电话服务　　　　　　　　　网络服务

客服电话：010-88361066　　机 工 官 网：www. cmpbook. com

　　　　　010-88379833　　机 工 官 博：weibo. com/cmp1952

　　　　　010-68326294　　金 书 网：www. golden-book. com

封底无防伪标均为盗版　机工教育服务网：www. cmpedu. com

前　言

　　本书从培养实用型技能人才应具有的基本技能出发，本着"必需与够用"的编写原则，兼顾职业技能鉴定的需求，参考相关工种国家职业标准中对机械设计基础知识的要求，有以下特色：

　　在内容上，充分考虑目前职业学校的生源状况，力求实用、够用；根据就业需求，增强了机械类专业的综合知识，尽量采用新知识、新技术、新标准、新工艺，突出工程实用性；尽可能结合工程实际和日常生活选取实例，使学生易于将所学知识和生产实践相结合，易于理解和学用结合。

　　在体例上，结合本章所讲授的内容，知识点编排上符合认知规律，每章前面由"引言"提出问题，以激发学生兴趣，使学生带着问题学；后面有"实例分析"，分析和解决工程实例，着力提高学生的应用能力。

　　在图例上，大量采用实物图和立体图，直观明了，同时给出工程图样，使学生既易于理解，又可相互对照，提高工程识图能力。

　　在习题上，每章后面有"知识小结"，便于学生整理和复习每一章的内容。习题的形式采用判断题、选择题、设计分析题、综合题等形式，既保证了知识点的覆盖面，又考虑了学生做题和教师批阅的方便。习题数量适中，便于教师根据教学需要安排。

　　本书主编为：太原理工大学长治学院柴鹏飞（第1章、第4章、第13章），副主编为新疆石河子职业技术学院机电分院张立萍（第2章、第3章、第14章），参编为山西机电职业技术学院陈宇鹏（第5章、第6章、第12章），新疆石河子职业技术学院机电分院郑威强（第7章、第8章），长治职业技术学院王潞红（第9章、第10章、第11章）。本书由长治职业技术学院侯克清教授担任主审。侯克清教授认真细致地审阅了本书，提出很多宝贵的修改意见和建议，编者对此谨致深切的谢意。

　　为便于教学，本书配套有教学课件、电子教案等教学资源，选择本书作为教材的教师可通过电话（010-88379375）索取，或登录www.cmpedu.com网站，注册、免费下载。

　　为指导学生更好地进行课程设计，本书有配套教材《机械设计课程设计指导书》。

　　编写过程中，编者参阅了国内外有关教材和大量的文献资料，得到了洛阳轴承研究所、山西平遥减速器厂等单位技术人员的有益指导和社会有关人士的帮助，在此一并表示衷心感谢。

　　本书内容简练、结构合理、与工程实际结合紧密，适用于高等职业教育机械类基础课的教学，欢迎选用。同时殷切希望各位有识之士对书中可能存在的问题或不足提出修改建议，编者在此表示深深的感谢。编者邮箱 sxczcpf517@163.com 或 403475605@qq.com。

编　者

目 录

VI

教学要求

★知识要素

1）中国机械发展简史。

2）本课程的性质和研究对象、本课程的内容、任务及学习方法。

3）机械、机器、机构、零件、构件、部件的基本概念及其相互之间的联系与区别。

4）机械设计应满足的基本要求。

5）机械零件的失效形式和设计准则。

★学习重点与难点

1）了解机器的概念。

2）机械、机器、机构、零件、构件、部件联系与区别。

3）了解机械设计的基本要求、失效形式和设计准则。

1.1　中国机械发展简史

中国是世界上机械发展最早的国家之一。中国的机械工程技术不但历史悠久，而且成就十分辉煌，不仅对中国的物质文化和社会经济的发展起到了重要的促进作用，而且对世界技术文明的进步做出了重大贡献。中国机械发展史可分为六个时期：①形成和积累时期，从远古到西周时期；②迅速发展和成熟时期，从春秋时期到东汉末年；③全面发展和鼎盛时期，从三国时期到元代中期；④缓慢发展时期，从元代后期到清代中期；⑤转变时期，从清代中后期到新中国成立前的发展时期；⑥复兴时期，新中国成立后的发展时期。

中国古代在机械方面有许多发明创造，在动力的利用和机械结构的设计上都具有自己的特色。许多专用机械的设计和应用，如指南车、地动仪和水运仪象台等均有其独到之处。

桔槔，如图1-1所示，是在一根竖立的架子上加上一根细长的杠杆，中间是支点，末端悬挂一个重物，前端悬挂水桶。当人把水桶放入水中打满水以后，由于杠杆末端

图1-1　桔槔

的重力作用，便能轻易把水提拉至所需处。桔槔早在春秋时期就已相当常见，而且延续了几千年，是中国农村历代通用的提水器具，现在还在一些农村建房子起吊重物时使用。

公元132年，张衡制造了世界上第一台地震仪，即候风地动仪，如图1-2所示。地动仪由精铜铸成，外形像一个大酒壶，中间的圆径八尺。仪器的外表刻有篆文以及山、龟、鸟、兽等图形。仪器内部中央立着一根铜质都柱（倒立型的震摆）。仪体外部周围铸着八条龙，头向下，尾朝上，按东、南、西、北、东南、东北、西南、西北八个方向布列。龙头和内部信道中的发动机关相连，每个龙头嘴里衔有一粒小铜珠。地上对准龙嘴处，蹲着八个铜蟾蜍，昂着头，张着嘴。当某处发生地震，都柱便倒向那一方，触动牙机，使发生地震方向的龙头张开嘴巴，吐出铜珠，落到铜蟾蜍嘴里，发出"当啷"声响，人们就知道哪个方向发生了地震。

记里鼓车，如图1-3所示，是配有减速齿轮系统的古代车辆，因车上木人击鼓以示行进里数而得名，一般作为帝王出行仪仗车辆，至迟在汉代就已问世。其工作原理是利用车轮在地面的转动带动齿轮转动，变换为凸轮、杠杆作用使木人抬手击鼓。每行走一里击鼓一次。从它的内部构造来说，所应用的减速齿轮系统已相当复杂，可以说是现代车辆上计程仪的先驱。

图1-2　候风地动仪

图1-3　记里鼓车

传说早在5 000多年前，黄帝时代就已经发明了指南车，如图1-4所示，当时黄帝曾凭着它在大雾弥漫的战场上指示方向，战胜了蚩尤。三国马钧所造的指南车除用齿轮传动外，还有自动离合装置，利用齿轮传动系统和离合装置来指示方向。在特定条件下，车子转向时木人手臂仍指南，在技术上又胜记里鼓车一筹。指南车是古代一种指示方向的车辆，也是古代帝王出门时，作为仪仗的车辆之一，用于显示皇权的威武与豪华。

1980年冬，我国考古工作者在陕西临潼县东的秦始皇陵发掘出土了两乘大型彩绘铜车马。二号铜车马如图1-5所示，通长317cm，车高106.2cm。据研究，这两乘大型彩绘铜车马制作于公元前三世纪，车的结构和系驾关系完全模拟实物，与真车无异。铜车马结构复杂，由三千多个部件组合而成，采用了铸造、焊接、铆接、销钉固定、冲凿、錾刻、抛光等工艺，以及各种各样的连接机构。铜车马除采用部分金银饰件外，其余全部为青铜铸件，而且能按不同的使用性能选用不同成分比例的合金铸造，铜车马结构合理，工艺精湛，虽埋在地下两千多年，但各部连接十分灵活，窗门启闭自如，牵动辕衡，带动轮轴转动，可以载舆以行。铜车马制作精美，比例恰当，装饰华丽，是我国古代科技艺术与造型艺术完美结合的典范，是劳动人民智慧的结晶。

图1-4 指南车

图1-5 铜车马

水运仪象台，如图1-6所示，是以水为动力来运转的天文钟。苏颂和韩公廉于宋元祐元年（公元1086年）开始设计，到元祐七年全部完成。台高约12m，宽约7m，最上层设置浑仪且有可以开闭的屋顶，这已具备现代天文台的雏形。中层是浑象，下层是报时系统。这三部分用一套传动装置和一组机轮连接起来，用漏壶水冲动机轮，带动浑仪、浑象、报时装置一起转动。可通过控制匀速流动的水来调节枢轮向某一方向等时转动，使浑仪和浑象的转动与天体运动保持同步。在报时装置中巧妙地利用了160多个小木人，以及钟、鼓、铃、钲四种乐器，不仅可以显示时、刻，还能报昏、旦时刻和夜晚的更点。水运仪象台的机械传动装置，类似现代钟表的擒纵器。英国的李约瑟认为水运仪象台"很可能是欧洲中世纪天文钟的直接祖先"。

新中国成立后，由于经济建设发展迅速，电力、冶金、重型机械和国防工业都需要大型锻件，但当时国内只有几台中小型水压机，根本无法锻造大型锻件，所需的大型锻件只得依赖进口。为从根本上解决这个问题，我国科研人员攻坚克难，1961年12月，江南造船厂成功地建成国内第一台12 000t水压机，如图1-7所示，为中国重型机械工业填补了一项空白。

据有关资料介绍，这台能产生万吨压力的水压机总高23.65m，总长33.6m，最宽处

8.58m，全机由 44 700 多个零件组成，机体全重 2 213t，其中最大的部件下横梁重 260t，工作液体的压力有 350atm[⊖]，能够锻造 250t 重的钢锭。

万吨水压机建成后，为国家电力、冶金、化学、机械和国防工业等部门锻造了大批特大型锻件，为社会主义建设做出了重大贡献。

图 1-6　水运仪象台

图 1-7　万吨水压机

1.2　本课程研究的对象

本课程研究的对象是机械。机械是机器与机构的总称。

1.2.1　机器

机器是执行机械运动和信息转换的装置。机器的种类繁多，其用途和结构形式也不尽相同，但机器的组成却有一定的规律和一些共同的特征。传统意义的机器有三个共同的特征：

1）人为的多种实物组合体。

2）各运动单元间具有确定的相对运动。

3）能代替人类做有用的机械功或进行能量转换。

现代机器还应能进行信息处理、影像处理等功能。

⊖　atm 是非法定计量单位，1atm = 101 325Pa。

图 1-8 所示为卷扬机，电动机通过减速器带动卷筒缓慢转动，使绕在卷筒上的钢索完成悬吊装置的升降工作任务。电动机与减速器之间的装置为制动器，在需要停止运动时起制动作用。

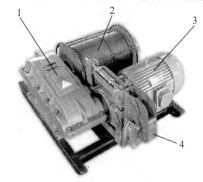

图 1-9 所示为小型轿车的组成。从图中可以看出，小轿车由原动部分、传动部分、执行部分、控制部分与辅助部分五部分组成。

由上述两实例分析可知，机器一般由原动部分、传动部分、执行部分三大部分组成。有的机器还需控制系统和辅助系统等。

机器的组成与功能见表 1-1。

图 1-8 卷扬机
1—减速器 2—卷筒 3—电动机 4—制动器

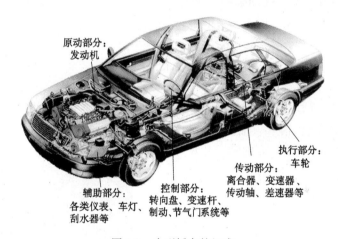

图 1-9 小型轿车的组成

表 1-1 机器的组成与功能

组成	功 能
原动部分	给机器提供动力,如电动机、发动机
传动部分	传动部分通常用于实现运动形式的变化或速度及动力的转换,由一些机构(连杆机构、凸轮机构等)或传动形式(带传动、齿轮传动等)组成
执行部分	完成工作任务
控制部分	控制机器的方向、速度、起动、制动等
辅助部分	机器的润滑、控制、检测、照明等部分

1.2.2 机构

机构是具有确定的相对运动，能实现一定运动形式转换或动力传递的实物组合体。图 1-10 所示为机车上常用的发动机，是将燃气燃烧时的热能转化为机械能的机器。它包含由活塞、连杆、曲轴和缸体（机架）组成的曲柄滑块机构，由凸轮、顶杆和缸体（机架）组成的凸轮机构等。从功能上看，机构和机器的根本区别是，机构只能传递运动或动力，不能直接做有用的机械功或进行能量转换。因此，一般说来，机构是机器的重要组成部分，机器通常是由单个或多个机构再加辅助装置组成。工程上将机器和机构统称为"机械"。

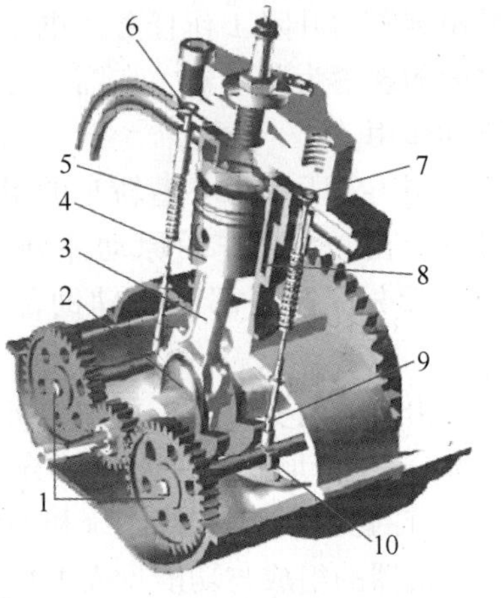

1.2.3　零件、构件与部件

机械制造中不可拆的最小单元称为零件，零件是组成构件的基本单元。组成机构的具有相对运动的实物体称为构件，构件是机构运动的最小单元。一个构件可以只由一个零件组成，也可由多个零件组成。

图 1-11 所示为由齿轮、键和轴组成的传动构件，其中单一的最小单元称为零件，把 3 个零件按要求装配到一起就成为构件。

为实现一定的运动转换或完成某一工作要求，把若干构件组装到一起的组合体称为部件。

零件按作用分为两类：一类是通用零件，另一类是专用零件。通用零件是各种机器中经常使用的零件，如齿轮、轴承、轴、螺栓和螺母等，如图 1-12 所示。另一类是专用零件，只在一些特定的机器中使用，如曲轴、叶片等。图 1-13 所示为曲轴。

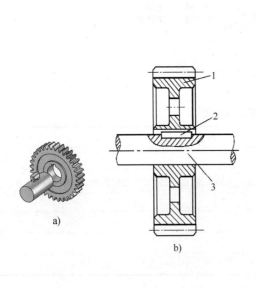

图 1-11　构件
1—齿轮　2—键　3—轴

图 1-10　发动机
1—齿轮　2—曲轴　3—连杆　4—活塞
5—顶杆　6—进气阀　7—排气阀
8—缸体　9—顶杆　10—凸轮

齿轮　　　　　轴承

螺栓　　　　　螺母

轴

图 1-12　常用零件

图 1-13 曲轴

1.3 本课程的性质和内容

1.3.1 本课程的性质

工程力学与机械设计基础是一门技术基础课。本课程所涉及的知识与技能不但为从事与机械工程相关工作的人员所必备，而且对人们的生活和工作中进行创新实践活动有极大的帮助。本课程内容对于学生树立创新思维观念，激发创新欲望，了解创新方法有很重要的启发和指导作用。此外，学习本课程，还将有助于学生工程思想的建立；有助于科学精神的培养；有助于树立严谨规范的工作作风；有助于形成良好的职业道德；有助于增强解决实际工程类问题的能力。

工程力学与机械设计基础课程的学习阶段一般处于从一般基础知识学习向专业技术知识的过渡期，因此本课程既具有机械工程知识普及教育的功能，同时也是一门具有实用价值的，可以独立设置的专业技术基础课。通过学习基本的机械方面的知识与技能，学生能够经历工程实践的探究过程，受到科学态度和科学精神的熏陶，为分析理解机械工作原理和进行机械设计打下基础。它是以提高全体学生的科学素养、工程技术素质和职业道德修养，促进学生的全面发展为主要目标的工程技术基础课程。

工程力学与机械设计基础课程是一门介于基础课和专业课之间的较重要的设计性的技术基础课，起着"从理论过渡到实际、从基础过渡到专业"的承先启后的桥梁作用。

1.3.2 本课程的内容

本课程的基本内容可分为机械力学基础、机械原理和机械零件设计三大部分，综合应用各先修课程的基础理论知识，结合生产实践知识，研究机械中常见机构的受力、进行杆件的受力分析和构件的强度及刚度的设计与校核；研究机械中常见机构的工作原理、机械构成原理；研究一般工作条件下的常用参数范围内的通用零部件的工作原理、特点、应用、结构和基本设计理论、基本计算方法；研究机械设计的一般原则和设计步骤；研究常用零部件的选用和维护等共性问题。因此，本课程是工科类各专业一门重要的技术基础课。

1.3.3 本课程的任务

通过本课程的学习和实践性训练，要求达到：

1）能正确地进行杆件的受力分析和一般机构平衡问题的计算。

2）会分析杆件的拉伸（压缩）、剪切、扭转与弯曲的受力，并进行强度与刚度的计算。

3）了解常用机械设备的使用、维护和管理方面的一些基础知识。

4）初步掌握常用机构的特性、应用场合、使用维护等基础知识。

5）初步具备分析机构工作原理、零件失效形式和运用手册选用基本零件的能力。

6）具备正确选择常用机械零件的类型、代号等基础知识。

7）初步具备设计机械传动和运用手册设计简单机械的能力。

8）为学习有关专业机械设备和直接参与工程实践奠定必要的基础。

1.4　机械设计概述

机械设计是根据社会需求所提出的机械设计任务，综合应用当代各种先进技术成果，运用各种适用的设计方法，设计出满足使用要求，技术先进、经济合理、外形美观、综合性能好，并能集中反映先进生产力的产品。也可能是在原有的机械设备基础上作局部改进，以优化结构，增大机械的工作能力、提高效率、降低能耗、减少污染等，这些都是机械设计应考虑的范畴。机械设计是一门综合的技术，是一项复杂、细致和科学性很强的工作，涉及许多方面，要设计出合格的产品，必须兼顾众多因素。下面简述几个与机械设计有关的基本问题。

1.4.1　机械设计应满足的基本要求

使用要求——具有可靠、稳定的工作性能，达到设计要求。使用要求包括功能要求和可靠性要求。

经济要求——要达到机器本身成本低，用该机器生产的产品成本也要低。

安全要求——保证人身安全，操作方便、省力。

外观要求——造型应美观、协调。

此外，还有噪声、起重、运输、卫生、防腐蚀及防冻等方面的要求。

1.4.2　机械零件的失效形式和设计准则

1. 机械零件的失效形式

失效——零件失去设计时预定的工作效能称为失效。失效和破坏并不是一回事，失效并不等于破坏，也就是说，有些零件理论上是失效了，但还能用，如齿轮的齿面点蚀、胶合、磨损等失效形式出现后，零件还可以工作，只不过是工作的状况不如原来的好，可能会出现传动不平稳或噪声等。一般情况下，零件破坏后就不能再用了，也可以说破坏是绝对的失效，如齿轮的轮齿折断是失效，也是破坏。

常见的零件失效形式如图1-14所示。

具体的失效形式有：①整体断裂；②过大的残余变形；③零件的表面破坏（腐蚀、磨损、接触疲劳）。失效尤其以腐蚀、磨损、疲劳破坏为主（有资料显示，在1 378项机

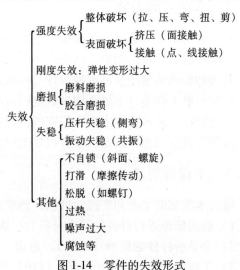

图1-14　零件的失效形式

械零件的失效中，腐蚀、磨损、疲劳破坏占 73.88%，断裂仅占 4.79%）。

2. 机械零件的性能

设计中，衡量机械零件性能的项目有：

（1）强度　零件抵抗破坏的能力。强度又可分为体积强度和表面强度两种。表面强度又可分为表面挤压强度与表面接触强度。

（2）刚度　零件抵抗变形的能力。

（3）耐磨性　零件抵抗磨损的能力。

（4）耐热性　零件能承受热量的能力。

（5）可靠性　零件能持久可靠地工作的能力。

（6）振动稳定性　机器工作时不能发生超过允许的振动现象。

3. 机械零件的设计准则

强度
$$\sigma \leqslant \frac{\sigma_{\mathrm{lim}}}{s}$$

刚度
$$y \leqslant [y]$$

耐磨性、耐热性在强度计算中，只考虑其对强度影响的程度，没有单独的计算公式。

振动稳定性：工作频率应与零件的固有频率相错开。

可靠性的衡量指标是可靠度，不同的设备有不同的要求，可靠度与安全系数的选取有关系，选取安全系数时，可根据零件影响设备安全的程度不同取不同的安全系数。

不同的零件，在不同的条件下工作，其出现各种失效形式的概率不同，一般优先按最常见的失效形式进行设计，然后为避免其他次常见的失效形式，再进行相应的校核，也即制定不同的设计准则。

4. 设计步骤

机械设计方法很多，既有传统的设计方法，也有现代的设计方法，这里不详细论述，只简单介绍常用机械零件的设计方法。

1）根据使用要求，选择零件的类型和结构。

2）根据工作要求，计算零件载荷。

3）根据工作条件，选择材料。

4）确定计算准则，计算出零件的基本尺寸。

5）结构设计。

6）校核计算。

7）写说明书。

在机械设计和制造的过程中，有些零件（如螺栓、滚动轴承等）应用范围广，用量大，为便于专业化制造，这些零件都制作成标准件，由专门生产厂生产。对于同一产品，为了符合不同的使用要求，生产若干同类型不同尺寸或不同规格的产品，作为系列产品生产以满足不同用户的需求。不同规格的产品使用相同类型的零件，以使零件的互换更为方便，也是机械设计应考虑的事情。因此，在机械零件设计中，还应注意标准化、系列化、通用化。

1.5 本课程的特点与学习方法

1.5.1 本课程的特点

本课程是从理论性、系统性较强的基础课向实践性较强的专业课过渡的转折点，由于本课程的性质使得本课程与先修课程有许多不同的地方：

1. 实践性强

本课程是一门技术基础课，其研究的对象是在生产实际中广泛应用的机械，所要解决的问题大多数是工程中的实际问题，因此要求学生加强基本技能的训练，要培养工程素养，重视实验、实践课，增强工程实践动手能力。

2. 独立性强

各章内容彼此独立，前后联系不甚密切。因此，要经常复习前面已学过的内容，在比较中学习，找出共同点，建立比较完整的机械设计知识。

3. 综合性强

本课程学习要综合运用已学过的知识，先修课程的知识点对本课程的学习很有用处，要综合运用先修课的知识来学习本课程。除理论知识点外，还要有一定的生产实践知识，要多观察生活和生产实践中的机械设备。

4. 涉及面广

关系多——与机械制图、公差配合、金属材料等诸多先修课关系密切。

要求多——要满足强度、刚度、寿命、工艺、重量、安全、经济性等各方面的要求。

门类多——各类机构、各种零件，各有特点。

图表多——结构图、原理图、示意图、曲线图、标准表等。

1.5.2 本课程的学习方法

1）着重搞清楚基本概念，理解基本原理，掌握机构分析与综合的基本方法。

2）注意把一般原理和方法与具体运用密切联系起来，并用所学知识观察日常生活与生产实践中遇到的各种机械。

3）注意培养运用所学基本理论与方法去分析和解决工程实际问题的能力。

4）注意培养综合分析、全面考虑问题的能力。解决同一实际问题，往往有多种方法和结果，要通过分析、对比、判断和决策，做到优中选优。

5）注意培养科学严谨、一丝不苟的工作作风。

通过学习本课程有关机械设计的基本知识，提高分析能力和综合能力，特别要注重实践能力和创新能力的培养，加强技能训练，全面提高自身素质和综合职业能力。

知识小结

1. 机械 { 机器 机构

$$2.\ 机构的组成 \begin{cases} 零件 \begin{cases} 通用零件 \\ 专用零件 \end{cases} \\ 构件 \\ 部件 \end{cases}$$

$$3.\ 本课程的特点 \begin{cases} 实践性强 \\ 独立性强 \\ 综合性强 \\ 涉及面广 \end{cases}$$

$$4.\ 机械设计概述 \begin{cases} 机械设计基本要求 \\ 失效形式与设计准则 \begin{cases} 失效形式 \\ 性能 \\ 设计准则 \\ 设计步骤 \end{cases} \end{cases}$$

习 题

一、判断题（认为正确的，在括号内打✓；反之打×）

1. 零件是运动的单元，构件是制造的单元。 （ ）

2. 构件是一个具有确定运动的整体，可以是由几个相互之间没有相对运动的单件组合而成的刚性体。 （ ）

3. 构件是机械装配中主要的装配单元体。 （ ）

4. 机器动力的来源部分称为原动部分。 （ ）

5. 机器中以一定的运动形式完成有用功的部分是机器的传动部分。 （ ）

6. 机器、部件、零件是从制造角度，机构、构件是从运动分析的角度提出的相关概念。 （ ）

7. 车床是机器。 （ ）

8. 减速器是机器。 （ ）

9. 螺栓、轴、轴承都是通用零件。 （ ）

10. 洗衣机中带传动所用的 V 带是专用零件。 （ ）

二、选择题（将正确答案的字母序号填入括号内）

1. 在机械中属于制造单元的是_____。 （ ）

A. 零件   B. 构件   C. 部件

2. 在机械中各运动单元称为_____。 （ ）

A. 零件   B. 构件   C. 部件

3. 我们把各部分之间具有确定的相对运动的构件的组合体称为_____。 （ ）

A. 机构   B. 机器   C. 机械

4. 机构与机器的主要区别是_____。 （ ）

A. 各运动单元间具有确定的相对运动   B. 机器能变换运动形式

C. 机器能完成有用的机械功或转换机械能

5. 在内燃机曲柄滑块机构中，连杆是由连杆盖、连杆体、螺栓以及螺母组成。其中，连杆属于①_____，连杆体、连杆盖属于②_____。 ① （ ） ② （ ）

A. 零件   B. 构件   C. 部件

6. 在自行车车轮轴、电风扇叶片、起重机上的起重吊钩、台虎钳上的螺杆、柴油发动机上的曲轴和减速器中的齿轮中，有_____种是通用零件。 （ ）

A. 2 种   B. 3 种   C. 4 种

7. 下列机器中直接用来完成一定工作任务的工作机器的是_____。   (   )

A. 车床   B. 电动机   C. 内燃机

8. 下列机械中，属于机构的是_____。   (   )

A. 发电机   B. 千斤顶   C. 拖拉机

9. 机床的主轴是机器的_____。   (   )

A. 原动部分   B. 传动部分   C. 执行部分

10. 属于机床传动装置的是_____。   (   )

A. 电动机   B. 齿轮机构   C. 刀架

构件的受力分析

教学要求

★ 能力目标

1）能正确地进行物体的受力分析。

2）能正确进行平面力系的平衡问题的计算。

3）能进行空间力系的平衡问题的计算。

★ 知识要素

1）力的概念、力的基本性质和受力图。

2）力矩和力偶。

3）平面力系的定义、分类和平衡方程的应用。

4）空间力系的定义，平衡方程的应用和形心的计算。

★ 学习重点与难点

1）力的基本性质。

2）受力图。

3）平面力系的平衡方程和力矩的计算。

4）空间力系的平衡方程和力对轴之矩的计算。

技能要求

1）具备进行约束力计算的能力。

2）具备运用平衡方程解决工程实际问题的能力。

3）具备进行物体重心和形心计算的能力。

引　言

在机械生产实践或我们的日常生活中，常见到如图 2-1 所示的悬臂吊车，用来起吊各种产品或其他重物。图中的横梁 AB 杆的一端固定在墙体或其他柱体上，一端由 CB 杆拉着。当吊起重物时，在重物的作用下，下面的 AB 杆主要发生弯曲变形，同时还被压缩，上面的 CB 杆受拉伸作用。在生产实践中要设计或校核悬臂吊车，就要对悬臂吊车进行受力分析和强度计算。强度计算的前提是要对各杆件进行受力分析，只有分析清楚各杆件的受力情况，才能计算出各杆件受力的大小，然后再进行强度计算，设计合理的各杆件的截面尺寸。

本章主要介绍力的概念、力的基本性质和受力分析等内容。

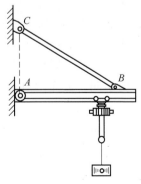

图 2-1　悬臂吊车

◤学习内容◥

2.1　静力学的基本概念

静力学研究的是物体在力系作用下的平衡规律。它包括确定研究对象，进行受力分析，简化力系，建立平衡条件求解未知量等内容。

为使物体简化，静力分析中通常将物体视为刚体。所谓刚体，就是一个理想化的力学模型，即在力的作用下不会变形的物体。事实上，并不存在绝对的刚体，而是其微小变形对平衡问题研究影响不大，可以略去，不仅不会影响问题的研究结果，反而可使问题的研究得到简化。

力系是作用于被研究物体上的一组力。如果力系可以使物体平衡，则称为平衡力系。

工程中的平衡是指物体相对于地球处于静止状态或匀速直线运动状态，是物体机械运动中的一种特殊状态。

静力分析在工程应用中有十分重要的意义，是设计构件尺寸、选择构件材料的基础。

2.1.1　力的概念

1. 力的定义

力的概念是人们在长期的生产实践中建立起来的。力是物体间的相互机械作用，这种作用使物体的运动状态发生改变或使物体产生变形。

使物体的运动状态发生改变的效应称为力的运动效应或外效应，如人推小车，小车由静止变为运动；人用扳手把螺栓拧紧等。力的外效应是本章研究的内容。

使物体产生变形的效应称为力的变形效应或内效应，如受拉构件在拉力的作用会伸长；桥式起重机的横梁在起吊重物时会发生弯曲变形等。力的内效应属第 3 章研究范围。

力的运动效应和变形效应总是同时产生的，在一般情况下，工程上用的构件大多是用金属材料制成的，它们都具有足够的抵抗变形的能力，即在外力的作用下，它们产生的变形是微小的，对研究力的运动效应影响不大，故在静力分析中，可以将其变形忽略不计。本章就以刚体为研究对象，讨论力的运动效应。

2. 力的三要素

实践证明，力对物体的作用效应，由力的大小、方向和作用点的位置决定，这三个因素称为力的三要素。这三个要素中任何一个改变时，力的作用效果就会改变。例如，用扳手拧螺母时，如图 2-2 所示，作用在扳手上的力，因大小不同，或方向不同，或作用点位置不同，产生的效果也不一样。

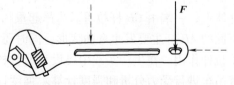

图 2-2　力的三要素

3. 力的表示与单位

力是一个具有大小和方向的矢量，图示时，常用一个带箭头的线段表示，如图 2-3 所示，线段长度 AB 按一定比例代表力的大小，线段的方位和箭头表示力的方向，其起点或终点表示力的作用点。书面表达时，用黑斜体字 F 代表力矢量。

力的单位采用我国的法定计量单位："牛顿"（N）或"千牛顿"（kN）。

4. 力系的分类

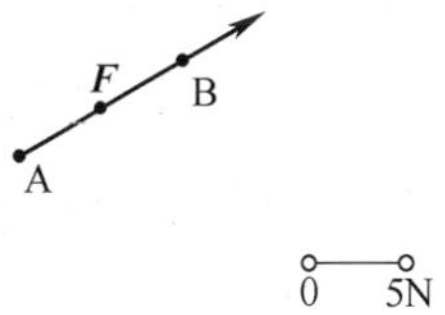

通常根据力系中各力作用线的分布情况将力系进行分类：各力的作用线都在同一平面内的力系，称为平面力系；各力作用线不在同一平面内的力系，称为空间力系。在这两类力系中，各力的作用线相交于一点的力系，称为汇交力系；各力的作用线互相平行的力系，称为平行力系；各力的作用线既不全交于一点，也不全平行的力系，称为一般力系或任意力系。本章主要介绍平面力系，简介其他力系。

图 2-3 力的表示

2.1.2 力的基本性质

力的基本性质由静力学公理来说明。静力学公理是人类经过长期的经验积累和实践验证总结出来的最基本的力学规律。它概括了力的一些基本性质，反映了力所遵循的客观规律，它们是进行构件受力分析、研究力系的简化和力系平衡的理论依据。

公理一 二力平衡公理

刚体若仅受两力作用而平衡，其必要与充分条件为：这两个力大小相等，方向相反，且作用在同一直线上，如图 2-4a 所示。

该公理指出了刚体平衡时最简单的性质，是推证各种力系平衡条件的依据。

在机械或结构中凡只受两力作用而处于平衡状态的构件，称为二力构件。二力构件的自重一般不计，形状可以是任意的，因其只有两个受力点，根据二力平衡公理，二力构件所受的两力必在两个受力点的连线上，且等值、反向，如图 2-4b 所示的 BC 杆。在结构中找出二力构件，对物体的受力分析至关重要。

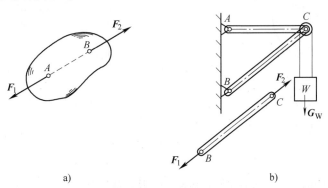

a) b)

图 2-4 二力平衡及二力构件
a）二力平衡 b）二力构件

公理二 加减平衡力系公理

在已知力系上加上或减去任意的平衡力系，不会改变原力系对刚体的作用效应。

这一公理对研究力系的简化问题很重要。由这个公理可以导出力的可传性原理，如图 2-5 所示。作用在刚体上的力，可沿其作用线移到刚体上任一点，不会改变对刚体的作用效应。由力的可传性原理可看出，作用于刚体上的力的三要素为：力的大小、方向和力的作用线，不再强调力的作用点。

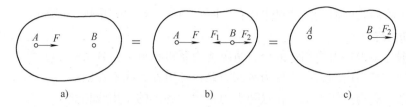

图 2-5　力的可传性

公理三　力的平行四边形公理

作用在物体上同一点的两个力的合力，作用点也在该点上，大小和方向由以这两个力为邻边所作的平行四边形的对角线确定，这称为力的平行四边形公理。如图 2-6 所示：作用在物体 A 点上的两已知力 F_1、F_2 的合力为 F_R，力的合成可写成矢量式

$$F_R = F_1 + F_2$$

力的平行四边形公理是力系合成的依据。

公理四　作用力与反作用力公理

当甲物体给乙物体一作用力时，甲物体也同时受到乙物体的反作用力，且两个力大小相等、方向相反、作用在同一直线上，如图 2-7 所示。

这一公理表明，力总是成对出现的，有作用力，必有反作用力，二者总是同时存在，同时消失。一般习惯上将作用力与反作用力用同一字母表示，其中一个（通常是反作用力）加撇以示区别。

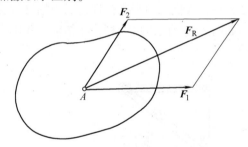

图 2-6　力的合成法则

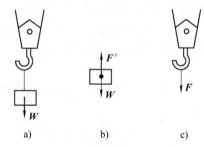

图 2-7　作用力与反作用力

2.1.3　约束和约束力

1. 概述

凡是对一个物体的运动或运动趋势起限制作用的其他物体，都称为这个物体的约束。约束限制着物体的运动，阻挡了物体本来可能产生的某种运动，从而实际上改变了物体可能的运动状态，这种约束对物体的作用力称为约束力。约束力的方向总是与该约束所限制的运动趋势方向相反，其作用点就在约束与被约束体的接触处。

能使物体运动或有运动趋势的力称为主动力，主动力一般是已知的，而约束力往往是未知的。一般情况下根据约束的性质只能判断约束力的作用点位置或作用力方向，约束力的大小要根据平衡条件来确定。然而，不同类型的约束，其约束力也不同。下面介绍几种工程中常见的约束类型及约束力。

2. 常见约束类型

（1）柔性约束　绳索、链条、胶带等柔性物体形成的约束即为柔性约束。柔性物体只能承受拉力，而不能受压力。作为约束，它只能限制被约束物体沿其中心线伸长方向的运动，所以柔性约束产生的约束力通过接触点沿着柔体的中心线背离被约束物体（使被约束物体受拉）。如图 2-8 所示的带传动，带的约束力沿着轮缘的切向离开轮子向外指。

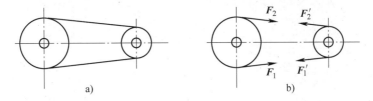

图 2-8　柔性约束

（2）光滑面约束　当两物体直接接触，并忽略接触处的摩擦时就可视为光滑面约束。这种约束只能限制物体沿着接触点公法线方向的运动，因此，光滑面约束的约束力必过接触点，沿接触面的公法线并指向被约束的物体，称为法向约束力或正压力，如图 2-9 所示。

（3）铰链约束　铰链约束是工程上连接两个构件的常见约束方式，是由两个端部带圆孔的杆件，用一个销钉连接而成的。根据被连接物体的形状、位置及作用，铰链约束又可分为以下几种形式：

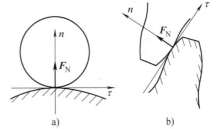

图 2-9　光滑接触面约束

1）中间铰链约束。如图 2-10a 所示，1、2 分别是两个带圆孔的构件，将圆柱形销钉穿入构件 1 和构件 2 的圆孔中，便构成中间铰链，通常用图 2-10b 所示简图表示。

中间铰链对物体的约束特点是：作用线通过销钉中心，方向不定。通常用通过铰链中心的两个正交分力来表示其约束力，如图 2-10c 所示。

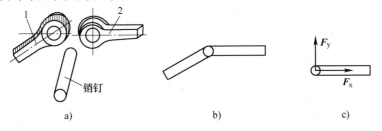

图 2-10　中间铰链约束
a）结构　b）简图符号　c）约束力

2）固定铰链支座约束。如图 2-11a 所示，将中间铰链中构件 1 换成支座，且与基础面固定在一起，则构成固定铰链支座约束，如图 2-11b 简图所示。

固定铰链支座对物体的约束力特点与中间铰链相同，如图 2-11c 所示。

3）活动铰链支座约束。如图 2-12a 所示，将固定铰链支座底部安装若干滚子，并与支承面接触，则构成活动铰链支座，又称滚轴支座。这类支座常见于桥梁、屋架等结构中，简图如图 2-12b 表示。

活动铰链支座对物体的约束特点是：只能限制构件沿支承面垂直方向的移动，不能阻止物体沿支承面的运动或绕销钉轴线的转动。因此活动铰链支座的约束力通过销钉中心，垂直于支承面，指向不定，如图 2-12c 所示。

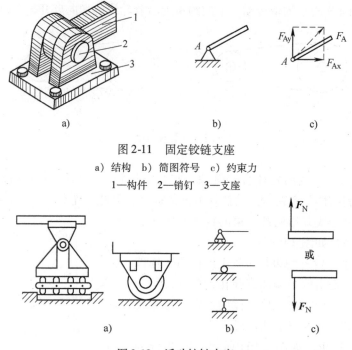

图 2-11   固定铰链支座

a) 结构　b) 简图符号　c) 约束力

1—构件　2—销钉　3—支座

图 2-12   活动铰链支座

a) 结构　b) 简图符号　c) 约束力

（4）固定端约束　物体的一部分固嵌于另一物体中所构成的约束，称为固定端约束。如图 2-13 所示，建筑物上的阳台，车床上的刀具，立于路旁的电线杆等都可视为固定端约束。平面问题中一般用图 2-14a 所示简图符号表示，约束作用如图 2-14b 所示，两个正交分力表示限制构件移动的约束作用，一个约束力偶表示限制构件转动的约束作用。

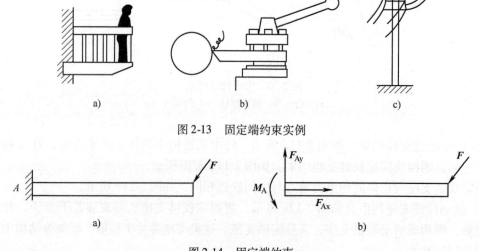

图 2-13   固定端约束实例

图 2-14   固定端约束

a) 简图符号　b) 约束力

2.1.4 受力图

在求解力学问题时，必须根据已知条件和待求量，从与问题有关的许多物体中，选择其中一个物体（或几个物体的组合）作为研究对象，对其进行受力分析。为了清楚地表示所研究物体的受力情况，需将研究对象从周围的物体中假想地分离出来，即解除全部约束，单独画出。这种被分离出来的物体称为分离体。为了使分离体的受力情况与原来的受力情况一致，必须将研究对象所受的全部主动力和约束力画在分离体上，这样的简图称为受力图。下面举例说明受力图的画法。

例 2-1 重量为 G 的圆球，用绳索拴住并置于光滑的斜面上，如图 2-15a 所示。试画出圆球的受力图。

解 1）取圆球为研究对象，画出圆球的分离体。

2）画出主动力。重力 G 向下并作用于球心上。

3）画出约束力。根据约束的性质确定约束力的方位，解除绳索约束，画上约束力 F_B，解除斜面约束，画上约束力 F_{NA}，如图 2-15b 所示。

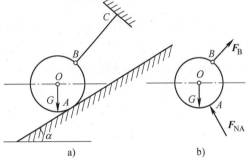

图 2-15　斜面受力分析

例 2-2 梁 AB 两端为铰链支座，在 C 处受载荷 F 作用，如图 2-16a 所示，不计梁的自重，试画出梁的受力图。

解 1）取梁 AB 为研究对象，画出梁的分离体。

2）画出主动力。载荷 F 向下并作用于 C 处。

3）画出约束力。根据约束的性质确定约束力的方位，解除 A 处固定铰链约束，画上约束力 F_{Ax}、F_{Ay}，解除 B 处活动铰链支座约束，画上约束力 F_{RB}，如图 2-16b 所示。

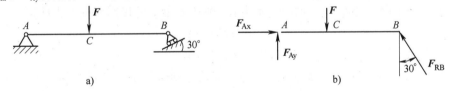

图 2-16　梁的受力分析

通过以上分析，可以把受力图的画法归纳如下：

1）明确研究对象，解除约束，画出分离体。

2）在分离体上画出全部的主动力。

3）在分离体解除约束处，画出相应的约束力。

2.2 平面汇交力系

工程上有许多力学问题，由于结构和受力具有平面对称性，都可以简化成平面力系来处理。若各力的作用线分布在同一平面内的，该力系称为平面力系。平面力系是工程中常见的一种力系。另外许多工程结构和构件受力作用时，虽然力的作用线不都在同一平面内，但其作用力系往往具有一对称平面，可将其简化为作用在对称平面内的力系。根据平面力系中各力的作用线分布不同，平面力系又可分为平面汇交力系、平面任意力系、平面力偶系和平面平行力系。

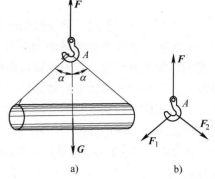

平面汇交力系是指各力的作用线都在同一平面内，且汇交于同一点的力系。图2-17所示的起重机的吊钩的受力就是一个平面汇交力系。

图2-17　平面汇交力系实例

2.2.1　力在坐标轴上的投影

力在坐标轴上的投影定义为：从力 F 的两端分别向坐标轴 x、y 作垂线，其垂足间的距离就是力 F 在该轴上的投影，如图2-18所示。图中 ab 和 a_1b_1 分别为力 F 在 x 轴和 y 轴上的投影，即 F 在 xOy 直角坐标系 x 轴和 y 轴上的分力分别是 F_x、F_y，称为力的分解。力的投影是代数量，其正负号规定如下：由投影的起点 a（a_1）到终点 b（b_1）的方向与坐标轴的正向一致时，则力的投影为正，反之为负。

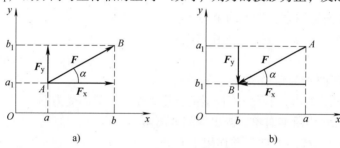

图2-18　力在轴上的投影

若已知力 F 的大小和它与 x 轴的夹角为 α，则力在轴上的投影可按下式计算

$$\left.\begin{array}{l} F_x = \pm F\cos\alpha \\ F_y = \pm F\sin\alpha \end{array}\right\} \tag{2-1}$$

反之，若已知力 F 在 x、y 轴上的投影 F_x 与 F_y，则由图2-18中的几何关系，可得

$$\left.\begin{array}{l} F = \sqrt{F_x^2 + F_y^2} \\ \tan\alpha = \left|\dfrac{F_y}{F_x}\right| \end{array}\right\} \tag{2-2}$$

式中，α 是力 F 与 x 轴间所夹的锐角。力 F 的指向由 F_x 与 F_y 的正负确定。

2.2.2　合力投影定理

合力在任意轴上的投影等于各分力在同一轴上投影的代数和，这一关系称为合力投影定理。

2.2.3　平面汇交力系的平衡条件

由于平面汇交力系合成的结果是一合力，因此，平面汇交力系平衡的必要与充分条件

为：该力系的合力等于零，即 $F_R = 0$，可得平面汇交力系的平衡条件是

$$\left.\begin{array}{l} \sum F_x = 0 \\ \sum F_y = 0 \end{array}\right\} \tag{2-3}$$

即平面汇交力系的平衡条件是：力系中所有各力在两个坐标轴上投影的代数和分别等于零。式（2-3）称为平面汇交力系的平衡方程，平面汇交力系能够列出两个独立的平衡方程式，因此，只能求解两个未知量。

例 2-3　图 2-19a 所示为一简易起重机。利用绞车和绕过滑轮的绳索吊起重物，其重力 $G = 20\text{kN}$，各杆件与滑轮的重量不计，并略去滑轮的大小和各接触处的摩擦力。试求杆 AB 和 BC 所受的力。

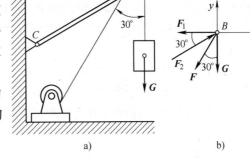

解　1）取滑轮 B 为研究对象，画其受力图，如图 2-19b 所示。杆 AB 和 BC 均为二力构件，滑轮两边绳索的拉力相等，即 $F = G$。

2）建立坐标系 xBy。

3）列平衡方程式求解未知力

图 2-19　简易起重机受力分析

$$\sum F_x = 0, \quad F_2\cos30° - F_1 - F\sin30° = 0 \qquad ①$$

$$\sum F_y = 0, \quad F_2\sin30° - F\cos30° - G = 0 \qquad ②$$

由式②得　　　　　　　　　$F_2 = 74.6\text{kN}$

代入式①得　　　　　　　　$F_1 = 54.6\text{kN}$

由于此两力均为正值，说明 F_1 与 F_2 的方向与图示方向一致。由作用力与反作用力公理可知，AB 杆受拉力，BC 杆受压力。如果求出的力为负值，则表明这个力的实际方向与假设方向相反。

2.3　力矩与力偶

2.3.1　力矩

1. 力对点之矩

力对物体除了移动效应外，有时还会产生转动效应。如图 2-20 所示，当用扳手拧紧螺母时，力 F 对螺母拧紧的转动效应不仅取决于力 F 的大小和方向，而且还与该力到 O 点的垂直距离 d 有关。F 与 d 的乘积越大，转动效应越强，螺母就越容易拧紧。因此，在力学上用物理量 Fd 及其转向来度量力 F 使物体绕 O 点转动的效应，称为力对 O 点之矩，简称力矩，以符号 $M_O(F)$ 表示，即

$$M_O(F) = \pm Fd \tag{2-4}$$

式（2-4）中，O 点称为力矩的中心，简称矩心；O 点到力 F 作用线的垂直距离 d 称为力臂。式中正负号表示两种不同的转向。通常规定：使物体产生逆时针旋转的力矩为正，

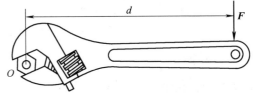

图 2-20　力对点之矩

反之为负。力矩的单位是 N·m 或 kN·m。

2. 力矩的性质

1）力矩的大小不仅取决于力的大小，同时还与矩心的位置即力臂的长短有关。

2）力矩不因该力的作用点沿其作用线移动而改变。

3）力的大小等于零或力的作用线通过矩心，力矩等于零。

3. 合力矩定理

一铰接杆受力如图 2-21 所示，力 F 可以分解为 F_x、F_y 两个分力，若按力对点之矩的定义计算 F 对 A 点的矩时，可以分别计算 F_x 对 A 点的矩和 F_y 对 A 点的矩，将两个力矩合在一起即可等效代替 F 对 A 点的矩，即

$$M_0(F) = -F_x b + F_y a = M_0(F_x) + M_0(F_y)$$

上式表明，合力对平面内任一点之矩，等于所有各分力对该点之矩的代数和，此即合力矩定理。应用合力矩定理求力矩的方法为工程实用计算法。该定理适用于有合力的任何力系。对于由多个力构成的力系，合力矩定理的表达式为

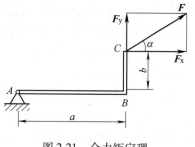

图 2-21　合力矩定理

$$M_0(F_R) = M_0(F_1) + M_0(F_2) + \cdots + M_0(F_n) = \Sigma M_0(F) \tag{2-5}$$

例 2-4　图 2-22a 所示为制动踏板，已知 $F = 300\text{N}$，$a = 250\text{mm}$，$b = 50\text{mm}$，F 与水平线的夹角 $\alpha = 30°$，试求力 F 对点 O 之矩。

解　1）为方便计算，将力 F 分解为平行与 x 轴的水平分力 F_x 和平行于 y 轴的垂直分力 F_y，如图 2-22b 所示。

$$F_x = F\cos\alpha = 300\text{N} \cdot \cos30° = 259.8$$

$$F_y = F\sin\alpha = 300\text{N} \cdot \sin30° = 150$$

2）由式（2-5）得

$$M_0(F) = M_0(F_x) + M_0(F_y) = F_x \cdot a - F_y \cdot b$$
$$= 259.8\text{N} \times 250 \times 10^{-3}\text{m} - 150\text{N} \times 50 \times 10^{-3}\text{m} = 57.45\text{N} \cdot \text{m}$$

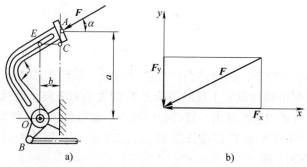

图 2-22　制动踏板

2.3.2　力偶

1. 力偶的概念

实际生活中，常见到钳工用手动丝锥攻螺纹（见图 2-23a）、汽车司机用双手转动方向

盘（见图 2-23b）等，这时在丝锥、方向盘上都作用着一对等值、反向、作用线不在一条直线上的平行力，它们能使物体发生单纯的转动。这种大小相等、方向相反、作用线平行而不重合的两个力，称为力偶，记作（F，F'）。力偶中的两个力之间的距离 d 称为力偶臂（见图 2-23c），力偶所在的平面称为力偶的作用面。

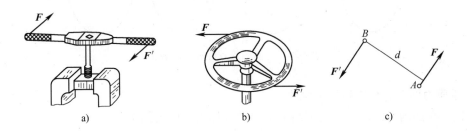

图 2-23　力偶和力偶矩

力偶对物体的转动效应取决于力偶中力的大小、力偶臂 d 的大小和力偶的转向。因此，力学中用 F 与 d 的乘积，加上适当的正负号作为度量力偶在其作用平面内对物体转动效应的物理量，称为力偶矩。并用符号 M 表示。即

$$M = \pm Fd \tag{2-6}$$

式中正负号表示力偶的转动方向，通常规定：逆时针转向为正，顺时针转向为负。与力矩一样，力偶矩的单位是 N·m 或 kN·m。

2. 力偶的性质

1）一个力偶作用在物体上只能使物体转动。由于力偶中的两力等值、反向，所以力偶在任一轴上投影的代数和为零（见图 2-24）；力偶无合力，因此，力偶不能用一个力来代替，即力偶必须用力偶来平衡。力偶和力是组成力系的两个基本物理量。

2）力偶对其作用面内任意一点之矩恒等于力偶矩，而与矩心的位置无关。

如图 2-25 所示，已知力偶（F，F'）的力偶矩 $M = Fh$。在力偶的作用面内任取一点 O 为矩心，可以证明力偶（F，F'）对 O 点之矩仍为原力偶矩 M。

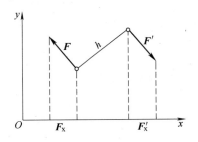

图 2-24　力偶在轴上的投影

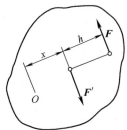

图 2-25　力偶中力对任一点的矩

该性质说明力偶使物体对其作用面内任一点的转动效应是相同的。由此可知：只要保持力偶矩的大小和转向不变，力偶可以在其平面内任意移动，且可以同时改变力偶中力的大小和力偶臂的长短，而不会改变力偶对物体的作用效应。因此，力偶也可以用一带箭头的弧线表示，如图 2-26 所示。

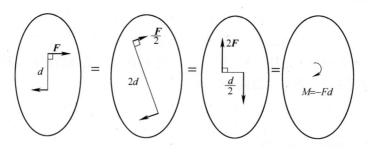

图 2-26　力偶的等效性和不同表示

3. 平面力偶系的合成和平衡条件

在同一平面内，由若干个力偶组成的力偶系称为平面力偶系。

根据力偶的性质可以证明，平面力偶系合成的结果为一合力偶，其合力偶矩等于各分力偶矩的代数和，即

$$M = M_1 + M_2 + \cdots + M_n = \sum M_i \tag{2-7}$$

若物体在平面力偶系作用下处于平衡状态，则合力偶矩必定为零，即

$$M = \sum M_i = 0 \tag{2-8}$$

上式称为平面力偶系的平衡方程。利用这个平衡方程，可以求出一个未知量。

例 2-5　用多轴钻床在水平工件上钻孔，如图 2-27 所示，三个钻头对工件施加力偶的力偶矩分别为 $M_1 = M_2 = 10\text{N} \cdot \text{m}$，$M_3 = 20\text{N} \cdot \text{m}$，固定螺栓 A 和 B 之间的距离 $l = 200\text{mm}$，试求两螺栓所受的水平约束力。

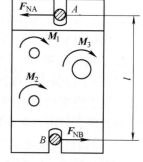

图 2-27　工件钻孔的
受力分析

解　选取工件为研究对象。工件在水平面内受三个力偶和两个螺栓的水平约束力的作用而平衡，三个力偶合成后仍为一力偶，根据力偶的性质，力偶只能和力偶相平衡，故两个螺栓的水平约束力 F_{NA} 和 F_{NB} 必然组成一个力偶，且 F_{NA}、F_{NB} 大小相等，方向相反。工件的受力图如图 2-27 所示。

由平面力偶系的平衡条件知

$$\sum M_i = 0, \qquad -M_1 - M_2 - M_3 + F_{NA}l = 0$$

得

$$F_{NA} = F_{NB} = \frac{M_1 + M_2 + M_3}{l} = \left(\frac{10 + 10 + 20}{200 \times 10^{-3}} \right) \text{N} = 200\text{N}$$

2.4　平面任意力系

2.4.1　平面任意力系的简化

1. 力的平移定理

定理：可以把作用在物体上某点的力 F 平行移动到物体上任一点，但必须同时附加一个力偶，其力偶矩等于原来的力对新作用点之矩。

　　证明：如图 2-28a 所示，力 F 作用于刚体的 A 点，在刚体上任取一点 O，根据加减平衡力系公理，可以在 O 点加上一对平衡力 F' 和 F''，使它们与力 F 平行，且 $F' = F'' = F$。显然这个新力系与原力等效，如图 2-28b 所示。这样，原来作用在 A 点的力 F，被一个作用在 O 点的力 F' 和一个力偶（F，F''）等效替换。这表明，可以把作用在 A 点力 F 平移到另一点 O，但必须同时附加一个力偶，如图 2-28c 所示。显然，附加力偶的力偶矩为

$$M = F \times d = M_O(F) \tag{2-9}$$

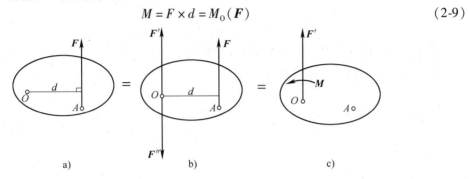

图 2-28　力的平移（一）

　　利用力的平移定理可以解决一些实际问题，例如：钳工攻螺纹时，必须用双手同时动作而且用力要相等，以产生力偶，如图 2-29a 所示。若只用一只手扳动扳手，根据力的平移定理，作用在扳手 AB 一端的力 F 与作用在 O 点的一个力 F' 和一个附加力偶矩 M 等效，如图 2-29b 所示，这个附加力偶使丝锥转动，而力 F' 却易使丝锥折断。

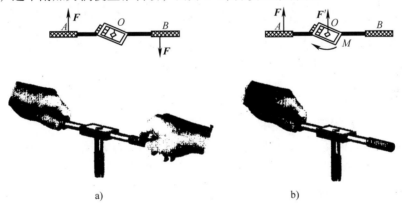

图 2-29　力的平移（二）
a）正确　b）错误

2. 平面任意力系向平面内一点简化

　　设在刚体上作用着平面任意力系 F_1，F_2，…，F_n，使刚体处于平衡状态，如图 2-30a 所示。在力系所在平面内任取一点 O，将作用在刚体上的各力 F_1，F_2，…，F_n 平移到 O 点。于是得到汇交于 O 点的平面汇交力系（F_1'，F_2'，…，F_n'）和与各力相对应的附加力偶所组成的平面力偶系（M_1，M_2，…，M_n），如图 2-30b 所示。

　　对平面汇交力系（F_1'，F_2'，…，F_n'），可以进一步合成为一个合力 F_R'，F_R' 称为力系的主矢量，其作用线通过 O 点；该附加力偶（M_1，M_2，…，M_n）所组成的平面力偶系可以进一步合成为一个合力偶矩 M_O，称为原力系对简化中心的主矩，如图 2-30c 所示。

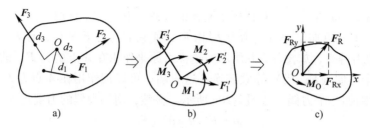

图 2-30　平面任意力系的简化

结论：平面任意力系向作用面内任一点简化，一般可得到一个力和一个力偶，该力通过简化中心，其大小和方向等于力系的主矢量，主矢量的大小和方向与简化中心无关；该力偶的力偶矩等于力系对简化中心的主矩，主矩的大小和转向与简化中心相关。

3. 简化结果的讨论

平面任意力系向简化中心 O 点简化后，得到一个主矢量 F_R' 和主矩 M_0，简化结果有四种可能。

1）$\vec{F}_R' = 0$，$M_0 = 0$。这表示原力系是平面平衡力系。

2）$\vec{F}_R' = 0$，$M_0 \neq 0$。这表示平面力系简化为一合力偶，原力系对物体产生在力偶作用面的转动效应，力偶矩的大小和转向由主矩决定，与简化中心无关。

3）$\vec{F}_R' \neq 0$，$M_0 = 0$。这表示平面力系简化为一合力 $F_R = F_R'$，此合力过简化中心，大小和方向由主矢量确定。当简化中心刚好选取在平面力系作用线上时出现这种情况。

4）$\vec{F}_R' \neq 0$，$M_0 \neq 0$，如图 2-31 所示。此种情况还可以进一步简化，将主矩 M_0 用力偶（F_R、F_R''）表示，并使力的大小等于 F_R'，则力臂为

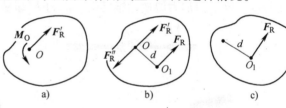

图 2-31　平面力系简化结果

$$d = \frac{|M_0|}{F_R}$$

令此力偶中一力 F_R'' 作用在简化中心 O 并与主矢量 F_R' 取相反方向，如图 2-31b 所示，于是 F_R'' 与 F_R' 作为一对平衡力，可以从力系中减去。这样，就剩下作用线通过 O_1 点的力 F_R（见图 2-31c），F_R 为原力系的合力。

2.4.2　平面任意力系的平衡方程

若平面任意力系向作用面一点简化的结果是主矢量 $F_R' = 0$，主矩 $M_0 = 0$，则该力系是一个平衡力系。所以物体在平面任意力系作用下处于平衡的必要且充分条件是：作用于该物体上力系的主矢量和该力系对一点的主矩都等于零，即

$$\left. \begin{array}{l} F_R' = 0 \\ M_0 = 0 \end{array} \right\} \tag{2-10}$$

由图 2-30c 可知：若要刚体平衡，则必须使合力 $F_R' = \sqrt{(\sum F_{Rx})^2 + (\sum F_{Ry})^2} = 0$，合力偶矩 $M_0 = \sum M_0(F) = 0$，由此可得平面任意力系的平衡方程为

$$\left. \begin{array}{l} \sum F_x = 0 \\ \sum F_y = 0 \\ \sum M_0(F) = 0 \end{array} \right\} \tag{2-11}$$

其中第三式常写为 $\Sigma M_0 = 0$。

式（2-11）即为平面任意力系的平衡方程的一般形式，前两式为投影方程，表示所有力对任选的直角坐标系中每一轴上投影的代数和等于零；第三式为力矩方程，表示所有力对任一点力矩的代数和等于零。由于这三个方程相互独立，故可用来求解三个未知量。

除式（2-11）外，平面任意力系的平衡方程还可采用其他形式，如

二矩式

$$\left.\begin{array}{l} \sum F_x = 0\,(\text{或}\,\sum F_y = 0) \\ \sum M_A(\boldsymbol{F}) = 0 \\ \sum M_B(\boldsymbol{F}) = 0 \end{array}\right\} \tag{2-12}$$

其中，矩心 A、B 的连线不与 x 轴（或 y 轴）垂直。

三矩式

$$\left.\begin{array}{l} \sum M_A(\boldsymbol{F}) = 0 \\ \sum M_B(\boldsymbol{F}) = 0 \\ \sum M_C(\boldsymbol{F}) = 0 \end{array}\right\} \tag{2-13}$$

其中，矩心 A、B、C 三点不位于同一直线上。

2.4.3　平面特殊力系的平衡方程

由平面任意力系的平衡方程（2-11）可以推出几个平面特殊力系的平衡方程。

（1）平面汇交力系　平面力系中所有力的作用线汇交于一点，称为平面汇交力系。平面汇交力系的简化结果为一合力，若取各力汇交点位于简化中心，则式（2-11）中第三式自然满足，故前两式为平面汇交力系的平衡方程，即

$$\left.\begin{array}{l} \sum F_x = 0 \\ \sum F_y = 0 \end{array}\right\} \tag{2-14}$$

（2）平面力偶系　若平面力系中各力学量均为力偶，称该力系为平面力偶系。因为力偶不能简化为合力，则式（2-11）中前两式自然满足，故第三式即为平面力偶系的平衡方程，即

$$\sum M_0(\boldsymbol{F}) = 0 \tag{2-15}$$

（3）平面平行力系　若平面力系中所有力的作用线互相平行，则称该力系为平面平行力系。如果选择直角坐标轴时使其中一个力与各力平行（如 y 轴），则式（2-11）中第一式自然满足，故后两式为平面平行力系的平衡方程，即

$$\left.\begin{array}{l} \sum F_y = 0 \\ \sum M_0(\boldsymbol{F}) = 0 \end{array}\right\} \tag{2-16}$$

从前面可以看出，平面汇交力系独立的平衡方程只有两个，只能求解两个未知量；同理，平面力偶系的平衡方程只可求解一个未知量；而平面平行力系的平衡方程可求两个未知量。

物系平衡时，组成系统的每一个物体也都保持平衡。若物系由 n 个物体组成，对每个受平面一般力系作用的物体至多只能列出 3 个独立的平衡方程，对整个物系至多只能列出 $3n$ 个独立的平衡方程。若问题中未知量的数目不超过独立的平衡方程的总数，即用平衡方程可以解出全部未知量，这类问题称为静定问题。反之，若问题中未知量的数目超过了独立的平衡方程的总数，则单靠平衡方程不能解出全部未知量，这类问题称为超静定问题或静不定问

题。在工程实际中为了提高刚度和稳固性，常对物体增加一些支承或约束，因而使问题由静定变为超静定。

2.4.4 平面力系的解题步骤与方法

1. 确定研究对象，取分离体，画出受力图

应选取有已知力和未知力作用的物体，画出其分离体的受力图。这里注意刚体之间作用力与反作用力的关系。

2. 选取合适的坐标轴，列静力平衡方程

适当选取坐标轴和矩心。若受力图上有两个未知力互相平行，可选垂直于此二力的坐标轴，列出投影方程。如不存在两未知力平行，则选任意两未知力的交点为矩心列出力矩方程，先行求解。一般水平和垂直的坐标轴可画可不画，但倾斜的坐标轴必须画。

3. 解平衡方程，求出未知量

一般应先解含有未知量的方程式，再将已求出的量代入其他方程，即可求解全部未知量。

例 2-6 绞车通过钢丝牵引小车沿斜面轨道匀速上升，如图 2-32a 所示。已知小车重 P = 10kN，绳与斜面平行，$\alpha = 30°$，$a = 0.75$m，$b = 0.3$m，不计摩擦。求钢丝绳的拉力及轨道对车轮的约束力。

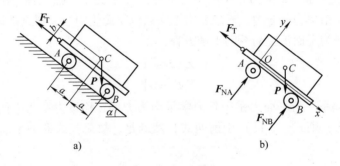

a)   b)

图 2-32   小车受力分析

解 1) 取小车为研究对象，画受力图（见图 2-32b）。小车上作用有重力 P，钢丝绳的拉力 F_T，轨道在 A、B 处的约束力 F_{NA} 和 F_{NB}。

2) 取图示坐标系，列平衡方程

$$\sum F_x = 0 \qquad\qquad -F_T + P\sin\alpha = 0$$
$$\sum F_y = 0 \qquad\qquad F_{NA} + F_{NB} - P\cos\alpha = 0$$
$$\sum M_O(F) = 0 \qquad\qquad F_{NB}(2a) - Pb\sin\alpha - Pa\cos\alpha = 0$$

解得 $\qquad\qquad F_T = 5$kN，$F_{NB} = 5.33$kN，$F_{NA} = 3.33$kN

例 2-7 悬臂梁如图 2-33 所示，梁上作用有均布载荷 q，在 B 端作用有集中力 $F = ql$ 和力偶为 $M = ql^2$，梁长度为 $2l$，已知 q 和 ql（力的单位为 N，长度单位为 m）。求固定端 A 处的约束力。

在解题时应注意以下几点：

1) 固定端 A 处的约束力，除了 F_{Ax}、F_{Ay} 之外，还有约束力偶 M_A。

2）力偶对任意一轴的投影代数和均为零；力偶对作用面内任一点的矩等于力偶矩。

3）均布载荷 q 是单位长度上受的力，其单位为（N/m）或（kN/m），均布载荷的简化结果为一合力，通常用 F_Q 表示。合力 F_Q 的大小等于均布载荷 q 与其作用线长度 l 的乘积，即 $F_Q = ql$；合力 F_Q 的方向与均布载荷 q 的方向相同；由于是均布载荷，显然，合力 F_Q 的作用线通过均布载荷作用段的中点，即 l 处。

解　1）取 AB 梁为研究对象，画受力图（见图 2-33b），均布载荷 q 可简化为作用于梁中点的一个合力 $F_Q = q \times 2l$。

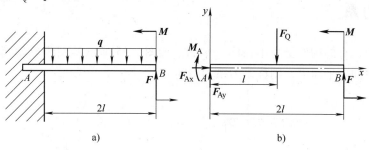

图 2-33　悬臂梁受力分析

2）列平衡方程

$$\sum F_x = 0 \qquad\qquad F_{Ax} = 0$$
$$\sum F_y = 0 \qquad\qquad F_{Ay} + F - F_Q = 0$$

故
$$F_{Ay} = F_Q - F = 2ql - ql = ql$$
$$\sum M_A(\boldsymbol{F}) = 0 \qquad\qquad M - M_A + F(2l) - F_Q l = 0,$$

故
$$M_A = M + 2Fl - F_Q l = ql^2 + 2ql^2 - 2ql^2 = ql^2$$

例 2-8　起重机的总重量 $G_1 = 12\text{kN}$，吊起重物的重量 $G_2 = 15\text{kN}$，如图 2-34 所示，平衡块的重量 $G_3 = 15\text{kN}$。若 $a = 2\text{m}$，$b = 0.5\text{m}$，$c = 1.8\text{m}$，$d = 2.2\text{m}$，求两轮的约束力 F_{RA}、F_{RB}。若使起重机不致翻倒，最大起重量 $G_{\max}$ 为多少？

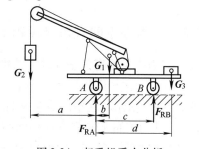

解　取起重机整体为研究对象，图中地面约束画以虚线，表示约束已被解除，约束力为 F_{RA}、F_{RB}。由受力图知，作用于起重机上的各力组成一平面平行力系，由式（2-16），有

图 2-34　起重机受力分析

$$\sum F_y = 0 \qquad\qquad F_{RA} + F_{RB} - G_1 - G_2 - G_3 = 0 \qquad\qquad ①$$
$$\sum M_A = 0 \qquad\qquad F_{RB} \cdot c + G_2 \cdot a - G_1 \cdot b - G_3 \cdot d = 0 \qquad\qquad ②$$

由式②得

$$F_{RB} = \frac{G_1 b + G_3 d - G_2 a}{c} = \frac{12 \times 0.5 + 15 \times 2.2 - 15 \times 2}{1.8}\text{kN} = 5\text{kN}$$

将 F_{RB} 的值代入①，得

$$F_{RA} = G_1 + G_2 + G_3 - F_{RB} = 12\text{kN} + 15\text{kN} + 15\text{kN} - 5\text{kN} = 37\text{kN}$$

为求最大起吊重量 $G_{\max}$，考虑起重机不绕 A 点翻倒，约束力必须满足 $F_{RB} \geq 0$。

由式②解得（此时起吊重量 G_2 为 G）

$$F_{RB} = \frac{G_1 b + G_3 d - Ga}{c} \geqslant 0$$

$$G \leqslant \frac{G_1 b + G_3 d}{a} = \frac{12 \times 0.5 + 15 \times 2.2}{2} kN = 19.5 kN$$

当取等号时，即得最大起吊重量 $G_{max} = 19.5 kN$。

2.5　空间力系

工程实践中，有的构件受力不在同一平面，如图 2-35 所示的斜齿轮轮齿。若力系中各力的作用线不在同一平面内，则称该力系为空间力系。

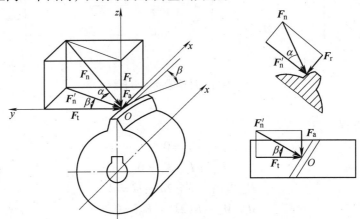

图 2-35　斜齿轮受力分析

2.5.1　力在空间直角坐标轴上的投影

1. 力在空间直角坐标轴上的投影方法

（1）一次投影法　为了分析空间力对物体的作用，需要将力沿空间直角坐标轴分解。如图 2-36a 所示，在空间直角坐标系中，力 F 与 x、y、z 三个坐标轴所夹的锐角分别为 α、β、γ，从力 F 的始点和终点分别向三个坐标轴引垂线，其垂线在三个坐标轴上所截取的长度并冠以适当的正负号，即为力 F 在 x、y、z 轴上的投影 F_x、F_y 与 F_z，各投影力的大小等于原力 F 乘以力与该轴所夹角的余弦，即

$$\left. \begin{array}{l} F_x = F\cos\alpha \\ F_y = F\cos\beta \\ F_z = F\cos\gamma \end{array} \right\} \tag{2-17}$$

其投影正负的规定为：投影从起点到终点的走向与投影轴正向一致为正，反之为负。

（2）二次投影法　在图 2-36a 中，F_z 在 F 作用的铅垂面上，可以直接计算出，而 F_x、F_y 两个力不在 F 力作用的铅垂面上，不便计算。为方便计算 F_x、F_y 两个力，过其作用点建立空间直角坐标系如图 2-36b 所示，力 F 与 z 轴的夹角为 γ，力 F 与 z 轴所决定的平面与 x 轴的夹角为 φ，则可将力 F 直接投影到 z 轴得 F_z 及在 xOy 平面内的力 F_{xy}（平面力），再将

F_{xy} 分解为沿 x 轴和 y 轴方向的分力 F_x、F_y，则 F_x、F_y、F_z 就是空间力 F 沿空间直角坐标轴的三个相互垂直的分力。其大小就是力 F 在三个坐标轴上的投影，即

$$\left.\begin{aligned}
F_z &= F\cos\gamma \\
F_{xy} &= F\sin\gamma \\
F_x &= F_{xy}\cos\varphi = F\sin\gamma\cos\varphi \\
F_y &= F_{xy}\sin\varphi = F\sin\gamma\sin\varphi
\end{aligned}\right\} \tag{2-18}$$

若已知力在三个坐标轴上的投影 F_x、F_y、F_z，也可求出力的大小和方向，即

$$\left.\begin{aligned}
F &= \sqrt{F_x^2 + F_y^2 + F_z^2} \\
\cos\alpha &= \frac{F_x}{F}, \quad \cos\beta = \frac{F_y}{F}, \quad \cos\gamma = \frac{F_z}{F}
\end{aligned}\right\} \tag{2-19}$$

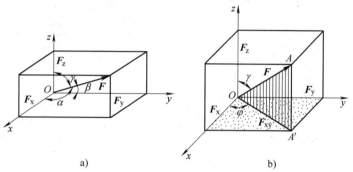

图 2-36　空间力的投影

2. 合力投影定理

设有一空间汇交力系 F_1，F_2，$\cdots$，F_n，利用力的平行四边形公理（证明从略），可将其逐步合成为一个合力矢 F_R，且有

$$\left.\begin{aligned}
F &= F_1 + F_2 + \cdots + F_n = \sum F \\
F_{Rx} &= \sum F_x, \quad F_{Ry} = \sum F_y, \quad F_{Rz} = \sum F_z
\end{aligned}\right\} \tag{2-20}$$

上式表明，合力在某一轴上的投影等于其各分力在同一轴上投影的代数和，此即为合力投影定理。

例 2-9　在图 2-35 中，若 $F_n = 1410\text{N}$，齿轮压力角 $\alpha = 20°$，螺旋角 $\beta = 25°$，求轴向力 F_a、圆周力 F_t 和径向力 F_r 的大小。

解　过力 F_n 的作用点 O 取空间直角坐标系，使齿轮的轴向、圆周的切线方向和径向分别为 x、y 和 z 轴。式（2-18）中，$\gamma = 90° - \alpha$，$\varphi = 90° - \beta$，可得

$$F_a = F_n\sin(90° - \alpha)\cos(90° - \beta) = 1410\cos20°\sin25°\text{N} \approx 560\text{N}$$

$$F_t = F_n\sin(90° - \alpha)\sin(90° - \beta) = 1410\cos20°\cos25°\text{N} \approx 1201\text{N}$$

$$F_r = F_n\cos(90° - \alpha) = 1410\sin20°\text{N} \approx 482\text{N}$$

2.5.2　力对轴之矩

在工程实践中，经常遇到绕固定轴转动的情况。如图 2-37 所示，以推门为例，讨论力

对轴的矩。实践证明，力使门转动的效应，不仅取决于力的大小和方向，而且与力作用的位置有关。如图 2-37a、b 所示，沿 F_1、F_2 方向施加外力，力的作用线与门的转轴平行或相交，则力无论多大，都不能推开门；如图 2-37c 所示，力垂直于门的方向，且不通过门轴时，门就能推开，并且力越大或其作用线与门的垂直距离越大，则转动效果越显著。为了研究力对刚体的转动的作用效应，需要引入力对轴之矩的概念。

1. 力对轴之矩

从图 2-38 可以看出，门边上作用一个力 F，为研究该力对 z 轴的转动效应，应将 F 分解为互相垂直的两个分力：一个与轴平行的分力 F_z，另一个是在与轴垂直平面上的分力 F_{xy}。可以看出，F_z 不能使门绕 z 轴转动，只有分力 F_{xy} 对门绕 z 轴有转动效应。若以 d 表示 z 轴与 xOy 平面的交点 O 到 F_{xy} 作用线间的距离，则力 F 对门绕 z 轴转动效应可用 F_{xy} 对 O 点之矩来表示，记作 $M_z(F)$，则

$$M_z(F) = M_O(F_{xy}) = \pm F_{xy}d \qquad (2-21)$$

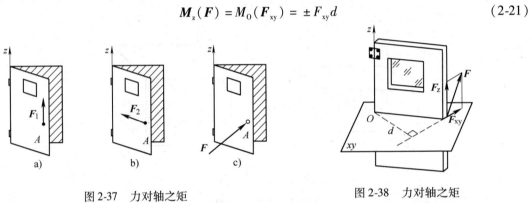

图 2-37　力对轴之矩　　　　　　　　　图 2-38　力对轴之矩

式中的正负号表示力矩的转向。如图 2-39 所示，规定：从 z 轴正端看向负端，若力 F_{xy} 使门逆时针转动，则力矩为正，反之为负。或者用右手螺旋法则确定力对轴之矩的正负号，即用右手四指弯曲的方向表示力 F_{xy} 绕 z 轴转动方向，则拇指的指向与 z 轴一致时力矩为正，反之为负。

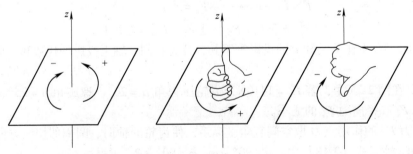

图 2-39　力矩正负的判断

2. 合力矩定理

力对点之矩的合力矩定理可推广到力对轴之矩的合力矩定理：如一空间力系由 F_1、F_2、…、F_n 组成，其合力为 F_R，则合力 F_R 对某轴之矩等于各分力对同一轴之矩的代数和。

$$M_z(\boldsymbol{F}_R) = \sum M_z(\boldsymbol{F}) \tag{2-22}$$

例 2-10 计算图 2-40 所示手摇曲柄上力 $\boldsymbol{F}$ 对 x、y、z 轴之矩。已知 $\boldsymbol{F} = 100\text{N}$，且力 $\boldsymbol{F}$ 平行于 xAz 平面，$\alpha = 60°$，$AB = 20\text{cm}$，$BC = 40\text{cm}$，$CD = 15\text{cm}$，A、B、C、D 处于同一水平面上。

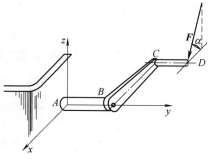

图 2-40 手摇曲柄

解 力 $\boldsymbol{F}$ 为平行于 xAz 平面的平面力，在 x 轴和 z 轴上有投影，其值为

$$F_x = F\cos\alpha, \quad F_y = 0, \quad F_z = -F\sin\alpha$$

力 $\boldsymbol{F}$ 对 x、y、z 各轴之矩为

$$M_x(F) = -F_z(AB + CD) = -100\sin60° \times 0.035\text{N} \cdot \text{m} = -3.031\text{N} \cdot \text{m}$$

$$M_y(F) = -F_z BC = -100\sin60° \times 0.04\text{N} \cdot \text{m} = -3.464\text{N} \cdot \text{m}$$

$$M_z(F) = -F_x(AB + CD) = -100\cos60° \times 0.035\text{N} \cdot \text{m} = -1.75\text{N} \cdot \text{m}$$

2.5.3 空间力系的平衡方程及应用

1. 空间任意力系的平衡条件与平衡方程式

若物体在空间力系作用下处于平衡，则物体沿 x、y、z 三轴的移动状态应不变，同时绕该三轴的转动状态也不变。因此，当物体沿 x 轴方向的移动状态不变时，该力系各力在 x 轴上的投影的代数和为零，即 $\sum F_x = 0$；同理可得 $\sum F_y = 0$、$\sum F_z = 0$。当物体绕 x 轴转动状态不变时，该力系各力对 x 轴力矩的代数和为零，即 $\sum M_x = 0$；同理可得 $\sum M_y = 0$、$\sum M_z = 0$。由此可见，可见任意力系的平衡方程式为

$$\left. \begin{array}{l} \sum F_x = 0 \\ \sum F_y = 0 \\ \sum F_z = 0 \\ \sum M_x(\boldsymbol{F}) = 0 \\ \sum M_y(\boldsymbol{F}) = 0 \\ \sum M_z(\boldsymbol{F}) = 0 \end{array} \right\} \tag{2-23}$$

式（2-23）表达了空间任意力系平衡的必要和充分条件为：各力在三个坐标轴上投影的代数和以及各力对三个坐标轴之矩的代数和都必须同时为零。

利用该六个独立平衡方程式，可以求解六个未知量。

2. 空间平行力系的平衡方程式

设某一物体受一空间平行力系作用而平衡，令 z 轴与该力系的各力平行，则有 $\sum F_x \equiv 0$、$\sum F_y \equiv 0$ 和 $\sum M_z \equiv 0$。因此，空间平行力系只有三个平衡方程式，即

$$\sum F_z = 0 \qquad \sum M_x(\boldsymbol{F}) = 0 \qquad \sum M_y(\boldsymbol{F}) = 0$$

因为只有三个独立的平衡方程式，故它只能解三个未知量。

例 2-11 图 2-41 所示为一脚踏拉杆装置。已知 $F_p = 500\text{N}$，$AB = 40\text{mm}$，$AC = CD = 20\text{mm}$，CH 垂直于 CD，$HC = EH = 10\text{mm}$，拉杆垂直于 EH 且与水平面成 30°。求拉杆的拉力和 A、B 两轴承的约束力。

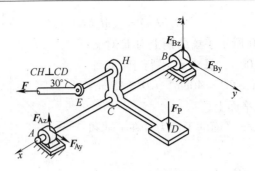

图 2-41　脚踏拉杆受力分析

解　脚踏拉杆的受力如图 2-41 所示，取 $Bxyz$ 坐标系，列平衡方程式求解，即

$$\sum M_x(\boldsymbol{F}) = 0 \qquad 0.01F\cos30° - 0.02F_p = 0$$

得

$$F = 0.02F_p/0.01\cos30° = 500 \times 0.02/0.01\cos30°\text{N} = 1155\text{N}$$

$$\sum M_y(\boldsymbol{F}) = 0 \qquad 0.03F\sin30° + 0.02F_p - 0.04F_{Az} = 0$$

得

$$F_{Az} = (0.03\sin30° + 0.02F_p)/0.04\text{N} = 683\text{N}$$

$$\sum F_z(\boldsymbol{F}) = 0 \qquad F_{Az} + F_{Bz} - F\sin30° - F_p = 0$$

得

$$F_{Bz} = F\sin30° + F_p - F_{Az} = 394.5\text{N}$$

$$\sum M_z(\boldsymbol{F}) = 0 \qquad 0.04F_{Ay} - 0.03F\cos30° = 0$$

得

$$F_{Ay} = 0.03F\cos30°/0.04\text{N} = 750\text{N}$$

$$\sum F_y = 0 \qquad F_{Ay} + F_{By} - F\cos30° = 0$$

得

$$F_{By} = F\cos30° - F_{Ay} = 250\text{N}$$

2.5.4　重心

1. 重心的概念

重心问题是日常生活和工程实际中经常遇到的问题。例如，骑自行车时需要不断地调整重心的位置，才不致翻倒；对于塔式起重机来说，需要选择合适的配重，才能在满载和空载时不致翻倒；高速旋转的飞轮或轴类工件，若重心位置偏离轴线，则会引起强烈振动，甚至破坏。总之，掌握重心的知识，在工程实践中至关重要。

重力是地球对物体的吸引力，若将物体想象成由无数微小的部分组合而成，这些微小的部分可视为质量微元，则每个微元都受到重力的作用，这些重力对物体而言近似地组成了空间平行力系。该力系的合力就是物体的重力，合力的作用点即为物体的重心。不论物体如何放置，其重力的合力的作用线相对于物体总是通过一个确定的点，该点即物体的重心。

2. 重心坐标公式

将一重力为 G 的匀质物体放在空间直角坐标系 $zOxy$ 中，设物体的重心 C 点的坐标为 (x_C, y_C, z_C)，如图 2-42 所示。

将物体分割成 n 个微元，每个微元所受重力分别为 G_1，G_2，…，G_n，组成空间平行力系，各个微元中心的

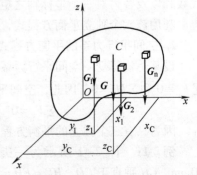

图 2-42　重心位置的确定

坐标分别为 (x_1, y_1, z_1)、(x_2, y_2, z_2)、(x_n, y_n, z_n)。由于物体重力 G 是各微元重力 G_1，G_2，$\cdots$，G_n 的合力。根据合力矩定理，对 y 轴则有

$$M_y(\boldsymbol{G}) = \sum_{i=1}^{n} M_y(\boldsymbol{G}_i)$$

$$G \cdot x_C = G_1 \cdot x_1 + G_2 x_2 + \cdots + G_n x_n = \sum G_i \cdot x_i$$

则
$$x_C = \frac{\sum G_i \cdot x_i}{G} \tag{2-24a}$$

且
$$G = \sum G_i$$

同理可得
$$y_C = \frac{\sum G_i y_i}{G} \tag{2-24b}$$

将坐标系连同物体绕 y 轴竖直向上，重心位置不变，再对 y 轴应用合力矩定理可得

$$z_C = \frac{\sum G_i z_i}{G} \tag{2-24c}$$

式（2-24a）、（2-24b）及（2-24c）为物体的重心坐标公式。

若将 $G = mg$，$G_i = m_i g$ 代入以上三式，并消去 g，可得

$$x_C = \frac{\sum m_i x_i}{m} \qquad y_C = \frac{\sum m_i y_i}{m} \qquad z_C = \frac{\sum m_i z_i}{m} \tag{2-25}$$

式（2-25）称为物体质心坐标公式。

若物体为均质的，设其密度为 ρ，总体积为 V，以 $G = \rho g V$，$G_i = \rho g V_i$，代入式（2-24）可得

$$x_C = \frac{\sum V_i x_i}{V} \qquad y_C = \frac{\sum V_i y_i}{V} \qquad z_C = \frac{\sum V_i z_i}{V} \tag{2-26}$$

由式（2-26）可见，均质物体的质心，只与物体的几何形状有关，而与物体的重力无关。因此均质物体的重心也称为形心（物体几何形状的中心）。注意，重心和物体的几何形状的形心是两个不同的概念。只有均质物体，其重心、质心和形心才重合于一点。

如果物体是等厚平板，通过消去公式中板的厚度，则有

$$x_C = \frac{\sum A_i x_i}{A} \qquad y_C = \frac{\sum A_i y_i}{A} \tag{2-27}$$

式（2-27）称为平面图形的形心坐标公式。

3. 重心位置的求法

（1）对称法　如均质物体有对称面，或对称轴，或对称中心，则该物体的重心必相应地在这个对称面，或对称轴，或对称中心上，如图 2-43 所示。

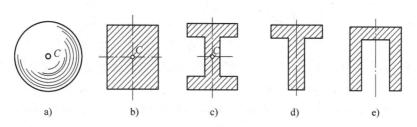

a)　　　　b)　　　　c)　　　　d)　　　　e)

图 2-43　具有对称性的平面图形

（2）实验法　如物体的形状复杂或质量分布不均匀，其重心常由实验来确定。

1）悬挂法。悬挂法是根据二力平衡公理来确定物体的重心位置的。对于形状复杂的薄平板，求形心的位置时，可将薄板悬挂于任一点 A，如图 2-44 所示。根据二力平衡公理，薄板的重力与绳的张力必在同一直线上，故形心一定在铅垂的挂绳延长线 AB 上；重复使用上述方法，将薄板挂于 D 点，可得 DE 线。显然易见，薄板的重心即为 AB 和 DE 的交点 C。

2）称重法。称重法是根据合力矩定理来确定物体的重心位置的。对于形状复杂的零件、体积庞大的物体以及由许多构件组成的机械，常用此法确定其重心的位置。

例如，连杆本身具有两个互相垂直的纵向对称面。其重心必在这两个对称平面的交线上，即连杆的中心线 AB 上，如图 2-45 所示。其重心在 x 轴上的位置可用下述方法确定：先称出连杆重力 G，然后将其一端支于固定点 A，另一端支承于磅秤上，使中心线 AB 处于水平位置，读出磅秤读数 F_B，并量出两支点间的水平距离 l，则由

$$\sum M_A(\boldsymbol{F}) = 0 \qquad F_B l - G x_C = 0$$

可得

$$x_C = \frac{F_B}{G} l$$

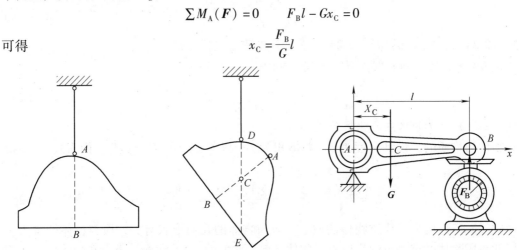

图 2-44　悬挂法确定物体的重心　　　　　图 2-45　称重法确定物体的重心

（3）分割法　机械和结构的零件往往是由几个简单的基本形状组合而成的，每个基本形状的形心位置可以根据对称判断或查表获得。为求得复杂形状的形心，可以把复杂形状分割成简单的形状来求形心，最后求出复杂形状的形心。常用的分割法有以下两种。

1）无限分割法（积分法）。在计算形状基本规则的几何形状的形心时，可将其分割成无限多个微小形体，当小形体的重量、尺寸取为无限小并趋近于零时，可将式（2-24）中三式写成定积分形式

$$x_C = \frac{\int_G x \mathrm{d}G}{G}, \quad y_C = \frac{\int_G y \mathrm{d}G}{G}, \quad z_C = \frac{\int_G z \mathrm{d}G}{G} \tag{2-28}$$

2）有限分割法。工程中，对于几何形状规则的均质物体的重心位置均是通过求形心来获取的。若一个物体是由几个规则形状的物体组合而成，而这些物体的重心是已知的，可将该物体分割成几个规则形状，在确定出各基本规则形状的形心后，按式（2-27）转化为有限形式的坐标公式，即可求得整个物体的重心位置。式（2-27）的有限形式的坐标公式为

$$x_C = \frac{A_1 x_1 + A_2 x_2 + \cdots + A_n x_n}{A_1 + A_2 + \cdots + A_n}$$

$$(2\text{-}29)$$

$$y_C = \frac{A_1 y_1 + A_2 y_2 + \cdots + A_n y_n}{A_1 + A_2 + \cdots + A_n}$$

例 2-12 用分割法求图 2-46 所示均质槽形体的重心位置。设 $a = 20\text{cm}$，$b = 30\text{cm}$，$c = 40\text{cm}$。

解 因 x 轴为对称轴，重心在此轴上，$y_C = 0$，只需求 x_C。由图上的尺寸可以算出这三块矩形的面积及其重心的 x 坐标如下

$A_1 = 300\text{cm}^2$，$x_1 = 15\text{cm}$

$A_2 = 200\text{cm}^2$，$x_2 = 5\text{cm}$

$A_3 = 300\text{cm}^2$，$x_3 = 15\text{cm}$

得物体重心的坐标

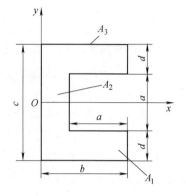

图 2-46 均质槽形体的重心

$$x_C = \frac{A_1 x_1 + A_2 x_2 + A_3 x_3}{A_1 + A_2 + A_3} = 12.5\text{cm}$$

实例分析

实例一 鲤鱼钳的受力分析

如图 2-47a 所示，鲤鱼钳由钳夹 1、连杆 2、上钳头 3 及下钳头 4 组成。若钳夹手握力为 F，不计各杆自重与摩擦，试求钳头的夹紧力 F_1 的大小。设图中的尺寸单位是 mm，连杆 2 与水平线夹角 $\alpha = 20°$。

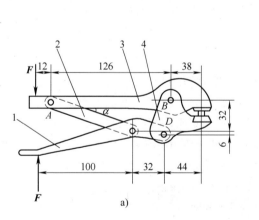

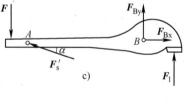

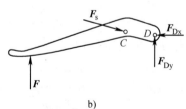

图 2-47 锂鱼钳的受力分析
1—钳夹 2—连杆 3—上钳头 4—下钳头

解 1）取钳夹 1 为研究对象，它所受的力有手握力 F，连杆（二力杆）的作用力 F_s，下钳头与钳夹铰链 D 的约束力 F_{Dx}、F_{Dy}，受力图如图 2-47b 所示。列出平衡方程

$$\sum M_D(F_i) = 0, \quad -F(100 + 32) + F_s \sin\alpha \times 32 - F_s \cos\alpha \times 6 = 0$$

得

$$F_S = \frac{132F}{32\sin\alpha - 6\cos\alpha} = \frac{132F}{32\sin20° - 6\cos20°} = 24.88F \quad (\text{a})$$

2）取上钳头为研究对象，它所受的力有手握力 $\boldsymbol{F}$，连杆的作用力 $\boldsymbol{F}_s'$，上、下钳夹头铰链 B 的约束力 F_{Bx}、F_{By}，钳头夹紧力 F_1。受力图如图 2-47c 所示。列出平衡方程

$$\sum M_B(F_i) = 0, \quad F(126 + 12) - F_s'\sin\alpha \times 126 + F_1 \times 38 = 0$$

得

$$F_1 = \frac{126F_s'\sin\alpha - 138F}{38} \tag{b}$$

3）考虑到 $F_s = F_s'$，将式（a）代入式（b），得

$$F_1 = \frac{126F_s'\sin\alpha - 138F}{38} = \frac{126 \times 24.88 \times \sin20° - 138}{38}F = 24.6F$$

由此可见：鲤鱼钳通过巧妙的设计，使剪切力为手握力的 24.6 倍，达到了省力的目的。

实例二　悬臂吊车如图 2-48a 所示。横梁 AB 长 $L = 2.5\mathrm{m}$，自重 $G_1 = 1.2\mathrm{kN}$。拉杆 BC 倾斜角 $\alpha = 30°$，自重不计。电葫芦连同重物共重 $G_2 = 7.5\mathrm{kN}$。当电葫芦在图示位置 $a = 2\mathrm{m}$ 匀速吊起重物时，求拉杆 BC 的拉力和支座 A 的约束力。

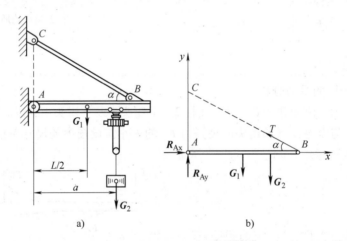

图 2-48　悬臂吊车及其受力分析

解　1）取横梁 AB 为研究对象，画其受力图，如图 2-48b 所示。

2）建立直角坐标系 xAy，如图 2-48b 所示，列平衡方程求解。

由

$$\sum M_A = 0 \qquad TL\sin\alpha - G_1L/2 - G_2a = 0$$

得

$$T = \frac{G_1L + 2G_2a}{2L\sin\alpha} = \frac{1.2 \times 2.5 + 2 \times 7.5 \times 2}{2 \times 2.5 \times \sin30°}\mathrm{kN} = 13.2\mathrm{kN}$$

由

$$\sum F_x = 0 \qquad R_{Ax} - T\cos\alpha = 0$$

得

$$R_{Ax} = T\cos\alpha = 13.2 \times \cos30°\mathrm{kN} = 11.4\mathrm{kN}$$

由

$$\sum F_y = 0 \qquad R_{Ay} - G_1 - G_2 + T\sin\alpha = 0$$

得

$$R_{Ay} = G_1 + G_2 - T\sin\alpha = (1.2 + 7.5 - 13.2\sin30°)\mathrm{kN} = 2.1\mathrm{kN}$$

实例三　图 2-49 所示为起重机简图。已知：机身重 $G = 700\mathrm{kN}$，重心与机架中心线距离为 4m，最大起吊重量 $G_1 = 200\mathrm{kN}$，最大吊臂长为 12m，轨距为 4m，平衡块重 G_2，G_2 的作用线至机身中心距离为 6m。试求保证起重机满载和空载时不翻倒的平衡块重。

解　取起重机为研究对象，画受力图如图 2-48b 所示。

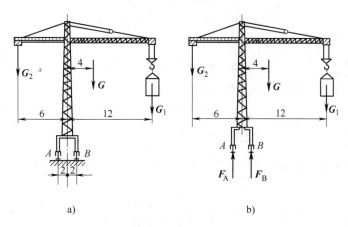

图 2-49　起重机受力

1）满载时（$G_1 = 200\text{kN}$）。若平衡块过轻，则会使机身绕点 B 向右翻倒，因此须配一定重量的平衡块。临界状态时，点 A 悬空，$F_A = 0$，平衡块重应为 $G_{2\min}$。

$$\sum M_B(\boldsymbol{F}) = 0, \quad G_{2\min} \times (6 + 2) - G \times 2 - G_1 \times (12 - 2) = 0$$

$$G_{2\min} = 425\text{kN}$$

2）空载时（$G_1 = 0$）此时与满载情况不同，在平衡块作用下，机身可能绕点 A 向左翻倒。临界状态下，点 B 悬空，$F_B = 0$，平衡块重应为 $G_{2\max}$。

$$\sum M_A(\boldsymbol{F}) = 0, \quad G_{2\max} \times (6 - 2) - G \times (4 + 2) = 0$$

$$G_{2\max} = 1050\text{kN}$$

由以上计算可知，为保证起重机安全，平衡块重必须满足下列条件

$$425\text{kN} < G_2 < 1050\text{kN}$$

知识小结

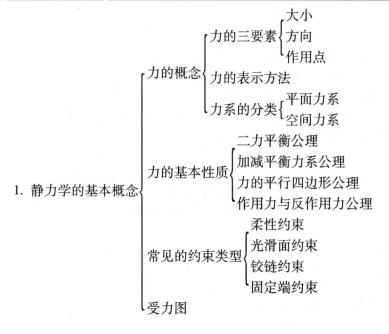

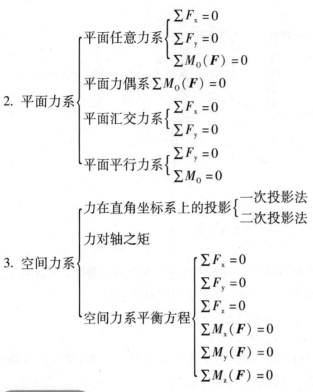

2. 平面力系
- 平面任意力系 $\begin{cases}\sum F_x = 0 \\ \sum F_y = 0 \\ \sum M_0(\boldsymbol{F}) = 0\end{cases}$
- 平面力偶系 $\sum M_0(\boldsymbol{F}) = 0$
- 平面汇交力系 $\begin{cases}\sum F_x = 0 \\ \sum F_y = 0\end{cases}$
- 平面平行力系 $\begin{cases}\sum F_y = 0 \\ \sum M_0 = 0\end{cases}$

3. 空间力系
- 力在直角坐标系上的投影 $\begin{cases}一次投影法 \\ 二次投影法\end{cases}$
- 力对轴之矩
- 空间力系平衡方程 $\begin{cases}\sum F_x = 0 \\ \sum F_y = 0 \\ \sum F_z = 0 \\ \sum M_x(\boldsymbol{F}) = 0 \\ \sum M_y(\boldsymbol{F}) = 0 \\ \sum M_z(\boldsymbol{F}) = 0\end{cases}$

习　题

一、判断题（认为正确的，在括号内打√；反之打×）

1. 刚体是一个理想化的力学模型，指在力的作用下它的形状和大小始终保持不变。　　　　（　　）

2. 凡是受两个力作用的刚体都是二力构件。　　　　（　　）

3. 作用在刚体上的力的三要素为：力的大小、方向和力的作用线。　　　　（　　）

4. 二力平衡条件、加减平衡力系原理和力的可传性仅适用于刚体。　　　　（　　）

5. 分力一定小于合力。　　　　（　　）

6. 工人手推小车前进时，人手和小车之间只存在手对车的作用力。　　　　（　　）

7. 中间铰链的约束力通常用通过铰链中心的两个正交分力来表示。　　　　（　　）

8. 力在轴上的投影是代数量，其值大小用该力在 x 轴和 y 轴上的投影长度表示。　　　　（　　）

9. 受平面汇交力系作用的刚体，若力系的合力为零，刚体一定平衡。　　　　（　　）

10. 有三个力作用在一个物体上，当这三个力作用线汇交于一点时，则此力系必然平衡。　　　　（　　）

11. 当力的作用线通过矩心时，物体不产生转动效果。　　　　（　　）

12. 当力的大小等于零或力的作用线过矩心时，力对点之矩为零。　　　　（　　）

13. 受力偶作用的物体只能在平面内转动。　　　　（　　）

14. 力偶的三要素是力偶矩的大小、力偶的转向和力偶作用面的方位。　　　　（　　）

15. 力偶对于其作用面内任意一点之矩与该点的位置无关，它恒等于力偶矩。　　　　（　　）

16. 力系简化的主要依据是力的平移定理。　　　　（　　）

17. 平面任意力系简化的结果是得到一个主矢和一主矩。　　　　（　　）

18. 若力系中各力的作用线不在同一平面内，则称该力系为空间力系。　　　　（　　）

19. 两个形状和大小均相同、但是质量不同的均质物体，其重心位置相同。　　　　（　　）

20. 将物体沿着过重心的平面切开，两边一定等重。　　　　（　　）

二、选择题（将正确答案的字母序号填入括号内）

1. 力和物体的关系是_____。　　　　　　　　　　　　　　　　　　　（　）

A. 力不能脱离物体而独立存在

B. 一般情况下力不能脱离物体而独立存在

C. 力可以脱离物体而独立存在

2. 在平面力系中，固定端的约束力的画法是_____。　　　　　　　　　（　）

A. 一个约束力　　　　　　　　　　　B. 一个约束力偶

C. 二个正交的约束力　　　　　　　　D. 二个正交的约束力和一个约束力偶

3. 如图 2-50 所示三角拱，若自重不计，以整体为研究对象，判断以下四图中哪一个是正确的受力图。

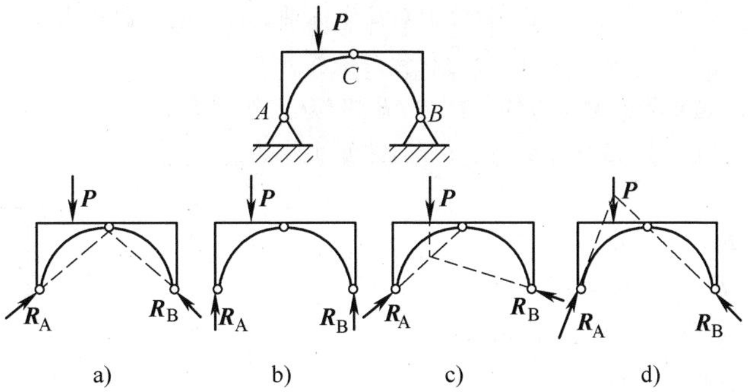

（　）

图 2-50　题二-3 图

4. 如图 2-51 所示，刚架在 C 点受水平力 P 作用，则支座 A 的约束力 N_A 的方向应_____。　（　）

A. 沿水平方向　　　　　　　　　　　B. 沿铅垂方向

C. 沿 AD 连线　　　　　　　　　　　D. 沿 BC 连线

5. 图 2-52 所示四个力，下列它们在 x 轴上的投影计算式中，哪一个是正确的？　　　（　）

A. $x_1 = F_1\sin\alpha_1$　　　　　　　　B. $x_2 = -F_2\cos\alpha_2$

C. $x_3 = -F_3\cos(180° + \alpha_3)$　　　D. $x_4 = -F_4\sin\alpha_4$

6. 图 2-53 所示桁架结构受 F 力作用，其中受压的杆件是_____。　　　　（　）

A. 1 杆　　　　　B. 2 杆　　　　　C. 3 杆　　　　　D. 1 杆和 2 杆

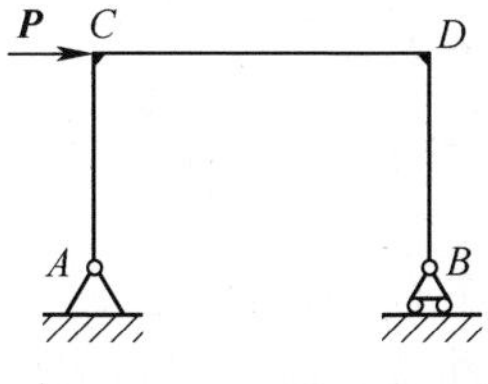

图 2-51　题二-4 图 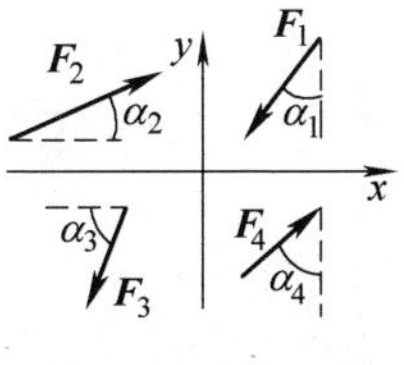　　　　　　图 2-52　题二-5 图 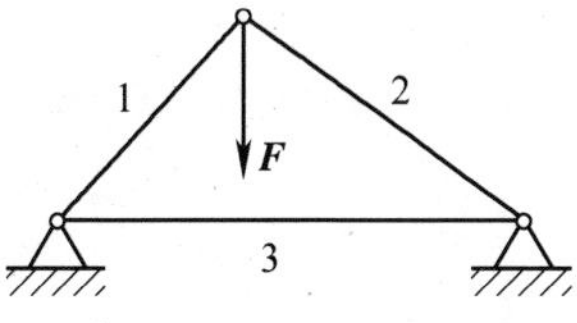　　　　　　图 2-53　题二-6 图

7. 为了便于解题，坐标轴的选取方法是_____。　　　　　　　　　　　（　）

A. 水平或垂直　　　B. 任意　　　C. 与多数未知力平行或垂直

8. 一力对某点的力矩不为零的条件是_____。　　　　　　　　　　　　（　）

A. 作用力不等于零　　　　　　B. 力的作用线不通过矩心　　　　C. 作用力和力臂均不为零

9. 一个力矩的矩心位置发生改变，一定会使_____。　　　　　　　　　（　）

A. 力矩的大小改变，正负不变　　　B. 力矩的大小和正负都可能改变

C. 力矩的大小不变，正负改变　　　D. 力矩的大小和正负都可能不改变

10. 下列说法不正确的是_____。　　　　　　　　　　　　　　　　　（　）

A. 力使物体绕其矩心逆时针转为负

B. 平面汇交力系的合力对平面内任一点的力矩等于力系中各力对同一点力矩的代数和

C. 力偶不能与一个力等效也不能与一个力平衡

D. 力偶对其作用平面内任意一点的矩恒等于力偶矩，而与矩心无关

11. 平面任意力系向平面内一点简化，其结果可能是_____。　　　　　（　　）

A. 一个力　　　B. 一个力和一个力偶　　　C. 一个合力偶　　　D. 一个力矩

12. 平面任意力系_____。　　　　　　　　　　　　　　　　　　　（　　）

A. 可列出 1 个独立平衡方程　　　B. 可列出 2 个独立平衡方程

C. 可列出 3 个独立平衡方程　　　D. 可列出 6 个独立平衡方程

13. 平面任意力系平衡的充分必要条件是_____。　　　　　　　　　（　　）

A. 合力为零　　　　　　　　　B. 各分力对某坐标轴的投影的代数和为零

C. 合力矩为零　　　　　　　　D. 合力和合力矩均为零

14. 如图 2-54 所示，边长为 a 的正方体的棱边 AB 和 CD 上作用着大小均为 F 的两个方向相反的力，则二力对 x、y、z 三轴之矩大小为_____。

　　　　　　　　　　　　　　　　　　　　　　　　（　　）

A. $M_x(F) = 0, M_y(F) = Fa, M_z(F) = 0$

B. $M_x(F) = 0, M_y(F) = 0, M_z(F) = 0$

C. $M_x(F) = Fa, M_y(F) = 0, M_z(F) = 0$

D. $M_x(F) = Fa, M_y(F) = Fa, M_z(F) = Fa$

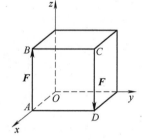

图 2-54　题二-14 图

15. 如图 2-55 所示，边长 $a = 20\text{cm}$ 的正方形匀质薄板挖去边长 $b = 10\text{cm}$ 的正方形，y 轴是薄板对称轴，则其重心的 y 坐标等于_____。　（　　）

A. $y_C = 11\dfrac{2}{3}\text{cm}$

B. $y_C = 10\text{cm}$

C. $y_C = 7\dfrac{1}{2}\text{cm}$

D. $y_C = 5\text{cm}$

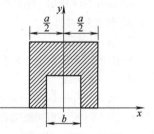

图 2-55　题二-15 图

三、计算作图题

1. 试计算图 2-56 各分图中力 F 对于点 O 之矩。

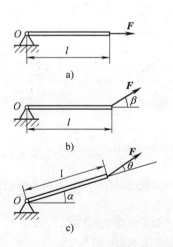

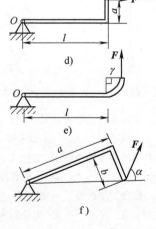

图 2-56　题三-1 图

2. 画出图 2-57 中指定物体的受力图。

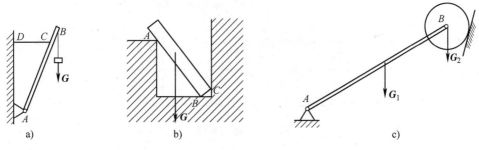

图 2-57　题三-2 图

a) 杆 AB　b) 杆 AB　c) 杆 AB，轮 B 和整体

3. 画出图 2-58 中各物系中指定物体的受力图。

图 2-58　题三-3 图

4. 构件的支承及载荷情况如图 2-59 所示，求支座 A，B 处的约束力。

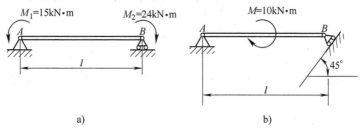

图 2-59　题三-4 图

5. 试求图 2-60 中梁的支座反力。已知 $F = 6kN$，$q = 2kN \cdot m$，$M = 2kN \cdot m$，$l = 2m$，$a = 1m$。

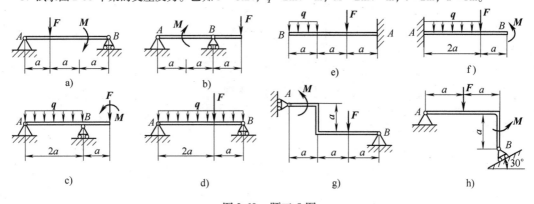

图 2-60　题三-5 图

6. 如图 2-61 所示，汽车起重机车体重力 $W_Q = 26kN$，吊臂重力 $G = 4.5kN$，起重机旋转及固定部分重力 $W = 31kN$。设吊臂在起重机对称面内，试求汽车起重机的最大起吊重量 G_p。

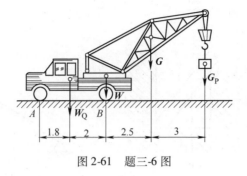

图 2-61　题三-6 图

7. 试求图 2-62 中阴影平面图形的形心坐标。

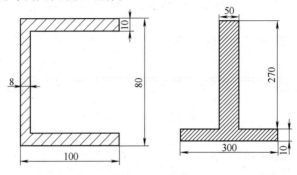

图 2-62　题三-7 图

8. 如图 2-63 所示，梯子 AB 重力为 $G = 300N$，靠在光滑墙上，梯子长为 $l = 3m$，已知梯子与地面间的静摩擦因数为 0.25，现有一重为 650N 的人沿梯子向上爬，若 $\alpha = 60°$，求人能达到的最大高度。

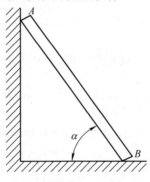

图 2-63　题三-8 图

第3章 杆件的基本变形形式

工程力学与机械设计基础

引 言

图 3-1 所示为某车间生产用简易起重机，当吊起重物后，*AB* 杆和 *BC* 杆都要受力，两杆在受力后会产生一定的变形。若选用或设计该吊车，需要进一步分析 *AB* 杆及 *BC* 杆的受力性质及变形特点。只有分析清楚 *AB* 杆及 *BC* 杆的受力与变形情况，才能进行有关强度等方面计算，正确选用或设计该吊车。

本章就是以前面已学的知识为基础，通过分析杆件内部的受力情况，着重研究杆件的基本变形，为杆件设计或选择提供基本理论和计算方法。

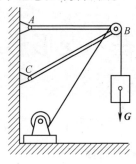

图 3-1　简易起重机

学习内容

3.1　概述

3.1.1　杆件的强度、刚度与稳定性

　　工程实践中实际应用的构件的形状是多种多样的，大致可归纳为杆、板、壳和块四类，如图 3-2 所示。凡是长度远大于其他两方面尺寸的构件称之为杆。杆的几何形状可用其轴线和垂直于轴线的几何图形（横截面）表示。轴线是直线的杆，称为直杆；轴线是曲线的杆，称为曲杆。各截面相同的直杆，称为等直杆，是本节研究的主要对象。

　　杆件是各种工程结构组成单元的统称，如机械中的轴、建筑物中的梁等均称为杆件。当杆件工作时，都要承受载荷作用，为确保杆件能正常工作，必须注意以下几个问题。

1. 强度问题

　　杆件的强度问题可以分为两个方面，一是材料断裂（破坏），二是材料塑性屈服（变形）。机械在正常工作时是不允许杆件出现破坏情况的，但如果杆件的尺寸不合适或所用材料的性能

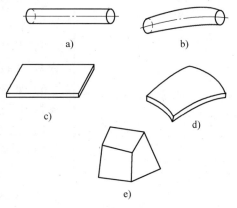

图 3-2　杆、板、壳与块
a）等直杆　b）等截面曲杆　c）板
d）壳　e）块

和所受载荷不匹配，例如起吊货物的索链太细、货物太重或所选用的索链材料太差，都可能使索链强度不够而发生断裂，使起吊机械无法正常工作，甚至造成灾难性的事故。杆件虽然没有出现断裂，但出现了较大的塑性屈服（也称塑性变形），导致杆件严重变形而不能正常工作，也属于强度问题。因而工程设计中首先要解决的问题就是设计杆件的强度问题。

2. 刚度问题

　　工程中对杆件不仅要求具有足够的强度，而且对杆件工作过程中的变形也有一定的要求。如车床主轴在长期使用中易产生弯曲变形，若变形过大，如图 3-3b 所示，则影响车床的加工精度，破坏齿轮的啮合，引起轴承的不均匀磨损，从而造成车床不能正常工作。因此

对这类杆件,还要解决刚度问题,保证在载荷作用下，其变形量不超过造成工作所允许的限度。

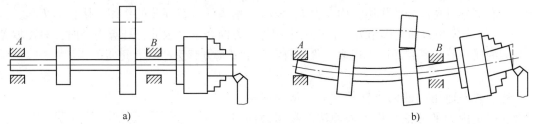

图 3-3　车床主轴示意图

3. 稳定性问题

对于细长的杆件，尤其是承受垂直压力的杆件，当压力达到一定数值时，可能会出现突然失去稳定的平衡状态的现象，称为失稳。如千斤顶，当载荷达到临界值时会突然变弯折断，造成事故。因此，对这类杆件还要解决稳定性问题。

在构件设计中，除了要满足强度、刚度和稳定性的要求外，还需要满足经济方面的要求。前者往往要求加大构件的横截面尺寸，多用材料，用好材料；后者却要求节省材料，避免大材小用，优材劣用，尽量降低成本，因此构件的安全与经济是研究构件的基本变形要解决的一对主要矛盾。

本章内容是研究构件的强度、刚度和稳定性问题。它的主要任务是在满足强度、刚度和稳定性的前提下，为杆件选择合适的材料，确定合理的截面形状和尺寸，科学、合理地解决安全与经济的矛盾，为杆件设计提供基本的理论和方法。

在进行杆件的强度、刚度和稳定性的研究中，杆件的变形不能忽略。为使分析和计算得以简化，在研究强度、刚度和稳定性问题时把杆件抽象为连续、均匀、各向同性的可变形固体这一力学模型。同时，研究的范围仅限于弹性、小变形情况，这样在对杆件进行受力分析时就可以按杆件变形前的原始尺寸进行计算。

本章研究的对象为变形固体。变形固体的变形可分为弹性变形和塑性变形。载荷卸除后能消失的变形称为弹性变形，载荷卸除后不能消失的变形称为塑性变形，下面研究的变形主要是弹性变形。

3.1.2　内力、截面法

1. 内力

杆件内部各部分之间存在着相互作用的内力，从而使杆件内部各部分之间相互联系以维持其原有形状。在外部载荷作用下，杆件内部各部分之间相互作用的内力会随之改变，这个因外部载荷作用而引起杆件内力的改变量，称为附加内力，简称内力。

显然，内力是由于外载荷对杆件的作用而引起的，并随着外载荷的增大而增大。但是，任何杆件的内力的增大都是有一定限度的，当外力超过内力的极限值时，杆件就会发生破坏。可见，杆件承受载荷的能力与其内力密切相关。因此，内力是研究杆件强度、刚度等问题的基础。

2. 截面法

截面法是求内力的基本方法。图 3-4a 所示杆件两端受拉力作用而处于平衡状态。欲求

m—m 截面上的内力，可用一假想平面将杆件在 m—m 处切开，分成左右两部分，如图 3-4b 所示。右部分对左部分的作用，用合力 F_N 表示，左部分对右部分的作用，用合力 F_N' 表示，F_N 和 F_N' 互为作用力和反作用力，它们大小相等、方向相反。因此，计算内力时，只需取截面两侧的任一段来研究即可。现取左段来研究，由平衡方程 $\sum F = 0$，可得

$$F_N - F = 0, \quad F_N = F$$

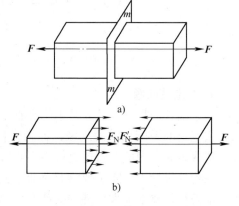

这种假想地用一截面将杆件截开，从而显示内力和确定内力的方法，称为截面法。利用截面法确定内力的步骤可归纳如下：

（1）截开　在欲求内力的截面处，假想地将杆件截为两部分，任选其中一部分为研究对象。

（2）代替　用作用于截面上的内力代替另一部分对研究对象的作用，画出研究对象的受力图。

（3）平衡　根据研究对象的平衡方程，确定内力的大小与方向。

3. 应力

对于每一种材料，单位截面面积上能承受的

图 3-4　截面法

内力是有一定限度的，超过这个限度，物体就要破坏。为了解决强度问题，不但需要知道杆件可能沿哪个截面破坏，而且还需要知道从截面上哪一点开始破坏。因此，仅仅知道截面上的内力是不够的，还必须知道内力在截面上各点的分布情况。为此必须引入应力的概念。

内力在截面上某点处的分布集度称为该点处的应力。当截面上应力均匀分布时，应力就等于单位面积上的内力。通常将与横截面垂直的应力称为正应力，用 σ 表示；与横截面相切的应力称为切应力，用 τ 表示。

在国际单位制中，应力的单位是帕斯卡，其代号为帕（Pa），1 帕等于每平方米面积上作用 1 牛顿的力，即 $1Pa = 1N/m^2$。在工程实际中，这一单位太小，应力的常用单位为兆帕（MPa）、吉帕（GPa），其换算关系为 $1MPa = 10^6 Pa$，$1GPa = 10^9 Pa$，显然，$1MPa = 1N/mm^2$。

3.1.3　杆件的基本变形

当外力以不同的方式作用于杆件时，将产生各种各样的变形形式，其基本变形有轴向拉伸与压缩、剪切、扭转和弯曲四种，如图 3-5 所示。其他复杂的变形形式均可看成是上述两种或两种以上基本变形形式的组合，称为组合变形。

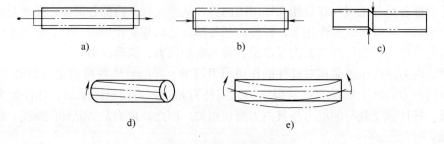

图 3-5　杆件的基本变形

a）轴向拉伸　b）轴向压缩　c）剪切　d）扭转　e）弯曲

　　下面，先分别介绍杆件四种基本变形的强度计算，然后对组合变形作简单介绍。

3.2　轴向拉伸与压缩

3.2.1　轴向拉伸与压缩的概念

　　轴向拉伸与压缩是工程中常见的一种基本变形，如图 3-6a 所示的支架，*AB* 杆受到轴向拉力的作用，沿杆件轴线产生伸长变形；*BC* 杆则受到轴向压力的作用，沿轴线产生压缩变形，如图 3-6b 所示。这类杆件的受力特点是：作用于直杆两端的两个外力等值、反向，且作用线与杆的轴线重合，杆件产生沿轴线方向的伸长或缩短。杆件的这种变形形式称为轴向拉伸或压缩，这类杆件称为拉杆或压杆。

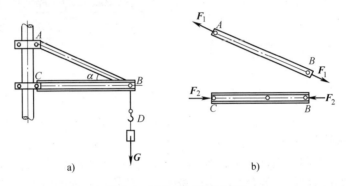

图 3-6　拉伸和压缩的实例

3.2.2　轴力和应力

1. 轴力

　　为了对拉压杆进行强度计算，首先分析其内力。如图 3-7a 所示的拉杆，为显示拉杆横截面上的内力，运用截面法，将杆沿任一截面 *m—m* 假想分为两部分，如图 3-7b 所示。

　　因拉杆的外力与轴线重合，由平衡条件可知，其任一截面上内力的作用线也必与杆的轴线重合，即垂直于杆的横截面，并通过截面形心，这种内力称为轴力，用 F_N 表示。

　　轴力的大小由平衡方程求解，若取左段为研究对象，则

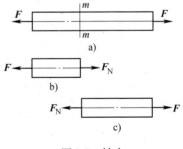

$$\sum F_x = 0, \quad F_N - F = 0$$
$$F_N = F$$

图 3-7　轴力

　　轴力的正负号由杆的变形确定，当轴力的方向与横截面的外法线方向一致时，杆件受拉伸长，其轴力为正；反之，杆件受压缩短，其轴力为负。通常未知轴力均按正向假设。

　　例 3-1　试计算图 3-8 所示直杆的轴力。已知 $F_1 = 16\text{kN}$，$F_2 = 10\text{kN}$，$F_3 = 20\text{kN}$。

　　解　1）计算 *D* 端支反力，由整体平衡方程 $\sum F_x = 0$，$F_D + F_1 - F_2 - F_3 = 0$ 得

$$F_D = F_2 + F_3 - F_1 = (10 + 20 - 16)\text{kN} = 14\text{kN}$$

2）分段计算轴力。由于在横截面 B 和 C 上作用有外力，故将杆分为三段。用截面法截取如图 3-8b、c、d 所示的研究对象后，得

$$\Sigma F_x = 0, \quad -F_{N1} + F_1 = 0 \quad F_{N1} = F_1 = 16\text{kN}$$

$$\Sigma F_x = 0, \quad -F_{N2} + F_1 - F_2 = 0 \quad F_{N2} = F_1 - F_2 = (16 - 10)\text{kN} = 6\text{kN}$$

$$\Sigma F_x = 0, \quad F_D + F_{N3} = 0 \quad F_{N3} = -F_D = -14\text{kN}$$

式中，F_{N3} 为负值，说明实际情况与图中所设 F_{N3} 的方向相反，应为压力。

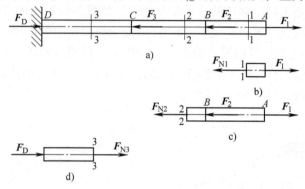

图 3-8 直杆受力分析

2. 横截面上的应力

拉压杆横截面上的轴力是横截面上分布内力的合力，为确定拉压杆横截面上各点的应力，需要知道轴力在横截面上的分布。实验表明，拉压杆横截面的内力是均匀分布的，且方向垂直于横截面，如图 3-9 所示。因此，拉压杆横截面上各点产生的是正应力 σ。设拉压杆横截面面积为 A，轴力为 F_N，则横截面上各点的正应力 σ 为

$$\sigma = \frac{F_N}{A} \tag{3-1}$$

由式（3-1）可知，正应力与轴力具有相同的正负号，即拉应力为正，压应力为负。

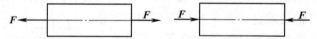

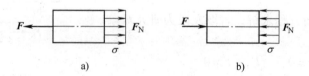

图 3-9 正应力

例 3-2 如图 3-10 所示，一中段开槽的直杆，承受轴向载荷 $F = 20\text{kN}$ 的作用，已知 $h = 25\text{mm}$，$h_0 = 10\text{mm}$，$b = 20\text{mm}$。试计算直杆的最大正应力。

解 1）计算轴力。用截面法求得杆中各处的轴力为

$$F_N = -F = -20\text{kN}$$

2）求横截面面积。该杆有实体面积（1—1 截面）A_1 和有槽的面积（2—2 截面）A_2，本应分别计算各段的应力然后比较，但本题明显可见 A_2 面积较小，故中段 2—2 截面处的正应力较大。A_2 的大小为

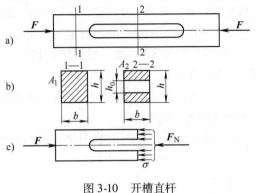

$$A_2 = (h - h_0)b = (25 - 10) \times 20 \text{mm}^2$$
$$= 300 \text{mm}^2$$

3）计算最大正应力

$$\sigma_{max} = \frac{F_N}{A_2} = -\frac{20 \times 10^3}{300} \text{N/mm}^2$$
$$= -66.7 \text{MPa}$$

图 3-10　开槽直杆

计算结果为负，说明其应力为压应力，直杆受压。

3.2.3　材料在拉伸与压缩时的力学性能

材料的力学性能，主要指材料受外力作用时，在强度和变形方面所表现出来的性能。材料的力学性能是通过实验手段获得的。实验采用的是国家统一规定的标准试件，如图 3-11 所示，L_0 为试件的原始标距，L_e 为平行长度。对于圆截面试件，标距与横截面直径有两种比例：$L_0 = 10d$ 和 $L_0 = 5d$。

下面分别以低碳钢和铸铁为塑性材料和脆性材料的代表，介绍它们在常温静载荷下的力学性能。

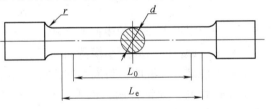

图 3-11　拉伸试件

1. 低碳钢的力学性能

（1）拉伸时的力学性能　低碳钢是工程上广泛使用的金属材料，它在拉伸时所表现出来的力学性能具有典型性。拉伸实验在万能试验机上进行。实验时将试件装在夹头中，然后开动机器加载。试件受到由零逐渐增加的拉力 F 的作用，同时发生伸长变形，加载一直进行到试件断裂为止。一般试验机上附有自动绘图装置，在实验过程中能自动绘出载荷和相应的伸长变形的关系曲线，为方便分析和研究，经过处理，得到低碳钢的 R-ε 曲线（应力-应变曲线），如图 3-12 所示。其中 $\varepsilon = \dfrac{\Delta L}{L_0}$（$\Delta L$ 为试件的伸长量），称为伸长率。

1）弹性阶段 OC'。在 OC' 段中，拉力和伸长成正比例关系，表明钢材的应力与应变为线性关系，完全遵循胡克定律，如图 3-12 所示。若当应力继续增加到 C 点时，应力和应变的关系不再是线性关系，但变形仍然是弹性的，即卸除拉力变形完全消失。

2）屈服阶段 SK。在 R-ε 曲线上出现一段近似水平的"锯齿"形阶段，R_{eL} 为下屈服点，R_{eH} 为上屈服点，在此阶段内，应力变化不大，而应变却急剧增

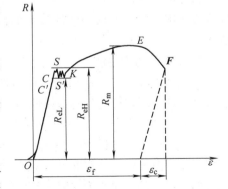

图 3-12　低碳钢拉伸时的 R-e 曲线

加，材料失去继续抵抗变形的能力，这种现象称为屈服，SK 段称为屈服阶段。由于下屈服点比较稳定，故工程上一般只定义下屈服点，屈服应力是衡量材料强度的一个重要指标。旧的国家标准中屈服阶段的最低应力值定义为屈服点 σ_s，该物理量在工程实际中还会经常遇到。

3）强化阶段 KE。过了屈服阶段以后，试样因塑性变形，其内部晶体组织结构重新得到了调整，其抵抗变形的能力有所增强，随着拉力的增加，伸长变形也随之增加，拉伸曲线继续上升，KE 曲线段称为强化阶段，该曲线上 R_m 称为材料的抗拉强度极限，它也是材料强度性能的重要指标。

4）断后伸长率和断面收缩率。材料的塑性可用试件断裂后遗留下来的塑性变形来表示。一般有如下两种表示方法：

①断后伸长率（A）

$$A = \frac{L_U - L_O}{L_O} \times 100\%$$

式中　L_U——试件断裂后的标距长度；

　　　　L_O——试件原来的标距长度。

②断面收缩率（Z）

$$Z = \frac{S_O - S_U}{S_O} \times 100\%$$

式中　S_O——试验前试件的横截面面积；

　　　　S_U——试件断口处最小横截面面积。

A 和 Z 值越大，说明材料断裂时产生的塑性变形越大，塑性越好。通常将 A > 5% 的材料称为塑性材料，如钢、铜、铝等；A < 5% 的材料称为脆性材料，如铸铁、玻璃、陶瓷等。

（2）压缩时的力学性能　低碳钢压缩时的 R-ε 曲线，如图 3-13 所示，与拉伸时的 R-ε 曲线（见图 3-13 虚线）相比，在屈服阶段以前，两条曲线基本重合。这说明塑性材料在压缩过程中的弹性模量、屈服点与拉伸时相同，但在到达屈服阶段时不像拉伸试验时那样明显。屈服阶段以后，试样越压越扁，由于试样横截面面积不断增大，试样抗压能力也随之提高，曲线持续上升，不能测出抗压强度极限，故一般认为塑性材料的抗压强度等于抗拉强度。

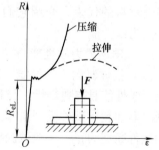

图 3-13　低碳钢压缩时的 R-e 曲线

2. 铸铁的力学性能

铸铁是工程上广泛应用的一种脆性材料。用铸铁制成标准试件，同样可得到铸铁拉伸和压缩时的 R-ε 曲线，如图 3-14 所示。图中虚线表示铸铁拉伸时的 R-ε 曲线，实线表示铸铁压缩时的 R-ε 曲线。以铸铁为代表的脆性金属材料，由于塑性变形很小，鼓胀效应不明显，当应力达到一定值后，试样在 45°~55° 的方向上发生破裂，如图 3-14 所示。比较图中两条曲线，可以看出铸铁的抗

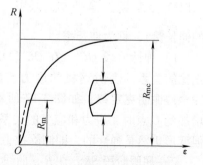

图 3-14　铸铁的 R-ε 曲线

R_{mc}—压缩强度极限　R_m—拉伸强度极限

压强度极限比其抗拉强度极限高 4 ~ 5 倍，故铸铁广泛用于机床床身、机座等受压零部件。其他脆性材料也有这样的性质。

3.2.4 拉伸与压缩时的强度计算

1. 许用应力与安全系数

材料丧失正常工作能力时的应力，称为极限应力。通过前面对材料力学性能的研究可知，塑性材料和脆性材料的极限应力分别为屈服点和强度极限，即对拉伸和压缩的杆件，塑性材料以塑性屈服为破坏标志，脆性材料以脆性断裂为破坏标志。为了确保杆件在外力作用下安全可靠地工作，应使它的工作应力小于材料的极限应力，并使杆件的强度留有必要的强度储备。为此，将极限应力除以一个大于 1 的系数作为杆件工作时允许产生的最大应力，这个应力称为许用应力，用 $[\sigma]$ 表示。

对于塑性材料

$$[\sigma] = \frac{\sigma_s}{n_s} \tag{3-2}$$

对于脆性材料

$$[\sigma] = \frac{\sigma_b}{n_b} \tag{3-3}$$

式中 n_s、n_b 分别为屈服安全系数和断裂安全系数。

确定安全系数的大小是一项很重要的工作，它不仅反映了杆件工作的安全程度和材料的强度储备量，又反映了材料合理使用的情况。安全系数取得过高，浪费材料，且使杆件笨重；取得太低则不安全。所以安全系数的选取涉及安全与经济的问题。对一般杆件常取 n_s = 1.3 ~ 2.0，n_b = 2.0 ~ 3.5，具体在应用时可查阅机械设计手册。

2. 拉伸与压缩的强度条件

为了保证杆件具有足够的强度，必须使其最大工作应力 σ_{max} 小于或等于材料在拉伸（压缩）时的许用应力 $[\sigma]$，即

$$\sigma_{max} = \frac{F_N}{A} \leqslant [\sigma] \tag{3-4}$$

式（3-4）称为拉伸（压缩）杆的强度条件，是拉（压）杆强度计算的依据。产生最大正应力 σ_{max} 的截面称为危险截面，式中 F_N 和 A 分别为危险截面的轴力和横截面面积。

3. 强度问题

根据强度条件，按照求解方向的不同，实际强度问题可分为以下三个方面的问题。

1）强度校核。实际工作中，当杆件的材料、截面尺寸及所受载荷都是已知或可以计算出来，需要检验某已知杆件在已知载荷下能否正常工作时，就要用到式（3-4）强度条件来校核，即判断强度条件不等式

$$\sigma_{max} = \frac{F_N}{A} \leqslant [\sigma] \tag{3-5}$$

是否成立。如果强度条件不等式成立，则强度满足要求；反之，强度不足。实际工程中，任何设计出来的杆件在投入使用之前都必须经过严格的校核，以保证机械设备的安全使用。

2）设计截面尺寸。如果杆件的材料已选定，杆件的受力已知或可以计算出来，那么可以在满足强度条件的前提下，将强度条件变化为

$$A \geqslant \frac{F_N}{\sigma_{max}} \tag{3-6}$$

先算出截面面积，再根据截面形状，设计出具体的截面尺寸。

3）确定许可载荷。工程实践中，杆件已加工完成或已组装成常用机械，杆件的材料和尺寸都已确定，为最大限度地应用这一杆件或最大程度的安全使用机械，往往需要确定该杆件或该机械能承受的最大载荷，可将强度条件变化为

$$F_N \leqslant A \cdot [\sigma] \tag{3-7}$$

根据式（3-7）确定出杆件的最大许可载荷，知道了结构中每个杆件的许可载荷，再根据结构的受力关系即可确定出整个结构的许可载荷。

例 3-3 简易起重机如图 3-15 所示，在第二章例 2-3 中已求出 AB 杆受拉，拉力（轴力）$F_1 = 54.6kN$，截面尺寸 $b = 40mm$，$h = 60mm$。材料的许用应力 $[\sigma] = 40MPa$。试校核 AB 杆的强度。

解 由式（3-4）可求 AB 杆的强度

$$\sigma = \frac{F_1}{A} = \frac{54.6 \times 10^3 N}{40 \times 60mm^2} = 22.75 N/mm^2 = 22.75 MPa < [\sigma]$$

所以 AB 杆的强度足够。

例 3-4 图 3-16a 所示三绞架结构中，A、B、C 三点都是铰链连接的，两杆截面均为圆形，材料为钢，许用应力 $[\sigma] = 58MPa$，设 B 点挂货物重 $G = 20kN$，按要求解决如下三种强度问题。

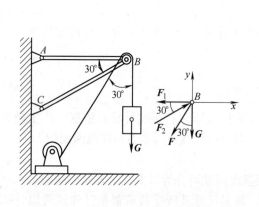

图 3-15 简易起重机的受力分析

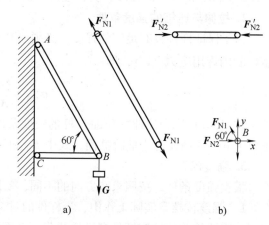

图 3-16 三绞架受力分析

1. 如果 AB、BC 杆直径均为 $d = 20mm$，试校核此三绞架的强度。

解 1）受力分析，求轴力，三绞架中 AB、BC 均为二力杆，为计算两杆的轴力，取 B 点为研究对象，画出受力图，建立坐标系，由平衡方程

$$\Sigma F_y = 0, \quad F_{N1} \sin 60° - G = 0$$

求得 AB 杆外力
$$F'_{N1} = F_{N1} = \frac{G}{\sin 60°} = 23.10 \mathrm{kN}$$

$$\sum F_x = 0, \quad F_{N2} - F_{N1}\cos 60° = 0$$

求得 BC 杆外力

$$F'_{N2} = F_{N1}\cos 60° = \frac{G}{2\sin 60°} = 11.55 \mathrm{kN}$$

由于 AB、BC 杆都是二力杆，所以外力即是轴力
$$F'_{N1} = 23.10 \mathrm{kN}, \quad F'_{N2} = 11.55 \mathrm{kN}$$

2）强度校核

AB 杆
$$\sigma_1 = \frac{F'_{N1}}{A} = \frac{23.10 \times 10^3}{\pi \times 20^2/4} = 73.5 \mathrm{MPa} > [\sigma] = 58 \mathrm{MPa}$$

BC 杆
$$\sigma_2 = \frac{F'_{N2}}{A} = \frac{11.55 \times 10^3}{\pi \times 20^2/4} = 36.75 \mathrm{MPa} < [\sigma] = 58 \mathrm{MPa}$$

从以上结果可以看出，AB 杆工作应力超出许用应力，而使三绞架强度不足，为了能够安全使用，方法之一是增大 AB 杆的直径，从而降低杆的工作应力。而 BC 杆工作应力远没有达到许用应力，说明 BC 杆直径过大，既浪费材料又不够经济。

2. 为了安全和经济，请重新设计两杆直径。

解　由强度条件

$$\sigma_{max} = \frac{F_N}{A} = \frac{F_N}{\pi d^2/4} \leqslant [\sigma]$$

得直径
$$d \geqslant \sqrt{\frac{4F_N}{\pi[\sigma]}}$$

AB 杆直径　$d_1 \geqslant \sqrt{\dfrac{4F_{N1}}{\pi[\sigma]}} = \sqrt{\dfrac{4 \times 23.10 \times 10^3}{3.14 \times 58}} = 22.5 \mathrm{mm}$，取 $d_1 = 23 \mathrm{mm}$

BC 杆直径　$d_2 \geqslant \sqrt{\dfrac{4F_{N2}}{\pi[\sigma]}} = \sqrt{\dfrac{4 \times 11.55 \times 10^3}{3.14 \times 58}} = 15.9 \mathrm{mm}$，取 $d_2 = 16 \mathrm{mm}$

3. 如果两杆直径只能采用 $\phi 20 \mathrm{mm}$，那么此三绞架最多能挂起多重的货物？

解　根据强度条件

$$F_N \leqslant A[\sigma] = \frac{\pi}{4} \times 20^2 \times 58 \mathrm{N} = 18200 \mathrm{N} = 18.2 \mathrm{kN}$$

由平衡方程
$$\sum F_y = 0, \quad F_{N1}\sin 60° - G = 0$$

得
$$F_{N1} = \frac{G}{\sin 60°} \leqslant 18.2 \mathrm{kN} \qquad G \leqslant 18.2 \sin 60° \mathrm{kN} = 15.76 \mathrm{kN}$$

$$\sum F_x = 0, \quad F_{N2} - F_{N1}\cos 60° = 0$$

得
$$F_{N2} = F_{N1}\cos 60° = \frac{G}{2\sin 60°} \leqslant 18.2 \mathrm{kN} \qquad G \leqslant 18.2 \mathrm{kN} \times 2\sin 60° = 31.5 \mathrm{kN}$$

若使两杆都能满足强度要求，应取 $G = G_{min} = 15.76 \mathrm{kN}$。

3.3　剪切与挤压的实用计算

3.2.1　剪切与挤压的概念

1. 剪切的概念

剪床剪钢板是剪切的典型实例（见图 3-17a）。剪切时，上、下切削刃以大小相等、方向相反、作用线相距很近的两力 F 作用于钢板上，如图 3-17b 所示，使钢板在两力间的截面 m—m 发生相对错动。工程中的许多连接件，如铆钉（见图 3-18）、键（见图 3-19）等都受到剪切变形。对它们进行受力分析，可知其受力特点是：杆件受到一对大小相等、方向相反、作用线平行且相距很近的外力；变形特点为：杆件两力间的截面发生相对错动。发生相对错动的截面（见图 3-18b 中的 m—m 截面）称为剪切面，它位于两个反向的外力作用线之间，并与外力平行。

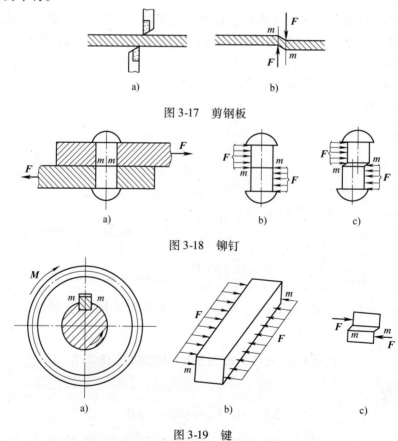

图 3-17　剪钢板

图 3-18　铆钉

图 3-19　键

2. 挤压的概念

在杆件发生剪切变形的同时，往往伴随着挤压变形，如前述的铆钉和键联接，在传递力的接触面上，由于局部承受较大的压力，会出现塑性变形，这种现象称为挤压。发生挤压的接触面称为挤压面。挤压面上的压力称为挤压力。挤压面就是两杆件的接触面，一般垂直于外力作用线。

3.3.2　剪切与挤压的实用计算

在工程上，剪切和挤压的计算都采用实用计算法。即认为剪力在剪切面上的分布和挤压力在挤压面上的分布都是均匀的。并分别建立其强度条件：

剪切强度条件为

$$\tau = \frac{F_Q}{A} \leqslant [\tau] \tag{3-8}$$

式中　F_Q——剪切面上的剪力（N）；

　　　A——剪切面的面积（mm^2）；

　　　$[\tau]$——材料的许用切应力（Pa），可从有关手册中查得。

挤压强度条件为

$$\sigma_{jy} = \frac{F_{jy}}{A_{jy}} \leqslant [\sigma_{jy}] \tag{3-9}$$

式中　F_{jy}——挤压面上的挤压力（N）；

　　　A_{jy}——挤压面面积（mm^2）；

　　　$[\sigma_{jy}]$——材料的许用挤压应力（Pa），具体数据可从有关手册中查得。

计算挤压面面积时应注意：当挤压面为平面时，挤压面面积为实际接触面的面积；当挤压面为半圆柱面时（如铆钉连接），挤压面面积按半圆柱面的正投影面积计算。

剪切强度条件和挤压强度条件也可以解决强度校核、设计截面、确定许可载荷这三类问题。值得注意的是，因为挤压变形具有相互性，所以在计算挤压强度的过程中，当连接件和被连接件的材料不同时，应对挤压强度较低的杆件进行强度计算。

例 3-5　如图 3-20 所示，用剪板机剪切钢板，钢板的厚度为 3mm，宽度为 500mm，钢板的抗剪强度极限为 $\tau_b = 360MPa$，试计算剪断钢板所需要的最小剪力。

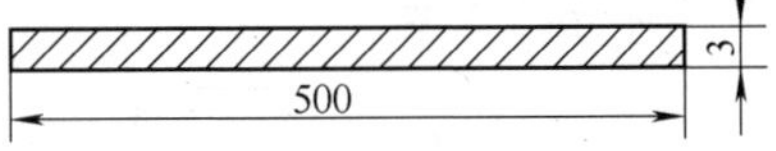

解　要剪断钢板，则剪切应力应超过抗剪切强度极限

图 3-20　钢板

$$\tau = \frac{F_Q}{A} \geqslant \tau_b$$

$$F_Q \geqslant A\tau_b = 3 \times 500 \times 360N = 540 \times 10^3 N = 540kN$$

所以剪断钢板的最小剪力为 540kN。

例 3-6　如图 3-21a 所示齿轮用平键与轴联接，已知轴直径 $d = 70mm$，键的尺寸为 $b \times h \times l = 20mm \times 12mm \times 100mm$，传递的转矩 $T = 2kN \cdot m$，键的许用切应力 $[\tau] = 60MPa$，许用挤压应力 $[\sigma_{jy}] = 100MPa$，试校核键的强度。

解　1）校核键的剪切强度。将平键沿 n—n 截面分成两部分，并把 n—n 以下部分和轴作为一个整体来考虑，如图 3-21b 所示，对轴心取矩，由平衡方程 $\Sigma M_O = 0$，得

$$F_Q \frac{d}{2} = T, \quad F_Q = \frac{2T}{d} = 57.14kN$$

剪切面面积为　　　　　　　　$A = b \cdot l = 20mm \times 100mm = 2000mm^2$

可得

$$\tau = \frac{F_{Q}}{A} = \frac{57.14\text{kN} \times 10^{3}}{2000\text{mm}^{2}} = 28.6\text{MPa} < [\tau]$$

可见平键满足剪切强度条件。

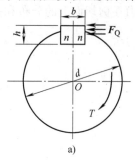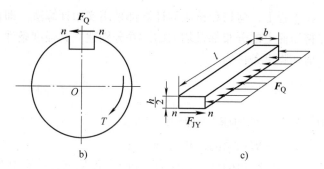

图 3-21　键的受力分析

2）校核键的挤压强度。考虑键在 $n—n$ 截面以上部分的平键，如图 3-21c 所示，则

挤压应力　　　　　　　　　　　　$F_{jy} = F_{Q} = 57.14\text{kN}$

挤压面积　　　　　　　　　　　　$A_{jy} = \frac{h}{2}l$

$$\sigma_{jy} = \frac{F_{jy}}{A_{jy}} = \frac{(57.14\text{kN}) \times 10^{3}}{6\text{mm} \times 100\text{mm}} = 95.2\text{MPa} < [\sigma_{jy}]$$

故平键也满足挤压强度条件。

例 3-7　拖车的挂钩靠插销联接，如图 3-22a 所示。已知牵引力 $F = 15\text{kN}$，挂钩厚度 $t = 8\text{mm}$，宽度 $b = 30\text{mm}$，直板销孔中心至边的距离 $a = 10\text{mm}$，两部分挂钩材料与销相同，为 20 钢，$[\sigma] = 100\text{MPa}$，$[\tau] = 60\text{MPa}$，$[\sigma_{jy}] = 100\text{MPa}$。试确定插销的直径并校核整个挂钩联接部分的强度。

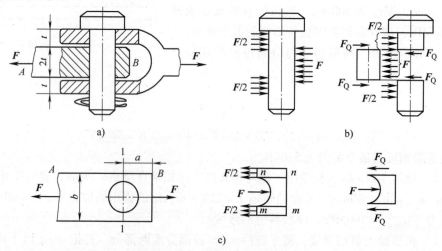

图 3-22　联接销的受力分析

解　1）分析插销变形，取插销为研究对象，画受力图，如图 3-22b 所示，插销是联接件，要考虑剪切和挤压变形。

2）有两处剪切面，两处剪切面的情况相同为双剪问题；三处挤压面，受力与面积成倍数关系，情况也基本相同。考虑强度时，可分别取一处进行分析。

3）根据剪切强度条件设计插销直径，运用截面法求剪力

$$F_Q = \frac{F}{2}$$

由剪切强度条件

$$\tau_{max} = \frac{F_Q}{A} = \frac{\dfrac{F}{2}}{\dfrac{\pi d^2}{4}} \leqslant [\tau]$$

$$d_1 \geqslant \sqrt{\frac{2F}{\pi[\tau]}} = \sqrt{\frac{2 \times 15kN \times 10^3}{3.14 \times 60MPa}} \approx 12.6mm$$

4）再根据挤压强度条件设计插销直径

$$\sigma_{jy} = \frac{F_Q}{A_{jy}} = \frac{\dfrac{F}{2}}{dt} \leqslant [\sigma_{jy}]$$

$$d_2 \geqslant \frac{F}{2t[\sigma_{jy}]} = \frac{15kN \times 10^3}{2 \times 8mm \times 100} \approx 9.4mm$$

综合3）和4）两项可知，应该同时满足剪切和挤压强度要求，因此选取大的直径，取整后 $d = 13mm$。

5）要使整个连接部分满足强度，还需要校核挂钩 AB 部分的剪切强度和拉伸强度，受力分析如图 3-22c 所示，孔心截面是拉伸的危险截面。

剪切强度

$$\tau_{max} = \frac{F_Q}{A} = \frac{\dfrac{F}{2}}{(2t \times a) \times 2} = \frac{15kN \times 10^3}{(2 \times 8mm \times 10mm) \times 2} \approx 46.9MPa \leqslant [\tau] = 60MPa$$

拉伸强度

$$\sigma_{max} = \frac{F}{A} = \frac{F}{(b-d) \times 2t} = \frac{15kN \times 10^3}{(30mm - 13mm)2 \times 8mm} \approx 55.1MPa \leqslant [\sigma] = 100MPa$$

经过校核，整个挂钩联接部分的强度满足要求。

3.4　圆轴的扭转

3.4.1　圆轴扭转的概念、扭矩与扭矩图

1. 圆轴扭转的概念

工程实际中，有很多杆件是承受扭转作用而传递动力的。例如，用钻床钻孔的钻头（见图 3-23a）、汽车转向轴（见图 3-23b）以及传动系统的传动轴 AB（见图 3-23c）等均是扭转变形的实例，它们都可简化为图 3-23d 所示的计算简图。从计算简图可以看出，杆件扭

转变形的受力特点是：在与杆件轴线垂直的平面内受到若干个力偶的作用；其变形特点是：杆件的各横截面绕杆轴线发生相对转动，杆轴线始终保持直线。

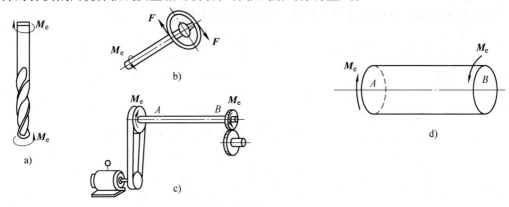

图 3-23　扭转的实例

在日常生活中，拧毛巾、拧床单都可以看到明显的扭转变形，用旋具旋紧螺钉、钥匙开门时，也可以产生难以察觉的微小的扭转变形。

工程上常将以扭转变形为主的杆件称为轴。机械中的轴多数是圆截面和环形截面，统称为圆轴。本节只研究圆轴的扭转变形。

2. 扭矩与扭矩图

（1）外力偶矩的计算　工程中的传动轴通常不直接给出外力偶矩，只给出其转速和所传递的功率，则外力偶矩的计算公式为

$$M_e = 9550 \frac{P}{n} \tag{3-10}$$

式中　　M_e——外力偶矩（N·m）；

　　　　P——轴传递的功率（kW）；

　　　　n——轴的转速（r/min）。

（2）扭矩与扭矩图　如图 3-24a 所示，圆轴在一对大小相等、转向相反的外力偶矩 M_e 的作用下产生扭转变形，此时横截面上就产生了抵抗变形和破坏的内力，我们可用截面法把它显示出来，如图 3-24b 和 c 所示。由平衡关系可知，扭转时横截面上内力合成的结果必定是一个力偶，这个内力偶矩称为扭矩，用符号 T 表示。由平衡条件得

$$T - M_e = 0 \qquad T = M_e$$

若取右段为研究对象，同样可求得 T，它们大小相等、转向相反，是作用力和反作用力的关系。为了使不论取左段还是取右段求得的扭矩大小、符号都一致，对扭矩的正负号规定如下：按右手螺旋法则，四指顺着扭矩的转向握住轴线，则大拇指的指向离开截面时为正；反之为负，如图 3-25 所示。

为了形象地表示各截面扭矩的大小和正负，常需画出扭矩随截面位置变化的图像，这种图像称为扭矩图。取平行于轴线的横坐标 x 表示各截面的位置，垂直于轴线的纵坐标 T 表示相应截面上的扭矩，正扭矩画在 x 轴的上方，负扭矩画在 x 轴的下方，如图 3-24d 所示。

当轴受多个外力偶作用时，由平衡条件可得计算扭矩的简捷方法：圆轴任一截面的扭矩

等于该截面一侧（左侧或右侧）轴段上所有外力偶矩的代数和。按右手定则，四指表示外力偶矩的转向，圆轴左侧截面大拇指指向左或圆轴右侧截面大拇指指向右的外力偶矩，在截面上产生正的扭矩，简称为"左左右右，扭矩为正"；反之，则产生负的扭矩。

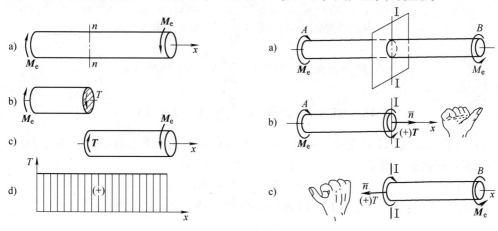

图 3-24　扭矩与扭矩图　　　　　　　　　　　图 3-25　扭矩的正负号规定

a）受力图　b）左段受力　c）右段受力　d）扭矩图　　　　a）截面　b）左段扭矩符号　c）右段扭矩符号

例 3-8　已知传动轴如图 3-26a 所示。已知带轮 A、带轮 C 和带轮 D 的输出功率（从动轮）分别为 28kW、20kW 和 12kW，动力从带轮 B 输入（主动轮），其功率为 60kW。轴的转速为 500r/min，试画出该轴的扭矩图。

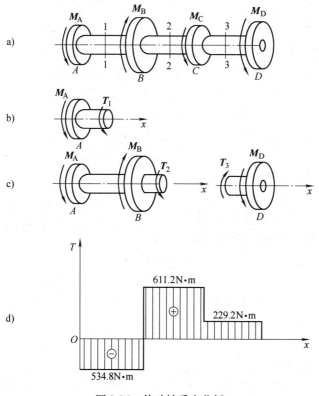

图 3-26　传动轴受力分析

解　1）计算外力偶矩

$$M_A = 9550\frac{P_A}{n} = 9550 \times \frac{28}{500}\text{N} \cdot \text{m} = 534.8\text{N} \cdot \text{m}$$

$$M_B = 9550\frac{P_B}{n} = 9550 \times \frac{60}{500}\text{N} \cdot \text{m} = 1146\text{N} \cdot \text{m}$$

$$M_C = 9550\frac{P_C}{n} = 9550 \times \frac{20}{500}\text{N} \cdot \text{m} = 382\text{N} \cdot \text{m}$$

$$M_D = 9550\frac{P_D}{n} = 9550 \times \frac{12}{500}\text{N} \cdot \text{m} = 229.2\text{N} \cdot \text{m}$$

2）计算各段截面上的扭矩。以外力偶矩作用的截面为分界点将轴分为 AB、BC、CD 三段，计算各截面上的扭矩

AB 段　　　　　　　　　　　$T_1 = -M_A = -534.8\text{N} \cdot \text{m}$

BC 段　　　　$T_2 = M_B - M_A = 1146\text{N} \cdot \text{m} - 534.8\text{N} \cdot \text{m} = 611.2\text{N} \cdot \text{m}$

CD 段　　　　　　　　　　　$T_3 = M_D = 229.2\text{N} \cdot \text{m}$

3）画扭矩图。根据上述计算结果画出扭矩图，如图 3-26d 所示。可见，轴的最大扭矩在 BC 段内的横截面上，其值为 $T_{max} = 611.2\text{N} \cdot \text{m}$。

通过该例题可得出如下结论：传动轴上主、从动轮的合理布置，将从动轮分置于主动轮的两侧，并使其两侧输出的功率尽可能接近，这样可使 $|T_{max}|$ 最小。读者可据此分析该题中传动轴上的主、从动轮的位置，和重新排列后的扭矩图。

3.4.2　圆轴扭转的应力与强度计算

通过实验和理论推导得知：圆轴扭转时横截面上只产生切应力，而横截面上各点切应力的大小与该点到圆心的距离 ρ 成正比，方向与过该点的半径垂直。圆心处切应力为零，在圆轴表面上各点的切应力最大，如图 3-27 所示。并且可以导出横截面上任一点的切应力公式为

$$\tau_\rho = \frac{T\rho}{I_p} \tag{3-11}$$

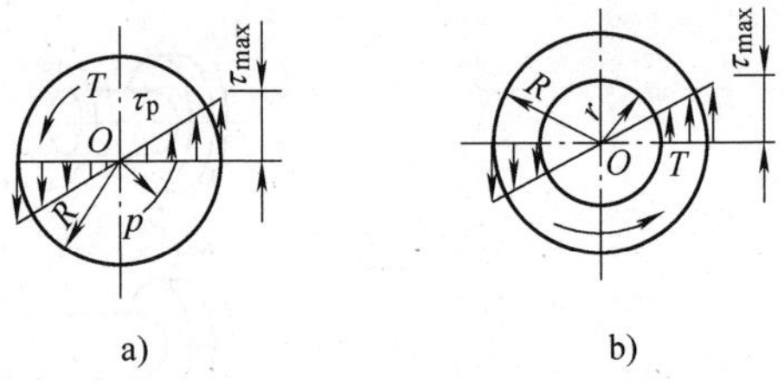

式中　T——横截面上的转矩；

　　　I_p——横截面对圆心的极惯性矩；

　　　ρ——横截面上任一点到圆心的距离。

图 3-27　扭转切应力分布规律

a）实心圆截面　b）空心圆截面

显然，当 $\rho = R$ 时，切应力最大，即

$$\tau_{max} = \frac{TR}{I_p}$$

令 $W_p = I_p/R$，于是上式可改写为

$$\tau_{max} = \frac{T}{W_p} \tag{3-12}$$

式中　W_p——抗扭截面系数。

截面的极惯性矩 I_p 和抗扭截面模量 W_p 都是与截面形状和尺寸有关的几何量。工程中承受扭转变形的圆轴常采用实心圆轴和空心圆轴两种形式，其横截面如图 3-28 所示。它们的

I_p 和 W_p 的计算公式如下：

（1）实心圆轴

$$I_p = \frac{\pi D^4}{32} \approx 0.1D^4 \tag{3-13}$$

$$W_p = \frac{I_p}{R} = \frac{\pi D^3}{16} \approx 0.2D^3 \tag{3-14}$$

式中　D——轴的直径（m 或 mm）。

（2）空心圆轴

$$I_p = \frac{\pi D^4}{32} - \frac{\pi d^4}{32} = \frac{\pi D^4}{32}(1-\alpha^4) \approx 0.1D^4(1-\alpha^4) \tag{3-15}$$

$$W_p = \frac{\pi D^3}{16}(1-\alpha^4) \approx 0.2D^3(1-\alpha^4) \tag{3-16}$$

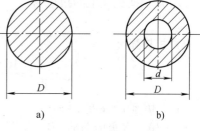

图 3-28　圆轴的截面
a）实心圆　b）空心圆

式中　D——空心圆轴的外径；

　　　d——空心圆轴的内径，$\alpha = d/D$；

为了保证受扭圆轴能正常工作，应使圆轴内的最大工作切应力不超过材料的许用切应力。所以，扭转强度条件为

$$\tau_{max} = \frac{T}{W_p} \leqslant [\tau] \tag{3-17}$$

式中 T 为圆轴危险截面（产生最大切应力的截面）上的扭矩，W_p 为危险截面的抗扭截面模量，$[\tau]$ 为材料的许用切应力，根据扭转试验确定，可从有关设计手册中查得。在静载荷作用下它与材料的许用拉应力 $[\sigma]$ 之间存在如下关系：

塑性材料　　　　　　　$[\tau] = (0.5 \sim 0.6)[\sigma]$

脆性材料　　　　　　　$[\tau] = (0.8 \sim 1.0)[\sigma]$

应用圆轴扭转的强度条件可以进行强度校核、设计截面、确定许可载荷三类问题的计算。

例 3-9　图 3-29a 所示为一齿轮减速器的简图，由电动机带动 AB 轴，轴的直径 $d = 25\mathrm{mm}$，轴的转速 $n = 900\mathrm{r/min}$，传递的功率 $P = 5\mathrm{kW}$。材料的许用切应力 $[\tau] = 30\mathrm{MPa}$，试校核 AB 轴的强度。

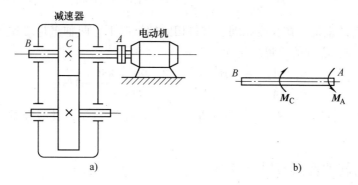

图 3-29　齿轮减速器

解 1）计算 AB 轴所受的外力偶矩。取 AB 轴为研究对象，如图 3-29b 所示。该轴发生扭转变形的同时还发生弯曲变形，我们这里仅考虑扭转。该轴所受的外力偶矩为

$$M_A = M_C = 9550 \frac{P}{n} = 9550 \times \frac{5}{900} \text{N} \cdot \text{m} \approx 53.1 \text{N} \cdot \text{m}$$

故 AB 轴横截面上的扭矩为

$$T = M_A = 53.1 \text{N} \cdot \text{m}$$

2）校核强度

$$\tau_{max} = \frac{T}{W_p} = \frac{16 \times 53.1 \times 10^3}{\pi \times 25^3} \text{MPa} = 17.3 \text{MPa} < [\tau]$$

所以 AB 轴的强度足够。

例 3-10 汽车传动轴 AB（见图 3-30）由无缝钢管制成，管的外径 $D = 90\text{mm}$，壁厚 $t = 2.5\text{mm}$，工作时传递的最大扭矩为 $1500\text{N} \cdot \text{m}$。材料的许用切应力 $[\tau] = 60\text{MPa}$。试校核 AB 轴的强度。若保持最大切应力不变，将传动轴改用实心轴，直径应为多少？并比较两者的重量。

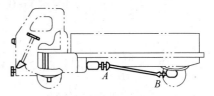

图 3-30 汽车传动轴

解 1）计算 AB 轴的抗扭截面模量

$$\alpha = \frac{d}{D} = \frac{D - 2t}{D} = \frac{90\text{mm} - 2 \times 2.5\text{mm}}{90\text{mm}} = 0.944$$

$$W_p = \frac{\pi D^3}{16}(1 - \alpha^4) = \frac{\pi \times (90\text{mm})^3}{16}(1 - 0.944^4) = 29300\text{mm}^3$$

2）校核 AB 轴的强度

$$\tau_{max} = \frac{T}{W_p} = \frac{1500 \times 10^3}{29300} \text{MPa} = 51\text{MPa} < [\tau]$$

故 AB 轴满足强度要求。

3）设计实心轴的直径 D_1 若把空心轴设计成实心轴，因两轴最大切应力相等，故可得

$$\tau_{max} = \frac{T}{W_p} = \frac{16 \times 1500 \times 10^3}{\pi D_1^3} \text{MPa} = 51\text{MPa}$$

$$D_1 = \sqrt[3]{\frac{16 \times 1500 \times 10^3}{\pi \times 51}} \text{mm} = 53.1\text{mm}$$

4）比较两者的重量 在长度相同、材料相同的情况下，两轴重量之比等于横截面面积之比，故空心轴与实心轴的重量之比为

$$\frac{G_2}{G_1} = \frac{A_2}{A_1} = \frac{\pi(D^2 - d^2)/4}{\pi D_1^2/4} = \frac{90^2 - 85^2}{53.1^2} = 0.31$$

可见在强度相等的条件下，空心轴重量只为实心轴的 31%，其减轻重量、节约材料的效果是非常明显的。

3.4.3 圆轴扭转的变形与刚度计算

对于轴类零件，除要求其具有足够的强度外，往往对其变形也有严格的限制，不允许轴

产生过大的扭转变形。例如，机床主轴若产生过大变形，工作时不仅会产生振动，加大摩擦，降低机床使用寿命，还会严重影响工件的加工精度。因此，变形及刚度问题也是圆轴设计所关心的一个重要问题。

1. 圆轴扭转时的变形

扭转角是轴横截面间相对转过的角度，用 φ 来表示，如图 3-31 所示，单位为弧度（rad），工程中也用度（°）作扭转角的单位，换算关系为 $1\,\text{rad} = \dfrac{180°}{\pi}$。

扭转变形用两个横截面的相对扭转角来表示，经推导可得

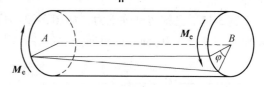

图 3-31 轴的扭转变形

$$\mathrm{d}\varphi = \frac{T}{GI_{\mathrm{p}}}\mathrm{d}x$$

对于长度为 l、扭矩 T 不随长度变化的等截面圆轴，有

$$\varphi = \frac{Tl}{GI_{\mathrm{p}}} \tag{3-18}$$

式中　T——截面上的转矩；

　　　l——两横截面的距离；

　　　G——材料的切变模量；

　　　I_{p}——截面惯性矩。

由式 3-18 可以看出，φ 与 T、l 成正比，与 G、I_{p} 成反比。当 T 和 l 一定时，GI_{p} 越大则扭转角越小，说明圆轴抵抗扭转变形的能力越强，即 GI_{p} 反映了圆轴抵抗扭转变形的能力，称为截面的扭转刚度。

对于阶梯状的圆轴以及扭矩分段变化的等截面圆轴，须分段计算相对转角，然后求代数值，即可求得全轴长度上的扭转角。

2. 单位扭转角

扭转角 φ 与截面间的距离大小有关，即在相同的外力偶矩作用下，l 越大，产生的扭转角就越大，因而不能用扭转角来衡量扭转变形的程度。因此，工程中采用单位长度相对扭转角 θ（简称单位扭转角）来度量扭转变形程度，即

$$\theta = \frac{\varphi}{l} = \frac{T}{GI_{\mathrm{p}}} \tag{3-19}$$

式中，θ 的单位为 rad/m。

由于工程中常用（°）/m 做单位扭转角的单位，所以，上式经常写为

$$\theta = \frac{\varphi}{l} = \frac{T}{GI_{\mathrm{p}}} \times \frac{180}{\pi} \tag{3-20}$$

3. 刚度条件

工程设计中，通常限定轴的最大单位扭转角 $\theta_{\max}$ 不得超过规定的许用单位扭转角 $[\theta]$（(°)/m），即

$$\theta = \frac{\varphi}{l} = \frac{T}{GI_{\mathrm{p}}} \times \frac{180}{\pi} \leqslant [\theta] \tag{3-21}$$

式（3-21）为圆轴扭转时的刚度条件。许用单位扭转角 $[\theta]$ 是根据设计要求定的，可从手册中查出，也可参考下列数据

精密机械的轴 $[\theta] = 0.15° \sim 0.5°/m$

一般传动轴 $[\theta] = 0.5° \sim 1.0°/m$

精度要求较低的轴 $[\theta] = 0° \sim 2.5°/m$

综上可以看出，对于工程中较为精密的机械中的轴，通常需要同时考虑强度条件和刚度条件。

例 3-11 已知传动轴受力，如图 3-32a 所示，若材料选用 45 钢，$G = 80GPa$，取 $[\tau] = 60MPa$，$[\theta] = 1.0°/m$。试根据强度条件和刚度条件设计轴的直径。

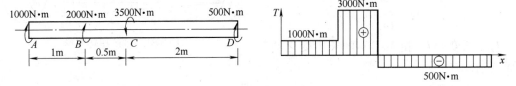

图 3-32 传动轴的受力分析

解 1）内力计算

$$T_{AB} = 1000N \cdot m$$
$$T_{BC} = 3000N \cdot m$$
$$T_{CD} = -500N \cdot m$$

扭矩如图 3-32b 所示。

2）危险截面分析   由于是等截面轴，扭矩（绝对值）最大的 BC 段，同时是强度和刚度的危险段。

3）由强度条件设计轴的直径

$$\tau_{max} = \frac{T_{max}}{W_p} = \frac{T_{max}}{\dfrac{\pi d^3}{16}} \leqslant [\tau]$$

$$d_1 = \sqrt[3]{\frac{16T_{max}}{\pi[\tau]}} = \sqrt[3]{\frac{16 \times 3000}{\pi \times 60 \times 10^6}} \approx 0.0634m = 63.4mm$$

4）由刚度条件在设计轴的直径   需要注意的是 $[\theta]$ 的单位是 $((°)/m)$，所以长度单位最好统一用 m，扭矩用 $N \cdot m$，G 的单位用 Pa，以确保计算单位统一。

$$\theta_{max} = \frac{T_{max}}{GI_p} \times \frac{180}{\pi} = \frac{T_{max} \times 180}{G \times \dfrac{\pi d^4}{32} \times \pi} \leqslant [\theta]$$

$$d_1 = \sqrt[4]{\frac{32T_{max} \times 180}{G\pi^2[\theta]}} = \sqrt[4]{\frac{32 \times 3000 \times 180}{80 \times 10^9 \times 3.14^2 \times 1.0}} m = 0.0684m = 68.4mm$$

要同时满足强度条件和刚度条件，须 $d \geqslant d_{max}$，取 $d = 70mm$。

3.5　直梁的弯曲

3.5.1　平面弯曲

弯曲变形是工程上常见的一种基本变形，如机车的轮轴（见图 3-33）、桥式起重机的横梁（见图 3-34）等。这类杆件的受力与变形的主要特点是：在杆件轴线平面内受垂直于轴线方向的外力作用，或承受力偶作用，使杆件的轴线由直线变成曲线，这种变形形式称为弯曲变形。凡是以弯曲变形为主的杆件称为梁。

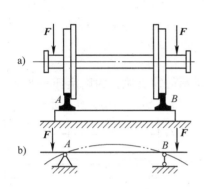

图 3-33　机车轮轴图

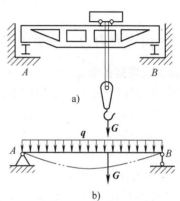

图 3-34　桥式起重机的横梁

1. 静定梁的基本形式

作用在梁上的外力包括载荷与支座约束力。仅由平衡方程可求出全部支座约束力的梁称为静定梁，按照支座对梁的约束情况，静定梁有以下三种基本形式：

（1）简支梁　梁的一端是固定铰链支座，另一端是活动铰链支座，如图 3-35a 所示。

（2）外伸梁　一端或两端有外伸部分的简支梁，如图 3-35b 所示。

（3）悬臂梁　一端固定，另一端自由的梁，如图 3-35c 所示。

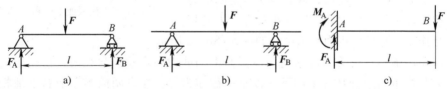

图 3-35　静定梁的基本形式

梁的两个支座之间的距离 l，称为梁的跨度。

2. 平面弯曲的概念

工程中常见的多数梁，其横截面至少有一根对称轴，如图 3-36 所示。截面的对称轴与梁的轴线所确定的平面称为梁的纵向对称平面，如图 3-37 所示。若梁上所有外力（包括外力偶）都作用在梁的纵向对称平面内，则变形后梁的轴线将变成位于纵向对称平面内的一条平面曲线，这种弯曲称为平面弯曲。它是弯曲问题中最简单的一种情况，是本节主要讨论的问题。

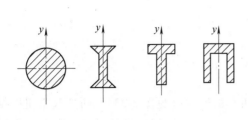

图 3-36　有对称轴的梁

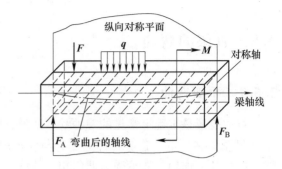

图 3-37　纵向对称平面

3.5.2　平面弯曲内力——剪力与弯矩

1. 剪力、弯矩的概念

分析梁横截面上的内力仍用截面法。如图 3-38a 所示的简支梁，为确定任一截面 m—n 的内力，我们用截面法沿横截面 m—n 将梁截为左、右两段，如图 3-38b 和 c 所示。

由于整个梁是平衡的，它的任一部分也应是平衡的。若取左段为研究对象，由其平衡可知在 m—n 截面上必然存在着两个内力分量：

1）与截面相切的内力分量，称为剪力，用 F_Q 表示。

2）作用在纵向对称平面内的力偶矩，称为弯矩，用 M 表示。

由平衡方程可计算出 m—n 截面的 F_Q 与 M

$$\sum F_y = 0, \quad F_A - F_Q = 0 \quad F_Q = F_A$$

$$\sum M_C(F) = 0, \quad M - F_A x = 0 \quad M = F_A x$$

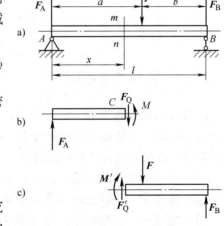

图 3-38　梁横截面上的剪力和弯矩

截面 m—n 上的剪力和弯矩，也可取右段为研究对象根据平衡方程求得。显然，取右段所求得的剪力和弯矩与取左段求得的剪力和弯矩大小相等、方向相反，它们是作用力与反作用力的关系，如图 3-38b、c 所示。

为使取左段梁和右段梁求得的同一横截面上的剪力与弯矩符号相同，根据梁的变形情况，对剪力和弯矩的正负号规定如下：以某一截面为界，左右两段梁左上右下地相对错动时，该截面上的剪力为正，反之为负，如图 3-39 所示；使某段梁弯曲呈上凹下凸状时，该横截面上的弯矩为正，反之为负，如图 3-40 所示。

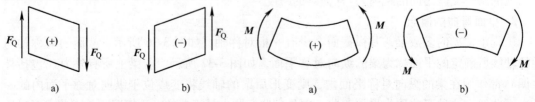

图 3-39　剪力的正负号　　　　　　　　　图 3-40　弯矩的正负号

2. 计算剪力和弯矩的解题步骤与方法

综合所述，可将计算剪力与弯矩的方法概括如下：

（1）在需求内力的横截面处，假想地将梁切开，并选切开后的任一段为研究对象。

（2）画所选梁段的受力图，图中剪力 F_Q 与弯矩 M 可假设为正。

（3）由平衡方程 $\sum F_y = 0$ 计算剪力 F_Q。

（4）由平衡方程 $\sum M_C = 0$ 计算弯矩 M，式中，C 为所切横截面的形心。

3.5.3　剪力图和弯矩图

1. 根据剪力方程和弯矩方程画剪力图和弯矩图

一般情况下，梁横截面上的剪力和弯矩是随截面位置而发生变化的，若以梁的轴线为 x 轴，表示横截面的位置，则梁上各横截面的剪力和弯矩都可以表示为 x 的函数，即

$$\begin{cases} F_Q = F_Q(x) \\ M = M(x) \end{cases} \tag{3-22}$$

上述两式即为剪力和弯矩随截面位置变化的函数关系式，分别称为剪力方程和弯矩方程。梁的剪力和弯矩随截面位置变化的图像，分别称为剪力图和弯矩图。值得注意的是：列剪力方程和弯矩方程应根据梁上载荷的分布情况分段进行，集中力（包括支座反力）、集中力偶的作用点和分布载荷的起、止点均为分段点。利用剪力图和弯矩图很容易确定梁的最大剪力和弯矩，找到危险截面的位置，以便进行梁的强度计算。下面举例说明剪力图和弯矩图的画法。

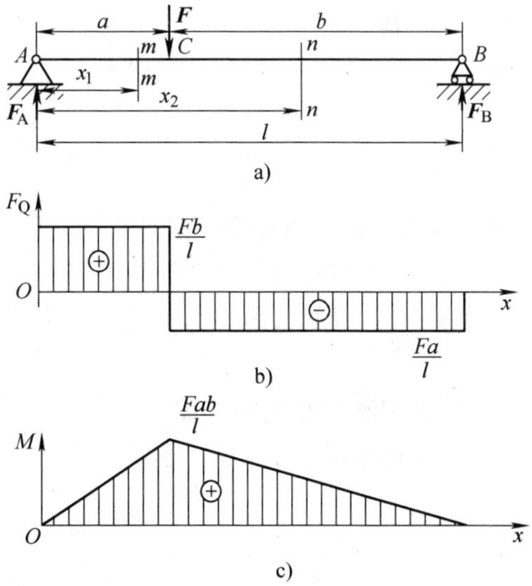

例 3-12　如图 3-41a 所示，一简支梁受集中力作用，试画出该梁的剪力图和弯矩图。

解　1）求支座反力。由平衡方程得

$$F_A = \frac{Fb}{l}, \qquad F_B = \frac{Fa}{l}$$

图 3-41　简支梁

2）列剪力方程和弯矩方程。梁在 C 处有集中力作用，故需分为 AC、CB 两段分别列方程

AC 段
$$F_Q(x_1) = F_A = \frac{Fb}{l} \quad (0 < x_1 < a)$$

$$M(x_1) = F_A x_1 = \frac{Fb}{l} x_1 \quad (0 \leqslant x_1 \leqslant a)$$

CB 段
$$F_Q(x_2) = -F_B = -\frac{Fa}{l} \quad (a < x_2 < l)$$

$$M(x_2) = F_B(l - x_2) = \frac{Fa}{l}(l - x_2) \quad (a \leqslant x_2 \leqslant l)$$

3）画剪力图和弯矩图　由 AC 段和 CB 段的剪力方程可知，AC 段梁的剪力图是一条位

于 x 轴上方的水平直线，CB 段梁的剪力图是一条位于 x 轴下方的水平直线，如图 3-41b 所示。

由 AC 段和 CB 段的弯矩方程可知，两段梁的弯矩图均为斜直线，如图 3-41c 所示。

例 3-13　试画图 3-42a 所示简支梁的剪力图和弯矩图。

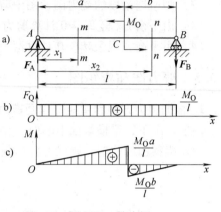

解　1）求支座反力　根据平衡方程

$$F_A = \frac{M_O}{l}, \qquad F_B = \frac{M_O}{l}$$

2）列剪力方程和弯矩方程　由于在 C 截面处有集中力偶作用，应分 AC、CB 两段列方程

AC 段　　$F_Q(x_1) = F_A = \dfrac{M_O}{l}$　　$(0 < x_1 < a)$

$$M(x_1) = F_A x_1 = \frac{M_O}{l} x_1 \quad (0 \leqslant x_1 < a)$$

图 3-42　简支梁

CB 段　　　　　　　　$F_Q(x_2) = F_A = \dfrac{M_O}{l}$　　$(a \leqslant x_2 < l)$

$$M(x_2) = F_A x_2 - M_O = \frac{M_O}{l} x_2 - M_O \quad (a < x_2 \leqslant l)$$

3）画剪力图和弯矩图　AC 段、CB 段的剪力为常数，因此剪力图在全梁上为一条水平直线，如图 3-42b 所示。可见集中力偶对剪力图无影响。

AC 段、CB 段的弯矩均为 x 的一次函数，故两段梁的弯矩图都为斜直线，如图 3-42c 所示。

2. 剪力图和弯矩图的规律

通过以上例题，可总结出剪力图、弯矩图的规律见表 3-1。

表 3-1　剪力、弯矩规律图

载荷类型	无载荷段 $q(x)=0$	均布载荷段 $q(x)=c$		集中力		集中力偶	
		$q<0$	$q>0$	F / C	C / F	M_e / C	M_e / C
F_Q 图	水平线	倾斜线		产生突变		无影响	
				F	F		
M 图	$F_Q>0$ 倾斜线 ・ $F_Q=0$ 水平线 ・ $F_Q<0$ 倾斜线	二次抛物线，$F_Q=0$ 处有极值		在 C 处有折角		产生突变	
				C	C	M_e	M_e

1）无均布载荷作用的梁段，剪力等于常数，剪力图为水平线。弯矩图为斜直线，$F_Q >$ 0 时，弯矩图为一条上斜直线（／）；$F_Q < 0$ 时，弯矩图为一条下斜直线（＼）；$F_Q = 0$ 时，弯矩图为一条水平直线。

2）均布载荷作用的梁段，剪力图为斜直线，$q < 0$ 时，剪力图为一条下斜直线（＼），$q > 0$ 时，剪力为一条上斜直线（／）；弯矩图为抛物线，$q < 0$ 时，弯矩图为一条开口向下的抛物线，$q > 0$ 时，弯矩图为一条开口向上的抛物线。

3）在集中力作用的截面上，剪力图发生突变，突变值等于集中力的大小，自左向右突变的方向与集中力的指向相同，弯矩图在此处出现一个折角。

4）在集中力偶作用的截面上，剪力图无变化，弯矩图发生突变，突变值等于集中力偶矩的大小。当集中力偶为顺时针时，自左向右弯矩图向上突变；反之向下突变。

利用上述规律，既可以检查梁的内力图是否正确，也可以不列剪力方程和弯矩方程直接画出剪力图和弯矩图。

3.5.4　纯弯曲时梁横截面上的正应力

1. 梁的弯曲变形与平面假设

一般情况下，梁受外力而弯曲时，横截面上同时有剪力 F_Q 和弯矩 M 两种内力。剪力会引起切应力，弯矩会引起正应力。

图 3-43 所示为简支梁受力弯曲的分析图。简支梁的 CD 段，其横截面上只有弯矩而无剪力，如图 3-43b、c 所示，这样的弯曲称为纯弯曲。AC、DB 段横截面上既有弯矩又有剪力，如图 3-43b、c 所示，这样的弯曲称为横力弯曲。

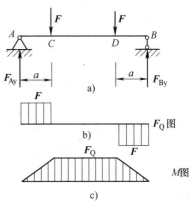

图 3-43　简支梁弯曲受力分析

为了使问题简化，我们分析梁纯弯曲时横截面上的正应力。为便于研究，作以下两个假设：

1）平面假设——梁变形后，其横截面仍保持为平面，并垂直于变形后梁的轴线，只是绕着截面上某一轴转过一个角度。

2）单向受力假设——梁是由无数条纵向纤维组成，各纤维之间处于单向拉伸或压缩状态，不存在挤压现象。

2. 中性层与中性轴

如图 3-44 所示，矩形截面梁，在其两端受到两个力偶的作用发生纯弯曲变形。根据平面假设，观察纯弯曲梁的变形，可以发现凹边的纵向纤维层缩短，凸边的纵向纤维层伸长。由于变形的连续性，因此其间必有一层既不伸长也不缩短的纵向纤维层，称为中性层。中性层与横截面的交线称为中性轴，即图 3-44 中的 z 轴。可以证明，中性轴必过梁横截面的形心且与纵向对称平面垂直；由于中性轴位于中性层上，故中性轴是横截面上缩短区域与伸长区域的分界线。

3. 梁横截面上正应力的分布规律

梁横截面上正应力的分布规律如图 3-45 所示。可总结如下：

1）纯弯曲变形时，梁的横截面上只有正应力，没有切应力。

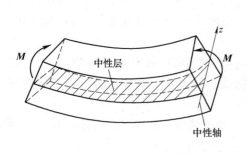

图 3-44　中性层与中性轴

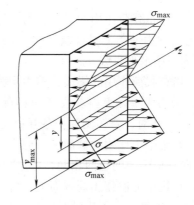

图 3-45　梁横截面上的弯曲正应力

2）梁横截面上任意一点处的正应力与该点到中性轴的距离成正比。中性轴上各点（$y=0$）的正应力为零；在中性轴两侧，一侧为压应力，梁的变形为受压，另一侧为拉应力，梁的变形为受拉；与中性轴等距的各点正应力相等；离中性轴最远点的正应力最大。

4. 正应力计算公式

根据材料互不挤压的假设，考虑梁受力弯曲时的几何、物理和静力学三方面的关系，可以推导出纯弯曲梁横截面上任一点正应力的计算公式为

$$\sigma = \frac{My}{I_z} \tag{3-23}$$

式中　σ——横截面上任一点的弯曲正应力（Pa）；

　　　M——横截面上的弯矩（N·m）；

　　　y——欲求应力的点到中性轴的距离（m）；

　　　I_z——横截面对中性轴 z 轴的惯性矩（m⁴）。

式（3-23）即为梁纯弯曲时横截面上正应力的计算式。它表明：梁横截面上任意一点的正应力 σ 与截面上的弯矩 M 和该点到中性轴的距离 y 成正比，而与截面对中性轴的惯性矩 I_z 成反比。

显然，当 $y=y_{max}$ 时，弯曲正应力达到最大值，即

$$\sigma_{max} = \frac{My_{max}}{I_z} \tag{3-24}$$

令 $W_z = \dfrac{I_z}{y_{max}}$，则上式可写为

$$\sigma_{max} = \frac{M}{W_z} \tag{3-25}$$

式中，W_z 称为横截面对中性轴的抗弯截面系数，是截面的几何性质之一，也是衡量截面抗弯能力的一个几何参数。

对于矩形、工字形等截面，其中性轴为横截面的对称轴，截面上的最大拉应力与最大压应力的绝对值相等。对于不对称于中性轴的截面，如 T 形、槽形截面等，则必须用中性轴两侧不同的 y_{max} 值计算抗弯截面系数。

需要指出的是，上述正应力计算公式虽由纯弯曲梁的变形导出，但理论与实验证明，当梁的跨度与横截面的高度之比大于 5（$l/h > 5$）时，只要材料在弹性范围内，上述公式也适用于横力弯曲的情况。

5. 简单截面的惯性矩和抗弯截面系数

截面的惯性矩与抗弯截面系数是取决于截面形状、尺寸的物理量。常用截面的惯性矩和抗弯截面系数的计算公式见表 3-2。有关型钢的惯性矩、抗弯截面系数可在相关的工程手册中查得。

表 3-2　常用截面的惯性矩和抗弯截面系数的计算公式

截面形状			
惯性矩	$I_z = \dfrac{bh^3}{12}$ $I_y = \dfrac{hb^3}{12}$	$I_z = I_y = \dfrac{\pi D^4}{64}$	$I_z = I_y = \dfrac{\pi D^4}{64}(1 - \alpha^4)$ 式中　$\alpha = \dfrac{d}{D}$
抗弯截面系数	$W_z = \dfrac{bh^2}{6}$ $W_y = \dfrac{hb^2}{6}$	$W_z = W_y = \dfrac{\pi D^3}{32}$	$W_z = W_y = \dfrac{\pi D^3}{32}(1 - \alpha^4)$ 式中　$\alpha = \dfrac{d}{D}$

3.5.5　弯曲强度条件

等截面直梁受平面弯曲时，弯矩最大的截面为梁的危险截面，最大弯曲正应力在危险截面的上、下边缘处。为了保证梁能安全工作，最大工作应力 σ_{max} 不得超过材料的弯曲许用应力 $[\sigma]$。因此，梁弯曲时的正应力强度条件为

$$\sigma_{max} = \frac{M_{max}}{W_z} \leqslant [\sigma] \tag{3-26}$$

式中，$[\sigma]$ 为弯曲许用应力。

利用梁的正应力强度条件，可解决梁的三类强度设计问题。

（1）校核强度　已知梁的截面形状尺寸、材料及所受载荷，验证梁的强度是否满足强度条件。

（2）选择截面　已知梁的材料和所受载荷，按下式

$$W_z \geqslant \frac{M_{max}}{[\sigma]}$$

求出抗弯截面系数 W_z，再根据 W_z 确定截面尺寸。

（3）确定许可载荷　已知梁的截面形状尺寸及所用材料，先按下式

$$M_{\max} \leq W_z [\sigma]$$

求出最大弯矩 $M_{\max}$，然后根据 $M_{\max}$ 与载荷的关系确定梁能承受的最大载荷。

例3-14 圆轴受力如图 3-46a 所示，已知材料的许用应力 $[\sigma] = 100\text{MPa}$，试设计轴的直径。

解 1）作弯矩图。圆轴可简化为图 3-46b 所示的外伸梁，弯矩图如图 3-46c 所示。可见，C 截面为危险截面，弯矩为

$$M_{\max} = 1.5\text{kN} \cdot \text{m}$$

2）设计轴径。根据梁的弯曲强度条件

$$\sigma_{\max} = \frac{M_{\max}}{W_z} = \frac{32M_{\max}}{\pi D^3} \leq [\sigma]$$

$$D \geq \sqrt[3]{\frac{32M_{\max}}{\pi [\sigma]}} = \sqrt[3]{\frac{32 \times 1.5 \times 10^6}{\pi \times 100}}\text{mm} = 53.5\text{mm}$$

故取轴的直径 $D = 54\text{mm}$。

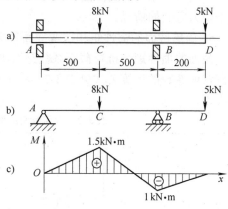

图 3-46 圆轴受力分析

例3-15 工字钢简支梁受力如图 3-47a 所示，已知 $l = 6\text{m}$，$F_1 = 12\text{kN}$，$F_2 = 21\text{kN}$。钢的许用应力 $[\sigma] = 160\text{kN}$，试选择工字钢的型号。

解 1）作弯矩图。先计算出支座反力，然后作出弯矩图，如图 3-47b 所示。从图中可知

$$M_{\max} = 36\text{kN} \cdot \text{m}$$

2）选择截面。根据正应力确定条件有

$$W_z \geq \frac{M_{\max}}{[\sigma]} = \frac{36 \times 10^6}{160}\text{mm}^3 = 225\text{cm}^3$$

查型钢表（型钢表本书略，读者可查阅相关设计手册），选 20a 工字钢。其 $W_z = 237\text{cm}^3$，略大于按确定条件算出的 W_z 值，一定满足强度要求。

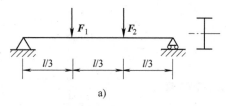

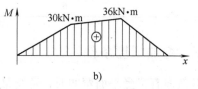

图 3-47 梁的截面设计

例3-16 一起重量原为 50kN 的单梁吊车，其跨度 $l = 10.5\text{m}$，如图 3-48a 所示，由 45a 工字钢制成。为发挥其潜力，现拟将起重量提高到 $F = 70\text{kN}$，试校核梁的强度。若强度不够，再计算其可能承载的起重量。梁的材料为 Q235，许用应力 $[\sigma] = 140\text{MPa}$；电葫芦重 $G = 15\text{kN}$，不计梁的自重。

解 1）作弯矩图，求最大弯矩。将吊车简化为一简支梁，如图 3-48b 所示。显然，当电葫芦行至梁中点时所引起的弯矩最大，作此时的弯矩图如图 3-48c 所示。最大弯矩发生在中点处的截面上

$$M_{\max} = \frac{(F + G)l}{4} = \frac{(70 + 15) \times 10.5}{4}\text{kN} \cdot \text{m}$$

$$= 223\text{kN} \cdot \text{m}$$

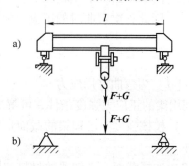

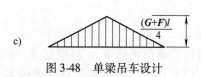

图 3-48 单梁吊车设计

2）强度校核。查型钢表可得，45a 工字钢的抗弯截面系数值 $W_z = 1430 \text{cm}^3$，梁的最大工作应力为

$$\sigma_{max} = \frac{M_{max}}{W_z} = \frac{223 \times 10^3}{1430 \times 10^{-6}} \text{MPa} = 156 \text{MPa} > 140 \text{MPa}$$

不安全，故不能将起重量提高到 70kN。

3）计算梁的承载能力。由梁的强度条件

$$\sigma_{max} = \frac{M_{max}}{W_z} \leqslant [\sigma]$$

可得
$$M_{max} \leqslant W_z [\sigma] = 140 \times 10^6 \times 1430 \times 10^{-6} \text{kN} \cdot \text{m} \approx 200 \text{kN} \cdot \text{m}$$

而由 $M_{max} = \dfrac{(F+G)l}{4}$，有

$$\frac{(F+G)l}{4} \leqslant 200 \text{kN} \cdot \text{m}$$

可得
$$F \leqslant \frac{200 \times 10^3 \times 4}{l} - G = \left(\frac{200 \times 10^4 \times 4}{10.5} - 15 \right) \text{kN} = 61.3 \text{kN}$$

因此，原吊车梁允许的最大起吊重量为 61.3kN。

3.5.6　梁的弯曲变形与刚度

1. 梁的弯曲变形的概念

工程中的梁除了要满足强度条件之外，对弯曲变形也有一定的限制。例如，桥式起重机的大梁如果弯曲变形过大，将使梁上小车行走困难，并易引起梁的振动；又如，齿轮传动轴如果弯曲变形过大，不仅会使齿轮不能很好地啮合而造成传动不平稳，而且会加剧轴承的磨损；机床主轴若变形过大则会影响加工工件的精度。

图 3-49 所示为一悬臂梁，取直角坐标系 xAy，x 轴向右为正，y 轴向上为正，xAy 平面与梁的纵向对称平面是同一平面。梁受外力作用后，轴线由直线变成一条连续而光滑的曲线，称为挠曲线或弹性曲线。

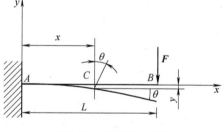

图 3-49　悬臂梁的变形

梁各点的水平位移略去不计，梁的变形可用下述两个位移来描述。

1）梁任一截面的形心沿 y 轴方向的线位移，称为该截面的挠度，用 y 表示。y 向上为正，其单位是 m 或 mm。

2）梁任一截面相当于原来位置所转过的角度，称为该截面的转角，用 θ 表示。以逆时针转动为正，其单位是 rad。

挠度和转角是度量梁的变形的两个基本量。经过推导和简化，为了方便应用，已将常见梁的变形计算结果编制成表，见表 3-3。求梁的挠度和变形时，可以按承载情况查表计算。当梁同时受几个载荷作用时，由每一个载荷引起的梁的变形不受其他载荷的影响。于是，可以用叠加法来求梁的变形，也就是说，当梁上同时作用几个载荷时，可先求出各个载荷单独作用下梁

的挠度和变形,然后将他们代数相加,即可得到几个载荷同时作用时梁的挠度和变形。

表 3-3　简单载荷作用下梁的挠度和变形

序号	梁的简图	挠曲线方程	转　　角	最大挠度
1		$y = \dfrac{Fx^2}{6EI}(3l - x)$	$\theta_B = \dfrac{Fl^2}{2EI}$	$y_B = \dfrac{Fl^3}{3EI}$
2		$y = \dfrac{Fx^2}{6EI}(3a - x)\ (0 \leqslant x \leqslant a)$ $y = \dfrac{Fx^2}{6EI}(3a - x)\ (0 \leqslant x \leqslant l)$	$\theta_B = \dfrac{Fa^2}{2EI}$	$y_B = \dfrac{Fa^2}{6EI}(3l - a)$
3		$y = \dfrac{qx^2}{24EI}(x^2 - 4lx + 6l^2)$	$\theta_B = \dfrac{ql^3}{6EI}$	$y_B = \dfrac{Fl^4}{8EI_z}$
4		$y = \dfrac{M_e x^2}{2EI}$	$\theta_B = \dfrac{M_e l}{EI}$	$y_B = \dfrac{M_e l^2}{2EI}$
5		$y = -\dfrac{Fx}{48EI}(3l^2 - 4x^2)$ $\left(0 \leqslant x \leqslant \dfrac{l}{2}\right)$	$\theta_A = -\theta_B = -\dfrac{Fl^2}{16EI}$	$y = -\dfrac{Fl^3}{48EI}$
6		$y = -\dfrac{Fbx}{6EIl}(l^2 - x^2 - b^2)$ $(0 \leqslant x \leqslant a)$ $y = -\dfrac{Fb}{6EI}\left[\dfrac{l}{b}(x-a)^3 + (l^2 - b^2)x - x^3\right]$ $(a \leqslant x \leqslant l)$	$\theta_A = \dfrac{Fab(l+b)}{6EIl}$ $\theta_A = -\dfrac{Fab(l+a)}{6EIl}$	设 $a > b$ 在 $x = \sqrt{\dfrac{l^2 - b^2}{3}}$ 处 $(a \geqslant b)$ $y_{max} = \dfrac{\sqrt{3}Fb}{27EIl}(l^2 - b^2)^{3/2}$ 在 $x = \dfrac{l}{2}$ 处 $y_{l/2} = \dfrac{Fb}{48EI}(3l^2 - 4b^2)$
7		$y = -\dfrac{qx}{24EI}(l^3 - 2lx^2 + x^3)$	$\theta_A = -\theta_B = -\dfrac{ql^3}{24EI}$	$y_{max} = \dfrac{5ql^4}{384EI}$

（续）

序号	梁的简图	挠曲线方程	转　角	最大挠度
8		$y = \dfrac{M_e x}{6EIl}(l-x)(2l-x)$	$\theta_A = -\dfrac{M_e l}{3EI}$ $\theta_B = \dfrac{M_e l}{6EI}$	在 $x = \left(1 - \dfrac{1}{\sqrt{3}}\right)l$ 处 $y_{max} = -\dfrac{M_e l^2}{9\sqrt{3}EI}$ 在 $x = \dfrac{l}{2}$ 处 $y_{l/2} = -\dfrac{M_e l^2}{16EI}$
9		$y = \dfrac{M_e x}{6EIl}(l^2 - x^2)$	$\theta_A = \dfrac{M_e l}{6EI}$ $\theta_B = \dfrac{M_e l}{3EI}$	在 $x = \dfrac{l}{\sqrt{3}}$ 处 $y_{max} = -\dfrac{M_e l^2}{9\sqrt{3}EI_z}$ 在 $x = \dfrac{l}{2}$ 处 $y = -\dfrac{M_e l^2}{16EI}$
10		$y = -\dfrac{Fax}{6EIl}(l^2 - x^2)$ $(0 \le x \le l)$ $y = \dfrac{F(l-x)}{6EIl}$ $(l \le x \le l+a)$	$\theta_A = -\theta_B = \dfrac{Fal}{6EI}$ $\theta_C = -\dfrac{Fa(2l+3a)}{6EI}$	$y_C = \dfrac{Fa^2}{3EI}(l+a)$
11		$y = -\dfrac{M_e x}{6EIl}(x^2 - l^2)$ $(0 \le x \le l)$ $y = -\dfrac{M_e}{6EI}(3x^2 - 4xl + l^2)$ $(l \le x \le l+a)$	$\theta_A = -\dfrac{\theta_B}{2} = \dfrac{M_e l}{6EI}$ $\theta_C = -\dfrac{M_e}{3EI}(l+3a)$	$y_C = \dfrac{M_e a}{6EI}(2l+3a)$
12		$y = -\dfrac{qa^2 x}{12EI}\left(lx - \dfrac{x^3}{l}\right)$ $(0 \le x \le l)$ $y = -\dfrac{qa^2}{12EI}\left[\dfrac{x^2}{l} - \dfrac{(2l+a)(x-l)^3}{al} - \dfrac{(x-l)^4}{2a^2} - lx\right]$ $(l \le x \le l+a)$	$\theta_A = -\dfrac{\theta_B}{2} = \dfrac{qa^2 l}{6EI}$ $\theta_C = -\dfrac{qa^2(l+a)}{6EI}$	$y_C = \dfrac{qa^3}{24EI}(4l+3a)$

2. 梁的刚度校核

在梁的设计中,通常是先根据强度条件选择梁的截面,然后再对梁进行刚度校核,限制梁的最大挠度和最大转角不能超过规定的数值,由此建立的刚度条件为

$$y_{max} \leqslant [y] \tag{3-27}$$

$$\theta_{max} \leqslant [\theta] \tag{3-28}$$

式中 $[y]$ 和 $[\theta]$ 分别为许用挠度和许用转角,其值可在有关手册和规范中查到。如对一般用途的转轴,其许用挠度为 $(0.0003 \sim 0.0005)l$,其许用转角为 $0.001 \sim 0.005\mathrm{rad}$。

例 3-17　有一受均布载荷的简支梁,如图 3-50 所示。已知梁的跨长为 2.83m,所受均布载荷集度为 $q = 23\mathrm{kN/m}$,采用 18 工字钢,材料的弹性模量 $E = 206\mathrm{GPa}$,梁的许用挠度为 $[y] = \dfrac{l}{500}$,试校核该梁的刚度。

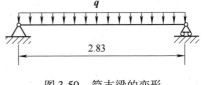

图 3-50　简支梁的变形

解　由相关手册可查出 18 工字钢的惯性矩为 $I = 1660\mathrm{cm^4} = 16.6 \times 10^{-6}\mathrm{m^4}$,梁的许用挠度

$$[y] = \frac{l}{500} = \frac{2830}{500}\mathrm{mm} = 5.66 \ (\mathrm{mm})$$

最大挠度在梁跨中点,查表 3-2,取第 7 类型,其值为

$$y_{max} = \frac{5ql^4}{384EI} = \frac{5 \times 23 \times 10^3 \times (2.83)^4}{384 \times 206 \times 10^9 \times 1660 \times 10^{-8}}\mathrm{m} = 5.62 \times 10^{-3}\mathrm{m} = 5.62\mathrm{mm} \leqslant [y]$$

故该梁满足强度条件。

3.5.7　提高梁弯曲强度和刚度的措施

在一般情况下,弯曲正应力是控制梁弯曲强度的主要因素。由式 $\sigma_{max} = \dfrac{M_{max}}{W_z} \leqslant [\sigma]$ 可见,要提高梁的弯曲强度,应设法降低梁内的弯矩值及增大截面的抗弯截面系数。同时,梁的变形亦与弯曲内力的分布、梁的跨长及截面的几何形状等有关。因此,为了提高梁的弯曲强度和弯曲刚度,可采取如下措施。

1. 合理安排梁的受力情况

弯矩是引起弯曲正应力和弯曲变形的因素之一,降低梁内最大弯矩值可提高梁的承载能力。为降低梁的弯矩,可采取将集中载荷改为分散载荷,如图 3-51a 所示的简支梁。在梁中受集中载荷 F 的作用,其截面上的最大载荷为

$$M_{max} = \frac{Fl}{4}$$

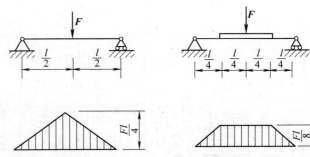

图 3-51　集中载荷与分散载荷

其跨中的最大挠度为

$$y_{max} = \frac{Fl^3}{48EI}$$

如在该梁中部放置一根长为 $\frac{l}{2}$ 的辅梁，如图 3-51b 所示，集中力作用于辅梁的中点，此时原简支梁的最大弯矩变为 $M_{max} = \frac{Fl}{8}$，仅为前者的一半。而最大挠度为

$$y_{max} = \frac{11}{16} \times \frac{Fl^3}{48EI}$$

亦减少约 30%。

2. 合理布置梁的支座

改变简支梁的支座点的位置也可改善梁的弯矩。如图 3-52a 所示受均布载荷的简支梁，其最大弯矩为 $M_{max} = \frac{ql^2}{8}$。如将两端的铰链支座向内移动 $0.2l$ 变为外伸梁，如图 3-52b 所示，其最大弯矩为 $M_{max} = \frac{ql^2}{40}$。

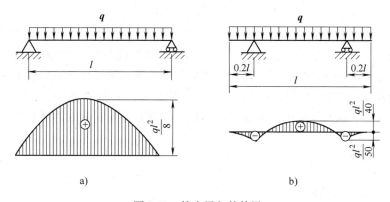

a)　　　　　　　　　　　　b)

图 3-52　简支梁与外伸梁

该值仅为前者的 1/5。同时，由于梁的跨长减小，且外伸部分的载荷产生反向变形，从而减小了梁的最大挠度。

3. 合理选用梁的截面形状

由公式 $\sigma_{max} = \frac{M_{max}}{W_z} \leq [\sigma]$ 来看，梁横截面的抗弯截面系数 W_z 越大，梁的强度就越高。因此，梁的合理截面应是采用较小的截面面积 A 而获取较大的抗弯截面系数 W_z 的截面，即比值 $\frac{W_z}{A}$ 越大的截面就越合理。表 3-4 列出几种常见截面的 $\frac{W_z}{A}$ 值。比较其中可知，工字形或槽形截面最经济合理，圆形截面最差。

表 3-4　几种常见截面的 $\dfrac{W_z}{A}$

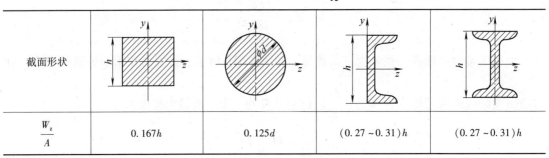

截面形状				
$\dfrac{W_z}{A}$	$0.167h$	$0.125d$	$(0.27\sim0.31)h$	$(0.27\sim0.31)h$

从弯曲刚度角度看，在同等截面面积条件下，工字形和槽形截面比矩形和圆形截面有更大的惯性矩，因而可提高梁的弯曲刚度。需要注意的是，弯曲变形还与材料的弹性模量有关。对于 E 值不同的材料来说，E 值越大，弯曲变形越小。采用高强度钢可提高材料的屈服应力而达到提高梁弯曲强度的目的。但由于各种钢材的弹性模量 E 大致相同，所以采用高强度钢并不会提高梁的弯曲刚度。

3.6　组合变形时杆件的强度计算

前面几节讨论了杆件在拉伸（压缩）、剪切、扭转、弯曲等基本变形时的强度和刚度的计算问题。但在实际工程中，一些杆件往往同时产生两种或两种以上的基本变形，这些变形形式称为组合变形。如图 3-53a 所示的搅拌器中的搅拌轴，除了由于在搅拌物料时叶片受到阻力的作用而发生的扭转变形外，同时还受到搅拌轴和叶片的自重作用而发生轴向拉伸变形；如图 3-53b 所示的传动轴由于传递力偶矩而发生扭转变形，同时在横向力作用下还发生弯曲变形。

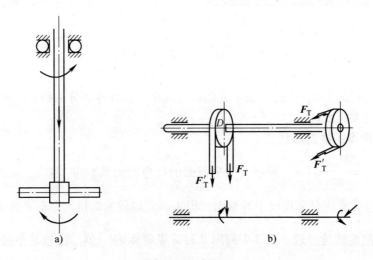

图 3-53　组合变形
a）搅拌轴　b）传动轴

3.6.1　强度理论与强度条件简介

根据长期的实践和大量的试验结果，人们发现，尽管不同杆件引起的失效形式不一样，但归纳起来大体上可分为两类：一类表现为脆性断裂，另一类表现为塑性屈服。对于材料破坏的原因，前后提出了各种不同的假说，并根据这些假说建立了强度条件。这些关于引起材料破坏的决定性因素的假说，称为强度理论。研究强度理论的目的是要设法找到在复杂应力状态下材料破坏的原因，然后利用轴向拉伸或压缩的试验结果来建立复杂应力状态下的强度条件。

传统的强度理论有四种，分别为：第一强度理论（最大拉应力理论）、第二强度理论（最大伸长线应变理论）、第三强度理论（最大切应力理论）和第四强度理论（形状改变比能理论）。

四个强度理论，都有局限性。一般地说，脆性材料通常产生脆性断裂失效，宜采用第一和第二强度理论；塑性材料通常产生塑性屈服形式的失效，宜采用第三和第四强度理论。

机械工程中的杆件大多用塑性材料制成，故常用第三和第四强度理论来解决实际工程中的设计问题。强度理论涉及到复杂应力状态等理论知识，推导过程较为繁琐，本书从略。这里仅给出圆轴受弯曲与扭转组合作用时的第三和第四强度理论的校核计算公式

第三强度理论
$$\sigma_{r3} = \frac{\sqrt{M^2 + T^2}}{W_z} \leqslant [\sigma] \tag{3-29}$$

第四强度理论
$$\sigma_{r4} = \frac{\sqrt{M^2 + 0.75T^2}}{W_z} \leqslant [\sigma] \tag{3-30}$$

3.6.2　拉伸（压缩）与弯曲的组合

拉伸或压缩变形与弯曲变形相组合的变形是工程上常见的变形形式。因为工作状态下的杆件一般都处于线弹性范围内，而且变形很小，因而作用在杆件上的任一载荷引起的应力一般不受其他载荷的影响。所以，可应用叠加原理来分析计算。现以图 3-54 所示的矩形截面悬臂梁为例进行说明。

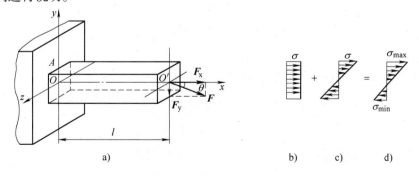

图 3-54　拉弯组合变形

1. 外力分析

在梁的纵向对称面（xy 平面）内受力 F 作用，其作用线与梁的轴线夹角为 θ。将力 F

分解为轴向分力 F_x 和横向分力 F_y，它们分别为

$$F_x = F\cos\theta \quad F_y = F\sin\theta$$

轴向力 F_x 使梁产生轴向拉伸，横向力 F_y 使梁产生弯曲。可见，梁在 F 力作用下发生轴向拉伸与弯曲的组合变形。

2. 内力分析

梁各横截面上的轴力都相等，均为

$$F_N = F_x = F\cos\theta$$

梁的固定端截面 A 上的弯矩值最大，其值为

$$M_{max} = F_y l = Fl\cos\theta$$

梁的固定端截面 A 为危险截面。

3. 应力分析

在轴向力 F_x 的单独作用下，梁在各截面上的正应力是均匀分布的，其值为

$$\sigma' = \frac{F_N}{A} = \frac{F\cos\theta}{A}$$

式中，A 为横截面面积。正应力沿截面高度的分布如图 3-54b 所示。

在横向力 F_y 单独作用下，梁在固定端处的弯矩最大，该截面为危险截面，最大弯曲正应力发生在截面的上、下边缘的各点，其值为

$$\sigma'' = \pm\frac{M_{max}}{W} = \pm\frac{F_y l}{W} = \pm\frac{Fl\sin\theta}{W}$$

式中，W 为横截面的抗弯截面系数。弯曲正应力沿截面高度分布如图 3-54c 所示。

根据叠加原理，将危险截面上的弯曲正应力与拉伸正应力代数相加后，得到危险截面上总的正应力，其沿截面高度按直线规律变化的情况如图 3-54d 所示。截面上、下边缘各点上的应力值分别为

$$\left. \begin{array}{c} \sigma_{max} \\ \sigma_{min} \end{array} \right\} = \frac{F_N}{A} \pm \frac{M_{max}}{W} \tag{3-31}$$

4. 强度条件

由于危险截面处于单向应力状态，可建立强度条件 $\sigma_{max} \leqslant [\sigma]$，即

$$\sigma_{max} = \frac{F_N}{A} \pm \frac{M_{max}}{W} \leqslant [\sigma] \tag{3-32}$$

若材料抗拉、抗压强度不相同，则应分别建立强度条件为

$$\sigma_{max} = \frac{F_N}{A} + \frac{M_{max}}{W} \leqslant [\sigma]$$

$$|\sigma_{min}| = \left| \frac{F_N}{A} - \frac{M_{max}}{W} \right| \leqslant [\sigma]$$

例3-18 如图3-55a 所示为一能旋转的悬臂式吊车梁，由18 工字钢做的横梁 *AB* 及拉杆 *BC* 组成。在横梁 *AB* 上中点 *D* 有一个集中载荷 *F* = 25kN，已知材料的许用应力 [σ] = 100MPa，试校核横梁 *AB* 的强度。

解 1）受力分析 *AB* 梁受力图如图 3-55b、c 所示。由静力平衡方程可求得

$$F_T = 25\text{kN}$$

$$F_{xA} = 21.6\text{kN}$$

$$F_{yA} = 12.5\text{kN}$$

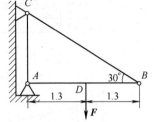

由受力图可以看出，梁 *AB* 上外力 F_{Ax}、F_{Tx} 使梁发生轴向压缩变形，而外力 *F*、F_{Ay}、F_{Ty} 使梁发生弯曲变形。于是横梁在 *F* 的作用下发生轴向压缩与弯曲的组合变形。

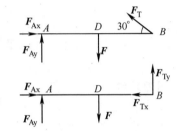

2）确定危险截面 作 *AB* 梁的轴力图（见图 3-55d）和弯矩图（见图3-55e），可知 *D* 为危险截面，其轴力和弯矩分别为

$$F_N = -21.6\text{kN}$$

$$M_{max} = 16.25\text{kN} \cdot \text{m}$$

3）计算危险点处的应力 由型钢规格表查得 18 工字钢的横截面面积 $A = 30.6\text{cm}^2$，抗弯截面系数 $W = 185\text{cm}^3$，在危险截面的上边缘各点有最大压应力，其绝对值为

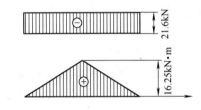

图 3-55 悬臂吊车横梁受力分析

$$\sigma_{max} = \left| \frac{F_N}{A} \right| + \frac{M_{max}}{W} = \frac{21.6 \times 10^3}{30.6 \times 10^{-4}} + \frac{16.25 \times 10^3}{185 \times 10^{-6}} = 7.06\text{MPa} + 87.84\text{MPa} = 94.9\text{MPa}$$

4）强度校核

$$\sigma_{max} = 94.9\text{MPa} < [\sigma]$$

故，梁 *AB* 满足强度条件。

由计算数据可知，由轴力所产生的压正应力远小于由弯矩所产生的弯曲正应力，因此，在一般情况下，在拉（压）弯组合变形中，弯曲应力是主要的。

3.6.3 弯曲与扭转的组合

机械传动中，受到纯扭转的轴是很少见的。一般说来，轴除受扭转外，还同时受到弯曲，在弯曲与扭转的共同作用下发生组合变形，其横截面上的应力属于复杂应力状态，应运用强度理论来解决。

1. 外力分析

设有一轴，如图 3-56a 所示，左端固定，自由端受力 *F* 和力偶矩 *m* 的作用。力 *F* 的作用线与圆轴的轴线垂直，使圆轴产生弯曲变形；力偶矩 *m* 使圆轴产生扭转变形，所以圆轴 *AB* 将产生弯曲与扭转的组合变形。

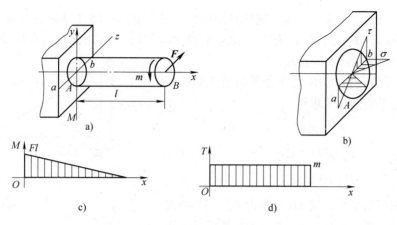

图 3-56　弯扭组合变形分析

2. 内力分析

画出圆轴的内力图，如图 3-56c、d 所示。由扭矩图可以看出，圆轴各横截面上的扭矩值都相等，而从弯矩图可以看出，固定端 A 截面上的弯矩值最大，所以横截面 A 为危险截面，其上的扭矩值和弯矩值分别为

$$T = m, \quad M = Fl$$

3. 应力分析

在危险截面上同时存在着扭矩和弯矩，扭矩将产生扭转剪切力，剪切力与危险截面相切，截面外的外轮廓线上各点的剪应力为最大；扭矩将产生弯曲正应力，弯曲正应力与横截面垂直，截面的前、后 a、b 两点的弯曲正应力为最大，如图 3-56b 所示。所以，截面前、后两点 a、b 为弯扭组合变形的危险点。危险点上的剪应力和正应力分别为

$$\tau = \frac{T}{W_p} \qquad \sigma = \frac{M}{W_z}$$

4. 强度条件

由于圆轴一般是用塑性材料制成的，所以，圆轴的强度应按第三强度理论或第四强度理论进行校核。

注意：式（3-29）和式（3-30）中 M、T 和 W_z 均为危险截面上的弯矩、扭矩和抗弯截面系数。需要强调的是，上述两式只适用于塑性材料制成的圆轴（包括空心圆轴）在弯曲和扭转组合变形时的强度计算。

例 3-19　如图 3-57a 所示，传动轴 AB 由电动机带动，轴长 l = 1.2m，带轮重力 G = 5kN，半径 R = 0.6m，带紧边拉力 F_1 = 6kN，松边拉力 F_2 = 3kN。轴的许用应力 [σ] = 50MPa，试按第三强度理论设计轴的

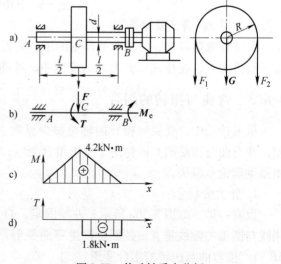

图 3-57　传动轴受力分析

直径。

解 1）外力分析 将作用在带轮上的拉力向轴线简化，结果如图 3-57b 所示。传动轴受铅垂方向的力为

$$F = G + F_1 + F_2 = 5\text{kN} + 6\text{kN} + 3\text{kN} = 14\text{kN}$$

该力使轴发生弯曲变形。同时传动轴受到的附加力偶矩为

$$M_e = (F_1 - F_2)R = (6 - 3) \times 0.6\text{kN} \cdot \text{m} = 1.8\text{kN} \cdot \text{m}$$

此力偶矩使轴发生扭转变形，故该轴发生的是弯扭组合变形。

2）内力分析 分别画出轴的弯矩图和扭矩图，如图 3-57c、d 所示，据此判断出危险截面的弯矩和扭矩分别为

$$M = 4.2\text{kN} \cdot \text{m} \qquad T = 1.8\text{kN} \cdot \text{m}$$

3）设计轴径 根据第三强度理论得

$$\sigma_{r3} = \frac{\sqrt{M^2 + T^2}}{W_z} = \frac{32\sqrt{M^2 + T^2}}{\pi d^3} \leqslant [\sigma]$$

$$d^3 \geqslant \frac{32\sqrt{M^2 + T^2}}{\pi[\sigma]}$$

$$d \geqslant \sqrt[3]{\frac{32\sqrt{M^2 + T^2}}{\pi[\sigma]}} = \sqrt[3]{\frac{32\sqrt{(4.2 \times 10^6)^2 + (1.8 \times 10^6)^2}}{\pi \times 50}}\text{mm} = 97.6\text{mm}$$

取传动轴的轴径为 $d = 98\text{mm}$。

3.7 疲劳强度简介

3.7.1 交变应力的概念

在工程实际中，除了静载荷和动载荷外，还经常遇到随时间作周期变化的载荷，这种载荷称为交变载荷。在交变载荷作用下，杆件内的应力也随时间作周期性变化，这种应力称为交变应力，杆件在交变应力作用下的破坏与在静应力作用下有着本质上的差别。例如齿轮啮合中的轮齿，如图 3-58 所示，在齿轮传动过程中，轴每旋转一周，齿轮的每个齿啮合一次，其根部产生的应力从零变到最大值，然后又从最大值变到脱离啮合时的零。齿轮每转一周，每个轮齿就这样循环一次。这种随时间作周期性变化的应力就是交变应力。

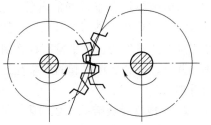

图 3-58 齿轮啮合的轮齿

交变应力每重复变化一次，称为一个应力循环；应力循环中最小应力与最大应力的比值，称为循环特征 r，即

$$r = \frac{\sigma_{min}}{\sigma_{max}} \tag{3-33}$$

$r = -1$ 时的应力循环称为对称循环，如图 3-59 所示；$r \neq -1$ 时的应力循环称为非对称循环，其中 $r = 0$ 时的应力循环称为脉动循环，如图 3-60 所示。

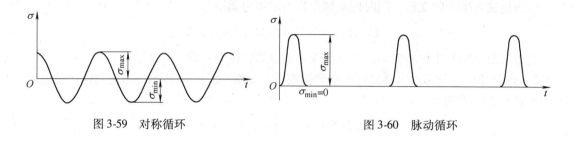

图 3-59　对称循环　　　　　　　　　　　　　　图 3-60　脉动循环

3.7.2　杆件的疲劳破坏

1. 疲劳的概念

实践表明，交变应力引起的破坏与静应力的破坏完全不同。金属杆件经过一段时间交变应力的作用后发生的断裂现象称为疲劳破坏，简称疲劳。

对金属发生疲劳破坏现象一般的解释是：杆件长期在交变应力作用下，材料有缺陷（如表面刻痕或内部缺陷）的地方会形成微观裂纹，并在裂纹的尖端产生高度应力集中。由于应力集中的影响以及应力的不断交变，微观裂纹逐渐扩展，形成宏观裂纹，宏观裂纹的不断扩展使杆件的横截面面积逐渐削弱，直至因削弱的截面强度不足而导致杆件的突然断裂。

近代金相显微镜观察的结果表明，疲劳断口明显地分为两个不同的区域：一个是光滑区，一个为呈颗粒状的粗糙区，如图 3-61 所示。这是因为在裂纹扩展过程中，裂纹的两侧在交变应力作用下，时而压紧，时而分开，多次反复，因此形成断口的光滑区。断口呈颗粒状粗糙区则是最后突然断裂形成的。

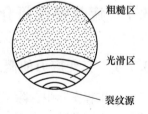

图 3-61　疲劳断口

疲劳破坏具有很大的危害性。在飞机、车船和各种机器发生的事故中，有相当数量是由于金属疲劳引起的。另外，疲劳断裂通常是突然发生的，几乎没有什么明显的前兆，这对采取措施预防疲劳的发生带来很大的困难。并且，疲劳破坏引起的后果往往是灾难性的。因此，对金属疲劳的研究越来越引起人们的重视。

2. 形成杆件疲劳的主要原因

形成杆件疲劳破坏的主要因素可归纳为以下三个方面。

（1）应力集中的影响　由于工艺和使用要求，杆件需要钻孔、开槽或设台阶等，这样，在截面尺寸突变处就会产生应力集中现象。杆件在应力集中处容易出现微观裂纹，从而引起疲劳断裂。

（2）杆件尺寸的影响　试验表明，相同材料、形状的杆件，若尺寸大小不同，其疲劳情况也不相同。杆件尺寸越大，其内部所含的杂质和缺陷越多，产生疲劳裂纹的可能性就越大，杆件越容易出现疲劳破坏。

（3）表面加工质量的影响　通常，杆件的最大应力发生在表层，疲劳裂纹也会在此形成。一般杆件都需要表面加工，如加工后的表面粗糙度数值越大，刀痕越深，越容易产生应力集中而出现疲劳破坏。

3.7.3　提高杆件疲劳强度的措施

1. 减缓应力集中

在结构上应采用合理的设计，以减少有效应力集中。如在设计杆件的外形时，要避免出现方形或带有尖角的孔和槽。在截面尺寸突变处，要采用半径较大的过渡圆角，以减缓应力集中。对于一些阶梯轴，由于结构上的原因，截面变化处不允许制成圆角，这时可以在直径较大的部分轴上开减荷槽或退刀槽，同样可以达到减缓应力集中的目的。

2. 提高表面质量和进行表面强化

杆件表面层的应力一般较大，如杆件受弯或受扭时，最大应力都发生于表面。而杆件表面的刀痕或损伤又将引起应力集中，容易形成疲劳裂纹。所以，提高杆件表面质量可以提高杆件的强度。为此，可以从工艺上采取一些措施，例如，提高杆件表面加工质量，并在安装使用中防止表面损伤，可减少因刀痕而引起的应力集中。

3. 增加表面强度

对杆件表面进行强化处理，如通过表面高频淬火、渗碳、氮化、滚压、喷丸等方法强化表层，以提高表层材料的强度。

实例分析

实例一　图 3-62a 所示为简易悬臂吊车，由三角架构成，斜杆由两根 5 号等边角钢组成，每根角钢的横截面面积 $A_1 = 4.80\text{cm}^2$；水平横杆由两根 10 号槽钢组成，每根槽钢的横截面面积 $A_2 = 12.74\text{cm}^2$。材料的许用应力 $[\sigma] = 120\text{MPa}$，整个三角架能绕 O_1—O_2 轴转动，电动葫芦能沿水平横梁移动。当电葫芦在图示位置时，求能允许起吊的最大重量，包括电葫芦重量在内（不计各杆重量）。

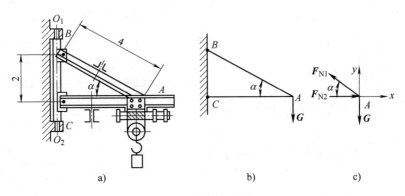

图 3-62　简易悬臂吊车

解　各杆两端均认为是圆柱铰链约束，取结点 A 为分离体，设斜杆 AB 受轴向拉力 F_{N1}，

横杆 AC 受轴向压力 F_{N2}，G 为包括电动葫芦在内的起吊重量。其受力图如图 3-62c 所示。

1）内力计算　由平衡方程

$$\sum F_x = 0, \quad F_{N2} - F_{N1}\cos\alpha = 0 \tag{a}$$

$$\sum F_y = 0, \quad F_{N1}\sin\alpha - G = 0 \tag{b}$$

由图 3-62a 可得 $\alpha = 30°$，由式（b）得

$$F_{N1} = \frac{G}{\sin30°} = \frac{G}{\dfrac{1}{2}} = 2G \tag{c}$$

代入式（a）

$$F_{N2} = F_{N1}\cos30° = \sqrt{3}G \tag{d}$$

2）求允许起吊的最大重量　根据强度条件式（3-4）可知，AB 杆

$$\sigma = \frac{F_N}{A} \leqslant [\sigma] \tag{e}$$

AB 杆由两根 5 号等边角钢组成，故上式中的 A 应为 $2A_1$，可得

$$F_{N1} \leqslant 2[\sigma]A_1 = 2 \times 120 \times 10^6 \times 4.8 \times 10^{-4}\text{kN} = 115\text{kN}$$

AC 杆由两根 10 号槽钢组成，故（e）式中的 A 应为 $2A_2$，可得强度条件为

$$\sigma = \frac{F_{N2}}{2A_2} \leqslant [\sigma]$$

$$F_{N2} \leqslant 2[\sigma]A_2 = 2 \times 120 \times 10^6 \times 12.74 \times 10^{-4}\text{kN} = 305\text{kN}$$

将 F_{N1} 和 F_{N2} 分别代入式（c）、式（d），得

$$F_{N1} = 2G \leqslant 115\text{kN} \tag{f}$$

$$F_{N2} = \sqrt{3}G \leqslant 305\text{kN} \tag{g}$$

由式（f）得　$G \leqslant \dfrac{115}{2} = 57.5\text{kN}$

由式（g）得　$G \leqslant \dfrac{305}{\sqrt{3}} = 176\text{kN}$

比较以上两式，为保证悬臂吊车的使用安全，得出允许起吊的最大重量不得超过 57.5kN，这一重量是根据斜杆 AB 的强度条件得到的。

实例二　如图 3-63 所示的传动轴，C 轮的皮带处于水平位置，D 轮的皮带处于铅垂的位置。各皮带的张力分别为 $F_{T1} = 3900\text{N}$、$F_{T2} = 1500\text{N}$。若两轮的直径 $\phi = 600\text{mm}$，许用

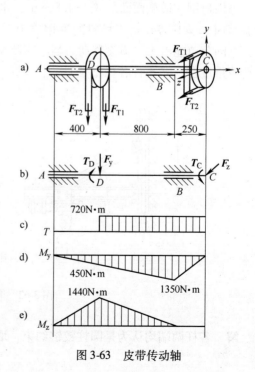

图 3-63　皮带传动轴

应力 $[\sigma] = 80\text{MPa}$。分别按第三、第四强度理论设计轴的直径。

解 1）受力分析。将皮带张力向轴的截面形心简化，如图 3-63b 所示。可以看出轴发生扭转与在 xz 平面和 xy 平面内弯曲的组合变形。在 C 轮中心的水平力 F_z 使轴产生 xz 面的弯曲，其值为

$$F_z = F_{T1} + F_{T2} = 3900\text{N} + 1500\text{N} = 5400\text{N}$$

在 C 轮平面内作用一个力偶，其矩为

$$T_C = (F_{T1} - F_{T2}) \cdot \frac{D}{2} = (3900 - 1500) \times \frac{600 \times 10^{-3}}{2} \text{N} \cdot \text{m} = 720\text{N} \cdot \text{m}$$

同理，作用在 D 轮中心的铅直力 F_y，使轴产生 xy 面的弯曲，力 F_y 的大小亦为 5400N。D 轮上的力偶矩 T_D 与 T_C 相同，即 $T_D = 720\text{N} \cdot \text{m}$，但转向与 T_C 相反。

2）内力计算，确定危险截面。分别作出轴的扭矩图（见图 3-63c）、xy 平面及 xz 平面的弯矩图（见图 3-63d、e）。在 D 截面上既有 xy 平面的弯矩又有 xz 平面的弯矩，强度计算中需将该截面上的弯矩 M_y 和 M_z 按向量合成方法合成为合弯矩 M_D；同理，B 截面上也需求出合弯矩 M_B，它们的大小分别为

$$M_D = \sqrt{M_{yD}^2 + M_{zD}^2} = \sqrt{1440^2 + 450^2}\text{N} \cdot \text{m} = 1509\text{N} \cdot \text{m}$$

$$M_B = \sqrt{M_{yB}^2 + M_{zB}^2} = \sqrt{1350^2 + 0^2} = 1350\text{N} \cdot \text{m}$$

由于轴在 DC 段内各个横截面上的扭矩都相同，故 D 的右邻截面为危险截面。

3）计算轴的直径。根据第三强度理论，由式（3-29）可得

$$\frac{\pi d^3}{32} \geqslant \frac{\sqrt{M_e^2 + T^2}}{[\sigma]}$$

$$d \geqslant \sqrt[3]{\frac{32\sqrt{M^2 + T^2}}{\pi[\sigma]}} = \sqrt[3]{\frac{32 \times \sqrt{1509^2 + 720^2}}{\pi \times 80 \times 10^6}}\text{m} = 5.97 \times 10^{-2}\text{m} = 59.7\text{mm}$$

取 $d = 60\text{mm}$。

根据第四强度理论，由式（3-30）可得

$$\frac{\pi d^3}{32} \geqslant \frac{\sqrt{M_e^2 + 0.75T^2}}{[\sigma]}$$

$$d \geqslant \sqrt[3]{\frac{32\sqrt{M^2 + 0.75T^2}}{\pi[\sigma]}} = \sqrt[3]{\frac{32 \times \sqrt{1509^2 + 0.75 \times 720^2}}{\pi \times 80 \times 10^6}}\text{m} = 5.92 \times 10^{-2}\text{m} = 59.2\text{mm}$$

取 $d = 60\text{mm}$。

从以上结果可知，第三、第四强度理论计算结果相差不大。采用第三强度理论计算偏安全，故一般在设计中多用第三强度理论计算轴的直径。

知识小结

1. 杆件的基本变形
   - 轴向拉伸与压缩
   - 剪切
   - 扭转
   - 弯曲

2. 轴向拉伸与压缩
   - 定义
     - 受力特点
     - 变形特点
   - 内力与轴力
     - 内力
       - 定义
       - 解法　截面法
     - 轴力
       - 表示符号 F_N
       - 方向　与截面的外法线方向一致为正
   - 应力　$\sigma = \dfrac{F_N}{A}$
   - 力学性能
     - 定义
     - 低碳钢的力学性能
       - 弹性阶段
       - 屈服阶段
       - 强化阶段
       - 缩颈阶段
         - 断后伸长率　A
         - 断面收缩率　Z
   - 强度计算
     - 许用应力和安全系数
       - 塑性材料 $[\sigma] = \dfrac{\sigma_s}{n_s}$
       - 脆性材料 $[\sigma] = \dfrac{\sigma_b}{n_s}$
     - 强度条件　$\sigma_{\max} = \dfrac{F_N}{A} \leqslant [\sigma]$
       - 强度校核　$\sigma_{\max} = \dfrac{F_N}{A} \leqslant [\sigma]$
       - 设计截面　$A \geqslant \dfrac{F_N}{\sigma_{\max}}$
       - 确定许可载荷　$F_N \leqslant A[\sigma]$

3. 剪切与挤压的实用计算
   - 剪切
     - 概念
       - 受力特点
       - 变形特点
     - 实用计算　$\tau = \dfrac{F_Q}{A} \leqslant [\tau]$
   - 挤压剪切
     - 概念
     - 实用计算　$\sigma_{jy} = \dfrac{F_{jy}}{A_{jy}} \leqslant [\sigma_{jy}]$

4. 圆轴的扭转

- 概念
  - 受力特点
  - 变形特点

- 扭矩与扭矩图
  - 外力偶矩的计算 $M_e = 9550 \dfrac{P}{n}$
  - 扭矩
    - 表示符号 T
    - 方向判定 右手螺旋定则

- 应力与强度计算
  - $\tau_{max} = \dfrac{TR}{I_p}$
    - 实心 $I_p = \dfrac{\pi D^4}{32} \approx 0.1 D^4$
    - 空心 $I_p = \dfrac{\pi D^4}{32}(1 - \alpha^4) \approx 0.1 D^4 (1 - \alpha^4)$
  - $\tau_{max} = \dfrac{T}{W_p}$
    - 实心 $W_p = \dfrac{\pi D^4}{32} \approx 0.2 D^3$
    - 空心 $I_p = \dfrac{\pi D^4}{32}(1 - \alpha^4) \approx 0.2 D^3 (1 - \alpha^4)$

- 变形与刚度计算
  - 单位扭转角
    - $\theta = \dfrac{\varphi}{l} = \dfrac{T}{GI_p}$
    - $\theta = \dfrac{\varphi}{l} = \dfrac{T}{GI_p} \times \dfrac{180}{\pi}$
  - 刚度条件 $\theta = \dfrac{\varphi}{l} = \dfrac{T}{GI_p} \times \dfrac{180}{\pi} \leqslant [\theta]$

5. 直梁的弯曲

- 平面弯曲
  - 静定梁的基本形式
  - 概念

- 平面弯曲内力
  - 剪力、弯矩的概念
    - 表示符号 F_Q 和 M
    - 方向规定 以某一截面为界,左右两段梁左上右下相对错动时,该截面剪力为正;使某段梁弯曲呈上凹下凸形状时,该截面弯矩为正
  - 剪力、弯矩的计算

- 剪力图和弯矩图

- 纯弯曲时梁横截面上的正应力
  - 弯曲变形与平面假设
  - 中性层与中性轴
  - 正应力分布规律
  - 正应力计算公式 $\sigma = \dfrac{My}{I_z}$

- 弯曲的强度条件 $\sigma_{max} = \dfrac{M_{max}}{W_z} \leqslant [\sigma]$
  - 校核强度
  - 设计截面
  - 确定许可载荷

- 梁的变形与刚度
  - $y_{max} \leqslant [y]$
  - $\theta_{max} \leqslant [\theta]$

- 提高梁的强度和刚度的措施

6. 组合变形 { 强度理论与强度条件
拉伸（压缩）与弯曲的组合
弯曲与扭转

7. 疲劳强度 { 交变应力的概念
杆件的疲劳破坏 { 疲劳的概念
原因
提高杆件疲劳强度的措施 { 减小应力集中
提高表面强度、进行表面强化

习 题

一、判断题（认为正确的,在括号内打√;反之打×）

1. 材料力学主要研究弹性范围内的微小变形情况。 （　　）
2. 材料破坏指的是材料断裂或发生较大的塑性变形。 （　　）
3. 材料受外力后变形,卸去外力后能够完全消失的变形称为弹性变形。 （　　）
4. 内力是杆件在外力作用下其内部产生的作用力。 （　　）
5. 轴力是因外力而产生的,故轴力是外力。 （　　）
6. 轴力与杆的截面形状和材料没有关系。 （　　）
7. 正应变的定义为 $\varepsilon = \dfrac{\sigma}{E}$。 （　　）
8. 10kN 的压力作用于截面积为 $10mm^2$ 的杆上,则该杆所受的压应力为 1MPa。 （　　）
9. 杆件两端受到等值、反向且共线并通过轴线的两个外力作用时,一定产生轴向拉伸或压缩变形。 （　　）
10. 在低碳钢拉伸的力学性能试验中,屈服阶段出现屈服现象,强化阶段出现颈缩现象,并出现花纹。 （　　）
11. 构件受剪切时,剪力与剪切面是垂直的。 （　　）
12. 圆轴扭转时截面上只存在切应力。 （　　）
13. 对扭矩正负的规定是:以左手拇指表示截面外法线方向,若扭矩转向与其四指指向相反,则此扭矩为负,反之为正。 （　　）
14. 圆轴扭转时,横截面上切应力的大小沿半径呈线性分布,方向与半径垂直。 （　　）
15. 圆轴的最大扭转切应力必发生在扭矩最大的截面上。 （　　）
16. 从左向右检查所绘剪力图时,凡集中力作用处,剪力图发生突变,突变值等于集中力的大小,突变的方向与集中力的指向相同。 （　　）
17. 简支梁弯曲时截面上存在中性层。 （　　）
18. 提高梁弯曲强度最有效的措施是增大横截面面积。 （　　）
19. 梁的挠度表征了梁横截面形心的位移量。 （　　）
20. 若梁的某一段有分布载荷作用,则该段梁的弯矩图必为一斜直线。 （　　）

二、选择题（将正确答案的字母序号填入括号内）

1. 材料力学中求内力的普遍方法是_____。 （　　）
A. 几何法 　　　　B. 解析法 　　　　C. 投影法 　　　　D. 截面法
2. 为保证构件安全工作,其最大工作应力必须小于或等于材料的_____。 （　　）
A. 正应力 　　　　B. 剪应力 　　　　C. 极限应力 　　　　D. 许用应力
3. 低碳钢拉伸试件的应力-应变曲线大致可分为四个阶段,这四个阶段是_____。 （　　）
A. 弹性变形阶段、塑性变形阶段、屈服阶段、断裂阶段

B. 弹性变形阶段、塑性变形阶段、强化阶段、颈缩阶段

C. 弹性变形阶段、屈服阶段、强化阶段、断裂阶段

D. 弹性变形阶段、屈服阶段、强化阶段、颈缩阶段

4. 铆接件如图 3-64 所示,若板与铆钉为同一材料,且已知 $[\sigma_{jy}] = 2[\tau]$,为充分提高材料的利用率,则铆钉的直径 d 应为_____。　　　　　　　　　　　　　　　　　　　　　　（　　）

A. $d = 2t$　　　　B. $d = 4t$　　　　C. $d = 4t/\pi$　　　　D. $d = 8t/\pi$

5. 在连接件上,剪切面和挤压面分别_____于外力方向。　　　　　　　　　（　　）

A. 垂直、平行　　　B. 平行、垂直　　　C. 平行　　　　　D. 垂直

6. 图 3-65 所示结构,若用铸铁制作杆 1,用低碳钢制作杆 2,是否合理?　　　（　　）

A. 合理　　　　　　B. 不合理　　　　　C. 无法判断

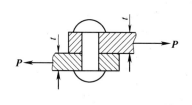

图 3-64　题二-4 图

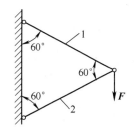

图 3-65　题二-6 图

7. 两根长度相等、直径不等的圆轴受扭后,轴表面上母线转过相同的角度。设直径大的轴和直径小的轴的横截面上的最大切应力分别为 τ_{1max} 和 τ_{2max},切变模量分别为 G_1 和 G_2。下列结论正确的是_____。　　　　　　　　　　　　　　　　　　　　　　　　　　　　　　　　　　（　　）

A. $\tau_{1max} > \tau_{2max}$　　　　　　　　　　B. $\tau_{1max} < \tau_{2max}$

C. 若 $G_1 > G_2$,则有 $\tau_{1max} > \tau_{2max}$　　　D. 若 $G_1 > G_2$,则有 $\tau_{1max} < \tau_{2max}$

8. 长度相等,直径为 d_1 的实心圆轴与内、外径分别为 d_2、D_2,$\alpha(= d_2/D_2)$ 的空心圆轴,二者横截面上的最大切应力相等。在材料相同的情况下,关于二者重之比(G_1/G_2) 有如下结论,正确的是_____。　（　　）

A. $(1 - \alpha^4)^{3/2}$　　　　　　　　　　B. $(1 - \alpha^4)^{3/2}\ (1 - \alpha^2)$

C. $(1 - \alpha^4)\ (1 - \alpha^2)$　　　　　　D. $(1 - \alpha^4)^{2/3} / (1 - \alpha^2)$

9. 如图 3-66 所示,圆轴受扭,其扭矩图有四种答案。试判断哪一种是正确的_____。　（　　）

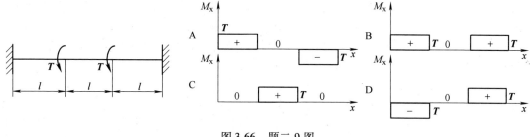

图 3-66　题二-9 图

10. 关于中性轴位置,有以下几种论述,试判断哪一种是正确的。　　　　　　　（　　）

A. 中性轴不一定在截面内,但如果在截面内它一定通过形心

B. 中性轴只能在截面内并且必须通过截面形心

C. 中性轴只能在截面内,但不一定通过截面形心

D. 中性轴不一定在截面内，而且也不一定通过截面形心

11. 纯弯曲是指 （　　）

A. 载荷与约束力均作用在梁的纵向对称面内的弯曲

B. 剪力为常数的平面弯曲

C. 只有弯矩而无剪力的平面弯曲

12. 圆截面梁，当直径增大一倍时，其抗弯能力变为原来的多少倍？ （　　）

A. 8 倍　　　　　　　B. 16 倍　　　　　　　C. 32 倍

13. 如图 3-67 所示，简支梁承受一对大小相等、方向相反的力偶，其数值为 M_0。下面四种挠度曲线中，正确的是_____。 （　　）

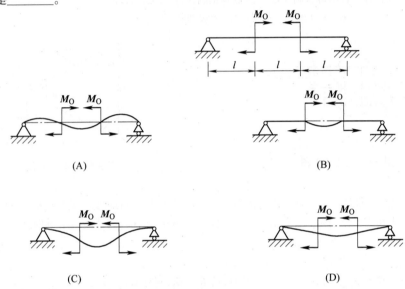

图 3-67　题二-13 图

14. 如图 3-68 所示，长度是宽度两倍（$h = 2b$）的矩形截面梁，承受垂直方向的载荷，若仅将竖放截面改为平放截面，其他条件都不变，则梁的强度_____。 （　　）

A. 提高到原来的 2 倍　　　　　　B. 提高到原来的 4 倍

C. 降低到原来的 1/2 倍　　　　　　D. 降低到原来的 1/4 倍

15. 同弯矩 M_z 的三根直梁，其截面组成方式如图 3-69a、b、c 所示。图 a 中的截面为一整体；图 b 中的截面由两矩形截面并列而成（未粘接）；图 c 中的截面由两矩形截面上下叠合而成（未粘接）。三根梁中的最大正应力分别为 σ_{maxa}、σ_{maxb}、σ_{maxc}。关于三者之间的关系有四种答案，试判断哪一种是正确的。

（　　）

A. $\sigma_{maxa} < \sigma_{maxb} < \sigma_{maxc}$

B. $\sigma_{maxa} = \sigma_{maxb} < \sigma_{maxc}$

C. $\sigma_{maxa} < \sigma_{maxb} = \sigma_{maxc}$

D. $\sigma_{maxa} = \sigma_{maxb} = \sigma_{maxc}$

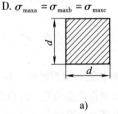

图 3-68　题二-14 图

图 3-69　题二-15 图

三、计算作图题

1. 拉伸或压缩杆，如图 3-70 所示。试用截面法求各杆指定截面的轴力，并画出轴力图。

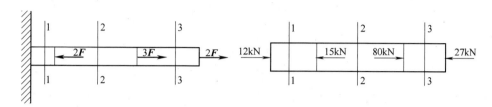

图 3-70　题三-1 图

2. 有一灰口铸铁圆管作受力杆，如图 3-71 所示。已知材料的许用应力为 $[\sigma]$ = 200MPa，轴向压力 F = 1000kN，管的外径 D = 130mm，内径 d = 100mm，试校核其强度。

3. 图 3-72 所示为一传动轴 ABC，A、B、C 三点所受外力偶矩分别为 M_A = 274N·m，M_B = 199N·m，试画出 ABC 轴的扭矩图。

图 3-71　题三-2 图　　　　　　　　图 3-72　题三-3 图

4. 矩形截面简支梁受载如图 3-73 所示。试分别求出梁竖放和平放时产生的最大正应力。

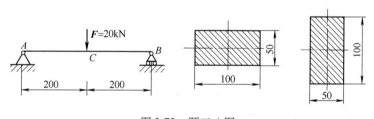

图 3-73　题三-4 图

5. 梁 AB 和 BC 在 B 处用铰链连接，A、C 两端固定，两梁的弯曲刚度均为 EI，受力及各部分尺寸如图 3-74 所示。F_P = 40kN，q = 20kN/m。试画出梁的剪力图和弯矩图。

6. 试求图 3-75 所示梁的约束力，并画出剪力图和弯矩图。

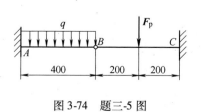

图 3-74　题三-5 图

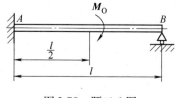

图 3-75　题三-6 图

7. 试求图 3-76 所示的二杆横截面上最大正应力的比值。

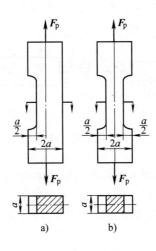

图 3-76　题三-7 图

第4章

平面机构运动简图及自由度

工程力学与机械设计基础

教学要求

★**能力目标**

1) 平面机构自由度计算的能力。

2) 识别复合铰链、局部自由度和常见的虚约束的能力。

3) 判定机构具有确定相对运动的能力。

★**知识要素**

1) 运动副的概念与平面机构的组成。

2) 自由度的计算公式。

3) 自由度的计算中应注意的问题。

4) 平面机构具有确定运动的条件。

★**学习重点与难点**

1) 平面机构自由度的计算。

2) 自由度计算中应注意的三个问题。

技能要求

绘制简单机械的机构运动简图。

引言

日常生活和生产实践中广泛应用的各种机械设备，都是人们按需要将各种机构（零件）组合在一起，来完成各式各样的任务，以满足人们生活和生产的需要。

图4-1a所示为颚式破碎机的实物图，实物图看起来直观明了，但要分析破碎机的工作原理和进行运动分析就没有办法进行，这时就需要一种能说明机构运动原理的简单图形——机构运动简图。

颚式破碎机的工作驱动是靠实物图右侧的带轮驱动偏心轮转动，使得动颚板往复摆动，完成挤碎石料的工作。图4-1b是机构的结构示意图，图4-1c是颚式破碎机的机构运动简图。可以看出，该机构是由许多构件以一定的方式连接而成的。构件与构件的连接称为运动副，机构运动简图是用简单的线条代替零件来说明各构件间的运动关系。

由各个构件（零件）组成机构后是否具有确定的运动，要看该机构是否满足机构具有确定运动的条件。

本章主要介绍构件间的连接方式——运动副、机构的自由度计算和机构具有确定运动的条件。

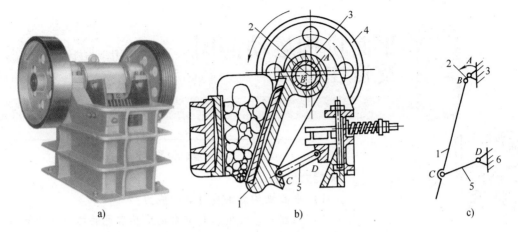

图 4-1　颚式破碎机及其机构运动简图

a）实物图　b）结构示意图　c）机构运动简图

1—动颚板　2—偏心轮　3、6—机架　4—惯性轮　5—肋板

学习内容

4.1　运动副及其分类

组成机构的每个构件都要以一定的方式与其他构件相互连接，通过连接，各构件之间并没有被固定，而是仍能有一定的相对运动。机构中使两个构件直接接触并能保持一定相对运动的可动连接，称为运动副。例如，自行车车轮与轴的连接，齿轮传动中的齿轮啮合等，都构成运动副。平面机构中，构成运动副的各构件的运动均为平面运动，故该运动副称为平面运动副。

根据运动副接触形式的不同，可将运动副分为两类：高副和低副。

1. 高副

构件间通过点或线接触所构成的运动副称为高副。常见的平面高副有凸轮副和齿轮副，如图 4-2 所示。

2. 低副

两构件通过面接触所构成的运动副称为低副。平面低副按其相对运动形式又可分为转动副和移动副。

（1）转动副　两构件间只能产生相对转动的运动副称为转动副，如图 4-3a 所示。

（2）移动副　两构件间只能产生相对移动的运动副称为移动副，如图 4-3b 所示。

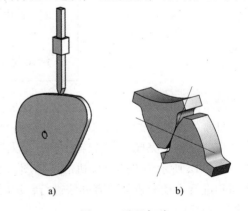

图 4-2　平面高副

a）凸轮副　b）齿轮副

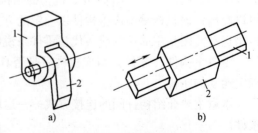

图 4-3　平面低副

a）转动副　b）移动副

4.2　平面机构运动简图

在研究或设计机构时，为了减少和避免机构复杂的结构外形对运动分析带来的不便和混乱，我们可以不考虑机构中与运动无关的因素，仅用简单的线条和符号来表示构件和运动副，并按比例画出各运动副的相对位置。这种用规定符号和简单线条表示机构各构件之间相对运动及运动特征的图形称为机构运动简图。本教材在研究机构的组成及运动状态时，都是以机构运动简图为基础来研究的。

机构运动简图所表示的主要内容有：机构类型、构件数目、运动副的类型与数目以及运动尺寸等。

对于只为了表示机构的组成及运动情况，而不严格按照比例绘制的简图，称为机构示意图。

4.2.1　构件及运动副的表示方法

1. 构件

构件是组成机构的运动单元，在机器中往往是将若干个零件刚性地连接在一起，使它们成为一个独立运动的单元体，如图 1-11 中的齿轮构件，就是由轴、键和齿轮连接组成的。

在机构运动简图中，构件均用直线或小方框表示（见图 4-4a、b），图 4-4c、d 表示参与形成两个运动副的构件，图 4-4e、f 表示参与形成三个运动副的构件。

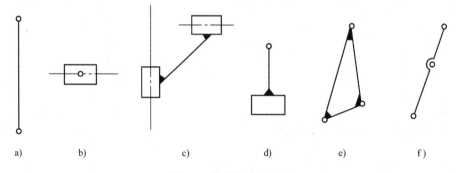

a)　　　　b)　　　　　c)　　　　　d)　　　　　e)　　　　f)

图 4-4　构件的表示方法

2. 转动副

两构件组成转动副时，表示方法如图 4-5 所示，圆圈表示转动副，其圆心必须与回转轴线重合，带下划斜线的表示固定构件（又称机架）。图 4-5a 所示为两个杆件用转动副连接，但两者之间都可转动；图 4-5b、c 所示分别为活动构件 2 和机架 1 之间用转动副连接的两种表达方法。

3. 移动副

两构件组成移动副的表示方法如图 4-6 所示，带下划斜线的构件 1 表示机架，构件 2 表

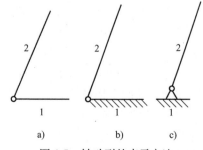

a)　　　　b)　　　　c)

图 4-5　转动副的表示方法

示滑块。图 4-6a、b 构件 2 所示为移动滑块，图 4-6c 构件 2 所示为移动杆件。

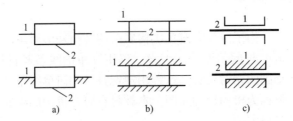

图 4-6 移动副的表示方法

4. 平面高副

两构件组成平面高副常见的为凸轮副和齿轮副，其表示方法如图 4-7 所示。

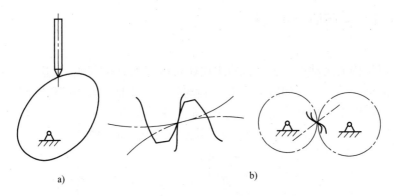

图 4-7 高副的表示方法

a）凸轮副 b）齿轮副

4.2.2 平面机构运动简图的绘制

绘制平面机构运动简图一般应按下列步骤进行：

1）分析机构的组成，明确主动构件、从动构件和机架，并将构件用数字编号或命名。

2）从主动构件开始，沿运动传递路线，分析各构件间运动副的类型，并确定各构件的运动性质。

3）选择视图平面及机构运动简图位置。

4）选择适当比例，按照各运动副间的距离和相对位置，用规定的符号将各运动副画出，然后用线条将同一构件上的运动副连接起来。

例 4-1 试绘制图 4-1 所示颚式破碎机的机构运动简图。

解 1）颚式破碎机主体机构由机架（固定构件）、偏心轮（原动件）、动颚板（工作执行件）和肋板共四个构件组成，惯性轮与机构运动分析无关，故不作考虑。

2）当偏心轮绕轴线 A 转动时，驱使动颚板作平面运动，从而将矿石轧碎。偏心轮与机架组成转动副 A，偏心轮与动颚板组成转动副 B，肋板与动颚板组成转动副 C，肋板与机架组成转动副 D。

3）图 4-1b 已清楚地表达出各构件间的运动关系，所以选择此平面为视图平面，同时选定转动副 A 的位置。

4）按适当的比例，根据各转动副之间的尺寸和位置关系，画出转动副 B、C 和 D 的位置，再用线段和符号绘制出机构运动简图，如图 4-1c 所示。

4.3　平面机构的自由度

4.3.1　构件的自由度

在平面运动中，一个自由构件具有三个独立的运动，如图 4-8 所示，即沿 x 轴和 y 轴的移动以及在 xOy 平面内的转动。构件的这三个独立运动称为自由度，作平面运动的自由构件有三个自由度。

4.3.2　运动副对构件的约束

构件通过运动副连接后，某些独立运动将受到限制，自由度随之减少，这种对构件独立运动的限制称为约束。每引入一个约束，构件就减少一个自由度，运动副的类型不同，引入的约束数目也不等。如图 4-3a 所示，转动副约束了构件沿水平和竖直方向的移动，只保留了一个转动自由度；如

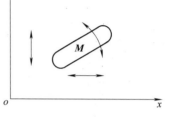

图 4-8　自由构件的自由度

图 4-3b 所示，移动副限制了构件沿竖直方向的移动和在竖直平面内的转动，只保留了一个沿水平方向的移动自由度；如图 4-2 所示，高副只约束了沿接触处公法线方向的移动，保留了绕接触点的转动和沿接触处公切线方向的移动。由此可知，在平面机构中，平面低副引入两个约束，平面高副引入一个约束。

4.3.3　平面机构的自由度计算

1. 平面机构自由度的计算公式

设一个平面机构有 N 个构件，其中必有一个机架（固定构件，自由度为零），故活动构件数为 $n = N - 1$。在未用运动副连接之前，这些活动构件共有 $3n$ 个自由度，当用运动副将活动构件连接起来后，自由度则随之减少。如果用 P_L 个低副、P_H 个高副将活动构件连接起来，由于每个低副限制 2 个自由度，每个高副限制 1 个自由度，则该机构剩余的自由度数 F 为

$$F = 3n - 2P_L - P_H \tag{4-1}$$

例 4-2　计算图 4-1 颚式破碎机的机构自由度。

解　该机构的活动构件数 $n = 3$，低副数 $P_L = 4$，高副数 $P_H = 0$，故机构的自由度为

$$F = 3n - 2P_L - P_H = 3 \times 3 - 2 \times 4 - 0 = 1$$

2. 计算平面机构自由度时应注意的问题

在应用式（4-1）计算平面机构的自由度时，对下面几种情况必须加以注意：

（1）复合铰链　图 4-9a 中，A 处符号常会误认为是一个转动副。若观察其侧视图 4-9b，

就可以看出 A 处是构件 1 分别与构件 2 和构件 3 组成的两个转动副，只是此时两转动副的转动中心线重合。这种由两个以上构件在同一轴线上构成多个转动副的铰链，称为复合铰链。

当组成复合铰链的构件数为 k 时，该处所包含的转动副数目应为 $k-1$ 个。在计算机构自由度时，应注意是否存在复合铰链，以免漏算运动副。

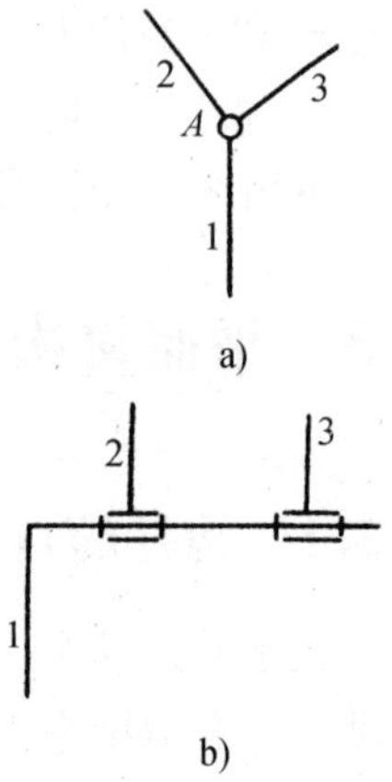

例 4-3　计算图 4-10 所示摇筛机构的自由度。

解　机构中有 5 个活动构件，A、B、D、E、F 处各有 1 个转动副，C 处为 3 个构件组成的复合铰链，有两个转动副，故 $n=5$，$P_L=7$，$P_H=0$，则机构的自由度为

$$F = 3n - 2P_L - P_H = 3 \times 5 - 2 \times 7 - 0 = 1$$

（2）局部自由度　图 4-11a 中，滚子 2 可以绕 B 点作相对转动，

图 4-9　复合铰链

但是，滚子的转动对整个机构的运动不产生影响，只是减小局部的摩擦磨损。这种不影响整个机构运动的局部的独立运动，称为局部自由度。计算机构自由度时，应假想滚子 2 与杆 3 固结为一个构件（图 4-11b 构件 2），消去局部自由度不计。

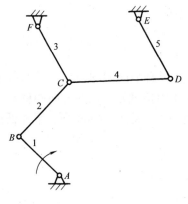

图 4-10　摇筛机构

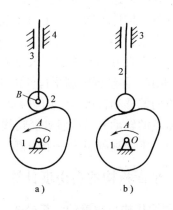

图 4-11　局部自由度

例 4-4　计算图 4-11 中凸轮机构的自由度。

解　因有局部自由度，所以先将滚子 2 与杆 3 固结，再计算机构自由度，故 $n=2$，$P_L=2$，$P_H=1$，$F = 3n - 2P_L - P_H = 3 \times 2 - 2 \times 2 - 1 = 1$

局部自由度虽然不影响整个机构的运动，但可以使接触处的滑动摩擦变为滚动摩擦，减小摩擦阻力和磨损。因此，实际机械中常有局部自由度存在，如滚子、滚轮等。

（3）虚约束　在一些特殊的机构中，有些运动副所引入的约束与其他运动副所起的限制作用相重复，这种不起独立限制作用的重复约束，称为虚约束。在计算机构自由度时，应除去虚约束。

虚约束对机构的运动虽不起作用，但可以增加机构的刚度、改善机构的受力、保持运动的可靠性等。因此，在机构中加入虚约束是工程实际中经常采用的主动措施。机构中常见的虚约束见表 4-1。

表 4-1　机构中常见虚约束情况表

虚约束引入情况	实例简图	特　征 特定几何条件	自由度计算及对 虚约束处理措施
虚约束引入后，其所约束点处的运动轨迹与引入前的运动轨迹重合	机动车轮联动机构 	重复轨迹 构件 EF、AB、CD 彼此平行且相等	$F = 3n - 2P_L - P_H$ $= 3 \times 3 - 2 \times 4 = 1$ 措施：拆去构件 5 及其引入的转动副 E、F
两构件组成多个转动副，且各转动副的轴线重合	齿轮轴轴承 	重复转动副 B、B' 两轴承共轴线	$F = 3n - 2P_L - P_H$ $= 3 \times 1 - 2 \times 1 = 1$ 措施：只计算一个转动副（如 B），除去其余转动副（如 B'）
两构件组成多个移动副，且各移动副的导路平行或重合	气缸 	重复移动副 B、B' 两导路移动方向彼此平行	$F = 3n - 2P_L - P_H$ $= 3 \times 1 - 2 \times 1 = 1$ 措施：只计算一个移动副（如 B），除去其余移动副（如 B'）
两构件组成多个平面高副，且各高副接解点处公法线重合	凸轮机构 	重复高副 两接触点 B、B' 处公法线重合	$F = 3n - 2P_L - P_H$ $= 3 \times 2 - 2 \times 2 - 1 = 1$ 措施：只计算一个高副（如 B），除去其余高副（如 B'）。另外，只计算一个移动副 C
对机构运动不起作用的对称部分	齿轮机构 	重复结构 对称的三个小齿轮 2、2'、2" 大小相同	$F = 3n - 2P_L - P_H$ $= 3 \times 4 - 2 \times 4 - 2 = 2$ 措施：只计算一个小齿轮（如 2），拆去其余小齿轮及其引入的运动副

例 4-5　计算图 4-12a 所示大筛机构的自由度。

解　机构中的滚子处有一个局部自由度。顶杆与机架在 E 和 E' 处组成两个导路平行的移动副，其中之一为虚约束。C 处为复合铰链。

将滚子与顶杆视为一体，去掉移动副 E'，并在 C 点注明转动副个数，如图 4-12b 所示。将 $n=7$，$P_L=9$，$P_H=1$ 代入式（4-1）得

$$F = 3n - 2P_L - P_H = 3 \times 7 - 2 \times 9 - 1 = 2$$

计算结果，自由度为 2，说明该机构需要有两个原动件机构运动才能确定。

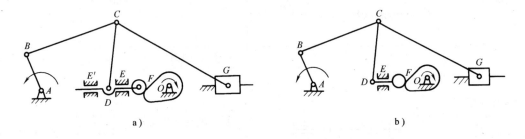

图 4-12　大筛机构

4.3.4　平面机构具有确定运动的条件

机构的自由度就是机构所能具有的独立运动的个数。由于原动件和机架相联，受低副约束后只有一个独立的运动，而从动件靠原动件带动，本身不具有独立运动，因此，机构的自由度必定与原动件数目相等。

如果机构自由度等于零，如图 4-13 所示，则构件组合在一起形成刚性结构，各构件之间没有相对运动，故不能构成机构。

如果原动件数少于自由度数，则机构就会出现运动不确定的现象，如图 4-14 所示。

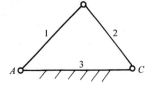

图 4-13　自由度数 = 0（桁架）

如果原动件数大于自由度数，则机构中最薄弱的构件或运动副可能被破坏，如图 4-15 所示。

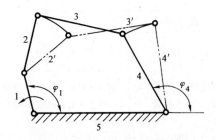

图 4-14　原动件数 < 自由度数

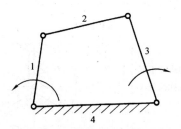

图 4-15　原动件数 > 自由度数

综上所述，机构具有确定运动的条件是：机构的自由度数目大于零且等于原动件的数目。

实例分析

实例一　计算图4-16圆盘锯的自由度。

解　圆盘锯机构由7个活动构件组成，A、B、D、E四处的铰链是复合铰链，每处都是2个转动副，C、F两处是单个的铰链，共有10个转动副，其自由度为

$$F = 3n - 2P_L - P_H = 3 \times 7 - 2 \times 10 = 1$$

机构的自由度为1，说明只要有一个原动件，机构的运动就确定。该机构一般取构件6为原动件，C点的运动轨迹是一条直线。

实例二　图4-17为一简易冲床，试绘制机构运动简图，分析简易冲床是否具有确定的运动，如存在问题，提出改进方案。

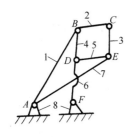

图4-16　圆盘锯

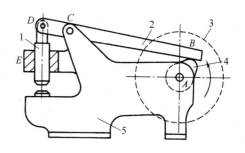

图4-17　简易冲床
1—冲头　2—杠杆　3—带轮　4—凸轮　5—机架

解　设计者的思路是：带轮（原动件，由电动机驱动，和本例自由度计算无关）转动，带动凸轮转动，使得杠杆围绕C摆动，通过铰链D牵动冲头上下运动完成冲床工作。

画出该机构的运动简图，如图4-18所示，从图中看出，活动构件数$n = 3$，低副数$P_L = 4$（3个转动副，1个移动副），高副数$P_H = 1$，则机构的自由度为

$$F = 3n - 2P_L - P_H = 3 \times 3 - 2 \times 4 - 1 = 0$$

自由度数为0，说明机构不存在原动件，机构不能运动。

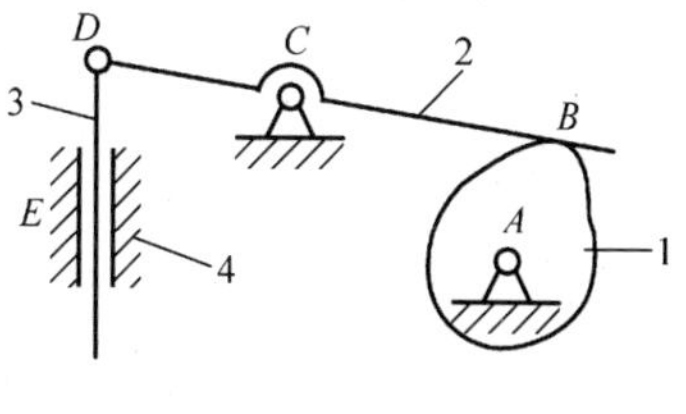

图4-18　简易冲床机构运动简图

经分析，该机构从运动角度看，确实存在问题，D点是构件2和构件3的连接点，但构件2和构件3在D点的运动轨迹不同：构件2上的D点的运动轨迹是以C点为圆心，以CD长为半径的圆弧；而构件3上的D点的运动轨迹是垂直机架的直线移动。同样在一个点，既有圆弧摆动又有直线移动，故机构不能动。

要想让机构运动，必须解决D点的运动轨迹不同的问题，现提出三种修改方案供参考，如图4-19a、b、c所示。改进后的机构，活动构件数$n = 4$，低副数$P_L = 5$（图4-19a、图4-

19b 是 3 个转动副，2 个移动副；图 4-19c 是 4 个转动副，1 个移动副），高副数 $P_H = 1$，则机构的自由度为

$$F = 3n - 2P_L - P_H = 3 \times 4 - 2 \times 5 - 1 = 1$$

自由度数为 1，说明只要有一个原动件，该机构就能具有确定的运动。

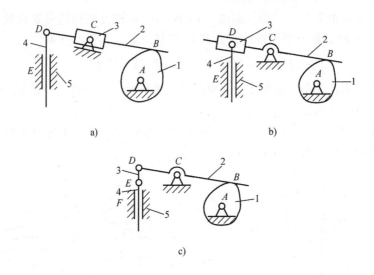

图 4-19 简易冲床的修改方案

实例三 图 4-20a 为一刚性桁架结构，试计算该结构的自由度，并对其他几个结构进行讨论。

解 图 4-20a 共有三个构件，实际上该结构本身没有活动构件，按前述机构中必有一构件为固定构件（机架），则设其余两个构件为活动构件，该结构有三个转动副，则

$$F = 3n - 2P_L - P_H = 3 \times 2 - 2 \times 3 = 0$$

因为自由度 $F = 0$，故该结构不能动，称为静定桁架。

图 4-20b 在原三个构件的基础上加一个构件，还用上述的计算方法可以算出该结构的自由度为

$$F = 3n - 2P_L - P_H = 3 \times 3 - 2 \times 5 - 0 = -1$$

结构的自由度 $F = -1$，说明结构更不能动。因为

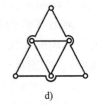

图 4-20 刚性桁架

增加了 1 个构件，增加 3 个自由度，但同时引进 2 个低副，约束了 4 个自由度，多约束 1 个自由度，故自由度数出现负数，但这样使得结构更坚固，一般称为超静定桁架。

分析图 4-20c、d，可得出图 4-20c 的自由度 $F = -2$，图 4-20d 的自由度 $F = -3$，可看出每增加 1 个构件，结构就多负 1 个自由度，说明结构更坚固，都称为超静定桁架。

通过分析桁架的自由度可知，常见的各种框架结构、各种支架采用众多杆件互相交叉连接在一起的目的就是让结构非常坚固。

知识小结

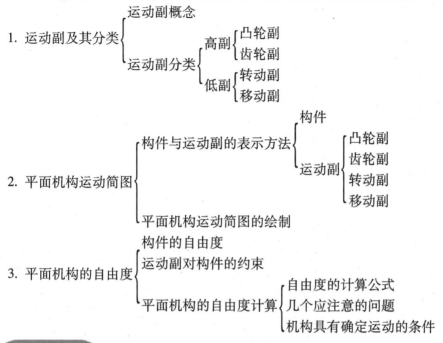

习　题

一、判断题（认为正确的，在括号内打✓；反之打×）

1. 构件与构件之间直接接触且有一定相对运动的可动连接称为运动副。　　　　　　（　　）

2. 低副的主要特征是两个构件以点、线的形式相接触。　　　　　　　　　　　　（　　）

3. 转动副限制了构件的转动自由度。　　　　　　　　　　　　　　　　　　　　（　　）

4. 固定构件（机架）是机构不可缺少的组成部分。　　　　　　　　　　　　　　（　　）

5. 4个构件在一处铰接，则构成4个转动副。　　　　　　　　　　　　　　　　　（　　）

6. 机构的运动不确定，就是指机构不能具有相对运动。　　　　　　　　　　　　（　　）

7. 在同一个机构中，计算自由度时机架只有一个。　　　　　　　　　　　　　　（　　）

8. 机构具有确定相对运动的条件是机构的自由度大于零。　　　　　　　　　　　（　　）

9. 在一个具有确定运动的机构中原动件只能有一个。　　　　　　　　　　　　　（　　）

10. 由于虚约束在计算机构自由度时将其去掉，故设计机构时应避免出现虚约束。　（　　）

二、选择题（将正确答案的字母序号填入括号内）

1. 两构件组成运动副的必备条件是_____。　　　　　　　　　　　　　　　　（　　）

A. 直接接触且有相对运动

B. 直接接触但无相对运动

C. 不接触但有相对运动

2. 两构件的接触形式是面接触，其运动副类型是_____。　　　　　　　　　　（　　）

A. 凸轮副　　　　　　　　B. 低副　　　　　　　　C. 齿轮副

3. 若两构件组成高副，则其接触形式为_____。　　　　　　　　　　　　　　（　　）

A. 面接触　　　　　　　　B. 点或线接触　　　　　C. 点或面

4. 在自行车前轮的下列几处连接中，属于运动副的是哪一个连接？　　　　　　　（　　）

A. 前叉与轴　　　　　　　B. 轴与车轮　　　　　　C. 辐条与钢圈

5. 两个构件组成转动副以后，约束情况是_____。　　　　　　　　　　（　　）

A. 约束两个移动，剩余一个转动

B. 约束一个移动，一个转动，剩余一个移动

C. 约束三个运动

6. 两个构件组成移动副以后，约束情况是_____。　　　　　　　　　　（　　）

A. 约束两个移动，剩余一个转动

B. 约束一个移动，一个转动，剩余一个移动

C. 约束三个运动

7. 计算自由度时，对于虚约束应该如何处理？　　　　　　　　　　　　（　　）

A. 除去不算　　　　　B. 考虑在内　　　　C. 除去与否都行

8. 一般门与门框之间有两至三个铰链，这应为_____。　　　　　　　（　　）

A. 复合铰链　　　　　B. 局部自由度　　　C 虚约束

9. 机构中引入虚约束后，可使机构_____。　　　　　　　　　　　　（　　）

A. 不能运动　　　　　B. 增加运动的刚性　　C. 对运动无所谓

10. 当机构中原动件数目_____机构自由度数目时，该机构具有确定的相对运动。　（　　）

A. 小于　　　　　　　B. 大于　　　　　　　C. 等于

三、计算题

1. 计算图 4-21 所示各机构的自由度，并说明哪处是复合铰链、哪处是局部自由度、哪处是虚约束。

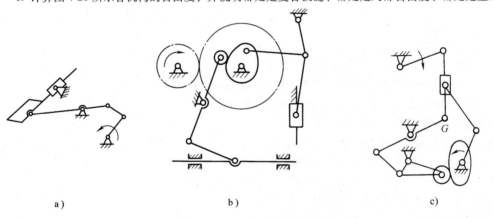

a)　　　　　　　　　　　　b)　　　　　　　　　　　　c)

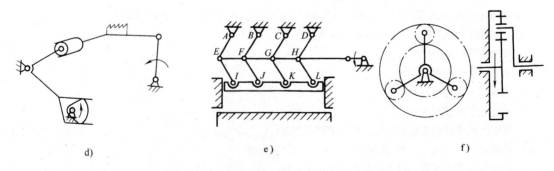

d)　　　　　　　　　　　　e)　　　　　　　　　　　　f)

图 4-21　题三-1 图

a) 推土机的推土结构　b) 冲压机构　c) 锯木机构　d) 缝纫机的送布机构

e) 压力机的工作机构　f) 行星轮系机构

平面连杆机构

教学要求

★ **能力目标**

1）判断铰链四杆机构类型的能力。

2）识别各类滑块机构的能力。

3）识别四杆机构基本特性的能力。

4）设计平面连杆机构的能力。

★ **知识要素**

1）铰链四杆机构的基本类型、应用场合。

2）常见滑块机构的基本类型、应用场合。

3）四杆机构的基本特性。

4）平面连杆机构的设计方法。

★ **学习重点与难点**

1）各类机构的应用场合和基本特性。

2）平面连杆机构的设计方法。

引 言

机械设备是用多种机构按功能要求组合而成的，如机械加工中常用到的牛头刨床，原动部分是电动机；传动部分有齿轮机构和连杆机构等；执行部分是滑枕带着刨刀刨削加工零件。图 5-1 所示为牛头刨床的实物外形图，图 5-2 所示为牛头刨床的结构示意图。

图 5-1 牛头刨床实物图

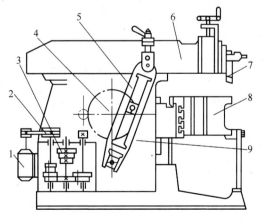

图 5-2 牛头刨床结构图

1—电动机 2—带传动装置 3—齿轮传动装置 4—大齿轮

5—摆动导杆机构 6—滑枕 7—刨刀 8—工作台 9—床身

牛头刨床工作的主运动是滑枕的往复移动，使得滑枕往复移动的机构是摆动导杆机构。图 5-3 所示为牛头刨床的摆动导杆机构。图 5-4 所示为摆动导杆机构的运动简图，可以看出摆动导杆机构是由许多构件（大齿轮、两个滑块、导杆、滑枕等）用不同的运动副连接组成的。

由此可见，一台机器由很多的机构组成。在众多的机构中，平面连杆机构是常用机构，它可以实现运动形式的转换，并具有一些可利用的特性。如图 5-4 所示的摆动导杆机构就是典型的平面连杆机构的一种。

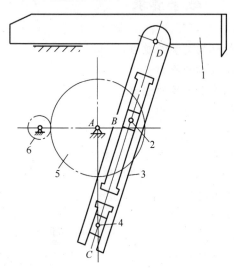

图 5-3　摆动导杆机构
1—滑枕　2—滑块　3—导杆　4—摇块
5—大齿轮　6—小齿轮

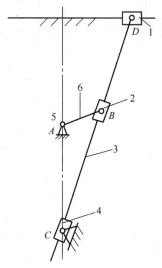

图 5-4　摆动导杆机构的运动简图
1—滑枕　2—滑块　3—导杆　4—摇块
5—机架　6—大齿轮

要合理和高效地使用牛头刨床，就要充分理解和掌握牛头刨床各组成机构的特性，调整好各机构的运动状态，来实现预定的刨削运动要求，以达到完成生产任务之目的。为了了解和掌握各种常用机构的运动状况和特性，就需要分析各种机构的组成和类型。

本章主要介绍平面连杆机构的组成及基本类型；介绍平面连杆机构的设计方法。

学习内容

5.1　铰链四杆机构

平面连杆机构是将若干构件用低副（转动副和移动副）连接起来并作平面运动的机构，也称低副机构。

由于低副为面接触，故传力时压强低、磨损量小，且易于加工和保证精度，能方便地实现转动、摆动和移动这些基本运动形式及其相互间的转换等。因此，平面连杆机构在各种机器设备和仪器仪表中得到了广泛的应用。

平面连杆机构的缺点是：由于低副中存在着间隙，将不可避免地引起机构的运动误差；此外，它不容易实现精确、复杂的运动规律。

最简单的平面连杆机构由四个构件组成，简称四杆机构。它应用广泛，是组成多杆机构的基础。本章主要讨论四杆机构的有关问题。根据有无移动副存在，四杆机构可分为铰链四杆机构和滑块四杆机构两大类，如图 5-5 所示。

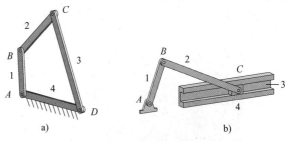

图 5-5　平面四杆机构
a）铰链四杆机构　b）滑块四杆机构

当四杆机构中的运动副都是转动副时，称为铰链四杆机构。机构中固定不动的构件 4 称为机架；与机架相连的构件 1 、3 称为连架杆，其中能作整周回转的连架杆称为曲柄，只能作往复摆动的连架杆称为摇杆；连接两连架杆的可动构件 2 称为连杆。

5.1.1　铰链四杆机构的基本形式

铰链四杆机构按两连架杆的运动形式，分为三种基本形式：曲柄摇杆机构、双曲柄机构和双摇杆机构。

1. 曲柄摇杆机构

铰链四杆机构的两连架杆中，如果一个是曲柄，另一个是摇杆，则称为曲柄摇杆机构（见图 5-6）。

曲柄摇杆机构的用途是改变传动形式，可将回转运动转变为摇杆的摆动（见图 5-7 中雷达天线），当曲柄 1 缓慢地转动时，通过连杆 2 使与摇杆 3 固接的抛物面天线作一定角度的摆动，从而达到调整天线俯仰角的目的。

这种机构还可以将主动件摇杆的摆动，转变为从动件曲柄的回转运动，图 5-8 所示的缝纫机踏板机构即为这种机构的应用。踏板 1 为摇杆，曲轴 3 为曲柄。当踏动踏板使其往复摆动时，通过连杆 2 使曲柄 3 作连续转动，再通过带轮带动机头进行缝纫工作。

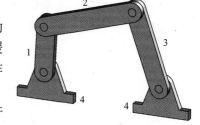

图 5-6　曲柄摇杆机构

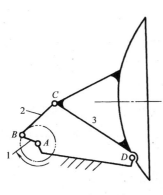

图 5-7　雷达天线

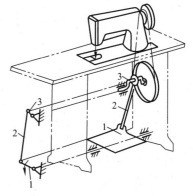

图 5-8　缝纫机踏板机构

日常生活中，体育活动用的跑步器也是曲柄摇杆机构的应用，如图 5-9 所示。

2. 双曲柄机构

铰链四杆机构的两连架杆均为曲柄时，称为双曲柄机构，如图 5-10 所示。

图 5-9　跑步器

图 5-10　双曲柄机构

双曲柄机构分为普通双曲柄机构和平行双曲柄机构。

两曲柄长度不相等时为普通双曲柄机构，这种机构的运动特点是：当主动曲柄作匀速转动时，从动曲柄作周期性的变速转动，以满足机器的工作要求。图 5-11 所示的惯性筛就是这种机构的应用。当曲柄 AB 匀速转动时，另一曲柄 CD 作变速转动，使筛子具有所需要的加速度，利用加速度所产生的惯性力使颗粒材料在筛算上往复运动，达到筛分的目的。

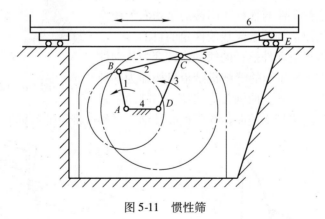

图 5-11　惯性筛

在双曲柄机构中，若相对的两杆长度分别相等时，则称为平行双曲柄机构，如图 5-12 所示。

在平行双曲柄机构中，当两曲柄转向相同时，它们的角速度时时相等，连杆也始终与机架平行，四个构件形成平行四边形，故又称平行四边形机构。这种机构在工程上应用很广，如图 5-13 所示的机车车轮联动机构。

图 5-14 所示的天平机构也是利用平行四边形机

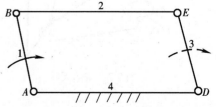

图 5-12　平行双曲柄机构

构主、从动曲柄运动相同和对边始终平行的特点，保证当机构处于平衡时，砝码和称量一样来完成称量工作。

图 5-13 机车车轮联动机构

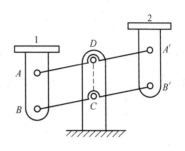

图 5-14 天平机构

平行双曲柄机构还有一种是反向平行双曲柄的机构，如图 5-15 所示的车门启闭机构，当 AB 杆摆动，左侧车门打开的同时，通过 BC 杆的链接使得 CD 杆摆动，从而右侧车门同时打开。

图 5-16 所示的引体向上训练器就是反向双曲柄机构的应用，利用反向双曲柄机构，靠自己的臂力把自己拉上去，以达到锻炼臂力等目的。

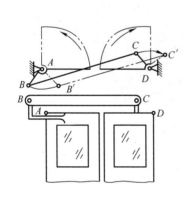

图 5-15 车门启闭机构

图 5-16 引体向上训练器

3. 双摇杆机构

若铰链四杆机构的两个连架杆均为摇杆，则称为双摇杆机构，如图 5-17 所示。

图 5-18 所示的港口起重机就是双摇杆机构的应用。该机构的最大优点是当重物被吊起往回收时，M 点的轨迹是一条直线，避免了被吊重物对起重机本身产生冲击。

如图 5-19 所示的飞机起落架也是双摇杆机构的应用。

生产实践中使用的剪板机也是利用双摇杆机构的特性来工作的。如图 5-20 所示的机构中，AB 摇杆为主动件，当 AB 随其上方的长柄往复摆动时，通过连杆 BC 带动另一个摇杆 CD 也上下摆动。CD 杆同时也是动切削刃，动切削刃上下摆动和静切削刃一起完成剪裁钢板的工作。

图 5-17　双摇杆机构

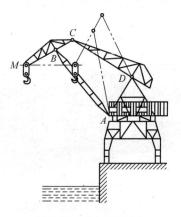

图 5-18　港口起重机

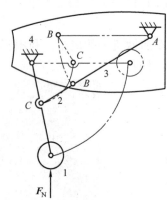

图 5-19　飞机起落架机构

图 5-20　剪板机

5.1.2 铰链四杆机构中曲柄存在的条件及基本类型的判别

由上可见，铰链四杆机构三种基本形式的主要区别，就在于连架杆是否为曲柄。而机构是否有曲柄存在，则取决于机构中各构件的相对长度以及机架所处的位置。对于铰链四杆机构，可按下述方法判别其类型。

1）当铰链四杆机构中最短构件的长度与最长构件的长度之和，小于或等于其他两构件长度之和（即 $l_{max} + l_{min} \leqslant l' + l''$）时：

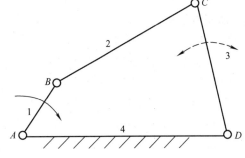

图 5-21 曲柄摇杆机构

①若以最短杆的相邻构件为机架，则该机构一定是曲柄摇杆机构，如图 5-21 所示。

②若以最短杆为机架，则该机构一定是双曲柄机构，如图 5-22 所示。

③若以最短杆相对的构件为机架，则该机构一定是双摇杆机构，如图 5-23 所示。

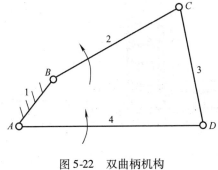

图 5-22 双曲柄机构

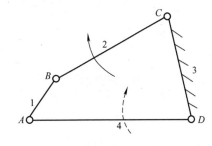

图 5-23 双摇杆机构

2）若四杆机构中的各构件长度不满足条件 $l_{max} + l_{min} \leqslant l' + l''$，无论取哪个构件为机架均无曲柄存在，只能成为双摇杆机构。

判别铰链四杆机构基本类型的方法可用下面框图表示：

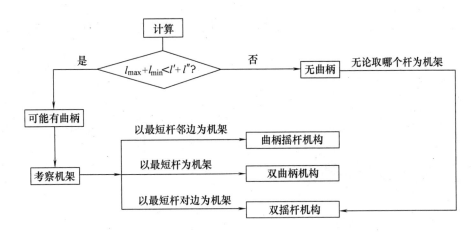

5.2　滑块四杆机构

凡含有移动副的四杆机构，均称为滑块四杆机构，简称滑块机构。按机构中滑块的数目，可分为单滑块机构（见图 5-24a）和双滑块机构（见图 5-24b）。

1. 曲柄滑块机构

如图 5-24 所示，图中 1 为曲柄，2 为连杆，3 为滑块。若滑块移动导路中心通过曲柄转动中心，则称为对心曲柄滑块机构（见图 5-24a），若不通过曲柄转动中心，则为偏置曲柄滑块机构（见图 5-25），e 为偏心距。

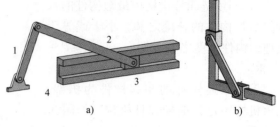

图 5-24　滑块机构
a）单滑块机构　b）双滑块机构

曲柄滑块机构的用途很广，主要用于将回转运动转变为往复移动或反之。如自动送料机构（见图 5-26）。当曲柄转动时，通过连杆使滑块作往复移动。曲柄每转动一周，滑块则往复一次，即推出一个工件，实现自动送料。

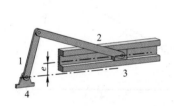

图 5-25　偏置曲柄滑块机构

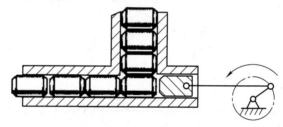

图 5-26　自动送料机构

当对心曲柄滑块机构的曲柄长度较短时，常把曲柄做成偏心轮的形式，如图 5-27 所示，称为偏心轮机构。这样不但增大了轴颈的尺寸，提高了偏心轴的强度和刚度，而且当轴颈位于轴的中部时，还便于安装整体式连杆，从而使连杆结构简化。偏心轮机构广泛应用于剪床、冲床、内燃机、颚式破碎机等机械设备中。

2. 导杆机构

如图 5-28a 所示，曲柄滑块机构如取构件 1 为机架，构件 2 为原动件，则当构件 2 作圆

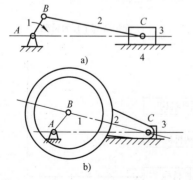

图 5-27　偏心轮机构

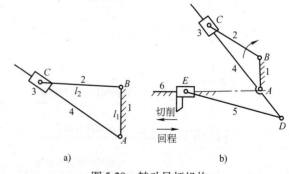

图 5-28　转动导杆机构
a）运动简图　b）简易刨床的主运动机构

周转动时，导杆 4 也作整周回转（其条件为 $l_1 < l_2$），此机构称为转动导杆机构。图 5-28b 所示的简易刨床的主运动机构就是运用了转动导杆机构。

当 $l_1 > l_2$ 时，仍以构件 2 为原动件作连续转动时，导杆 4 只能往复摆动，故称为摆动导杆机构，如图 5-29a 所示，牛头刨床中的主运动机构就是应用这种机构，如图 5-29b 所示。

3. 摇块机构

曲柄滑块机构中，如取原连杆构件 2 为机架，原曲柄构件 1 作整周运动时，原导路构件 4（图 5-30 中为构件 2）就摆动，则滑块 3 成了绕机架上 C 点作往复摆动的摇块，如图 5-30a 所示，故称为摇块机构。这种机构常用于摆动液压泵，如图 5-30b 所示。

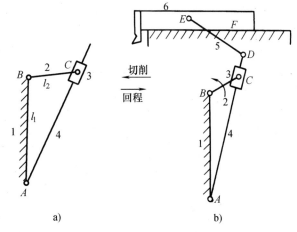

图 5-29 摆动导杆机构

a）运动简图 b）牛头刨床的主运动机构

图 5-31 所示为自卸汽车的翻斗机构，也是摇块机构的实际应用。

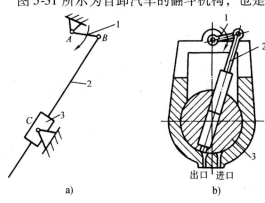

图 5-30 摇块机构

a）运动简图 b）摆动液压泵

图 5-31 自卸汽车的翻斗机构

4. 定块机构

曲柄滑块机构中，如取滑块 3 为机架，即得到定块机构，如图 5-32a 所示。手动压水机是定块机构的应用实例，如图 5-32b 所示。

由以上分析可知，平面四杆机构的形式多种多样，可以归纳为两大类：具有四个转动副的铰链四杆机构与具有三个转动副和一个移动副的滑块四杆机构。为了便于读者对照学习，将以上介绍的两大类机构归纳列于表 5-1 中。

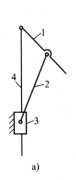

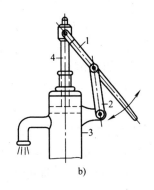

图 5-32 定块机构

a）运动简图 b）手动压水机

表 5-1　平面四杆机构的基本类型及其演化

固定构件	不含移动副的平面四杆机构		含一个移动副的四杆机构
4	曲柄摇杆机构		曲柄滑块机构
1	双曲柄机构		转动导杆机构
2	曲柄摇杆机构		摇块机构摆动导杆机构
3	双摇杆机构		定块机构

5.3　四杆机构的基本特性

5.3.1　急回特性和行程速比系数

如图 5-33 所示的曲柄摇杆机构，原动件曲柄 1 在转动一周的过程中，有两次与连杆 2 共线（即为 B_1AC_1，AB_2C_2）；此时摇杆 3 分别处于 C_1D 和 C_2D 两个极限位置，摇杆的两个极限位置间的夹角 ψ 称为摇杆的最大摆角；而曲柄与连杆两共线位置间所夹的锐角 θ 称为极位夹角。

从图中可以看出，摇杆的两个极限位置间的夹角 ψ 是一定的，但摇杆由 C_1D 摆动到 C_2D（为工作行程）时，曲柄由 AB_1 转到 AB_2，所转过的角度是 $\varphi_1 = 180° + \theta$；而摇杆从 C_2D 摆回到 C_1D（为返回行程）时，曲柄由 AB_2 转到

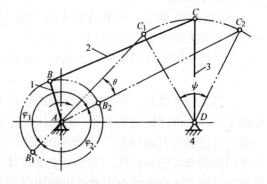

图 5-33　曲柄摇杆机构急回特性分析

AB_1，所转过的角度是 $\varphi_2 = 180 - \theta$。可见，当曲柄匀速转动时，摇杆从 C_2D 摆回到 C_1D 比从 C_1D 摆动到 C_2D 的速度快。

机构的这种返回行程比工作行程速度快的特性，称为急回特性。工程上常用从动件往返速度的比值 K 来表示急回特性的显著程度，即

$$K = \frac{v_2}{v_1} = \frac{\varphi_1}{\varphi_2} = \frac{180° + \theta}{180° - \theta} \tag{5-1}$$

式中　K——行程速比系数。

上式表明，机构有无急回特性、急回特性是否显著，取决于机构的极位夹角 θ、行程速比系数 K。

若 $\theta > 0$，则 $K > 1$，机构有急回特性；θ 越大，则 K 越大，机构急回特性越显著；θ 越小，则 K 越小，机构急回特性越不明显；$\theta = 0$，则 $K = 1$，机构无急回特性。

除曲柄摇杆机构外，偏置曲柄滑块机构（图 5-34）、摆动导杆机构（图 5-35）等也具有急回特性。

在往复工作的机械（如插床、插齿机、刨床、搓丝机等）中，常利用机构的急回特性来缩短空行程的时间，以提高劳动生产率。

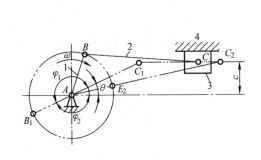

图 5-34　偏置曲柄滑块机构急回特性分析

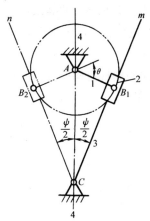

图 5-35　摆动导杆机构急回特性分析

5.3.2　压力角和传动角

1. 压力角的概念

在图 5-36 所示的曲柄摇杆机构中，主动件 AB 通过连杆 BC 传给从动件 CD 的力 F，总是沿着 BC 杆方向。力 F 与从动件 C 点的速度 $\boldsymbol{v}_C$ 方向之间所夹的锐角 α，称为压力角。

将传动力 F 沿从动件受力点速度方向和垂直于速度方向分解为

$$F_t = F\cos\alpha \tag{5-2}$$

$$F_n = F\sin\alpha \tag{5-3}$$

F_t 是推动从动件运动的分力，称为有效分力；F_n 与从动件运动方向相垂直，不仅对从动件无推动作用，反而会增大铰链间的摩擦力，称为有害分力。显然 F_t 越大越好，F_n 越小

越好。由式（5-2）、式（5-3）可知，α 越大，F_t 越小，F_n 越大，机构传力性能越差。所以，α 是表示机构传力性能的重要参数。

2. 传动角

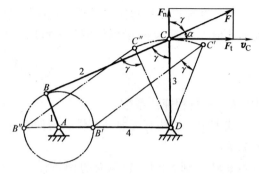

图 5-36　铰链四杆机构的压力角和传动角

在工程中，为了度量方便，常将压力角 α 的余角 γ 称为传动角，如图 5-36 所示。在曲柄摇杆机构中，γ 等于连杆与摇杆所夹的锐角，用它来判断机构的传力性能比较直观。显然，因为 $\gamma = 90° - \alpha$，所以 γ 越大，机构的传力性能就越好；反之，机构的传力性能就差；当 γ 过小时，机构就会自锁。

3. 机构具有良好传力性能的条件

由图 5-36 可知，在机构运动过程中，传动角 γ 是变化的。为了保证机构有良好的传力性能，设计时，要求 $\gamma_{min} > [\gamma]$，$[\gamma]$ 为许用传动角。对一般机械来说，$[\gamma] = 40°$；传递功率较大时，$[\gamma] = 50°$。

4. 最小传动角 γ_{min} 的确定

为了判定机构传动性能的好坏，应能找出机构最小传动角的位置，看其是否满足 $\gamma_{min} \geqslant [\gamma]$ 的条件。

（1）曲柄摇杆机构的 γ_{min}　在图 5-37 所示曲柄摇杆机构中，曲柄 AB 为主动件，摇杆 CD 为从动件。

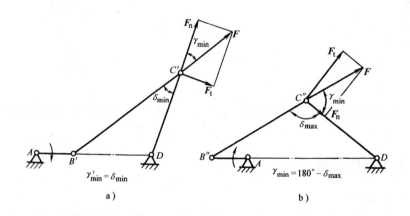

图 5-37　铰链四杆机构的 γ_{min}

研究表明：最小传动角出现在主动件 AB 与机架 AD 两次共线位置之一处。比较两个 γ_{min}，其中，较小的为该机构的最小传动角。

（2）曲柄滑块机构的最大压力角 α_{max}　如图 5-38 所示，曲柄滑块机构确定 α 角方便，故传力性能采用限制 α_{max} 的方法。若机构的主动件为曲柄 AB，从动件为滑块 C，在曲柄与滑块导路垂直时，$\alpha = \alpha_{\max}$。

（3）摆动导杆机构的最大压力角 $\alpha_{\max}$　　图 5-39 中，曲柄 2 为主动件，导杆 4 为从动件，连接曲柄 2 和导杆 4 的构件 3 是二力构件，故构件 3 作用于导杆 4 上的力 F 和导杆 4 上的 C 点速度 v_{C4} 都始终垂直于 AC，所以压力角 α 始终为 0，传力性能最好。

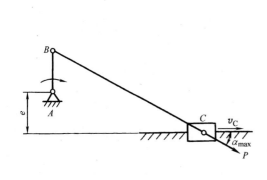

图 5-38　曲柄滑块机构的 $\alpha_{\max}$

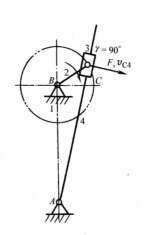

图 5-39　摆动导杆机构的 $\alpha_{\max}$

5.3.3　死点位置

图 5-40 所示为缝纫机踏板机构（曲柄摇杆机构）。在工作时，摇杆（脚踏板）为原动件，曲柄为从动件。当曲柄 AB 与连杆 BC 共线时，连杆作用于曲柄上的力 F 正好通过曲柄的回转中心 A（此时 $\gamma = 0°$），该力对 A 点不产生力矩，因而曲柄不能转动，机构所处的这种位置，称为死点位置。

在机构运动过程中，死点位置会使从动件处于静止或运动不确定状态，如缝纫机踏板机构，因采用曲柄摇杆机构，在踏动踏板机构时，有时会出现倒轮和踩不动现象，因而需设法克服死点位置。工程上常借助于惯性，使机构顺利通过死点位置，如在曲轴上安装飞轮；也可采用相同机构错位排列，使两边机构的死点位置互相错开的方法来度过死点位置，如图 5-41 所示为错列的机车车轮联动机构。

工程上也常利用机构的死点位置来实现一定的工作要求。如图 5-42 所示的铣床快动夹紧机构，当工件被夹紧后，无论反力 F_N 有多大，因夹具 BCD 成一直线，机构（夹具）处于死点位置，不会使夹具自动松脱，从而保证了夹紧工件的牢固性。图 5-19 所示的飞机起落架也是利

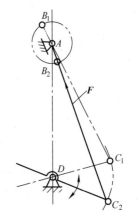

图 5-40　曲柄摇杆机构的
死点位置

用死点来工作的，即飞机着地时不论受多大的力 F_N，因 CBA 三点为一直线，处于死点位置，起落架都不会收回，从而保证飞机的安全着落。

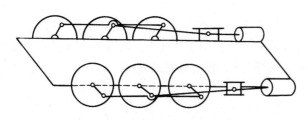

图 5-41　错列的机车车轮联动机构

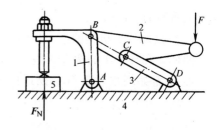

图 5-42　铣床快动夹紧机构

5.4　平面连杆机构的设计方法

平面连杆机构设计的主要任务是根据给定的条件选定机构类型，确定各构件的长度尺寸参数。连杆机构的设计，一般可归纳为下列两类问题：

1）按给定从动件的位置设计四杆机构，称为位置设计。

2）按给定点的运动轨迹设计四杆机构，称为轨迹设计。

5.4.1　按给定连杆的位置设计四杆机构

1. 按给定连杆的两个位置设计四杆机构

设已知连杆 BC 的长度 L_{BC} 及两个位置 B_1C_1 和 B_2C_2，试设计此四杆机构。

设计分析：如图 5-43a 所示，该设计问题是确定其他三个构件的长度，因此关键在于铰链 A 和 D 的位置。而连杆上的 B 点无论在 B_1 还是在 B_2，都是在以 A 点为圆心的同一圆弧上，同理 C_1、C_2 在以 D 为圆心的同一圆弧上，因此只要找到 B_1B_2、C_1C_2 弧的圆心，即可确定 A、D 的位置。

设计步骤（见图 5-43b）：

1）选取适当的比例尺 μ_L，将 L_{BC} 换算为图上距离 BC，按已知条件作出连杆的两位置 B_1C_1 和 B_2C_2。

2）连接 B_1、B_2 和 C_1、C_2 点，然后作 B_1B_2、C_1C_2 的垂直平分线 b_{12} 和 c_{12}。

3）在 b_{12} 上任取一点 A，在 c_{12} 上任取一点 D。

4）连接 AB_1C_1D 或（AB_2C_2D）即为所求的四杆机构。

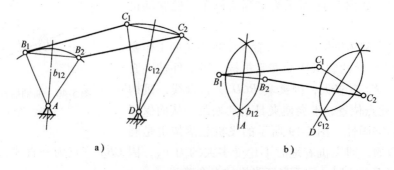

a)　　　　　　　　　　　　　　　　b)

图 5-43　按给定连杆的两个位置设计四杆机构

5）从图上量出 AB、CD、AD 的长度，按照相应比例尺 μ_L 换算成实际距离 l_{AB}、l_{CD}、l_{AD}。

注意：在已知连杆两个位置的情况下，因 A、D 是在 b_{12}、c_{12} 上任取的，所以有无穷多解。若给出其他辅助条件，如机架长度及其位置等，就可得出唯一解。

2. 按给定连杆的三个位置设计四杆机构

设已知连杆 BC 的长度 l_{BC} 及三个位置 B_1C_1、B_2C_2 和 B_3C_3，试设计此四杆机构。

设计分析：与上述分析一样，该设计问题的关键也是确定两固定铰链 A 和 D 的位置。而连杆上的 B 点无论在 B_1、B_2 还是 B_3，都是在以 A 点为圆心的同一圆弧上；同理，C_1、C_2、C_3 在以 D 为圆心的同一圆弧上，因此只要找到 $B_1B_2B_3$、$C_1C_2C_3$ 的圆心，即可确定 A、D 的位置。

设计步骤（见图 5-44）：

1）取适当的比例尺 μ_L，将 L_{BC} 换算为图上距离 BC，按已知条件作出连杆的三位置 B_1C_1、B_2C_2 和 B_3C_3。

2）连接 B_1、B_2 和 B_2、B_3，分别作 B_1B_2 及 B_2B_3 两连线的垂直平分线 b_{12} 和 b_{23}，其交点即为 A 点。

3）连接 C_1、C_2 和 C_2、C_3，分别作 C_1C_2 及 C_2C_3 两连线的垂直平分线 c_{12} 和 c_{23}，其交点即为 D 点。

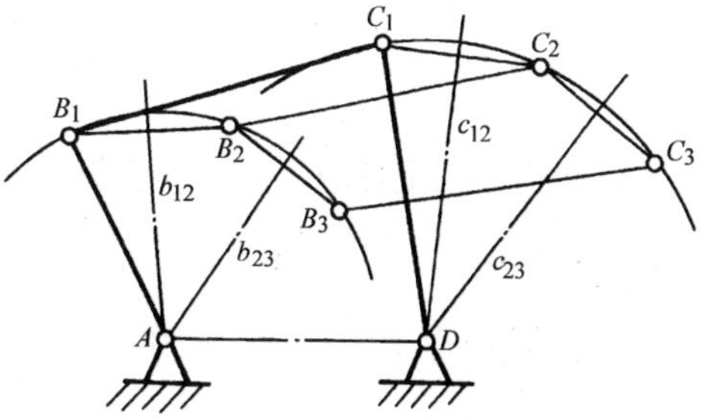

图 5-44　按给定连杆的三个位置设计四杆机构

4）连接 AB_1C_1D（或 AB_2C_2D）即为所求的四杆机构。

5）从图上量出 AB、CD、AD 的长度，按照相应比例尺 μ_L 换算成实际距离 l_{AB}、l_{CD}、l_{AD}。因为 b_{12}、b_{23} 的交点和 c_{12}、c_{23} 的交点都只有一个，所以若已知连杆三个位置，解是唯一的。

5.4.2　按给定行程速比系数 K 设计四杆机构

1. 按给定行程速比系数 K 设计曲柄摇杆机构

设已知曲柄摇杆机构中摇杆 CD 的长度 l_{CD}、摇杆的摆角 ψ、行程速比系数 K，试设计该机构。

设计分析：如图 5-45a 所示，若已知 l_{CD}、ψ，则只要能够确定 A 的位置，量出 l_{AC_1}、l_{AC_2}，就可由公式 $l_{AB} = \dfrac{l_{AC_2} - l_{AC_1}}{2}$ 和 $l_{BC} = \dfrac{l_{AC_2} + l_{AC_1}}{2}$ 求出 l_{AB}、l_{BC} 的值。由于 A 点是极位夹角的顶点，即 $\angle C_1AC_2 = \theta$，如过 A、C_1、C_2 三点作辅助圆，以该圆上任意一点为角的顶点，连接该点与 C_1、C_2 的夹角也为 θ，反过来说，也即 A 点一定在此辅助圆上。

设计步骤（如图 5-45b 所示）：

1）按给定的行程速比系数 K 求出极位夹角 $\theta = 180° \dfrac{K-1}{K+1}$。

2）作摇杆的两个极限位置：任取一点 D，按一定比例尺 μ_L，根据已知 l_{CD}、ψ 绘出摇杆的两个极限位置 DC_1、DC_2。

3）作辅助圆：连接 C_1、C_2 并作其垂线 C_1M；以 C_1C_2 为一边作角 $\angle C_1C_2N = 90° - \theta$，则 C_1M 和 C_2N 相交于 P 点。以 C_2P 的中点 O 为圆心，以 OC_1（或 OC_2）为半径作辅助圆。

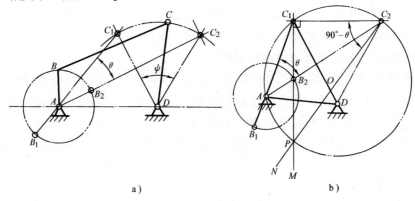

a）　　　　　　　　　　　　　　b）

图 5-45　按行程速比系数设计曲柄摇杆机构

4）在辅助圆上任取一点 A，连接 AD、AC_1 和 AC_2，并量出其长度，按照相应比例尺 μ_L 换算实际距离 l_{AD}、l_{AC_1}、l_{AC_2}。

5）按照公式 $l_{AB} = \dfrac{l_{AC_2} - l_{AC_1}}{2}$ 和 $l_{BC} = \dfrac{l_{AC_2} + l_{AC_1}}{2}$ 计算出 l_{AB}、l_{BC} 的尺寸。

注意：由于曲柄的回转中心 A 点可在辅助圆上任取，所以可得到无穷解，给定其他辅助条件，则可得到唯一的答案。

2. 按给定行程速比系数 K 设计曲柄滑块机构

设已知曲柄滑块机构中滑块的行程 s、偏心距 e、行程速比系数 K，试设计该机构。

设计分析：与上例分析类似，由已知 s 可确定 C_1、C_2 的位置，则只要能够确定 A 的位置，量出 l_{AC_1}、l_{AC_2}，就可由公式 $l_{AB} = \dfrac{l_{AC_2} - l_{AC_1}}{2}$ 和 $l_{BC} = \dfrac{l_{AC_2} + l_{AC_1}}{2}$ 求出 l_{AB}、l_{BC} 的值。一方面，A 点是极位夹角的顶点，即 $\angle C_1AC_2 = \theta$，如过 A、C_1、C_2 三点作辅助圆，A 点一定在此辅助圆上；另一方面，A 点到导路的距离为 e，则 A 点一定在与导路平行且相距为 e 的导路平行线上。所以该平行线与辅助圆的交点即为所求。

设计步骤（见图5-46）：

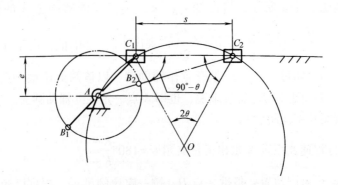

图 5-46　按行程速比系数设计曲柄滑块机构

1）按给定的行程速比系数 K 求出极位夹角：$\theta = 180° \dfrac{K-1}{K+1}$。

2）作滑块的两个极限位置：任取一点 C_1，按一定比例尺 μ_L，根据 s 作滑块的两个极限位置 C_1 和 C_2。

3）作辅助圆：连接 C_1C_2，作 $\angle C_1C_2O = \angle C_2C_1O = 90° - \theta$，得交点 O，以 O 为圆心，OC_1 为半径作辅助圆。

4）作与 C_1C_2 相距 e 且平行于 C_1C_2 的直线，与辅助圆的交点即为 A 点，连接 AC_1 和 AC_2，并量出其长度，按照相应比例尺 μ_L 换算实际距离 l_{AC_1}、l_{AC_2}。

5）按照公式 $l_{AB} = \dfrac{l_{AC_2} - l_{AC_1}}{2}$ 和 $l_{BC} = \dfrac{l_{AC_2} + l_{AC_1}}{2}$ 计算 l_{AB}、l_{BC} 的尺寸。

3. 按给定行程速比系数 K 设计摆动导杆机构

设已知摆动导杆机构中导杆的摆角 ψ、机架长度 AC、行程速比系数 K，试设计该机构。

设计分析：设计该机构所需求出的尺寸为曲柄 AB 长度，若找出导杆的两极限位置，则 A 点到导杆的极限位置的垂直距离即为 AB 的长度。由于导杆机构的摆角 ψ 等于其极位夹角 θ，所以可根据极位夹角 θ 作导杆的极限位置。

设计步骤（见图 5-35）：

1）按给定的行程速比系数 K 求出极位夹角：$\theta = 180° \dfrac{K-1}{K+1}$。

2）作出机架：任选一点为 A，按一定比例尺 μ_L，作出机架 AC（一般取垂直方向）。

3）作导杆的两个极限位置：以 AC 为一条边按顺时针（或逆时针方向）做角度

$$\angle mCA = \frac{\theta}{2} \left(\text{或} \angle nCA = \frac{\theta}{2} \right)$$

4）过 A 点作极限位置 Cm 的垂线 AB_1（或 Cn 的垂线 AB_2），量出 AB 的长度，按照相应比例尺 μ_L 换算实际距离 l_{AB}。

5.5　多杆机构简介

前面讲的四杆机构是平面连杆机构中的常用机构，但它的运动形式比较单一，不能实现较复杂的运动。在生产实际中，为达到某一运动要求或动力要求，单一的四杆机构就不能满足需要。为此，常以某个四杆机构为基础，增添一些杆组或机构，组成多杆机构。本节就多杆机构的特点、应用作一简要介绍。

多杆机构是通过在四杆机构的基础上添加杆组的方法来实现的，添加杆组后一般要求不改变原机构的自由度，因此所添加杆组的自由度应为零。如一般添加的简单杆组为两个构件三个低副，如图 5-47 所示插齿机主结构，就是在四杆机构 1-2-3-6 的基础上添加杆组 4-5 组成。

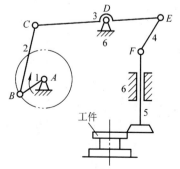

图 5-47　插齿机主结构

多杆机构还可理解为由两个或两个以上的四杆机构串联组成的，多用由两个四杆机构组成的多杆机构。这种机构有个特点，即前一个四杆机构的从动件往往是后一个四杆机构的原动件，机构本身只能有一个机架，所以这种多杆机构实际上只有六个构件，又可称为六杆机构。图 5-48a 所示为手动冲床机构，是由双摇杆机构 ABCD 和定块机构 DEFG 串联组成，前一机构的从动件 CD 杆正好是后一机构 DEFG 的主动件。

应用六杆机构一般可实现以下要求：

1. 改变传动特性

图 5-47 中曲柄摇杆机构运动时可满足急回特性的要求，但摇杆上 E 点的运动轨迹为以 D 点为圆心、以 DE 为半径的圆弧，不能用于冲床运动，添加杆组 4-5 后，5 杆的运动就变成垂直地面的直线运动，可以满足插床的工作要求。

2. 增大力量

图 5-48b 所示为手动冲床机构简图。该机构是一个六杆机构，是由两个四杆机构组成的，由杠杆定理可知，作用在手柄 AB 杆处的力，通过构件 1 和 3 的两次放大，使得冲头杆 6 的力量增大。

3. 扩大行程

图 5-49 为由六杆机构组成的热轧钢料运输机，是在曲柄摇杆机构 1-2-3-4 基础上添加杆组 5-6 组成，6 为滑块即运输钢料的平台，该机构利用运输过程将钢料进行冷却。从图中可看出，如直接采用曲柄滑块机构，因行程 s 是曲柄长度的 2 倍，要获得较长的行程 s，则需很大的曲柄，显然不合理。现采用六杆机构，在摇杆 3 上添加杆组后，摇杆的摆动转变为滑块的移动，增大了行程。

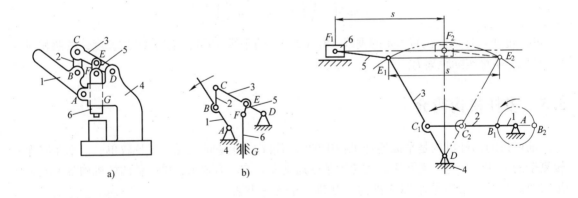

图 5-48　手动冲床　　　　　　　　　　图 5-49　热轧钢料运输机

多杆机构除用于工程机械设备外，现在的体育健身器材上也大量应用，图 5-50 所示为自重式训练器，除手持的开式运动链外，其主要组成机构是曲柄摇杆机构 ABCD 和双曲柄机构 DEFG 的六杆机构，前一个机构的摇杆就是后一个机构的主动曲柄。图 5-51 所示的划船器也是一个六杆机构。

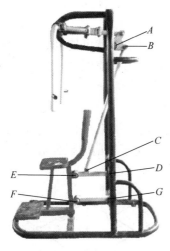

图 5-50　自重训练器

图 5-51　划船器

实例分析

实例一　画出生活中常用长把雨伞和折叠雨伞的机构运动简图，并计算其自由度。

解　分析过程如下：

打开长把雨伞（见图 5-52）时，一般用一只手握住雨伞把，另一只手向上推动滑块至一定位置，即可打开雨伞。画出机构运动简图，如图 5-53 所示，构件 6 雨伞把为机架。该机构有 5 个活动构件，7 个低副（6 个转动副，1 个移动副），其中 C 处是复合铰链为 2 个转动副，A 处是复合铰链应为 2 个转动副、1 个移动副，该机构没有高副。故机构的自由度为

$$F = 3n - 2P_L - P_H = 3 \times 5 - 2 \times 7 - 0 = 1$$

图 5-52　长把雨伞实物图

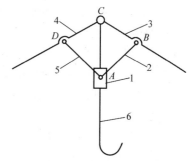

图 5-53　长把雨伞机构运动简图

自由度 $F = 1$，说明该机构只要推动滑块 1（为原动件），则整个机构运动确定，就可打开雨伞。该机构去掉 4、5 构件，计算自由度为：$F = 3n - 2P_L - P_H = 3 \times 3 - 2 \times 4 - 0 = 1$，符合运动要求。从计算可以看出，雨伞机构的 4、5 构件不是虚约束，而是一个杆组，是和构件 2、3 相对称的部分，因为增加 4、5 两个构件，带进 6 个自由度，同时引进 3 个低副，约束 6 个自由度，正好抵消，故雨伞是通过添加 4、5 杆组组成的。

同理，经分析可画出折叠雨伞（见图 5-54）的机构运动简图（见图 5-55），因和图 5-53 一样存在对称部分，故计算折叠雨伞的自由度时也只算一半。构件 10 为机架，按右侧构

件计算，5 个活动构件，7 个低副（6 个转动副，1 个移动副），故自由度为

$$F = 3n - 2P_L - P_H = 3 \times 5 - 2 \times 7 - 0 = 1$$

自由度 $F = 1$，同长把雨伞一样，说明该机构只要推动滑块 1 就可使机构运动确定，从而打开雨伞。机构中 2、3、4、5 四个构件组成平行四边形机构，使雨伞收回和打开更为方便。因是对称机构，连左侧一起算，机构运动也确定，故折叠雨伞也是由多组杆组组合而成。

实际上我们现在使用的折叠雨伞机构在 4（8）杆上还各有一套平行四边形机构，以保证雨伞在收回和打开时最外面的一圈能顺利折叠或展开，避免了以前的折叠雨伞在打开雨伞时雨伞最外面的一圈可能会向上翘的现象发生。

图 5-54　折叠雨伞实物图

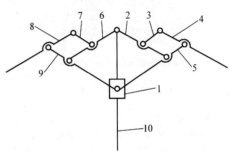

图 5-55　折叠雨伞机构运动简图

实例二　图 5-56 所示铰链四杆机构中，已知 $L_{BC} = 50\text{mm}$，$L_{CD} = 35\text{mm}$，$L_{AD} = 30\text{mm}$，L_{AB} 为变值。试讨论：

1）L_{AB} 值在哪些范围内可得到曲柄摇杆机构？

2）L_{AB} 值在哪些范围内可得到双曲柄机构？

3）L_{AB} 值在哪些范围内可得到双摇杆机构？

解　1）曲柄摇杆机构

取 L_{BC} 最长，L_{AB} 最短，$L_{BC} + L_{AB} \leqslant L_{CD} + L_{AD}$，$L_{AB} \leqslant L_{CD} + L_{AD} - L_{BC} = 35\text{mm} + 30\text{mm} - 50\text{mm} = 15\text{mm}$，得

$$L_{AB} \leqslant 15\text{mm}$$

2）双曲柄机构

①取 L_{BC} 最长，L_{AD} 最短，$L_{BC} + L_{AD} \leqslant L_{CD} + L_{AB}$，$L_{AB} \geqslant L_{BC} + L_{AD} - L_{CD} = 50\text{mm} + 30\text{mm} - 35\text{mm} = 45\text{mm}$

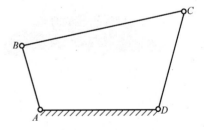

图 5-56　铰链四杆机构

②取 L_{AB} 最长，L_{AD} 最短，$L_{AB} + L_{AD} \leqslant L_{CD} + L_{BC}$，$L_{AB} \leqslant L_{CD} + L_{BC} - L_{AD} = 35\text{mm} + 50\text{mm} - 30\text{mm} = 55\text{mm}$

得

$$45\text{mm} \leqslant L_{AB} \leqslant 55\text{mm}$$

3）双摇杆机构

①取 L_{BC} 最长，L_{AB} 最短，$L_{BC} + L_{AB} > L_{CD} + L_{AD}$，$L_{AB} > L_{CD} + L_{AD} - L_{BC} = 35\text{mm} + 30\text{mm} - 50\text{mm} = 15\text{mm}$

②取 L_{BC} 最长，L_{AD} 最短，$L_{BC} + L_{AD} > L_{AB} + L_{CD}$，$L_{AB} < L_{BC} + L_{AD} - L_{CD} = 50\text{mm} + 30\text{mm} - 35\text{mm} = 45\text{mm}$

③取 L_{AB} 最长，L_{AD} 最短，$L_{AB} + L_{AD} > L_{BC} + L_{CD}$，$L_{AB} > L_{BC} + L_{CD} - L_{AD} = 50\text{mm} + 35\text{mm} - 30\text{mm} = 55\text{mm}$

$L_{AB} > 55\text{mm}$ 时为双摇杆机构。

L_{AB} 的最长可分为两种情况：

第一：认为 L_{AB} 最长时机构为等腰三角形，即

$$L_{AB\max} = L_{BC} + L_{CD} = 50\text{mm} + 35\text{mm} = 85\text{mm} \quad 55\text{mm} < L_{AB} \leqslant 85\text{mm}$$

第二：认为 L_{AB} 最长时机构向右可拉成一条直线，即

$$L_{AB\max} = L_{BC} + L_{CD} + L_{AD} = 50\text{mm} + 35\text{mm} + 30\text{mm} = 115\text{mm} \quad 55\text{mm} < L_{AB} \leqslant 115\text{mm}$$

由上面计算可知：

$L_{AB} \leqslant 15\text{mm}$ 时为曲柄摇杆机构；

$15\text{mm} < L_{AB} < 45\text{mm}$ 时为双摇杆机构；

$45\text{mm} \leqslant L_{AB} \leqslant 55\text{mm}$ 时为双曲柄机构；

$55\text{mm} < L_{AB} \leqslant 115\text{mm}$ 时为双摇杆机构。

上述结果可用图 5-57 来表示。

图 5-57　机构杆长与机构关系示意图

知识小结

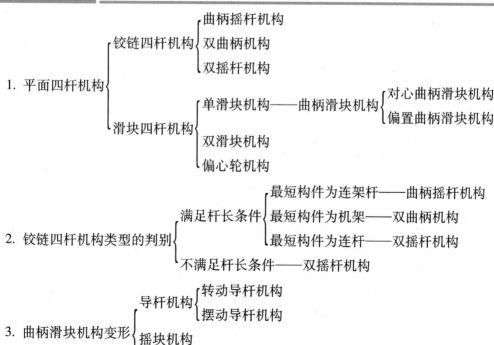

4. 四杆机构的基本特性 $\begin{cases} 急回特性 \\ 压力角、传动角 \\ 死点位置 \end{cases}$

5. 平面连杆机构的设计方法 $\begin{cases} 按给定连杆的位置设计四杆机构 \begin{cases} 给定两个位置 \\ 给定三个位置 \end{cases} \\ 按给定行程速比系数\,K\,设计四杆机构 \begin{cases} 设计曲柄摇杆机构 \\ 设计曲柄滑块机构 \\ 设计摆动导杆机构 \end{cases} \end{cases}$

习　题

一、判断题（认为正确的，在括号内打√；反之打×）

1. 铰链四杆机构中能作整周转动的构件称为曲柄。　　　　　　　　　　　　　（　　）

2. 曲柄摇杆机构中曲柄一定是主动件。　　　　　　　　　　　　　　　　　　（　　）

3. 在曲柄长度不等的双曲柄机构中，主动曲柄作等速转动，从动曲柄作变速转动。（　　）

4. 在铰链四杆机构中，曲柄一定是最短杆。　　　　　　　　　　　　　　　　（　　）

5. 根据铰链四杆机构各杆的长度，即可判断其类型。　　　　　　　　　　　　（　　）

6. 双曲柄机构中用原机架相对的构件作为机架后，一定成为双摇杆机构。　　　（　　）

7. 双摇杆机构中用原机架相对的构件作为机架后，一定成为双曲柄机构。　　　（　　）

8. 铰链四杆机构中，传动角越大，机构的传力性能越好。　　　　　　　　　　（　　）

9. 曲柄为原动件的摆动导杆机构，一定具有急回特性。　　　　　　　　　　　（　　）

10. 曲柄摇杆机构中，摇杆的极限位置出现在曲柄与机架共线处。　　　　　　（　　）

11. 对心曲柄滑块机构没有急回特性。　　　　　　　　　　　　　　　　　　　（　　）

12. 一个铰链四杆机构，通过机架变换，一定可以得到曲柄摇杆机构、双曲柄机构以及双摇杆机构。　　　　　　　　　　　　　　　　　　　　　　　　　　　　（　　）

13. 在铰链四杆机构中，若最短杆与最长杆长度之和小于或等于其他两杆长度之和，且最短杆为连架杆时，则机构中只有一个曲柄。　　　　　　　　　　　　　　　　　　　（　　）

14. 曲柄摇杆机构中，当曲柄为主动件时，曲柄和连杆两次共线时所夹的锐角称为极位夹角 θ。（　　）

15. 曲柄摇杆机构中，当摇杆为主动件时，曲柄和连杆共线时，机构出现死点位置。　（　　）

16. 曲柄摇杆机构运动时，无论何构件为主动件，一定有急回特性。　　　　　（　　）

17. 曲柄摇杆机构中，当曲柄为主动件时，只要机构的极位夹角 $\theta>0$，机构则必然有急回特性。（　　）

18. 四杆机构有无死点位置，与何构件为原动件无关。　　　　　　　　　　　（　　）

19. 压力角是从动件上受力方向与受力点速度方向所夹的锐角。　　　　　　　（　　）

20. 压力角越大，有效动力就越大，机构动力传递性越好，效率越高。　　　　（　　）

二、选择题（将正确答案的字母序号填入括号内）

1. 在曲柄摇杆机构中，能够作整周转动的连架杆称为_____。　　　　　　　（　　）

A. 曲柄　　　　　　　　　B. 连杆　　　　　　　　　C. 机架

2. 能够把整周转动变成往复摆动的铰链四杆机构是_____机构。　　　　　　（　　）

A. 双曲柄　　　　　　　　B. 双摇杆　　　　　　　　C. 曲柄摇杆

3. 在满足杆长条件的双摇杆机构中，最短杆应是_____。　　　　　　　　　（　　）

A. 连架杆　　　　　　　　B. 连杆　　　　　　　　　C. 机架

4. 曲柄滑块机构有死点存在时，其主动件为_____。　　　　　　　　　　　（　　）

A. 曲柄　　　　　　　　　B. 滑块　　　　　　　　　C. 曲柄与滑块均可

5. 在曲柄滑块机构中，如果取曲柄为机架，则变成_____机构。　　　　　（　　）

A. 导杆　　　　　　　　　B. 摇块　　　　　　　　C. 定块

6. 在曲柄滑块机构中，如果取滑块为机架，则变成_____机构。　　　　　（　　）

A. 导杆　　　　　　　　　B. 摇块　　　　　　　　C. 定块

7. 在曲柄滑块机构中，如果取连杆为机架，则变成_____机构。　　　　　（　　）

A. 导杆　　　　　　　　　B. 摇块　　　　　　　　C. 定块

8. 在摆动导杆机构中，若曲柄为原动件且作等速转动时，其从动导杆作_____运动。（　　）

A. 往复变速摆动　　　　　B. 往复等速摆动

9. 四杆机构处于死点时，其传动角 γ 为_____。　　　　　　　　　　　（　　）

A. $0°$　　　　　　　　　　B. $90°$　　　　　　　　C. $0° < \gamma < 90°$

10. 为使机构能顺利通过死点，常采用高速轴上安装_____来增大惯性。　　（　　）

A. 齿轮　　　　　　　　　B. 飞轮　　　　　　　　C. 凸轮

11. 杆长不等的铰链四杆机构，若以最短杆为机架，则是_____。　　　　　（　　）

A. 双曲柄机构　　　　　　B. 双摇杆机构　　　　　C. 双曲柄机构或双摇杆机构

12. 下列铰链四杆机构中，能实现急回运动的是_____。　　　　　　　　　（　　）

A. 双摇杆机构　　　　　　B. 曲柄摇杆机构　　　　C. 双曲柄机构

13. 铰链四杆机构 $ABCD$ 各杆的长度分别为 $L_{AB} = 40\text{mm}$，$L_{BC} = 90\text{mm}$，$L_{CD} = 55\text{mm}$，$L_{AD} = 100\text{mm}$。若取 L_{AB} 杆为机架，则该机构为_____。　　　　　　　　　　　　　　　　　　　　　（　　）

A. 双摇杆机构　　　　　　B. 双曲柄机构　　　　　C. 曲柄摇杆机构

14. 已知对心曲柄滑块机构的曲柄长 $L_{AB} = 200\text{mm}$，则该机构的行程 H 为_____。（　　）

A. $H = 200\text{mm}$　　　　　B. $H = 400\text{mm}$　　　　C. $200\text{mm} < H < 400\text{mm}$

15. 图 5-58 所示汽车转向架中，$ABCD$ 为等腰梯形，它属于_____。　　　（　　）

A. 双摇杆机构　　　　　　B. 双曲柄机构　　　　　C. 曲柄摇杆机构

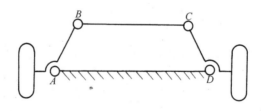

图 5-58　题二-15 图

16. 当曲柄为原动件时，_____具有急回作用。　　　　　　　　　　　　（　　）

A. 平行双曲柄机构　　　　B. 对心曲柄滑块机构　　C. 摆动导杆机构

17. 在以曲柄为主动件的曲柄摇杆机构中，最小传动角出现在_____位置。（　　）

A. 曲柄与连杆共线　　　　B. 曲柄与摇杆共线　　　C. 曲柄与机架共线

18. 曲柄摇杆机构中，摇杆的极限位置出现在_____位置。　　　　　　　（　　）

A. 曲柄与连杆共线　　　　B. 曲柄与摇杆共线　　　C. 曲柄与机架共线

19. 在以摇杆为主动件的曲柄摇杆机构中，死点出现在_____位置。　　　（　　）

A. 曲柄与连杆共线　　　　B. 曲柄与摇杆共线　　　C. 曲柄与机架共线

20. 在以曲柄为主动件的曲柄滑块机构中，最小传动角出现在_____位置。（　　）

A. 曲柄与连杆共线　　　　B. 曲柄与滑块导路垂直　C. 曲柄与滑块导路平行

三、分析题

1. 根据图 5-59 中注明的尺寸，判断四杆机构的类型。

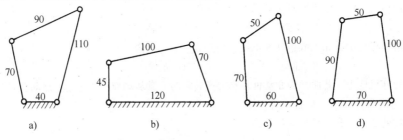

图 5-59　题三-1 图

2. 已知：图 5-60 所示各四杆机构，1 为主动件，3 为从动件。

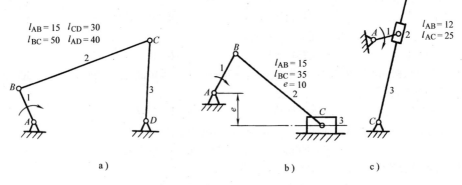

图 5-60　题三-2 图

1）作各机构的极限位置，并量出从动件的行程 s 或摆角 ψ。

2）计算各机构行程速比系数 K。

3）作出各机构出现最小传动角 γ_{min}（或最大压力角 α_{max}）时的位置图，并量出其大小。

3. 若上题各四杆机构中，构件 3 为主动件、构件 1 为从动件，试作出各机构的死点位置。

4. 图 5-61 所示为用四杆机构控制的加热炉炉门的启闭机构。工作要求，加热时炉门能关闭紧密，放取工件时炉门能处于水平位置当一个小平台用，炉门上两铰链的中心距 $BC = 200mm$，与机架连接的铰链 A 和 D 安置在 yy 轴线上，其相互位置尺寸如图所示，试设计此机构。

5. 已知一偏置曲柄滑块机构，滑块的行程 $s = 120mm$，偏距 $e = 10mm$，行程速比系数 $K = 1.4$。设计该机构。

6. 已知一摆动导杆机构，机架 $l_{AC} = 300mm$，行程速比系数 $K = 2$。设计该机构。

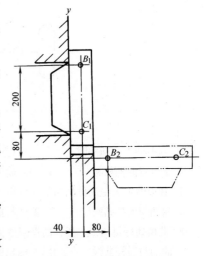

图 5-61　题三-4 图

教学要求

★**能力目标**

1）凸轮机构工作原理分析的能力。

2）图解法绘制凸轮轮廓的能力。

3）棘轮机构、槽轮机构工作原理的分析能力。

4）不完全齿轮、螺旋机构工作原理的分析能力。

★**知识要素**

1）凸轮机构的结构、特点、应用及分类。

2）从动件常用运动规律及其选择。

3）反转法原理、滚子半径的选择、压力角、基圆半径的确定。

4）图解法绘制凸轮轮廓曲线的方法。

5）棘轮机构、槽轮机构工作原理、类型和应用。

6）不完全齿轮机构、螺旋机构的工作原理、类型和应用。

★**学习重点与难点**

1）各类凸轮机构的应用场合和基本特性。

2）凸轮基本尺寸的确定、图解法绘制凸轮轮廓曲线。

3）棘轮机构、螺旋机构等机构的工作原理、特点、类型和应用。

引　言

在工程实践和日常生活中，除了常用平面连杆机构外，还广泛应用着其他机构，如凸轮机构。凸轮机构是机械传动中的一种常用机构，在许多机器中，特别是各种自动化和半自动化机械、仪表和操纵控制装置中，为实现各种复杂的运动要求，常采用凸轮机构。

如图6-1所示为钉鞋机，钉鞋机主要是由凸轮机构和杆机构组成的，转动手柄（固定在由几个凸轮组成的转盘上），几套凸轮机构同时工作，带动各种杆机构完成补鞋的全套动作。

如图6-2所示为电影放映机的卷片机构（槽轮机构），电影胶片在放映窗口停留后应很快被拉走，槽轮机构的拨盘转一圈，槽轮转90°，使得电影胶片被拉走一格。正常放映时电影片每秒时间应放映24格，就要求拨盘每秒转24圈。这种主动轮连续转动而从动轮时停时动的机构称为间歇运动机构。

在各种自动和半自动机械中，还经常会遇到诸如不完全齿轮机构、螺旋机构等各种类型繁多、功能各异的机构。

　　本章主要介绍这些常用机构的工作原理、类型特点、应用场合及凸轮机构的设计。

图6-1　钉鞋机

图6-2　电影放映机卷片机构

学习内容

6.1　凸轮机构的类型和应用

　　凸轮机构是由凸轮、从动件和机架组成的高副机构。凸轮机构按其运动形式，分为平面凸轮机构和空间凸轮机构两种，其机构运动简图如图6-3所示，本章主要讲述平面凸轮机构。

6.1.1　凸轮机构的应用及特点

　　图6-4所示为用于内燃机配气的凸轮机构。盘形凸轮等速回转时，由于其轮廓向径不同，迫使从动件（气门挺杆）上、下移动，从而控制气门的启闭，以满足配气时间和气门挺杆运动规律的要求。

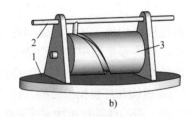

图6-3　凸轮机构运动简图

a）平面凸轮机构　b）空间凸轮机构

1—机架　2—从动件　3—凸轮

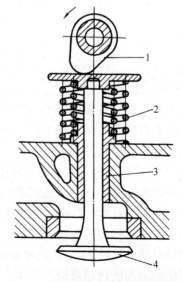

图6-4　用于内燃机配气的凸轮机构

1—盘形凸轮　2—弹簧　3—导套　4—气门挺杆

图 6-5 所示为靠模车削机构。移动凸轮用作靠模板，在车床上固定，被加工件回转时，刀架（从动件）靠滚子在移动凸轮的曲线轮廓的驱使下作横向进给，从而切削出与靠模板曲线轮廓一致的工件。

图 6-6 所示为绕线机的引线机构。绕线轴快速转动时，经蜗杆传动减速后带动盘形凸轮低速转动，通过尖顶 A 驱使从动件（引线杆）作往复摆动，从而将线均匀地卷绕在绕线轴上。

图 6-7 所示为机床自动进给机构。圆柱凸轮作等速回转，其上的沟槽迫使从动件（扇形齿轮）摆动，从而驱使刀架按一定运动规律完成进刀、退刀和停歇的加工动作。由于该凸轮机构的运动不是在同一平面内完成的，所以属于空间凸轮机构。

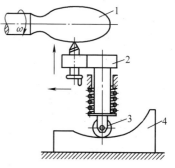

图 6-5　靠模车削加工机构
1—工件　2—刀架　3—滚子
4—移动凸轮

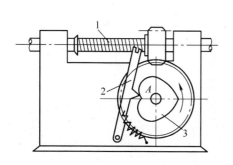

图 6-6　绕线机的引线机构
1—绕线轴　2—引线杆　3—盘形凸轮

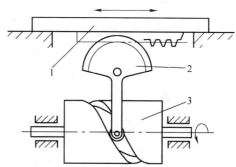

图 6-7　机床自动进给机构
1—刀架　2—扇形齿轮　3—圆柱凸轮

图 6-8 所示为自动车床中的凸轮组，它由两个凸轮机构组成，用以控制前、后刀架的进退和停歇动作，从而实现自动车削的目的。

由以上例子可见，凸轮机构可以通过凸轮的曲线轮廓或凹槽的驱使，使从动件获得连续或不连续的运动，并精确实现预期的运动规律。

与平面连杆机构相比，凸轮机构的优点是：结构简单、紧凑，工作可靠，只要适当设计凸轮的轮廓或凹槽形状就可以精确实现任意复杂的运动规律，因此作为控制机构得到了广泛的应用。但是，由于凸轮与从动件间为高副接触，易磨损，因而只适于传力不大的场合。

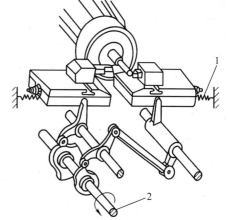

图 6-8　自动车床中的凸轮组
1—复位弹簧　2—凸轮轴

6.1.2　凸轮机构的类型

凸轮机构的类型很多，可按如下方法分类：

1）按凸轮形状，分为盘形凸轮、移动凸轮（见图 6-9a）和圆柱凸轮（见图 6-9b）三种。

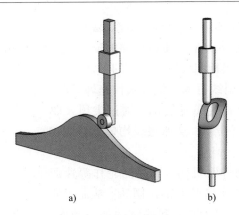

图 6-9   凸轮按形状分类

a）移动凸轮   b）圆柱凸轮

2）按从动件端部形状，分为尖端、滚子和平底三种。按对心方式可将其分为对心和偏置两种，具体形式如图 6-10 所示。

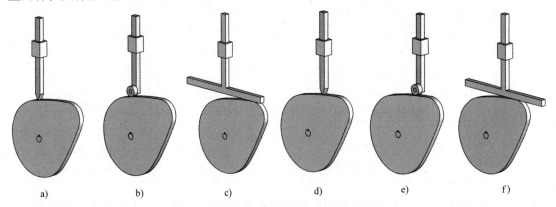

图 6-10   按从动件端部形状和对心方式分类

a）尖端对心   b）滚子对心   c）平底对心   d）尖端偏置   e）滚子偏置   f）平底偏置

3）按从动件的运动方式，分为直动从动件（见图 6-10）和摆动从动件（见图 6-11）。

4）按封闭方式可将其分为力锁合凸轮和形锁合凸轮，如图 6-12 所示。

图 6-11   摆动从动件凸轮

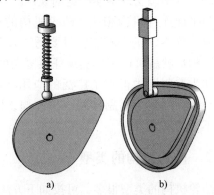

图 6-12   按封闭方式分类

a）力锁合凸轮   b）形锁合凸轮

6.2　从动件运动规律

6.2.1　凸轮机构的工作过程

图 6-13a 所示为一对心直动尖端从动件盘形凸轮机构。其工作过程如下：

在凸轮上，以凸轮最小向径所作的圆，称为基圆，r_b 为基圆半径。

通常取基圆与轮廓的交点 A 为起始点，当凸轮逆时针转动时，从动件从此位置开始上升，当凸轮以等角速转过 δ_0 角度时，凸轮的 AB 段轮廓将从动件按一定运动规律从 A 点推至最远位置 B' 点，该过程称为推程；从动件上升的距离 h 称为行程；凸轮转过的角度 δ_0，称为推程运动角。

凸轮继续转过 δ_s 角度时，因凸轮的 BC 段轮廓向径不变，所以从动件停在最远位置 B' 不动，此过程称为远停程；凸轮所转过的角度 δ_s 称为远停程角。

凸轮又继续转过角度 δ'_0 时，从动件在外力作用下沿 CD 段轮廓，按一定运动规律由最远位置 B' 点回到最近位置 D 点，该过程称为回程；凸轮所转角度 δ'_0，称为回程运动角。

凸轮再继续转过角度 δ'_s，从动件又在最近位置 A 停止不动，此过程称为近停程，所转角度 δ'_s 称为近停程角。

凸轮连续转动，则从动件重复进行"升—停—降—停"的循环过程。一般情况下，推程是凸轮机构的工作行程。本例仅是一种典型的凸轮机构运动过程，在实际凸轮机构中是否需要远停程或近停程，则要视具体工作要求而定。

凸轮机构工作时，凸轮转角与从动件位移的关系用位移线图表示，如图 6-13b 所示。

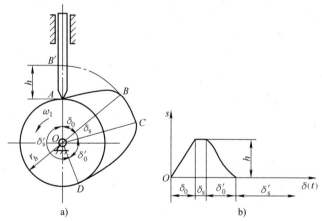

图 6-13　凸轮机构的工作过程

a）对心直动尖端从动件盘形凸轮机构　b）位移线图

6.2.2　从动件常用的运动规律

从动件的位移、速度和加速度随时间 t（或凸轮转角 δ）的变化规律，称为从动件的运动规律。常用的从动件运动规律很多，下面仅就从动件上升的推程来分析几种常用的运动规律，并假设与推程相接的分别为近停程和远停程，即"停—升—停"。

1. 等速运动规律

从动件在推程（上升）或回程（下降）中运动速度不变的运动规律，称为等速运动规律。由物理学可以推导出等速运动规律推程的运动方程为

$$
\left.
\begin{aligned}
s &= \frac{h}{\delta_0}\omega t = \frac{h}{\delta_0}\delta \\
v &= v_0 = \frac{h}{\delta_0}\omega \\
a &= \frac{\mathrm{d}v}{\mathrm{d}t} = 0
\end{aligned}
\right\}
\tag{6-1}
$$

按运动方程可作出其推程运动线图如图 6-14 所示，其位移线图为一过原点的斜线。由图可知，在推程开始时，从动件运动速度由零突变为 v_0，此时加速度为无穷大；同理，在推程终止时，从动件运动速度又由 v_0 突变为零，其加速度为负无穷大。可见在从动件运动的始末两端由加速度引起的惯性力在理论上为无穷大，此时造成的冲击称为刚性冲击。故单纯的等速运动规律只宜用于低速、轻载的场合。在实际应用时，可将位移曲线的始末两端用圆弧等曲线光滑过渡，以缓和冲击。

2. 等加速等减速运动规律

从动件在推程的前半段为等加速，后半段为等减速的运动规律，称为等加速等减速运动规律。通常前半段和后半段完全对称，即两者的位移相等，加速运动和减速运动加速度的绝对值也相等。由物理学可推导出等加速等减速运动规律情况下等加速段的运动方程为

$$
\left.
\begin{aligned}
s &= \frac{1}{2}a_0 t^2 = \frac{2h}{\delta_0^2}\delta^2 \\
v &= a_0 t = \frac{4h\omega}{\delta_0^2}\delta \\
a &= a_0 = \frac{4h\omega^2}{\delta_0^2}
\end{aligned}
\right\}
\tag{6-2a}
$$

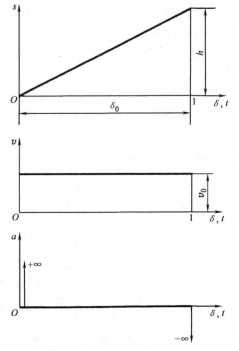

图 6-14 等速运动规律

根据运动线图的对称性，可得等减速段的运动方程为

$$
\left.
\begin{aligned}
s &= h - \frac{2h}{\delta_0^2}(\delta_0 - \delta)^2 \\
v &= \frac{4h\omega}{\delta_0^2}(\delta_0 - \delta) \\
a &= -a_0 = -\frac{4h\omega^2}{\delta_0^2}
\end{aligned}
\right\}
\tag{6-2b}
$$

由以上运动方程可知，等加速等减速运动规律的位移线图由两段抛物线组成，而速度线

图由两段斜直线组成。图 6-15 所示位移线图为简易画法：选取角度比例尺，在横坐标轴上作出推程运动角 δ_0；选取长度比例尺，在占 $\delta_0/2$ 处作长度为行程 h 的铅垂线段，将其二等分，再将其下半段 $0\sim h/2$ 分为若干等份（图中为四等分），得 1、2、3、4 各点，连接 $O1$、$O2$、$O3$、$O4$；将横坐标轴上代表占 $\delta_0/2$ 的线段分成同样等分得 $1'$、$2'$、$3'$、$4'$ 各点，并过各点作铅垂线，与 $O1$、$O2$、$O3$、$O4$ 对应相交，将交点用光滑曲线连接，即得等加速段的位移曲线。相类似地，可以作出等减速段的位移曲线。

由图 6-15 的加速度线图可知，在 A、B、C 三处加速度发生有限值的突变，对机构也会造成一定的冲击，此时机构中引起的冲击称为柔性冲击。与等速运动规律相比，冲击次数虽然增加了一次，但冲击程度却大为减小，多用于中速、轻载的场合。

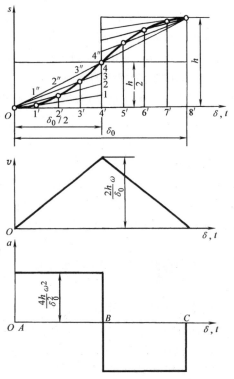

3. 简谐运动规律（余弦加速度运动规律）

质点在圆周上作等速运动时，它在该圆直径上的投影所构成的运动称为简谐运动。按简谐运动的定义可作出其位移线图如图 6-16 所示。作法如下：选取角度比例尺，在横坐标轴上作出推程运动角 δ_0，并将其分为若干等份（图中为六等分），得 1、2、3、4、5、6 各点，过各分点作铅垂线；选取长度比例尺，在纵坐标轴上取长度为从动件行程 h 的线段 $06'$，以 $06'$ 为直径作一半圆，并将其等分成与 δ_0 相同的等份，得 $1'$、$2'$、$3'$、$4'$、$5'$、$6'$ 各点，过各等分点作水平线与前作铅垂线对应相交，将交点用光滑曲线连接，即得简谐运动规律的位移线图。

由位移线图可知从动件的位移为
$$s = R - R\cos\theta$$

将 $R = \dfrac{h}{2}$ 和 $\dfrac{\theta}{\pi} = \dfrac{\delta}{\delta_0}$ 代入上式，并对时间求导，可得简谐运动规律的运动方程为
$$\left.\begin{aligned}
s &= \frac{h}{2}\Big[1 - \cos\Big(\frac{\pi}{\delta_0}\delta\Big)\Big] \\
v &= \frac{ds}{dt} = \frac{\pi h\omega}{2\delta_0}\sin\Big(\frac{\pi}{\delta_0}\delta\Big) \\
a &= \frac{dv}{dt} = \frac{\pi^2 h\omega^2}{2\delta_0^2}\cos\Big(\frac{\pi}{\delta_0}\delta\Big)
\end{aligned}\right\} \quad (6\text{-}3)$$

图 6-15　等加速等减速运动规律

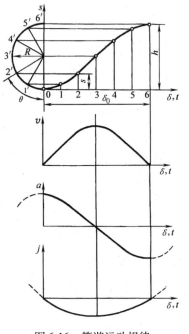

图 6-16　简谐运动规律

从动件作简谐运动时，其加速度曲线为余弦曲线，故又称为余弦加速度运动规律。

由图6-16可知，在加速度线图的始末两点加速度不为0，考虑到凸轮机构的工作过程为"停—升—停"，前接和后续加速度等于零，因此在这两个位置加速度值会有突变，也会引起柔性冲击，只适用于中速、中载场合。只有当从动件作无停留区间的"升—降—升"连续往复运动时，才可以获得连续的加速度曲线（如图6-16中虚线所示），从而用于高速运动。

4. 从动件运动规律的选择

工程中应用的从动件运动规律还有很多，如既无刚性冲击、也无柔性冲击的摆线（正弦加速度）运动规律，复杂多项式运动规律等。在选择从动件的运动规律时，应主要从机器的工作要求、凸轮机构的运动性能、凸轮轮廓的易加工性三个方面考虑。如图6-7所示的机床自动进给机构，为保证稳定的加工质量就要求从动件作等速运动。为避免冲击或为获得更好的运动性能，还可将几种基本运动规律组合起来应用。例如，对原始曲线引起冲击的位置用其他曲线（如正弦曲线等）进行修正，而得到诸如改进等速运动规律、改进梯形加速度运动规律等。随着数控技术的发展，凸轮的加工也已变得越来越容易。

6.3　图解法设计凸轮轮廓

确定了从动件的运动规律、凸轮的转向和基圆半径后，即可设计凸轮的轮廓。设计方法有图解法和解析法两种。图解法直观、简便，精度要求不高时经常应用；解析法精确但计算繁杂，随着计算机辅助设计及制造技术的进步和普及，应用日益广泛。本书只介绍图解法设计的原理和方法。

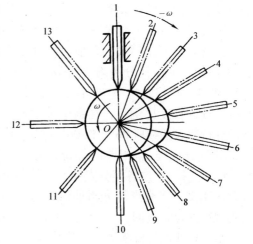

图6-17　"反转法"原理

6.3.1　反转法的原理

凸轮机构工作时，凸轮以角速度 ω 旋转，从动件则作往复运动。而设计凸轮轮廓时希望凸轮保持静止，以便绘制出其轮廓。

如图6-17所示，假设给整个机构叠加一个"$-\omega$"的转速，即相当于从动件相对于凸轮一边以"$-\omega$"角速度反方向回转，一边作往复运动。由于从动件与凸轮轮廓始终保持接触，因此从动件在反转过程中与凸轮接触点的运动轨迹就是所要求的凸轮轮廓。这就是用图解法设计盘形凸轮轮廓的"反转法"原理。

6.3.2　直动从动件盘形凸轮轮廓设计

1. 对心直动尖端从动件盘形凸轮轮廓的设计

已知条件：从动件的运动规律，凸轮以等角速度 ω 按顺时针方向回转，其基圆半径为 r_b。设计步骤如下：

1）选比例尺 μ_L，根据从动件运动规律，作出从动件的位移线图（s—δ 线图），如图6-18所示。

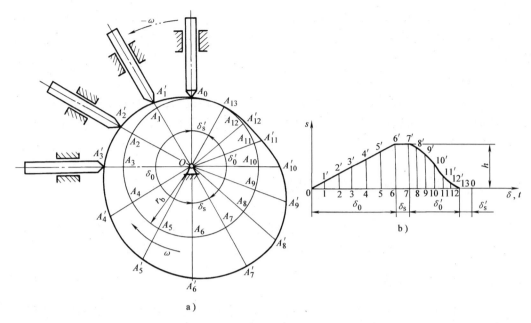

图 6-18　对心直动尖端从动件盘形凸轮轮廓设计

a）设计过程　b）位移线图

2）用与 s—δ 线图相同的比例尺 μ_L，以 r_b 为半径作基圆。作从动件移动导路中心线位置 OA_0，并取其交点 A_0 为从动件尖端的初始位置。

3）在基圆上自 OA_0 开始，沿与 ω 相反的方向量取凸轮各运动角 δ_0、δ_s、δ_0'、δ_s'，并将其分成与位移线图相同的等份，作射线 OA_1、OA_2、OA_3、…，与基圆交于 A_1、A_2、A_3、…各点，则这些射线就是从动件在反转过程中各位置的移动导路中心线的位置。

4）在各射线 OA_1、OA_2、OA_3、…上自基圆向外量取从动件各位置的对应位移量 $A_1A_1' = 11'$、$A_2A_2' = 22'$、$A_3A_3' = 33'$、…。因为从动件的位移就等于各接触点凸轮轮廓向径长减去基圆半径长，所以 A_1'、A_2'、A_3'、…各点就是从动件反转过程中其尖端的各位置。

5）将 A_1'、A_2'、A_3'、…各点用光滑曲线连接，即得到盘形凸轮轮廓。

2. 对心直动滚子从动件盘形凸轮轮廓的设计

滚子从动件凸轮机构中，滚子中心始终与从动件保持一致的运动规律，而滚子中心到滚子与凸轮轮廓接触点间的距离则始终等于滚子半径 r_T。由此可得滚子从动件凸轮轮廓的设计步骤（见图 6-19）如下：

首先将滚子中心视作尖端从动件的尖端，按上例步骤作出尖端从动件的盘形凸轮轮廓 β_0。对于滚子从动件的凸轮机构而言，β_0 实

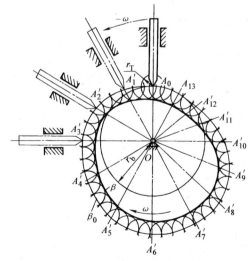

图 6-19　对心直动滚子从动件盘形凸轮轮廓设计

际为滚子中心在反转过程中的运动轨迹，而非凸轮实际轮廓，故称其为理论轮廓曲线。

以理论轮廓曲线 β_0 上的点为圆心，滚子半径 r_T 为半径作一系列的"滚子"。显然所求凸轮轮廓应与这些"滚子"都相切，因此再作这一系列"滚子"的内包络线，即为所求滚子从动件盘形凸轮的实际工作轮廓 β。

从以上分析及作图过程可知，对于滚子从动件的凸轮机构，其理论轮廓曲线 β_0 与实际工作轮廓曲线 β 为法向等距曲线，两者在法线方向上相距滚子半径 r_T，基圆半径应从理论轮廓曲线 β_0 上量取。

6.4 凸轮机构设计中的几个问题

设计凸轮机构时，不仅要保证从动件能精确地实现预期的运动规律，还要求机构具有良好的传力性能，而且结构紧凑。因此，在设计凸轮机构时还应注意以下问题。

6.4.1 滚子半径的选择

滚子半径取大一些，有利于减小凸轮与滚子间的接触应力，提高滚子及其心轴的强度和寿命，但过大的滚子半径不仅使机构尺寸增大，而且可能导致从动件"运动失真"。如图 6-20 所示，滚子半径 r_T 的选择与凸轮理论轮廓上的最小曲率半径 ρ_{min} 有关。

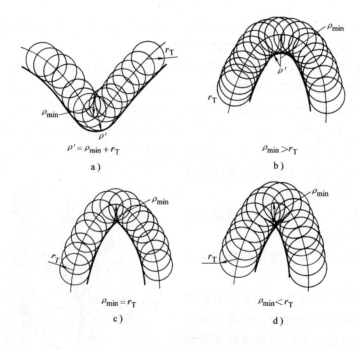

图 6-20　滚子半径的选择

1）当理论廓线内凹时（见图 6-20a），凸轮工作轮廓的曲率半径 $\rho' = \rho_{min} + r_T$，工作轮廓曲线无论滚子半径 r_T 取何值都可以作出。

2）当理论廓线外凸时（见图 6-20b、c、d），凸轮工作轮廓的曲率半径 $\rho' = \rho_{min} - r_T$，根

据 r_T 和 ρ_{min} 之间的关系，可分为如下三种情况：

当 $\rho_{min} > r_T$ 时（见图 6-20b），$\rho' > 0$，凸轮工作廓线为一光滑曲线。

当 $\rho_{min} = r_T$ 时（见图 6-20c），$\rho' = 0$，凸轮工作廓线出现尖点，尖点极易磨损，磨损后，从动件不能精确地按预期运动规律运动，产生"运动失真"。

当 $\rho_{min} < r_T$ 时（见图 6-20d），$\rho' < 0$，凸轮工作廓线出现交叉，交叉点以外部分在加工凸轮时会被切削掉，从而导致从动件产生严重的"运动失真"。

由此可见，设计时应保证滚子半径 $r_T < \rho_{min}$，一般取 $r_T \leqslant 0.8\rho_{min}$。同时，由于凸轮基圆半径越大，则凸轮廓线的最小曲率半径 ρ_{min} 也越大，所以也可按凸轮的基圆半径选取 r_T，通常取 $r_T \leqslant 0.4r_b$。

6.4.2　凸轮机构传力性能的关系

1. 压力角与传力性能的关系

机构传力性能的好坏与其压力角有关。凸轮机构中，从动件的受力方向与它的运动方向之间所夹的锐角，称为凸轮机构的压力角，用 α 表示。如图 6-21 所示，从动件所受的力 F 可分解为

$$\left. \begin{array}{l} F' = F\cos\alpha \\ F'' = F\sin\alpha \end{array} \right\} \qquad (6\text{-}4)$$

式中，F' 是推动从动件运动的有效分力，与从动件运动方向一致；而 F'' 与从动件运动方向垂直，只能增加从动件在移动导路中的摩擦阻力，称为有害分力。

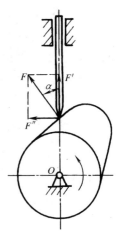

图 6-21　凸轮机构的压力角

由式（6-4）可知，随着 α 的增大，有效分力减小，而有害分力增大。当 α 增大到某一数值，F'' 在导路中产生的摩擦阻力大于有效分力 F' 时，则无论凸轮给从动件施加多大的力，都无法驱动从动件，这种现象称为"自锁"。

2. 压力角的许用值

为保证凸轮机构有良好的传力性能，避免产生自锁，必须限制凸轮的最大压力角，使 $\alpha_{max} \leqslant [\alpha]$。在一般工程设计中，推荐的许用压力角 $[\alpha]$ 为

推程（工作行程）：为保证机构良好的传力性能，移动从动件 $[\alpha] = 30°$，摆动从动件 $[\alpha] = 45°$。

回程（空行程）：因受力较小，许用压力角可取得大些，一般可取 $[\alpha] = 80°$。

3. 压力角的校验

凸轮轮廓曲线上各点处的压力角不相等，最大压力角 α_{max} 一般出现在推程的起始位置、理论廓线上比较陡和从动件有最大速度的轮廓附近。设计时，可根据估计在凸轮轮廓上取压力角可能最大的几点，如图 6-22 所示用量角尺进行检验。

如果测量结果超过许用值，应采取加大基圆半径 r_b（见图 6-23）或将从动件导路适当偏向凸轮转动方向布置（见图 6-24）等措施，以减小 α_{max}。

直动平底从动件的凸轮机构，其压力角 α 始终等于零（见图 6-25），故传力性能最好。

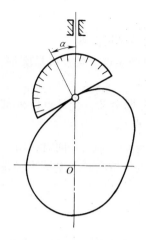

图 6-22　检查压力角的方法

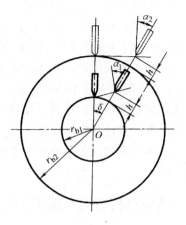

图 6-23　增大基圆半径

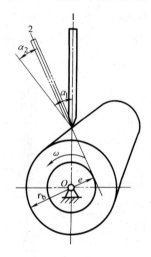

图 6-24　偏置从动件

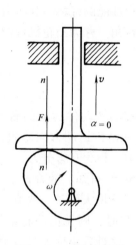

图 6-25　平底从动件

6.4.3　基圆半径的确定

如前所述，凸轮基圆半径的大小，不仅与凸轮机构的外廓尺寸大小直接相关，而且影响着机构传力性能的好坏，甚至关系到滚子从动件运动是否"失真"。因此，在设计凸轮轮廓时，应首先选取凸轮的基圆半径 r_b。目前，常采用如下两种方法。

1. 根据许用压力角确定 r_b

工程上常用图 6-26 所示的诺模图来根据许用压力角确定基圆半径，或校核已知凸轮机构的最大压力角。

例 6-1　一对心直动尖端从动件盘形凸轮机构，已知凸轮推程运动角 $\delta_0 = 45°$，从动件按简谐运动规律（余弦加速度运动规律）上升，行程 $h = 14\text{mm}$，并限定最大压力角 $\alpha_{\max} = [\alpha] = 30°$，试确定凸轮的最小基圆半径。

解　1）按从动件运动规律选用图 6-26 所示的诺模图。

2）将图 6-26b 中位于上半圆周的凸轮转角 $\delta_0 = 45°$ 的刻度线和下半圆周的最大压力角

$\alpha_{\max} = 30°$的刻度线所对应的两点用直线连接，如图 6-26b 中虚线所示。

　　3）由虚线与余弦加速度运动规律的标尺（直径线下部刻度）交于 0. 35 处，求得 h/r_b = 0. 35。由此可得最小基圆半径为 $r_{b\min} \approx h/0.35 = 14\text{mm}/0.35 = 40\text{mm}$。

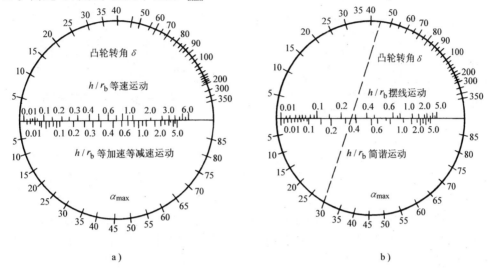

图 6-26　诺模图

2. 根据凸轮的结构确定 r_b

　　根据许用压力角所确定的基圆半径一般都比较小，所以在实际设计中，还常根据凸轮的具体结构尺寸确定 r_b。

　　当凸轮与轴做成一体（凸轮轴，见图 6-27）时，$r_b = r + r_T + 2 \sim 5\text{mm}$；当凸轮装在轴上（图 6-28）$r_b = r_h + r_T + 2 \sim 5\text{mm}$。式中，$r$ 为凸轮轴的半径；r_T 为滚子半径，若为非滚子从动件则 $r_T = 0$；r_h 为凸轮轮毂的半径，一般可取 $r_h = (1.5 \sim 1.7)r$。

图 6-27　凸轮轴

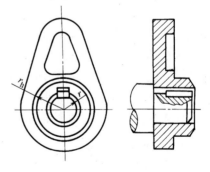

图 6-28　用平键联接

6.5　凸轮的结构与材料

1. 凸轮的结构

　　当凸轮的基圆半径较小时，可将凸轮与轴做成一体，即为凸轮轴（图 6-27）。否则，应将凸轮与轴分开制造。

凸轮与轴的联接方式有键联接式（见图6-28）、销联接式（见图6-29）及弹性开口锥套螺母联接式（见图6-30），多用于凸轮与轴的角度需经常调整的场合等。

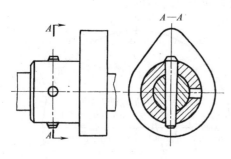

图6-29　用圆锥销联接

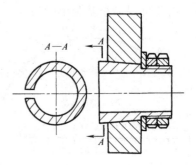

图6-30　用弹性开口锥套和螺母联接

2. 凸轮和滚子的材料

凸轮机构的主要失效形式是磨损和疲劳点蚀。因此，凸轮和滚子的材料应具有较高的表面硬度和耐磨性，并且有足够的表面接触强度。对于经常受到冲击载荷的凸轮机构还要求凸轮心部有足够的韧性。

通常凸轮用45钢或40Cr制造，淬硬到$52\sim58$HRC；要求更高时，可用15钢或20Cr渗碳淬火到$56\sim62$HRC，渗碳深度一般为$0.8\sim1.5$mm；或采用可进行渗氮处理的渗氮钢，经渗氮处理后，表面硬度达$60\sim67$HRC，以提高其耐磨性。低速、轻载时可选用优质球墨铸铁或45钢调质处理。

滚子材料可选用20Cr、18CrMoTi等，经渗碳淬火，表面硬度达$56\sim62$HRC。也可用滚动轴承作为滚子。

6.6　棘轮机构的工作原理、类型和应用

棘轮机构是一种间歇运动机构，主要由棘轮、棘爪和机架组成。如图6-31所示，主动件棘爪铰接在连杆机构的摇杆上，当摇杆顺时针摆动时，棘齿推动棘轮转过一定角度。而当摇杆逆时针摆动时，棘爪在棘齿背上滑过，同时止回棘爪抵住棘轮，防止其反转，此时棘轮停歇不动。因此当摇杆作往复摆动时，则棘轮作时动时停的单向间歇转动。

6.6.1　棘轮机构的换向

棘轮的轮齿形状有锯齿形（见图6-31）和矩形（见图6-32）两种。作单向间歇运动的棘轮用锯齿形齿，可换向的棘轮用矩形齿。图6-32所示为牛头刨床工作台横向进给机构中的棘轮机构，它利用将棘爪提起并转动180°后放下，使棘轮作反向间歇运动来实现工作台的往复移动。

图6-31　外啮合棘轮机构
1—摇杆　2—棘爪　3—棘轮
4—止回棘爪

图6-33所示的机构设有对称爪端的棘爪，将其翻转至双点画线位置，可用来实现反向的间歇运动。

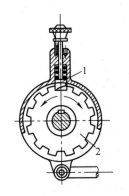

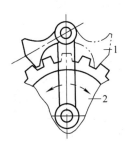

图 6-32　牛头刨床用矩形齿
可换向的棘轮机构
1—棘爪　2—棘轮

图 6-33　可换向棘轮机构
1—棘爪　2—棘轮

6.6.2　快动棘轮机构

图 6-34 所示的机构在摇杆上安装两个棘爪，可提高棘轮运动的次数和缩短停歇的时间，所以又称作快动棘轮机构。

6.6.3　棘轮机构的转角调节

棘轮机构中，棘轮转角的大小可以进行有级调节。图 6-35 所示的机构利用覆盖罩遮挡部分棘齿，实现调节棘轮转角的大小，来控制棘轮的转速。

图 6-36 所示的机构通过改变曲柄长度来改变摇杆摆角的大小。摇杆摆角变化后就改变了棘轮的转角。

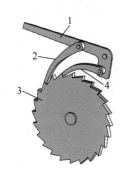

图 6-34　单向快动棘轮机构
1—摇杆　2、4—棘爪　3—棘轮

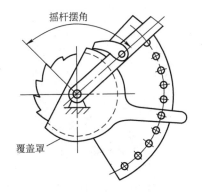

图 6-35　用覆盖罩调节棘轮机构

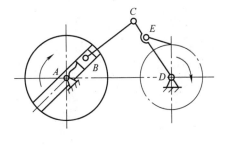

图 6-36　改变曲柄长度调节棘轮转角

6.6.4　棘轮机构的超越特性

图 6-37 所示的内啮合棘轮机构是自行车后轮上的"飞轮"机构。当脚蹬转动时，经链轮和链条带动内齿圈具有棘齿的链轮逆时针转动，再通过棘爪的作用，使轮毂（和后车轮为一体）逆时针转动，从而驱使自行车前进。当自行车后轮的转速超过链轮的转速（或自

行车前进而脚蹬不动）时，轮毂便会超越链轮而转动，让棘爪在棘轮齿背上滑过，从而实现了从动件相对于主动件的超越运动，这种特性称为超越。

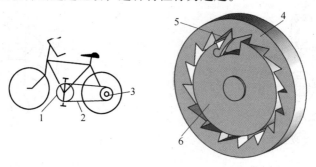

图 6-37　内啮合棘轮机构
1—大链轮　2—链条　3—小链轮　4—链轮　5—棘爪　6—轮毂

6.7　槽轮机构的工作原理、类型和应用

如图 6-38 所示，槽轮机构由带圆销的拨盘、具有径向槽的槽轮和机架组成。

拨盘为原动件，作匀速转动。在圆柱销未进入径向槽时，拨盘的凸圆弧转入槽轮的凹弧，槽轮因受凹凸两弧锁合，故静止不动。当拨盘顺时针转动，圆柱销即将进入径向槽驱动槽轮转动时，拨盘上凸弧刚好即将离开槽轮凹弧，凸凹两弧的锁止作用终止，槽轮逆时针转动。当圆柱销开始脱离径向槽时，拨盘上的凸弧又开始将槽轮锁住，槽轮又静止不动。当拨盘继续转动时，上述过程重复出现，从而实现了在拨盘连续转动的情况下，槽轮间歇转动的目的。

图 6-39 所示为内槽轮机构，带圆柱销的拨盘在槽轮的内部，工作原理同外槽轮机构。内槽轮机构的槽轮转动方向与拨盘转动方向相同。

图 6-38　外槽轮机构
1—槽轮　2—拨盘

图 6-39　内槽轮机构
1—槽轮　2—拨盘

图 6-40 所示为双圆柱销外槽轮机构。槽轮机构工作时，拨盘转一周，槽轮反向转动两次。

图 6-41 所示为转塔车床的刀架转位机构，刀架上装有六种刀具，槽轮上具有六条径向槽。当拨盘回转一周时，槽轮转过 60°，从而将下一工序所需刀具转换到工作位置。

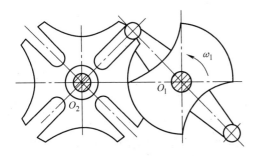

图 6-40 双圆柱销外槽轮机构

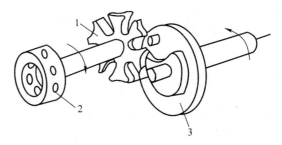

图 6-41 转塔车床刀架转位机构
1—槽轮 2—刀架 3—拨盘

6.8 不完全齿轮机构的工作原理和应用

不完全齿轮机构是由渐开线齿轮机构演变而成的一种间歇运动机构，可分为外啮合和内啮合两种类型。

图 6-42 所示为外啮合不完全齿轮机构，在主动轮上只制出一个或数个齿，并根据运动时间与停歇时间的要求，在从动轮上制出与主动轮齿相啮合的齿间。在从动轮停歇期内，两轮轮缘上的锁止弧互相锁住，防止从动轮游动，起定位作用。图 6-42a 所示的不完全齿轮机构中，主动轮上只有一个齿，从动轮上有 8 个齿间，故主动轮每转一周，从动轮只转 1/8 周。图 6-42b 所示的主动轮上有 4 个齿，从动轮的圆周上有 4 个运动段和 4 个停歇段，而每个运动段有 4 个齿间与主动轮轮齿相啮合，主动轮转一周，从动轮转 1/4 周，从而实现当主动轮连续转动时，从动轮作转向相反的间歇转动。图 6-42c 所示为不完全齿轮机构的简图。

图 6-43 所示为内啮合不完全齿轮机构，与外啮合不完全齿轮机构相似，内啮合时两轮转向相同，而外啮合时两轮转向相反。

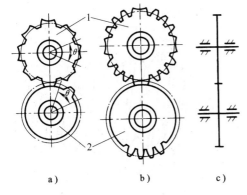

a) b) c)

图 6-42 外啮合不完全齿轮机构
1—从动轮 2—主动轮

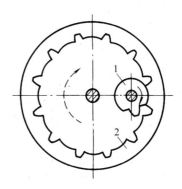

图 6-43 内啮合不完全齿轮机构
1—主动轮 2—从动轮

不完全齿轮机构的特点是：工作可靠、传递的力大，而且从动轮停歇的次数、每次停歇的时间及每次转过的角度，其变化范围都比槽轮机构大得多，只要适当设计均可实现；但是不完全齿轮机构加工工艺较复杂，从动轮在运动开始和终了时有较大的冲击。

不完全齿轮机构一般用于低速、轻载的场合，如在自动机械和半自动机械中，用在工作台的间歇转位机构、间歇进给机构以及计数装置中。

6.9　螺旋机构

6.9.1　螺纹的基本知识

1. 螺纹的形成和分类

如图 6-44 所示，将底边长等于 πd_2 的直角三角形绕在直径为 d_2 的圆柱体上，并使其底边与圆柱体重合，则其斜边 ac 在圆柱体表面形成空间曲线，这条曲线称为螺旋线。

根据螺旋线的旋行方向，可分为右旋和左旋两种，其中常用的是右旋。螺纹旋向的判别方法：将螺杆直竖，若螺旋线右高左低为右旋，如图 6-45 所示；反之则为左旋。根据螺旋线的线数，可分为单线、双线和多线，如图 6-45 所示。

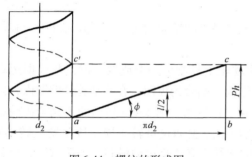

图 6-44　螺纹的形成图

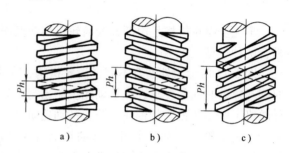

图 6-45　螺纹的线数与旋向
a）单线右旋　b）双线左旋　c）三线右旋

2. 螺纹的主要参数

如图 6-46 所示，螺纹主要有以下参数。

（1）大径 d　螺纹最大的直径，此直径在标准中规定为公称直径。

（2）小径 d_1　螺纹的最小直径，强度计算时常为危险截面直径。

（3）中径 d_2　螺纹的轴向剖面内，螺纹的牙厚和牙间宽度相等的假想圆柱的直径。

（4）螺距 P　相邻两螺牙在中径线上对应点间的轴向距离。

（5）导程 P_h　同一条螺旋线上，相邻两螺牙在中径上对应点间的轴向距离。导程与螺距的关系为：$P_h = nP$，式中 n 为螺纹的线数。

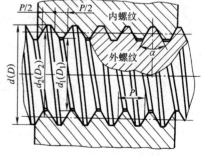

图 6-46　螺纹的主要参数

（6）螺纹升角 ϕ　在中径 d_2 圆柱上，螺旋线切线方向与垂直于螺纹轴线的平面所夹的锐角称为升角，其值为

$$\tan\phi = \frac{P_h}{\pi d_2} = \frac{nP}{\pi d_2} \tag{6-5}$$

（7）牙型角 α　螺纹轴线平面内两侧边所夹之锐角。常用的螺纹牙形有三角形、矩形、梯形和锯齿形等，分别对应不同的牙型角，如图 6-47 所示。

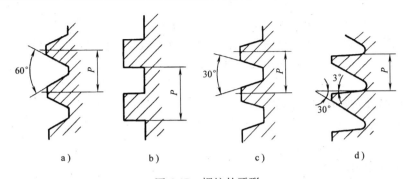

图 6-47　螺纹的牙形

a）三角形螺纹　b）矩形螺纹　c）梯形螺纹　d）锯齿形螺纹

　　牙型角越大，则螺纹的当量摩擦系数越大，因此螺纹的自锁性能越好，而传动效率越低。所以，用作联接螺纹时，一般采用三角形螺纹；而螺旋传动中则多采用矩形、梯形和锯齿形螺纹。其中，锯齿形螺纹只能承受单方向的轴向载荷。

6.9.2　滑动螺旋机构

　　由螺杆、螺母和机架组成，能实现回转运动与直线运动变换和力传递的机构，称为螺旋机构。螺旋机构按螺旋副中的摩擦性质，可分为滑动螺旋机构和滚动螺旋机构两种类型；按用途又可分为传力螺旋、传导螺旋和调整螺旋等形式。

　　螺旋机构具有结构简单，工作连续、平稳，承载能力大，传动精度高，易于自锁等优点，故在机械中有着广泛的应用；其缺点是磨损大，效率低，近年来由于滚珠螺旋的应用，使磨损和效率问题得到了很大程度的改善。

　　螺旋副内为滑动摩擦的螺旋机构，称为滑动螺旋机构。滑动螺旋机构所用的螺纹为传动性能好、效率高的矩形螺纹、梯形螺纹和锯齿形螺纹。

　　按螺杆上螺旋副的数目，滑动螺旋机构可分为单螺旋机构和双螺旋机构两种类型。

　　（1）单螺旋机构　根据机构的组成情况及运动方式，单螺旋机构又分为以下两种形式：

　　1）由螺母固定组成的单螺旋机构，其螺母与机架固联在一起，螺杆回转并作直线运动，如台式虎钳（见图 6-48）、螺旋压力机（见图 6-49），都是这种单螺旋机构的应用实例。它们主要用于传递动力，所以又称这种单螺旋机构为传力螺旋机构。这种传力螺旋机构一般要求有较高的强度和自锁性能。

　　2）由螺杆轴向固定组成的单螺旋机构，其螺杆相对机架作转动，螺母相对机架作移动，如车床的丝杠进给机构，如图 6-50 所示。摇臂钻床中摇臂的升降机构、牛头刨

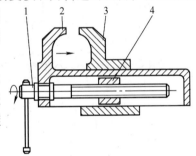

图 6-48　螺杆位移的台式虎钳

1—螺杆　2—活动钳口　3—固定钳口　4—螺母

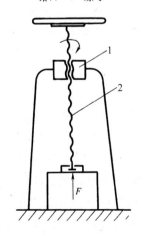

图 6-49　螺旋压力机

1—螺母　2—螺杆

床工作台的升降机构等，都是这种单螺旋机构的实际应用。这种螺旋机构主要用于传递运动，故又称为传导螺旋。对于这种螺旋机构，要求其有较高的精度和传动效率。它常采用多线螺旋来提高效率。螺母移动距离可按下式计算

$$L = nPz \qquad (6\text{-}6)$$

式中　L——螺母移动距离（mm）；

　　　n——螺旋线数；

　　　P——螺纹的螺距（mm）；

　　　z——螺杆转动的圈数。

（2）双螺旋机构　螺杆上有不同螺距 P_1、P_2 的螺纹，分别与螺母 1、螺母 2 组成两个螺旋副，称之为双螺旋机构（图 6-51）。机构中，螺母 2 兼作机架，螺杆转动时，一方面相对螺母 2（机架）移动，同时又使不能回转的螺母 1 相对螺杆移动。按双螺旋机构中两螺旋副的旋向不同，可分为差动螺旋机构和复式螺旋机构，常用于微调装置和机床上的夹紧装置。

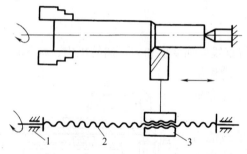

图 6-50　车床丝杠传动

1—机架　2—丝杠（螺杆）　3—刀架（螺母）

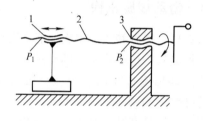

图 6-51　双螺旋机构

1—螺母 1　2—螺杆　3—螺母 2

在调整螺旋机构中，有时要求当主动件转动较大角度时，从动件作微量移动，如分度机构和机床刀具的微调机构，此时可采用差动螺旋机构。

如图 6-52 所示，螺杆分别与机架及活动螺母组成 A、B 两段螺旋副，A 段为固定螺母，B 段为活动螺母，它不能转动但能沿机架导向在槽内移动。两段螺纹旋向相同时，当螺杆转动，螺母的实际移动距离为

$$L = n(Ph_A - Ph_B) \qquad (6\text{-}7)$$

如两段螺纹旋向相反时，则实际移动距离为

$$L = n(Ph_A + Ph_B) \qquad (6\text{-}8)$$

式中　L——活动螺母实际移动距离；

　　　n——螺杆的转数；

　　　Ph_A——固定螺母的导程；

　　　Ph_B——活动螺母的导程。

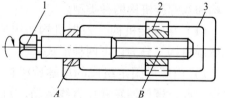

图 6-52　微调差动螺旋

1—螺杆　2—活动螺母　3—机架

从式（6-7）可知，当两螺旋副旋向相同时，若 Ph_A 和 Ph_B 相差很小，螺母的位移可以达到很小，因此可以实现微调。这种螺旋机构称为差动螺旋机构（或微动螺旋机构）。如图 6-53 所示镗床镗刀的微调机构就利用了这种微调功能。

从式（6-8）可知，当两螺旋副的旋向相反时，螺母可实现快速移动。这种螺旋机构称为

复式螺旋机构。如图6-54所示的台钳定心夹紧机构就利用这种特性来实现工件的快速夹紧。

　　从以上螺旋机构的应用可以看出，螺旋机构的特点是：结构简单、传动平稳无噪声；根据需要可以设计成具有自锁性能的传力机构（如螺旋千斤顶），当对主动件螺杆施加一个较小的转矩时，即可在托杯上（螺杆轴线方向）获得一个很大的推力。因此，它在各种机械中获得广泛的应用。但是，滑动螺旋机构的磨损大、效率低，尤其在具有自锁性能时，其效率低于50%，因此螺旋机构不能用来传递很大的功率。

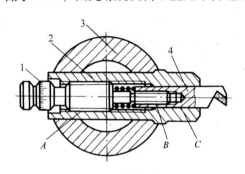

图6-53　镗床镗刀的微调机构
1—螺杆　2—固定螺母　3—镗杆
4—镗刀（移动螺母）

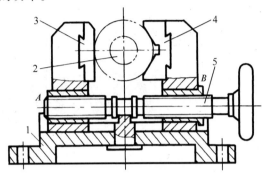

图6-54　台钳定心夹紧机构
1—机架　2—工件　3—左螺母
4—右螺母　5—螺杆

6.9.3　其他螺旋传动

　　上述的滑动螺旋传动，因螺旋副间存在较大的滑动摩擦，传动效率低（一般为30%～40%）。下面介绍的两种螺旋传动则改变了螺旋副间的摩擦状态，从而减小了摩擦。这两种螺旋传动共同的特点是：起动转矩小，传动平稳、轻便，寿命长，传动效率高。滚动螺旋传动效率在90%以上，而静压螺旋传动则可达到99%。其缺点是结构复杂，制造困难，成本较高。故只宜用于要求高效率、高精度的重要传动中，如数控机床、精密机床中的螺旋传动和汽车的转向机构等。

　　（1）滚动螺旋传动　　如图6-55所示。滚动螺旋机构是将螺杆和螺母的螺纹做成滚道的

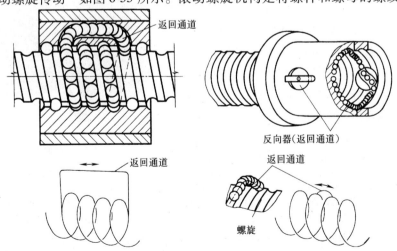

图6-55　滚动螺旋机构的结构

形状，在滚道内装满滚动体，使得螺旋机构工作时，螺杆和螺母间转化为滚动摩擦。滚道中有附加的滚动体返回通道及装置，以使滚动体在滚道内能循环滚动。

（2）静压螺旋传动　如图 6-56 所示，静压螺旋的螺杆仍为普通螺杆，但螺母每圈螺纹牙的两个侧面上都开有 3~4 个油腔。通过一套附加的供油系统给油腔内供油，靠压力油的油压来承受外载荷，从而使得静压螺旋传动在工作时，螺旋副之间转化为液体摩擦。

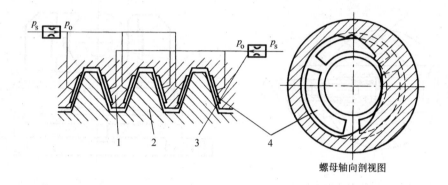

螺母轴向剖视图

图 6-56　静压螺旋传动示意图
1—螺母　2—螺杆　3—节流器　4—油腔

实例分析

图 6-57 所示是钉鞋机中主要组成部件——凸轮组件，从图中以看出，当钉鞋机转动手轮（和凸轮 1、凸轮 2 固连在一起，图中未显出），使得凸轮组件转动时，实际上是四个不同的凸轮同时在转动，凸轮 1、凸轮 2 是凹槽凸轮，凸轮 3、凸轮 4 是一般常见的盘形凸轮。钉鞋机就是靠四个凸轮带动相对应的杆件运动来达到预定的运动要求，完成钉鞋的工作。

北方有一种面食叫"饸饹"，压制这种面食的专用设备叫"饸饹机"，如图 6-58 所示。饸饹机由齿轮齿条机构、链传动、棘轮机构等组成。工作过程是摆动摇杆，使得摇杆上的棘爪顶住棘轮，当摇杆向下摆动时，棘爪顶住棘轮，使得棘轮顺时针转动，如图 6-59 所示，棘轮带动链传动顺时针转动，链传动的大链轮和齿轮齿条机构的齿轮同轴，链传动带动齿轮

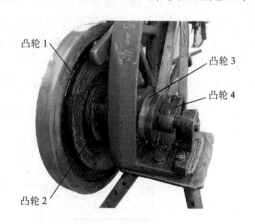

图 6-57　凸轮组件

转动使得齿条向下移动，齿条的下端有一圆形压片向下挤压，将圆筒里的面向下挤，圆筒的底部装一钻有很多小孔的钢板，把面挤压成具有一定粗细的面条。当摇杆向上摆动时，棘爪在棘轮上滑过，往复摆动摇杆，直到将圆筒的面向下挤压完。然后，释放棘爪，转动链传动上的手轮，带动齿条把圆筒里的压片提高，再往圆筒里放进面，继续上面的动作过程，直到面食够用为止。

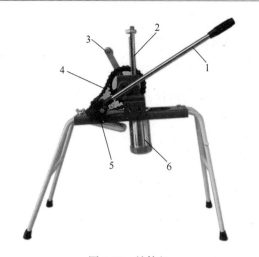

图 6-58　饸饹机
1—摇杆　2—齿轮齿条机构　3—手轮　4—链传动
5—棘轮机构　6—圆杆

图 6-59　饸饹机中的棘轮机构
1—棘轮　2—棘爪

知识小结

1. 凸轮机构的类型
- 凸轮形状可分为
  - 盘形凸轮
  - 移动凸轮
  - 圆柱凸轮
- 从动件端部形状可分为
  - 尖端从动件
  - 滚子从动件
  - 平底从动件

2. 对心方式分为
- 对心
  - 尖端对心从动件凸轮
  - 滚子对心从动件凸轮
  - 平底对心从动件凸轮
- 偏置
  - 尖端偏置从动件凸轮
  - 滚子偏置从动件凸轮
  - 平底偏置从动件凸轮

3. 从动件移动方式分为
- 直动从动件凸轮
- 摆动从动件凸轮

4. 按封闭方式分为
- 力锁合凸轮
- 形锁合凸轮

5. 凸轮轮廓的设计
- 凸轮机构的工作过程
- 从动件常用的运动规律
  - 等速运动规律
  - 等加速等减速运动规律
  - 简谐运动规律
- 凸轮轮廓的设计

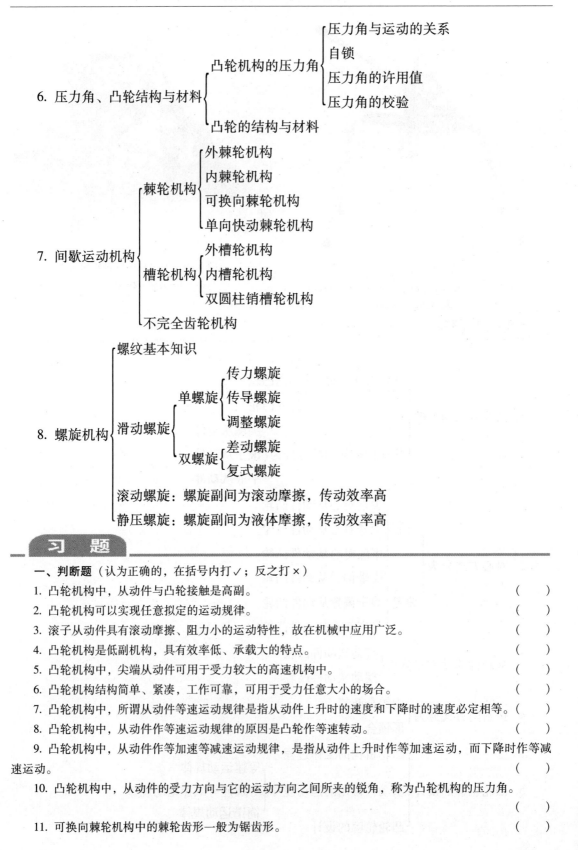

6. 压力角、凸轮结构与材料 {
  凸轮机构的压力角 {
    压力角与运动的关系
    自锁
    压力角的许用值
    压力角的校验
  }
  凸轮的结构与材料
}

7. 间歇运动机构 {
  棘轮机构 {
    外棘轮机构
    内棘轮机构
    可换向棘轮机构
    单向快动棘轮机构
  }
  槽轮机构 {
    外槽轮机构
    内槽轮机构
    双圆柱销槽轮机构
  }
  不完全齿轮机构
}

8. 螺旋机构 {
  螺纹基本知识
  滑动螺旋 {
    单螺旋 {
      传力螺旋
      传导螺旋
      调整螺旋
    }
    双螺旋 {
      差动螺旋
      复式螺旋
    }
  }
  滚动螺旋：螺旋副间为滚动摩擦，传动效率高
  静压螺旋：螺旋副间为液体摩擦，传动效率高
}

习　题

一、判断题（认为正确的，在括号内打√；反之打×）

1. 凸轮机构中，从动件与凸轮接触是高副。　　　　　　　　　　　　　　（　　）

2. 凸轮机构可以实现任意拟定的运动规律。　　　　　　　　　　　　　　（　　）

3. 滚子从动件具有滚动摩擦、阻力小的运动特性，故在机械中应用广泛。（　　）

4. 凸轮机构是低副机构，具有效率低、承载大的特点。　　　　　　　　（　　）

5. 凸轮机构中，尖端从动件可用于受力较大的高速机构中。　　　　　　（　　）

6. 凸轮机构结构简单、紧凑，工作可靠，可用于受力任意大小的场合。（　　）

7. 凸轮机构中，所谓从动件等速运动规律是指从动件上升时的速度和下降时的速度必定相等。（　　）

8. 凸轮机构中，从动件作等速运动规律的原因是凸轮作等速转动。　　（　　）

9. 凸轮机构中，从动件作等加速等减速运动规律，是指从动件上升时作等加速运动，而下降时作等减速运动。　　　　　　　　　　　　　　　　　　　　　　　　（　　）

10. 凸轮机构中，从动件的受力方向与它的运动方向之间所夹的锐角，称为凸轮机构的压力角。　　　　　　　　　　　　　　　　　　　　　　　　　　　　（　　）

11. 可换向棘轮机构中的棘轮齿形一般为锯齿形。　　　　　　　　　　（　　）

12. 快动式棘轮机构在摇杆往、复摆动过程中都能驱使棘轮沿同一方向转动。 （ ）

13. 棘轮机构中棘轮每次转动的转角可以进行无级调节。 （ ）

14. 棘轮机构可将连续回转运动转变为单向或双向实现间歇回转运动。 （ ）

15. 内槽轮机构只能有一个圆销，而外槽轮机构圆销数可多于一个。 （ ）

16. 槽轮机构可将往复摆动运动转变为单向间歇回转运动。 （ ）

17. 不完全齿轮机构的主动轮是一个完整的齿轮，而从动轮则只有几个齿。 （ ）

18. 双线螺旋的导程是其螺距的两倍。 （ ）

19. 螺纹的旋向一般都采用左旋，只有在特殊需要情况下才选用右旋。 （ ）

20. 快动夹具的双螺旋机构中，两处螺旋副的螺纹旋向相同，以快速夹紧工件。 （ ）

二、选择题（将正确答案的字母序号填入括号内）

1. 凸轮机构的特点是_____。 （ ）

A. 结构简单紧凑 　　　B. 传递动力大 　　　C. 不易磨损

2. 凸轮机构中，凸轮与从动件组成_____。 （ ）

A. 转动副 　　　B. 移动副 　　　C. 平面高副

3. 凸轮机构中只适用于受力不大且低速场合的是_____从动件。 （ ）

A. 尖端 　　　B. 滚子 　　　C. 平底

4. 凸轮机构中耐磨损又可承受较大载荷的是_____从动件。 （ ）

A. 尖端 　　　B. 滚子 　　　C. 平底

5. 凸轮机构中可用于高速，但不能用于凸轮轮廓有内凹场合的是_____。 （ ）

A. 尖端 　　　B. 滚子 　　　C. 平底

6. 从动件的预期运动规律是由_____决定的。 （ ）

A. 从动件的形状 　　　B. 凸轮的转速 　　　C. 凸轮的轮廓曲线形状

7. 从动件作等速运动规律的位移曲线形状是_____。 （ ）

A. 抛物线 　　　B. 斜直线 　　　C. 双曲线

8. 凸轮机构按下列哪种运动规律运动时，会产生刚性冲击。 （ ）

A. 等速运动规律 　　　B. 等加速等减速运动规律 　　　C. 简谐运动规律

9. 从动件作等速运动规律的凸轮机构，一般适用于_____轻载的场合。 （ ）

A. 低速 　　　B. 中速 　　　C. 高速

10. 按从动件的端部有三种形状，如要求传力性能好、效率高，且转速较高时应选用那一种端部形状？ （ ）

A. 尖顶从动件 　　　B. 滚子从动件 　　　C. 平底从动件

11. 下列间歇运动机构中，从动件的转角可以调节的机构是_____。 （ ）

A. 棘轮机构 　　　B. 槽轮机构 　　　C. 不完全齿轮机构

12. 调整棘轮转角的方法有：①增加棘轮齿数；②调整摇杆长度；③调整遮盖罩的位置。其中什么方法有效？ （ ）

A. ①和② 　　　B. ②和③ 　　　C. ①②③都可

13. 自行车飞轮采用的是一种典型的超越机构，下列哪种机构可实现超越？ （ ）

A. 外啮合棘轮机构 　　　B. 内啮合棘轮机构 　　　C. 槽轮机构

14. 在单向间歇运动机构中，棘轮机构常用于_____的场合。 （ ）

A. 低速轻载 　　　B. 高速轻载 　　　C. 高速重载

15. 在间歇运动机构中，可以把摆动转变为转动的间歇机构是_____。 （ ）

A. 槽轮机构 　　　B. 棘轮机构 　　　C. 不完全齿轮机构

16. 在双圆柱销四槽轮机构中，当拨盘转一周时，槽轮转过_____。 （ ）

A. 90°   B. 45°   C. 180°

17. 图 6-60 所示为下列哪种螺纹。   (   )

A. 双线左旋   B. 单线左旋   C. 双线右旋

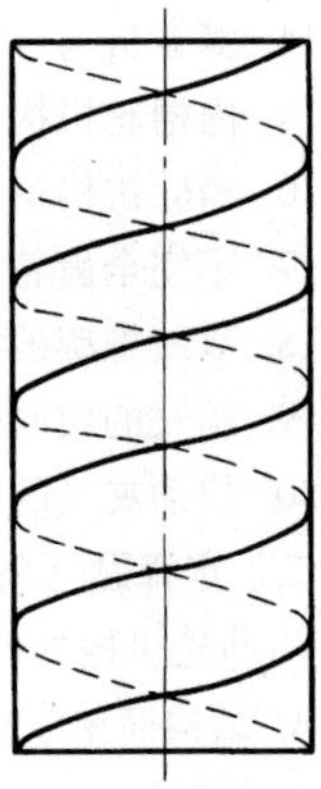

18. 按国家标准规定，下列哪一个直径是螺纹的公称直径。   (   )

A. 大径   B. 中径   C. 小径

19. 螺纹牙型角增大，则   (   )

A. 传动效率提高，而自锁性降低

B. 传动效率降低，而自锁性增大

C. 传动效率和自锁性都提高

20. 数控机床等精度要求高的设备中，多要求采用什么螺旋传动？   (   )

A. 滑动螺旋传动   B. 滚动螺旋传动   C. 二者均可

三、设计计算题

    设计一对心直动尖顶从动件盘形凸轮机构。已知凸轮以等角速 ω 顺时针转动，基圆半径 $r_b = 40\text{mm}$，从动件运动规律如下：$\delta_0 = 150°$，$\delta_s = 30°$，$\delta_0' = 120°$，$\delta_s' = 60°$，从动件在推程以简谐运动规律上升，行程 $h = 30\text{mm}$；回程以等加速等减速运动规律返回原处。试绘出从动件位移线图及凸轮轮廓。

图 6-60   题二-17 图

教学要求

★ 能力目标

1）标准直齿圆柱齿轮、斜齿轮的几何尺寸计算的能力。

2）齿轮材料选择的能力。

3）齿轮传动受力分析的能力。

4）标准齿轮传动强度设计的能力。

★ 知识要素

1）齿轮传动的类型、特点及应用场合。

2）渐开线的形成及基本性质。

3）渐开线圆柱齿轮的基本参数及几何尺寸计算。

4）渐开线齿轮啮合原理、切齿原理及根切现象。

5）齿轮常见失效形式、强度设计、齿轮结构、润滑与维护。

★ 学习重点与难点

1）渐开线齿轮啮合原理。

2）渐开线圆柱齿轮的基本参数及几何尺寸计算。

3）标准齿轮强度设计计算方法。

技能要求

齿轮范成及参数测定。

引言

　　齿轮传动是现代机械中应用最广泛的一种机械传动。从原动部分到工作部分之间一般有传动装置，在众多的传动装置中，齿轮传动是应用最多的传动装置，齿轮传动在改变转速的同时还可以改变转动方向，满足工作需要，故在机床和汽车变速器等机械中被普遍应用，图7-1所示为齿轮传动。

　　图7-2所示为牛头刨床中的主传动装置就是齿轮传动系统，电动机通过V带传动将转动传给齿轮减速箱，通过减速箱里的不同齿轮的啮合传动，把电动机的高速转动转变成工作机需要的转速。摆动导杆机构的摆动运动是由小齿轮与大齿轮组成的齿轮传动驱动，主动件小齿轮带动大齿轮转动时，安装在大齿轮上的滑块随着大齿轮的转动带着摆动导杆机构作往复

摆动，完成牛头刨床的刨削加工。

　　本章主要讲解直齿圆柱齿轮机构的各种类型及应用，讲解齿轮失效形式及齿轮强度设计的基本知识，简介变位齿轮及齿轮安装、维护方面等的综合知识。

图 7-1　齿轮传动

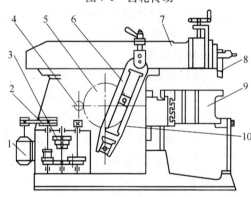

图 7-2　牛头刨床

1—电动机　2—带传动　3—齿轮传动位置　4—小齿轮　5—大齿轮
6—摆动导杆机构　7—滑枕　8—刨刀　9—工作台　10—床身

学习内容

7.1　概述

7.1.1　齿轮传动的特点

　　齿轮传动依靠主动齿轮与从动齿轮的啮合传递运动和动力，与其他传动相比，齿轮传动有下列优点：

　　1）两轮瞬时传动比（角速度之比）恒定。

　　2）适用的圆周速度和传动功率范围较大。

　　3）传动效率较高、寿命较长。

　　4）能实现平行、相交、交错轴间的传动。

　　与其他传动相比，齿轮传动有下列缺点：

　　1）制造和安装精度要求较高，成本也高。

2）不适用于较远距离的传动。

7.1.2　齿轮传动的分类

齿轮传动按照齿轮两轴线的相对位置可以分为两轴线平行、两轴线相交和两轴线相错三类；按轮齿的齿向可分为直齿、斜齿、人字齿和曲齿四种。具体齿轮传动的分类及名称如图 7-3 所示。

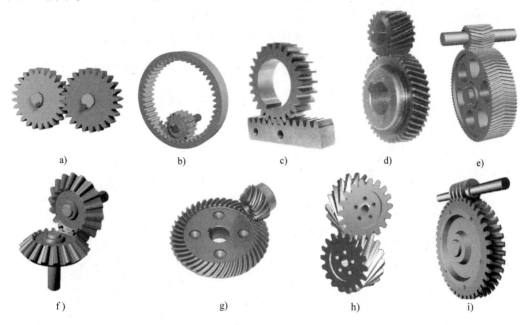

a)　　　　　　b)　　　　　　c)　　　　　　d)　　　　　　e)

f)　　　　　　g)　　　　　　h)　　　　　　i)

图 7-3　齿轮传动的类型

a）外啮合直齿轮传动　b）内啮合直齿轮传动　c）齿轮齿条传动　d）斜齿轮传动　e）人字形齿轮传动

f）直齿锥齿轮传动　g）曲线齿锥齿轮传动　h）交错轴斜齿轮传动　i）蜗杆传动

7.2　渐开线齿廓及啮合特性

7.2.1　渐开线的形成和特性

如图 7-4a 所示，当一条动直线沿半径为 r_b 的圆作纯滚动时，此直线上任意点 K 的轨迹 AK 称为该圆的渐开线。该圆称为渐开线的基圆，该直线称为渐开线的发生线。每个轮齿的两侧齿廓是由两条形状相同、方向相反的一段渐开线组成的，如图 7-4b 所示。

由上述渐开线的形成过程，可知渐开线具有如下特性：

1）发生线在基圆上滚过的长度等于基圆上被滚过的弧长，即 $\overline{KN} = \widehat{AN}$。

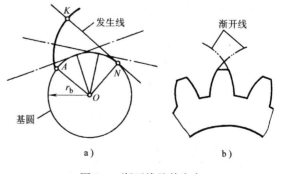

a)　　　　　　b)

图 7-4　渐开线及其齿廓

2）因发生线沿基圆作纯滚动，发生线$\overline{NK}$为渐开线上K点的法线。所以渐开线上任一点的法线必与基圆相切。换言之，基圆的切线必为渐开线上某点的法线。

3）渐开线的形状取决于基圆的大小，同一基圆上的渐开线形状完全相同。基圆越小，渐开线越弯曲；基圆越大，渐开线越平直，如图7-5所示。当基圆趋于无穷大时，渐开线就成为直线，渐开线齿条的直线齿廓就是基圆为无穷大时的渐开线。

4）渐开线是从基圆开始向外伸展的，所以基圆内无渐开线。

5）渐开线上各点压力角不同，离基圆越远，压力角越大。

如图7-6所示，渐开线上某点K的速度v_k与正压力F_n间所夹的锐角α_k称为K点的压力角。由$\triangle ONK$知，$\cos\alpha_k = \dfrac{ON}{OK} = \dfrac{r_b}{r_k}$，$r_k$为$K$点到轮心$O$的距离，称为向径，$r_b$为基圆半径。因$r_b$为定值，$r_k$为变值，故向径越大，压力角越大。基圆上的压力角为零度。

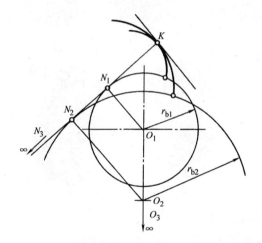

图 7-5　不同基圆的渐开线

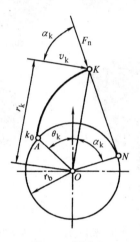

图 7-6　压力角

7.2.2　渐开线函数

由图7-6可得

$$\tan\alpha_k = \frac{\overline{NK}}{\overline{ON}} = \frac{\widehat{AN}}{\overline{ON}} = \frac{r_b(\alpha_k + \theta_k)}{r_b} = \alpha_k + \theta_k$$

由上式和压力角关系式可得

$$\left.\begin{array}{l} r_k = \dfrac{r_b}{\cos\alpha_k} \\[2mm] \theta_k = \mathrm{inv}\alpha_k = \tan\alpha_k - \alpha_k \end{array}\right\} \tag{7-1}$$

式中　$\mathrm{inv}\alpha_k$——以α_k为自变量的渐开线函数，其值见表7-1；

　　　　r_k——向径（mm）；

　　　　r_b——基圆半径（mm）；

　　　　θ_k——展角或极角（rad）。

表 7-1　渐开线函数表

$\alpha_k/(°)$	次	0′	5′	10′	15′	20′	25′	30′	35′	40′	45′	50′	55′
16	0.0	07493	07613	07735	07857	07982	08107	08234	08362	08492	08623	08756	08889
17	0.0	09025	09161	09299	09439	09580	09722	09866	10012	10158	10307	10456	10608
18	0.0	10760	10915	11071	11228	11387	11547	11709	11873	12030	12205	12373	12543
19	0.0	12715	12888	13063	13240	13418	13598	13779	13963	14148	14334	14523	14713
20	0.0	14904	15098	15293	15490	15689	15890	16092	16296	16502	16710	16920	17132
21	0.0	17345	17560	17777	17996	18217	18440	18665	18891	19120	19350	19583	19817
22	0.0	20054	20292	20533	20775	21019	21266	21514	21765	22018	22272	22529	22788
23	0.0	23049	23312	23577	23845	24114	24386	24660	24936	25214	25495	25778	26062
24	0.0	26350	26639	26931	27225	27521	27820	28121	28424	28729	29037	29348	29660
25	0.0	29975	30292	30613	30935	31260	31587	31917	32249	32583	32920	33260	33602
26	0.0	33947	34294	34644	34997	35352	35709	36069	36432	36798	37166	37537	37910
27	0.0	38287	38666	39047	39432	39819	40209	40602	40997	41395	41797	42201	42007
28	0.0	43017	43430	43845	44264	44685	45110	45537	45967	46400	46837	47276	47718
29	0.0	48164	48612	49064	49518	49976	50437	50901	51368	51838	52312	52788	53268
30	0.0	53751	54238	54728	55221	55717	65217	56720	57226	57736	58249	58765	59285

7.2.3　渐开线齿廓的啮合特性

理论上可作为齿轮齿廓的曲线有许多种，但实际上由于轮齿的加工、测量和强度等方面的原因，可选用的齿廓曲线仅有渐开线、摆线、圆弧线和抛物线等几种，其中渐开线齿廓应用最广。

1. 渐开线齿廓传动比恒定不变

图 7-7 所示为一对渐开线齿轮啮合。设两渐开线齿轮基圆半径分别为 r_{b1} 和 r_{b2}，两齿廓在 K 点接触，由于两轮基圆的大小和安装位置均固定不变，同一方向上的内公切线只有一条，所以它与两轮连心线 O_1O_2 的交点 P 必为定点，传动比为

$$i_{12} = \frac{\omega_1}{\omega_2} = \frac{O_2P}{O_1P} = \frac{r_{b2}}{r_{b1}} = \frac{z_2}{z_1} = 常数 \qquad (7-2)$$

两齿廓啮合时的接触点又称为啮合点。显然渐开线齿轮在啮合过程中，啮合点沿着两轮基圆的内公切线 N_1N_2 移动，N_1N_2 为啮合点的轨迹线，常称之为啮合线。啮合线与两节圆内公切线 t—t 所夹的锐角 α' 称为啮合角。显然，啮合角 α' 即为节点 P 处的压力角。

2. 渐开线齿轮传动中心距的可分性

当一对渐开线齿轮制成后，两轮的基圆半径已确定，则即使安装时两轮中心距有一些变化，根据式（7-2）可知，其传动比一定不变。渐开线齿轮中心距的改变不影响传动比的这种性质，称为渐开线齿轮传动中心距的可分性。它给制造和安装带来极大的方便，也是渐开线齿轮得到广泛应用的原因之一。

3. 啮合时传递压力的方向不变

由于一对渐开线齿轮啮合时，啮合点一定在啮合线

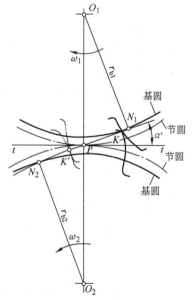

图 7-7　渐开线齿廓满足传动比恒定

N_1N_2 上，N_1N_2 又是渐开线齿廓的公法线，所以齿廓之间传递的压力一定沿着公法线 N_1N_2 的方向。这表明，一对渐开线齿轮在啮合时，无论啮合点在何处，其受力方向始终不变，从而使传动平稳。这是渐开线齿轮传动的又一特点。

7.3　渐开线直齿圆柱齿轮的主要参数

7.3.1　齿轮各部分的名称

图 7-8 所示为标准渐开线直齿圆柱齿轮。其齿廓由形状相同的两反向渐开线曲面组成。轮齿各部分的名称见图，轮齿各部分的名称及符号见表 7-2。

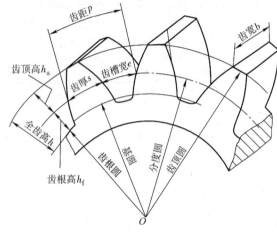

图 7-8　齿轮各部分的名称

表 7-2　齿轮轮齿各部分名称及符号

名　称	符　号
齿顶圆直径	d_a
齿根圆直径	d_f
分度圆直径	d
基圆直径	d_b
齿顶高	h_a
齿根高	h_f
全齿高	h
齿厚	s
齿槽宽	e
齿距	p
齿宽	b

7.3.2　主要参数

1. 齿数 z

形状相同，沿圆周方向均匀分布的轮齿个数，称为齿数，用 z 表示。

2. 模数 m

分度圆直径 d、齿距 p 与齿数 z 三者之间有如下关系

$$\pi d = zp \quad 或 \quad d = \frac{p}{\pi}z$$

式中，π 为无理数。为计算和测量的方便，令 $p/\pi = m$，称为模数，并规定分度圆处的模数为标准值（标准模数系列见表 7-3）。于是上式可改写为

$$d = mz \tag{7-3}$$

表 7-3　齿轮模数系列（常用值）　　　　　　　　　（单位：mm）

第一系列	1	1.25	1.5	2	2.5	3	4
	5	6	8	10	12	16	20
第二系列	1.75	2.25	2.75	(3.25)	3.5	(3.75)	4.5
	5.5	(6.5)	7	9	(11)	14	18

注：1. 本表适用于渐开线圆柱齿轮，对斜齿轮是指法向模数。

　　2. 优先用第一系列，括号内模数尽可能不用。

　　模数 m 的单位为 mm，是齿轮的重要参数。模数越大，则轮齿越大，同齿数不同模数的齿轮大小的比较如图 7-9 所示。

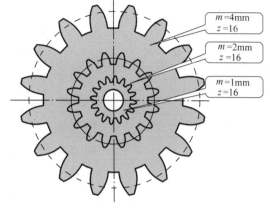

3. 压力角

　　我国规定：分度圆处的压力角为标准压力角，标准值为 $\alpha = 20°$。

4. 齿顶高系数、顶隙系数

　　标准齿轮的齿顶高和齿根高由下式确定

$$\left.\begin{array}{l} h_a = h_a^* m \\ h_f = h_a^* m + c = \left(h_a^* + c^* \right) m \end{array}\right\} \qquad (7\text{-}4)$$

式中　h_a^*——齿顶高系数；

　　　　c——顶隙，它是指一对齿轮啮合时

图 7-9　不同模数的比较

　　　　　　一轮的齿顶与另一轮的齿槽底之间沿半径方向的间隙，如图 7-10 所示，用以避免两轮啮合顶撞，并能储存润滑油；

　　　　c^*——顶隙系数。

　　标准规定，齿顶高系数和顶隙系数分别为

正常齿制　　　　　　$h_a^* = 1.0，c^* = 0.25$

短齿制　　　　　　　$h_a^* = 0.8，c^* = 0.3$

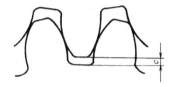

　　m、α、h_a^*、c^* 均为标准值，且 $s = e$ 的齿轮称为标准齿轮。

图 7-10　齿轮顶隙

　　由上述可知，正常齿制的标准齿轮主要参数中，α、h_a^*、c^* 均有唯一确定值，只有 m 和 z 待定，其中，m 按标准系列值取值。标准直齿圆柱齿轮各部分的尺寸可全部通过五个主要参数计算得出。标准直齿圆柱齿轮几何尺寸计算公式见表 7-4。内齿轮的结构和几何尺寸关系如图 7-11 所示。

a)

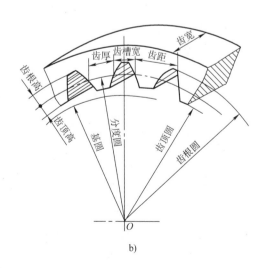

b)

图 7-11　内齿轮的结构和几何尺寸关系

表 7-4　标准直齿圆柱齿轮几何尺寸计算

名　称		符　号	计 算 公 式	
			外 齿 轮	内 齿 轮
基本参数	齿数	z	$z_{\min}=17$，通常小齿轮齿数 z_1 在 $20\sim28$ 范围内选取，$z_2=iz_1$	
	模数	m	根据强度计算决定，并按表 7-3 选取标准值。动力传动中，$m\geqslant2\mathrm{mm}$	
	压力角	α	取标准值，$\alpha=20°$	
	齿顶高系数	h_{a}^{*}	取标准值，对于正常齿，$h_{\mathrm{a}}^{*}=1$，对于短齿，$h_{\mathrm{a}}^{*}=0.8$	
	顶隙系数	c^{*}	取标准值，对于正常齿，$c^{*}=0.25$，对于短齿，$c^{*}=0.3$	
几何尺寸	齿槽宽	e	$e=p/2=\pi m/2$	
	齿厚	s	$s=p/2=\pi m/2$	
	齿距	p	$p=\pi m$	
	全齿高	h	$h=h_{\mathrm{a}}+h_{\mathrm{f}}=(2h_{\mathrm{a}}^{*}+c^{*})m$	
	齿顶高	h_{a}	$h_{\mathrm{a}}=h_{\mathrm{a}}^{*}m$	
	齿根高	h_{f}	$h_{\mathrm{f}}=(h_{\mathrm{a}}^{*}+c^{*})m$	
	分度圆直径	d	$d=mz$	
	基圆直径	d_{b}	$d_{\mathrm{b}}=d\cos\alpha=mz\cos\alpha$	
	齿顶圆直径	d_{a}	$d_{\mathrm{a}}=d+2h_{\mathrm{a}}=(z+2h_{\mathrm{a}}^{*})m$	$d_{\mathrm{a}}=d-2h_{\mathrm{a}}=(z-2h_{\mathrm{a}}^{*})m$
	齿根圆直径	d_{f}	$d_{\mathrm{f}}=d-2h_{\mathrm{f}}=(z-2h_{\mathrm{a}}^{*}-2c^{*})m$	$d_{\mathrm{f}}=d+2h_{\mathrm{f}}=(z+2h_{\mathrm{a}}^{*}+2c^{*})m$
	中心距	a	$a=m(z_1+z_2)/2$	$a=m(z_2-z_1)/2$

例 7-1　国产某机床的传动系统，需换一个损坏的齿轮。测得其齿数 $z=24$，齿顶圆直径 $d_{\mathrm{a}}=77.95\mathrm{mm}$，已知为正常齿制，试求齿轮的模数和主要尺寸。

解　国产机床，齿轮压力角为 $20°$，正常齿制 $h_{\mathrm{a}}^{*}=1.0$，$c^{*}=0.25$

1）求齿轮的模数

由表 7-4 得

$$m=\frac{d_{\mathrm{a}}}{z+2h_{\mathrm{a}}^{*}}=\frac{77.95}{24+2\times1}\mathrm{mm}=2.998\mathrm{mm}$$

查表 7-3 并圆整为标准系列值，取 $m=3\mathrm{mm}$。

2）计算主要尺寸

$$d=mz=3\times24\mathrm{mm}=72\mathrm{mm}$$

$$d_{\mathrm{a}}=m(z+2)=3\times(24+2)\mathrm{mm}=78\mathrm{mm}$$

$$d_{\mathrm{f}}=m(z-2.5)=3\times(24-2.5)\mathrm{mm}=64.5\mathrm{mm}$$

$$d_{\mathrm{b}}=d\cos\alpha=72\cos20°\mathrm{mm}=67.78\mathrm{mm}$$

$$p=\pi m=3.14\times3\mathrm{mm}=9.42\mathrm{mm}$$

$$s=e=\frac{\pi m}{2}=\frac{3.14}{2}\times3\mathrm{mm}=4.71\mathrm{mm}$$

7.4 标准直齿圆柱齿轮的啮合传动

一对渐开线齿廓能保证瞬时传动比恒定，但是齿廓长度是有限的，必然会出现前后齿的交替交换。为了使啮合交换时保证连续、平稳地传动和不发生轮齿干涉，还必须满足下列条件。

7.4.1 正确啮合条件

图 7-12 表示一对渐开线齿轮同时有两对齿参加啮合，前一对齿在 K' 点接触，后一对齿在 K 点接触。它们都在啮合线 N_1N_2 上，由图看出，只有当两轮相邻两齿的同侧齿廓间法向距离相等，即 $K_1K_1' = K_2K_2'$ 才能保证两轮正确啮合。K_1K_1' 和 K_2K_2' 称为两齿轮的法向齿距，由渐开线性质得

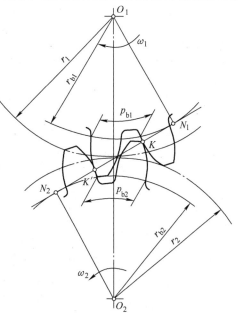

$$K_1K_1' = p_{b1} = p_{b2}$$

式中，p_{b1}、p_{b2} 分别为两轮基圆上相邻两齿同侧齿廓间的弧长，称为基圆齿距。

$$p_b = \frac{\pi d_b}{z} = \pi m \cos\alpha$$

代入上式得

$$m_1 \cos\alpha_1 = m_2 \cos\alpha_2$$

由于模数和压力角已标准化，要使上式满足，必须

$$\left. \begin{array}{l} m_1 = m_2 = m \\ \alpha_1 = \alpha_2 = 20° \end{array} \right\} \qquad (7-5)$$

图 7-12 齿轮正确啮合条件

7.4.2 连续传动条件

如图 7-13 所示，1 为主动轮，2 为从动轮，两轮开始啮合时，由主动轮的齿根处推动从动轮的齿顶，即从动轮齿顶圆与啮合线的交点 B_2 为开始啮合点。随着轮 1 推动轮 2 转动，当啮合点移动到齿轮 1 的齿顶圆与啮合线的交点 B_1 时，齿廓啮合终止。线段 B_2B_1 为啮合点的实际轨迹，称为实际啮合线，N_1N_2 称为理论啮合线。

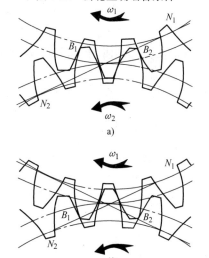

图 7-13 齿轮啮合传动过程
a）进入啮合 b）退出啮合

要使齿轮能连续传动，至少要求前一对轮齿在 B_1 点退出啮合时，后一对轮齿已在 B_2 点进入啮合，传动便能连续进行。这时实际啮合线段 B_2B_1 不小于齿轮的法向齿距。如果实际啮合线段小于齿轮的法向齿距，则啮合将会发生中断而引起冲击，由于法向齿距与基圆齿距 p_b 相等，故连续传动条件是 $\overline{B_2B_1} \geqslant p_b$

实际啮合线段与基圆齿距之比称为重合度，用 ε 表示，即

$$\varepsilon = \frac{\overline{B_2 B_1}}{p_b} \geq 1 \tag{7-6}$$

重合度越大，说明同时参加啮合的轮齿越多，传动越平稳。对于标准齿轮采用标准中心距安装，齿数 $z > 12$ 时，其重合度恒大于 1。

7.4.3 正确安装

保证无齿侧间隙的安装称为正确安装。

一对标准直齿圆柱齿轮（外啮合）正确安装时（见图 7-14），由于分度圆上 $s_1 = e_1 = s_2 = e_2$，故节圆与分度圆重合，其中心距为

$$a = r_1' + r_2' = r_1 + r_2 = m(z_1 + z_2)/2$$

此时的中心距 a 为标准中心距，其啮合角 $\alpha' = \alpha$。

应该指出，单个齿轮只有分度圆和压力角，不存在节圆和啮合角。如果不按标准中心距安装，则虽然两齿轮的节圆仍然相切，但两轮的分度圆并不相切，此时安装就为

$$a' = r_1' + r_2' \neq r_1 + r_2$$

当然，啮合角 $\alpha' \neq \alpha$。

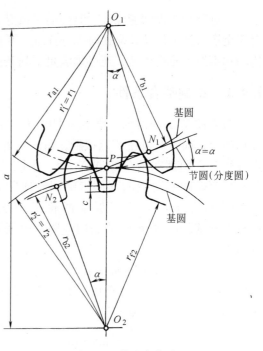

图 7-14 外啮合传动

7.5 标准直齿圆柱齿轮的公法线长度和分度圆弦齿厚

齿轮在加工和检验中，常用测量公法线长度或分度圆弦齿厚的方法来确保齿轮的精度。

7.5.1 公法线长度

卡尺在齿轮上跨若干齿数 K 所量得齿廓间的法向距离称为公法线长度，用 W 表示。图 7-15 所示为卡尺跨测三个齿时与轮齿相切于 A、B 两点，则线段 $\overline{AB}$ 就是跨三个齿的公法线长度。根据渐开线性质可得

$$W = (3 - 1)p_b + s_b$$

式中，s_b 是基圆齿厚，当 $\alpha = 20°$ 时，经推导整理可得齿数为 z 的公法线长度 W 的计算公式为

$$W = m[2.9521(K - 0.5) + 0.014z] \tag{7-7}$$

式中，K 为跨齿数，为了保证卡尺与轮齿相切，跨齿数不宜过多或过少。对于标准齿轮，可按下式计算跨齿数

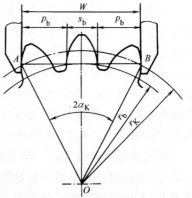

图 7-15 齿轮公法线长度

$$K = \frac{z}{9} + 0.5 \approx 0.111z + 0.5 \tag{7-8}$$

K 应取整数代入式（7-7）求得 W 值。在实际中，为了简化计算，已将模数 $m = 1\text{mm}$，$\alpha = 20°$ 的公法线长度 W^* 列于表 7-5 中，当模数不等于 1mm 时，可用表中 W^* 值乘以实际齿轮的模数值，即为所求的公法线长度，即

$$W = W^* m$$

表 7-5　公法线长度 W^*（W_n^*）（$\alpha_n = \alpha = 20°$，$m_n = m = 1\text{mm}$）

z	K	W^*（W_n^*）	z	K	W^*（W_n^*）	z	K	W^*（W_n^*）
17	3	7.618	33	4	10.795	49	6	16.923
18	3	7.632	34	4	10.809	50	6	16.937
19	3	7.646	35	4	10.823	51	6	16.951
20	3	7.660	36	4	10.837	52	6	16.955
21	3	7.674	37	5	13.803	53	6	16.979
22	3	7.688	38	5	13.817	54	6	16.993
23	3	7.702	39	5	13.831	55	7	19.950
24	3	7.716	40	5	13.845	56	7	19.973
25	3	7.730	41	5	13.859	57	7	19.987
26	3	7.774	42	5	13.873	58	7	20.001
27	4	10.711	43	5	13.887	59	7	20.015
28	4	10.725	44	5	13.901	60	7	20.029
29	4	10.739	45	5	13.915	61	7	20.043
30	4	10.753	46	5	16.881	62	7	20.057
31	4	10.767	47	6	16.895	63	7	20.071
32	4	10.781	48	6	16.909	64	8	23.037

7.5.2　分度圆弦齿厚和弦齿高

测量公法线长度适用于直齿圆柱齿轮，对于斜齿圆柱齿轮将受到齿宽条件的限制。此外，测量公法线长度也不能用于锥齿轮和蜗轮。在这些情况下，通常测量分度圆弦齿厚。

如图 7-16 所示，分度圆弦齿厚就是轮齿两侧渐开线与分度圆交点之间的直线距离 $\overline{AB}$，记作 $\overline{s}$。弦齿厚 AB 的中点到齿顶圆的最短距离称为分度圆弦齿高，记作 $\overline{h_a}$。由图可得分度圆弦齿厚与弦齿高公式为

$$\overline{s} = mz\sin\frac{90°}{z} \tag{7-9}$$

$$\overline{h_a} = m\left[h_a^* + \frac{z}{2}\left(1 - \cos\frac{90°}{z}\right)\right] \tag{7-10}$$

由于测量分度圆弦齿厚是以齿顶圆为基准的，测量结果必然受到齿顶圆误差的影响，而公法线长度测量与齿顶圆无关。

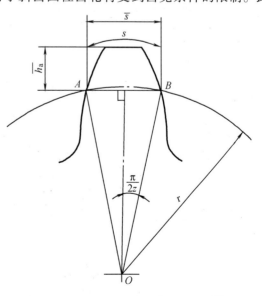

图 7-16　分度圆弦齿厚 $\overline{s}$ 和弦齿高 $\overline{h_a}$

工程上为了应用方便，将 $m = 1\mathrm{mm}$， $h_a^* = 1$， $\alpha = 20°$时的分度圆弦齿厚$\overline{s}^*$和弦齿高$\overline{h}^*$。列于表7-6，则

$$\overline{s} = \overline{s}^* m$$
$$\overline{h}_a = \overline{h}^* m$$

表7-6 标准齿轮分度圆弦齿厚$\overline{s}^*$和弦齿高$\overline{h}^*$ （$\alpha_n = \alpha = 20°$， $m_n = m = 1\mathrm{mm}$）

$z(z_v)$	$\overline{s}^*(\overline{s_n^*})$	$\overline{h}_a^*$	$z(z_v)$	$\overline{s}^*(\overline{s_n^*})$	$\overline{h}_a^*$	$z(z_v)$	$\overline{s}^*(\overline{s_n^*})$	$\overline{h}_a^*$
20	1.5692	1.0308	35	1.5702	1.0176	50	1.5705	1.0123
21	1.5694	1.0294	36	1.5703	1.0171	51	1.5706	1.0121
22	1.5695	1.0281	37	1.5703	1.0167	52	1.5706	1.0119
23	1.5696	1.0268	38	1.5703	1.0162	53	1.5706	1.0117
24	1.5697	1.0257	39	1.5704	1.0158	54	1.5706	1.0114
25	1.5698	1.0247	40	1.5704	1.0154	55	1.5706	1.0112
26	1.5698	1.0237	41	1.5704	1.0150	56	1.5706	1.0110
27	1.5699	1.0228	42	1.5704	1.0147	57	1.5706	1.0108
28	1.5700	1.0220	43	1.5705	1.0143	58	1.5706	1.0106
29	1.5700	1.0213	44	1.5705	1.0140	59	1.5706	1.0105
30	1.5701	1.0205	45	1.5705	1.0137	60	1.5706	1.0102
31	1.5701	1.0199	46	1.5705	1.0134	61	1.5706	1.0101
32	1.5702	1.0193	47	1.5705	1.0131	62	1.5706	1.0100
33	1.5702	1.0187	48	1.5705	1.0129	63	1.5706	1.0098
34	1.5702	1.0181	49	1.5705	1.0126	64	1.5706	1.0097

注：1. 对于斜齿圆柱齿轮和锥齿轮，本表也可以用，按当量齿数 z_v 查表。

2. 如当量齿数 z_v 带小数，用比例插入法。

例7-2 现有一正常齿制标准直齿圆柱齿轮，已知 $m = 2\mathrm{mm}$， $z = 42$，求跨齿数 K，公法线长度 W，分度圆弦齿厚 $\overline{s}$ 和弦齿高 $\overline{h}_a$。

解 1）计算法

求跨齿数 K

由式（7-8）得

$$K = 0.111z + 0.5 = 5.16，取 K = 5$$

求公法线长度 W

由式（7-7）得

$$\begin{aligned} W &= m[2.9521(K - 0.5) + 0.014z] \\ &= 2 \times [2.9521 \times (5 - 0.5) + 0.014 \times 42]\mathrm{mm} \\ &= 27.745\mathrm{mm} \end{aligned}$$

求分度圆弦齿厚 $\overline{s}$ 和弦齿高 $\overline{h}_a$

由式(7-9)、式(7-10)得

$$\overline{s} = mz\sin\frac{90°}{z} = 2 \times 42\sin\frac{90°}{42}\mathrm{mm} = 3.141\mathrm{mm}$$

$$\overline{h}_a = m\left[h_a^* + \frac{z}{2}\left(1 - \cos\frac{90°}{z}\right)\right] = 2 \times \left[1 + \frac{42}{2}\left(1 - \cos\frac{90°}{42}\right)\right]\mathrm{mm} = 2.029\mathrm{mm}$$

2）查表法

由表 7-5，$z=42$，查得 $K=5$，$W^*=13.873$，$W=2\text{mm}\times13.873=27.746\text{mm}$

由表 7-6，$z=42$，查得 $s^*=1.5704$，$\overline{h}^*=1.0147$，$\overline{s}=2\text{mm}\times1.5704=3.141\text{mm}$，$\overline{h}_a=2\text{mm}\times1.0147=2.029\text{mm}$

两种方法结果相同。

7.6　渐开线齿轮加工原理和根切

7.6.1　齿轮轮齿的加工方法及其原理

齿轮轮齿的加工方法很多，如精密铸造、模锻、热轧、冷冲和切削加工等，生产中常用的是切削法，切削法又可分为仿形法和展成法两类。

1. 仿形法

仿形法就是在普通铣床上，用与齿廓形状相同的成形铣刀进行铣削加工。这种方法加工简单，在普通铣床上便可进行，但生产率低，精度差，故常用于机械修配和单件生产。

图 7-17 所示为用盘形铣刀加工齿轮，图 7-18 所示为用指形铣刀加工齿轮。加工时，铣刀绕本身轴线旋转，轮坯沿齿轮轴线方向直线移动。铣出一个齿槽以后，将齿坯转过 $360°/z$，再铣第二个齿槽，直至全部齿槽加工完毕。为了控制铣刀的数量，对于 m 和 α 相同的铣刀只备 8 把，每把铣刀可铣一定齿数范围的齿轮，见表 7-7。

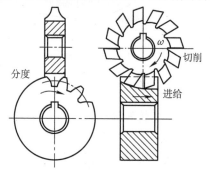

图 7-17　盘形齿轮铣刀加工齿轮

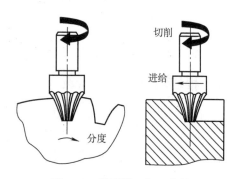

图 7-18　指形铣刀加工齿轮

表 7-7　各号铣刀加工的齿数范围

刀　号	1	2	3	4	5	6	7	8
齿数范围	12、13	14～16	17～20	21～25	26～34	35～54	55～134	≥135

2. 展成法

展成法加工是利用一对齿轮（或齿轮与齿条）啮合时，其齿廓互为包络线的原理来切齿的。

（1）插齿　图 7-19 所示为用齿轮插刀加工齿轮的情形。插齿时，插刀与轮坯严格按一对齿轮啮合关系作旋转运动（展成运动），同时插刀沿轮坯的轴线作上下的切削运动，为了防止插刀退刀时划伤已加工的齿廓表面，在退刀时，轮坯还需作小距离的让刀运动。为了切出轮齿的整个高度，插刀还需要向轮坯中心移动，作径向进给运动。

当齿轮插刀的齿数增加到无穷多时，其基圆半径变为无穷大，则齿轮插刀演变成齿条插刀，如图 7-20 所示，切制齿廓时，刀具与轮坯的展成运动相当于齿条与齿轮的啮合传动，其切齿原理与用齿轮插刀加工齿轮的原理相同。

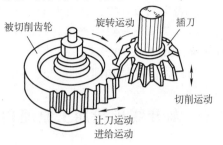

（2）滚齿　用齿条刀具加工齿轮为断续切削，生产效率较低。滚齿是利用滚刀在滚齿机上加工齿轮的，如图 7-21 所示。在垂直于轮坯轴线并通过滚刀轴线的主剖面内，刀具与齿坯相当于齿条（刀具刃形）与齿轮的啮合。滚齿加工过程接近于连续过程，故生产效率较高。

图 7-19　用齿轮插刀加工齿轮

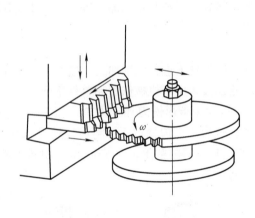

图 7-20　用齿条插刀加工齿轮

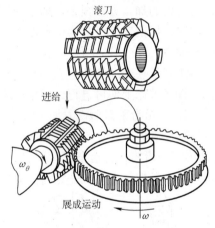

图 7-21　用齿轮滚刀加工齿轮

7.6.2　根切现象与最小齿数

当用展成法加工齿轮时，如果齿数太少，则刀具的齿顶会将轮坯的根部过多地切去，如图 7-22a 所示，这种现象称为根切现象。轮齿根切后，齿根抗弯强度削弱，还会切去齿根部分的渐开线，使一对轮齿的啮合过程缩短，降低重合度，从而影响传动的平稳性。

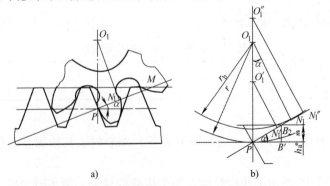

图 7-22　根切现象与切齿干涉的参数关系

a）根切现象　b）切齿干涉的参数关系

用齿条插刀或齿轮滚刀加工齿轮时，当 $\alpha = 20°$、$h_a^* = 1$ 时，由图 7-22b 可推得不产生

根切的最少齿数为

$$z_{min} = \frac{2h_a^*}{\sin^2\alpha} = \frac{2 \times 1}{\sin^2 20°} \approx 17 \tag{7-11}$$

为避免根切，通常选择齿数不小于 17。

7.7　圆柱齿轮精度

齿轮在加工过程中，由于刀具和机床本身等原因，使加工成的齿轮不可避免地产生一定的误差。因此，设计时应根据使用要求选定恰当的精度等级，以控制齿轮的误差。

7.7.1　齿轮传动的使用要求

根据齿轮传动的使用要求，齿轮精度主要包括传动精度和齿侧间隙两个方面，现分别叙述如下。

1. 传递运动的准确性

要求齿轮在一转范围内实际转角和公称转角之差的总幅度（即转角误差的最大值）不超过一定的限度，从而使齿轮副传动比以一转为周期的变化幅度限制在一定范围。

2. 传动的平稳性

要求齿轮在一转过程中，一齿距范围内的转角误差的最大值不超过一定限度，从而使齿轮副的瞬时传动比的变化（即齿轮上各个齿距的转角误差数值）限制在一定范围内，以减小传动时的冲击、振动和噪声。

3. 载荷分布的均匀性

要求齿轮在传动中，两工作齿面接触良好，其接触面积（即接触斑点在齿宽、齿高方向所占比例的大小）不低于一定的限度，以避免轮齿过早磨损，影响齿轮寿命。

4. 传动侧隙的合理性

为保证正常润滑的需要，防止传动时轮齿的热变形和弹性变形而咬死，要求啮合轮齿非工作齿面间留有合适的侧隙。但侧隙也不宜过大，否则，对于经常需要正反转的传动齿轮副，会引起换向冲击并产生空程。

影响上述齿轮传动使用要求或齿轮传动性能的主要原因是齿轮和齿轮副误差。因此，必须对齿轮和齿轮副提出一定的检验项目，并规定精度等级。

7.7.2　齿轮精度等级及选用

1. 精度等级

GB/T 10095.1—2008 规定齿轮及齿轮副精度等级为 12 级。从 1 级到 12 级，精度从高到低依次排列。一般机械传动中，齿轮常用的精度等级为 6 ~ 8 级。

2. 公差组

根据齿轮各项误差特性及对传动性能的主要影响，标准将检验项目分为 3 个公差组。第 I 公差组主要影响传动的准确性，第 II 公差组主要影响传动的平稳性，第 III 公差组主要影响传动时齿面载荷分布的均匀性。每个公差组包括若干个检验项目公差或极限偏差（表 7-8 供选择检验组时参考）。

表7-8　常用的检验组

精度等级	第Ⅰ公差组	第Ⅱ公差组	第Ⅲ公差组		齿轮副侧隙
	对齿轮		对箱体	对传动	
5,6	F_p	f_{pb} 和 f_f	F_x 和 f_y	F_β 或接触斑点	E_s 或 E_w
7,8	F_p 或 F_r 和 F_w	f_{pt} 和 f_{pb}			
9	F_r 和 F_w				

注：F_p——齿距累积公差；F_r——齿圈径向跳动公差；F_w——公法线长度变动公差；f_{pb}——基圆齿距偏差；f_f——齿形公差；f_{pt}——齿距极限偏差；F_β——齿向公差；E_s——齿厚极限偏差；E_w——公法线平均长度极限偏差。

3. 精度等级的选用

齿轮精度的选择，要考虑齿轮的用途、工作条件、圆周速度、传递功率以及使用寿命和技术经济指标等方面要求，一般多用类比法。齿轮第Ⅱ公差组的精度等级主要根据齿轮圆周速度确定。一般情况下，三个公差组可选用相同精度等级。由于齿轮传动应用的场合不同，对传动性能三个方面的要求也不同，则允许三个公差组选用不同精度等级。在同一公差组内，各项公差与极限偏差应保持相同的精度等级。例如，仪表及机床分度系统的齿轮传动，传递运动的准确性比传动的平稳性要求高，所以第Ⅰ公差组的精度等级比第Ⅱ公差组的精度等级高一级；而轧钢机、起重机中的低速重载齿轮传动则要求齿面载荷分布均匀，所以第Ⅲ公差组的精度等级比第Ⅱ公差组的精度等级高。

齿轮精度等级与圆周速度及加工方法、齿面粗糙度的关系参考表7-9。

表7-9　齿轮精度、圆周速度与加工方法关系

	组精度等级	6	7	8	9
圆周速度/ m/s	直齿　≤350HBW	≤18	≤12	≤6	≤4
	>350HBW	≤15	≤10	≤5	≤3
	斜齿　≤350HBW	≤36	≤25	≤12	≤8
	>350HBW	≤30	≤20	≤9	≤6
齿轮最终加工方法		硬齿面磨削，软齿面精滚或剃齿	硬齿面磨削，软齿面精滚，内齿精插	硬齿面滚后不磨齿，软齿面滚齿，内齿精插	一般滚齿或插齿
齿面粗糙度 $Ra/\mu m$		0.8	1.6	3.2	6.3
基准孔表面粗糙度 $Ra/\mu m$		1.6 或 0.8	1.6	3.2 或 1.6	6.3 或 3.2
基准端面粗糙度 $Ra/\mu m$		3.2		6.3 或 3.2	6.3
齿顶圆表面粗糙度 $Ra/\mu m$		6.3			

7.7.3　齿轮精度在图样上的标注

在齿轮零件图上应标注齿轮的精度等级和齿厚极限偏差的字母代号。

标注示例：

1）齿轮第Ⅰ公差组精度为7级，第Ⅱ、Ⅲ公差组精度均为6级，齿厚上、下偏差代号分为 G，M。

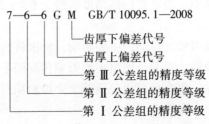

2）齿轮的三个公差组精度同级，例如 7 级，齿厚上、下偏差代号分别为 F、L。

7 F L　GB/T 10095.1—2008
 ├─齿厚下偏差代号
 ├─齿厚上偏差代号
 └─第 Ⅰ、Ⅱ、Ⅲ 公差组的精度等级

例 7-3　某通用减速器中的标准直齿圆柱齿轮，已知：模数 $m = 3\text{mm}$，齿数 $z = 32$，中心距 $a = 288\text{mm}$，孔径 $D = 40\text{mm}$，压力角 $\alpha = 20°$，齿宽 $b = 20\text{mm}$，传递功率 $P = 5\text{kW}$，转速 $n = 1280\text{r/min}$，小批量生产。试确定齿轮精度等级、检验项目、侧隙、齿坯公差和齿面粗糙度。

解　1）确定齿轮精度等级

传递动力齿轮，一般根据圆周速度确定第Ⅱ公差组的精度等级。

分度圆圆周速度　$v = \dfrac{\pi d n}{60 \times 1000} = \dfrac{3.14 \times 96 \times 1280}{60 \times 1000}\text{m/s} = 6.43\text{m/s}$

由表 7-9 查得，第Ⅱ公差组的精度等级应选 7 级。

对于一般减速器齿轮，第Ⅰ公差组的精度等级可比第Ⅱ公差组的精度等级低一级，即选 8 级；第Ⅲ公差组的精度等级可与第Ⅱ公差组的精度等级相同，即选 7 级。因此，确定齿轮精度等级为：8—7—7。

2）确定各公差组的检验项目

分度圆直径　$d = mz = 3\text{mm} \times 32 = 96\text{mm}$

齿顶圆直径　$d_a = d + 2h_a^* m = (96 + 2 \times 1 \times 3)\text{mm} = 102\text{mm}$

中等精度、小批量生产，根据检验条件，参照表 7-8，各公差组的检验项目及公差值、极限偏差值确定见表 7-10。

表 7-10　各公差组的公差值与极限偏差值

名　　称	检　验　项　目		公差或极限偏差	备　　注
齿坯	齿顶圆公差 IT8		102h8mm	
	孔径公差 IT7		40H7mm	
	基准面的径向和端面圆跳动公差		0.018mm	
齿轮	Ⅰ	齿圈径向跳动公差 F_r	0.045mm	GB/T 10095.1—2008
		公法线长度变动公差 F_w	0.040mm	
	Ⅱ	齿形公差 f_f	0.011mm	
		基圆齿距极限偏差 $\pm f_{pb}$	$\pm 0.013\text{mm}$	
	Ⅲ	齿向公差 F_β	0.11mm	
	公法线平均长度	上极限偏差	0.114mm	
		下极限偏差	0.149mm	
齿轮副	中心距极限偏差 $\pm f_a$		$\pm 0.0405\text{mm}$	GB/T 10095.1—2008
	接触斑点沿齿高		>45%	
	接触斑点沿齿长		>60%	
齿面粗糙度 $Ra/\mu\text{m}$	1.6			

7.8　齿轮常见失效形式、设计准则与选择

7.8.1　轮齿的失效形式

齿轮失效多发生在轮齿上。分析研究失效有助于建立齿轮设计的准则和提出防止或减缓

失效的措施。

轮齿的主要失效形式有轮齿折断、齿面点蚀、齿面磨损、齿面胶合及齿面塑性变形等，现分述如下。

1. 轮齿折断

齿轮工作时，轮齿根部将产生相当大的交变弯曲应力，并且在齿根的过渡圆角处存在较大的应力集中。因此，在载荷多次作用下，当应力值超过弯曲疲劳极限时，将产生疲劳裂纹，如图 7-23 所示。

随着裂纹的不断扩展，最终将引起轮齿折断，这种折断称为弯曲疲劳折断。图 7-24 为齿轮轴实物轮齿折断的实际失效情况。

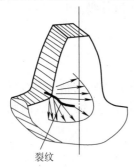

裂纹

图 7-23　齿根疲劳断裂

图 7-24　齿轮轴轮齿折断

为提高齿轮抗折断的能力，可采用提高材料的疲劳强度和轮齿心部的韧性、加大齿根圆角半径、提高齿面制造精度、增大模数以加大齿根厚度、进行齿面喷丸处理等方法来实现。

2. 齿面点蚀

齿面在接触应力长时间地反复作用下，表层出现裂纹，加之润滑油渗入裂纹进行挤压，加速了裂纹的扩展，从而导致齿面金属以甲壳状的小微粒剥落，形成麻点，这种现象称为齿面点蚀。闭式齿轮传动的主要失效形式是齿面点蚀，图 7-25 所示为斜齿轮点蚀的实际失效情况。

为防止过早出现疲劳点蚀，可采用增大齿轮直径、提高齿面硬度、降低齿面的表面粗糙度值和增加润滑油的粘度等方法。

3. 齿面胶合

在高速或低速重载的齿轮传动中，由于齿面间压力很大，相对滑动时的摩擦使齿面工作区的局部瞬时

图 7-25　斜齿轮的点蚀

温度很高，致使齿面间的油膜破裂，造成齿面金属直接接触并相互粘连。当两齿面相对滑动时，较软齿面的金属沿滑动方向被撕下而形成沟纹状，这种现象称为胶合。图 7-26 所示为齿轮胶合的实际失效情况。

为防止胶合的产生，可采用良好的润滑方式、限制油温和采用抗胶合添加剂的合成润滑油等方法；也可采用不同材料制造配对齿轮，或一对齿轮采用同种材料不同硬度的方法。

4. 齿面磨损

由于啮合齿面间的相对滑动，引起齿面的摩擦磨损。开式齿轮传动的主要失效形式是磨损，图 7-27 所示为轮齿磨损的实际失效情况。

为防止过快磨损，可采用保证工作环境清洁、定期更换润滑油、提高齿面硬度、加大模数以增大齿厚等方法。

图 7-26　齿轮的胶合

图 7-27　轮齿的磨损

5. 齿面塑性变形

在过大的应力作用下，轮齿材料因屈服而产生塑性变形，致使啮合不平稳，因此噪声和振动增大，破坏了齿轮的正常啮合传动。这种失效常发生在有大的过载、频繁起动和齿面硬度较低的齿轮上。图 7-28 为齿面塑性变形的机理。

图 7-29 为主动轮齿面下凹的实际失效情况，图 7-30 为从动轮齿面凸起的实际失效情况。

为防止齿面塑性变形，可通过提高齿面硬度或采用较高粘度的润滑油等方法来解决。

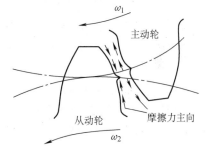

图 7-28　齿面塑性变形

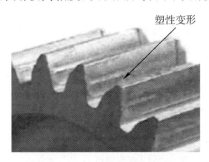

图 7-29　齿面塑性变形 1

图 7-30　齿面塑性变形 2

7.8.2　设计准则

轮齿的失效形式很多，但对某些具体情况而言，它们并不可能同时发生，所以必须进行具体分析，针对其主要失效形式确立相应的设计准则。

对于闭式齿轮传动：对软齿面（硬度小于 350HBW）的齿轮，其主要失效形式是齿面点蚀，故通常按齿面接触疲劳强度进行设计，然后再按弯曲疲劳强度进行校核；对硬齿面（硬度大于 350HBW）的齿轮，其主要失效形式是轮齿折断，此时可按齿根弯曲疲劳强度进行设计，然后再按齿面接触疲劳强度进行校核。

对于开式齿轮传动，其主要失效形式是齿面磨损。由于目前对齿面磨损尚无行之有效的计算方法和设计数据，故通常只按轮齿折断进行齿根弯曲疲劳强度设计，考虑磨损因素，适当增大模数 10% ~ 20%。

7.8.3　齿轮常用材料及其热处理

常用的齿轮材料是优质碳素钢和合金结构钢，其次是铸钢和铸铁。除尺寸较小普通用途的齿轮采用圆轧钢外，大多数齿轮都采用锻钢制造；对形状复杂、直径较大（$d \geqslant 500\text{mm}$）和不易锻造的齿轮，可采用铸钢；传递功率不大、低速、无冲击及开式齿轮传动中的齿轮，可选用灰铸铁。

非铁金属仅用于制造有特殊要求（如耐腐蚀、防磁性等）的齿轮。

对高速、轻载及精度要求不高的齿轮，为减小噪声，也可采用非金属材料（如塑料、尼龙、夹布胶木等）做成小齿轮，但大齿轮仍用钢或铸铁制造。

对于软齿面（硬度小于 350HBW）齿轮，可以在热处理后切齿，其制造容易、成本较低，常用于对传动尺寸无严格限制的一般传动。常用的齿轮材料有 35 钢、45 钢、35SiMn、40Cr 等，其热处理方法为调质或正火处理，切齿后的精度一般为 8 级，精切时可达 7 级。为了便于切齿和防止刀具切削刃不致迅速磨损变钝，调质处理后的硬度一般不超过 280 ~ 300HBW。

由于小齿轮齿根强度较弱，转速较高，其齿面接触承载次数较多，故当两齿轮材料及热处理相同时，小齿轮的损坏概率高于大齿轮。在传动中，为使大、小齿轮的寿命接近，常使小齿轮齿面硬度比大齿轮齿面硬度值高出 30 ~ 50HBW，传动比大时，其硬度差还可更大些。

硬齿面（硬度大于 350HBW）齿轮通常是在调质后切齿，然后进行表面硬化处理。有的齿轮在硬化处理后还要进行精加工（如磨齿、珩齿等），故调质后的切齿应留有适当的加工余量。硬齿面主要用于高速、重载或要求尺寸紧凑等重要传动中。表面硬化处理常采用表面淬火（一般用于中碳钢或中碳合金钢）、渗碳淬火（常用于低碳合金钢）、渗氮处理（用于含铬、钼、铝等合金元素的渗氮钢）等。

常用的齿轮材料、热处理后的硬度及应用范围可参见表 7-11。

表 7-11　常用齿轮材料及其力学性能

| 材料 | 牌号 | 热处理 | 力学性能 | | | | 应用范围 |
			硬度	抗拉强度 σ_b/MPa	屈服强度 σ_s/MPa	疲劳极限 σ_{-1}/MPa	极限循环次数/次	
优质碳素钢	35	正火	150 ~ 180HBW	500	320	240	10^7	一般传动
		调质	190 ~ 230HBW	650	350	270		
	45	正火	170 ~ 200HBW	610 ~ 700	360	260 ~ 300		
		调质	220 ~ 250HBW	750 ~ 900	450	320 ~ 360		
		整体淬火	40 ~ 45HRC	1000	750	430 ~ 450	$(3 \sim 4)10^7$	体积小的闭式齿轮传动、重载、无冲击
		表面淬火	45 ~ 50HRC	750	450	320 ~ 360	$(6 \sim 8)10^7$	体积小的闭式齿轮传动、重载、有冲击

（续）

材料	牌　号	热处理	力学性能					应用范围
			硬　度	抗拉强度 σ_b/MPa	屈服强度 σ_s/MPa	疲劳极限 σ_{-1}/MPa	极限循环次数/次	
合金钢	35SiMn	调质	200~260HBW	750	500	380	10^7	一般传动
	40Cr 42SiMn 40MnB	调质	250~280HBW	900~1000	800	450~500		
		整体淬火	45~50HRC	1400~1600	1000~1100	550~650	$(4~6)10^7$	体积小的闭式齿轮传动、重载、无冲击
		表面淬火	50~55HRC	1000	850	500	$(6~8)10^7$	体积小的闭式齿轮传动、重载、有冲击
	20Cr 20SiMn 20MnB	渗碳淬火	56~62HRC	800	650	420	$(9~15)10^7$	冲击载荷
	20CrMnTi 20MnVB	渗碳淬火	56~62HRC	1100	850	525		高速、中载、大冲击
	12CrNi3	渗碳淬火	56~62HRC	950		500~550		
铸钢	ZG270—500 ZG310—570 ZG340—640	正火 正火 正火	140~176HBW 160~210HBW 180~210HBW	500 550 600	300 320 350	230 240 260	10^7	$v<6~7\text{m/s}$ 的一般传动
铸铁	HT200 HT300		170~230HBW 190~250HBW	200 300		100~120 130~150		$v<3\text{m/s}$ 的不重要传动
	QT400—15 QT600—3	正火 正火	156~200HBW 200~270HBW	400 600	300 420	200~220 240~260		$v<4~5\text{m/s}$ 的一般传动
夹布胶木			30~40HBW	85~100				高速、轻载
塑料	MC 尼龙		20HBW	90	60			中、低速、轻载

7.9　标准直齿圆柱齿轮传动的疲劳强度计算

7.9.1　轮齿受力分析

如图 7-31 所示，在一对标准安装的标准齿轮传动中，若不计摩擦力，则作用在轮齿上的法向力 F_n 垂直作用于齿面。设小齿轮 1 为主动轮，为分析计算方便，在节点 C 上将 F_n 分解成与节圆（假设与分度圆重合）相切的圆周力 F_t 和沿齿轮直径方向的径向力 F_r，则

圆周力　　　　　　　　　　　　　　$$F_{t1} = \frac{2T_1}{d_1}$$

径向力　　　　　　　　　　　　　　$$F_{r1} = F_{t1} \cdot \tan\alpha \tag{7-12}$$

式中　T_1——小齿轮上的转矩（N·mm），$T_1 = 9.55 \times 10^6 \dfrac{P}{n_1}$；

　　　　d_1——小齿轮分度圆直径（mm）；

　　　　α——压力角，$\alpha = 20°$；

　　　　P——传递的功率（kW）；

　　　　n_1——小齿轮的转速（r/min）。

如图 7-31 所示，圆周力 F_t 的方向在主动轮上与啮合点运动方向相反，在从动轮上与啮合点运动方向相同。径向力 F_r 的方向分别由啮合点指向各自的轴心。

7.9.2　齿根弯曲疲劳强度计算

轮齿折断与齿根弯曲强度有关。计算时假设全部载荷仅由一对轮齿承担，并认为载荷 F_n 作用于轮齿的齿顶。受载轮齿可视作悬臂梁。一般认为齿轮的根部容易出现折断现象，故将齿根部所在的截面定为危险截面。

经推导整理后，可得齿根危险截面弯曲应力的验算公式为

$$\sigma_F = \frac{M}{W} \approx \frac{KF_{t1}Y_{FS}}{bm} = \frac{2KT_1Y_{FS}}{d_1 bm} \leqslant [\sigma_F] \qquad (7\text{-}13)$$

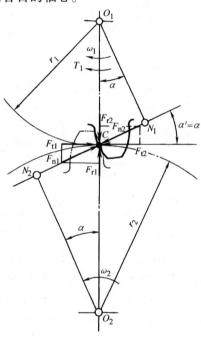

式中　M——危险截面的最大弯矩（N·mm）；

　　　　W——危险截面的抗弯截面系数（mm³）；

　　　　σ_F——齿根弯曲应力（MPa）；

　　　　K——载荷系数，见表 7-12；

　　　　b——齿宽（mm）；

　　　　T_1——主动轮转矩（N·mm）；

图 7-31　直齿圆柱齿轮传动受力分析

　　　　Y_{FS}——复合齿形系数，见图 7-32；

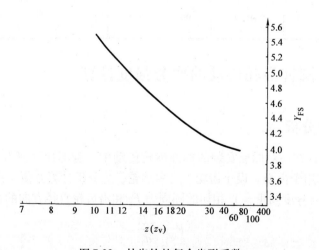

图 7-32　外齿轮的复合齿形系数

[σ_F]——轮齿的许用弯曲应力（MPa）；推荐按下式确定：轮齿单向受力时，[σ_F] = $0.7\sigma_{Flim}$；轮齿双向受力或开式齿轮[σ_F] = $0.5\sigma_{Flim}$，σ_{Flim} 为试验齿轮的弯曲疲劳极限，如图 7-33 所示。

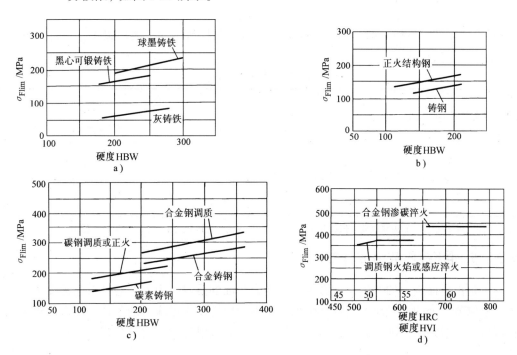

图 7-33　试验齿轮弯曲疲劳极限
a）铸铁　b）正火结构钢和铸钢　c）调质钢和铸钢　d）碳钢及表面淬火钢

表 7-12　载荷系数 K

原动机工作情况	工作机械的载荷特性		
	平稳和比较平稳	中等冲击	严重冲击
工作平稳（如电动机、汽轮等）	1 ~ 1.2	1.2 ~ 1.6	1.6 ~ 1.8
轻度冲击（如多缸内燃机）	1.2 ~ 1.6	1.6 ~ 1.8	1.9 ~ 2.1
中等冲击（如单缸内燃机）	1.6 ~ 1.8	1.8 ~ 2.0	2.2 ~ 2.4

注：斜齿圆柱齿轮、圆周速度较低、精度高、齿宽较小时，取较小值；齿轮在两轴承之间并且对称布置时取较小值，
　　齿轮在两轴承之间不对称布置时取较大值。

引入齿宽系数 $\psi_d = b/d_1$，可推得计算模数 m 的简化设计公式为

$$m \geqslant \sqrt[3]{\frac{2KT_1}{\psi_d z_1^2} \frac{Y_{FS}}{[\sigma_F]}} \qquad (7-14)$$

齿宽系数 ψ_d 可按表 7-13 选取。材料系数 Z_E 按表 7-14 选取。

应用式（7-13）和式（7-14）计算时应注意以下几点：

1）由于两齿轮齿面硬度和齿数不同，故大、小齿轮的许用应力及复合齿形系数也不相等，所以应分别用式（7-13）验算大、小齿轮的弯曲强度，即满足 $\sigma_{F1} \leqslant [\sigma_{F1}]$ 和 $\sigma_{F2} \leqslant [\sigma_{F2}]$。

2）由式（7-14）求出的模数 m 应圆整成标准值。

3）在应用式（7-14）时，由于配对齿轮的齿数和材料不同，故应以 $Y_{FS1}/[\sigma_{F1}]$ 和 $Y_{FS2}/[\sigma_{F2}]$ 中的较大值代入。

表 7-13　齿宽系数 ψ_d

小齿轮相对于轴承的位置	齿面硬度	
	软齿面（硬度小于 350HBW）	硬齿面（硬度大于 350HBW）
对称布置	0.8 ~ 1.4	0.4 ~ 0.9
非对称布置	0.6 ~ 1.2	0.3 ~ 0.6
悬臂布置	0.3 ~ 0.4	0.2 ~ 0.25

注：直齿轮取较小值，斜齿轮取较大值；载荷平稳、轴刚度大的齿轮取较大值；反之，取较小值。

7.9.3　齿面接触疲劳强度计算

为了防止齿面点蚀的发生，就必须限制啮合齿面的接触应力。考虑到点蚀常发生在节点附近，故取节点处的接触应力为计算依据。根据弹性力学接触应力的公式，代入齿轮参数经整理可导得一对钢制标准直齿圆柱齿轮在节点处最大接触应力的验算公式

$$\sigma_H = 671 \sqrt{\frac{KT_1}{bd_1^2} \frac{i \pm 1}{i}} \leqslant [\sigma_H] \tag{7-15}$$

若令式（7-15）中 $b = \psi_d d_1$，则导得设计公式为

$$d_1 \geqslant \sqrt[3]{\left(\frac{671}{[\sigma_H]}\right)^2 \frac{KT_1}{\psi_d} \frac{i \pm 1}{i}} \tag{7-16}$$

式中　T_1、b、d_1、ψ_d——意义同前；

　　　　i——传动比，$i = z_2/z_1$。"＋"用于外啮合传动；"－"用于内啮合传动；

　　　　$[\sigma_H]$——许用接触应力（MPa），推荐按下式确定：$[\sigma_H] = 0.9\sigma_{Hlim}$，$\sigma_{Hlim}$ 为试验齿轮的接触疲劳极限（MPa），见图 7-34。

考虑到齿轮的安装误差，通常小齿轮齿宽 b_1 比大齿轮齿宽 b_2 宽 5 ~ 10mm，故计算时 b 应按 b_2 值代入。

应用式（7-15）和式（7-16）计算时应注意以下几点：

1）由于啮合时两齿轮接触处的接触应力相等，即 $\sigma_{H1} = \sigma_{H2}$，但两齿轮材料及齿面硬度不同，许用应力也不同，故以 $[\sigma_{H1}]$、$[\sigma_{H2}]$ 中较小值代入式（7-15）和式（7-16）。

2）如齿轮配对并非钢对钢，则式中常数 671 应修正为 $671 \times \dfrac{Z_E}{189.8}$，$Z_E$ 为材料系数，见表 7-14。

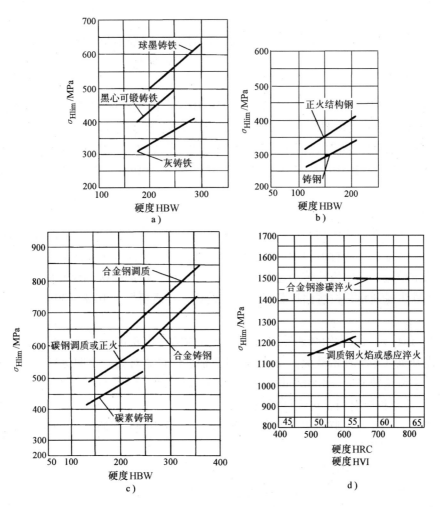

图 7-34　试验齿轮接触疲劳极限

a）铸铁　b）正火结构钢和铸钢　c）调质钢和铸钢　d）碳钢及表面淬火钢

表 7-14　材料系数 Z_E

小齿轮材料	大齿轮材料			
	钢	铸钢	球墨铸铁	铸铁
钢	189.8	188.9	181.4	162.0
铸钢		188.0	180.5	161.4
球墨铸铁			173.9	156.6
铸铁				143.7

注：设计时考虑大小齿轮强度趋于相等，故表中只取小齿轮材料优于大齿轮的组合。

7.9.4　直齿圆柱齿轮传动设计中参数选择和设计步骤

1. 参数选择

1）传动比 i，对于一般单级减速传动，一般取值范围为 $i \leqslant 8$；当 $i > 8$ 时，宜采用两级传动。

2）齿轮宽度计算中，b 为啮合齿宽，大齿轮的齿宽 b_2 按不小于啮合齿宽数值选取。为便于安装和补偿轴向尺寸误差，小齿轮齿宽 b_1 比大齿轮齿宽 b_2 加大 5～10mm。强度校核公式中的齿宽 b 取 b_2。

3）齿数 z_1 和模数 m。对于软齿面（≤350HBW）齿轮的闭式传动，z_1 一般取值范围为 20～28。在满足齿根弯曲强度条件下，适当增加齿数，减小模数，可以提高重合度，对传动平稳性有利；同时齿顶圆直径减小，可节省材料。对于开式传动及硬齿面（>350HBW）齿轮或铸铁齿轮的闭式传动，选齿数 $z_1 \geqslant 17$，适当减少齿数，增大模数，以防止轮齿折断。

2. 设计一般步骤

对于软齿面齿轮闭式传动，可用齿面接触疲劳强度公式初估分度圆直径 d，确定齿轮传动参数和几何尺寸，再进行齿根弯曲疲劳强度校核；对于硬齿面齿轮闭式传动，按齿根弯曲疲劳强度求出模数，确定齿轮传动参数和几何尺寸，再校核齿面接触疲劳强度。对于开式齿轮传动或铸铁齿轮通常只按弯曲疲劳强度求出模数，并适当加大 10%～30% 后，按表 7-3 取标准值。

例 7-4 试设计两级齿轮减速器中一对低速直齿圆柱齿轮传动。原动机是电动机，工作机是货物提升机（中等冲击载荷）。齿轮相对于轴承位置非对称，单向运转。已知传递功率 $P = 10$kW，小齿轮转速 $n_1 = 400$r/min，传动比 $i = 3.5$。

解 1）选择齿轮材料，确定许用应力

无特殊要求，可采用调质钢。由表 7-11，小齿轮采用 45 钢调质，240HBW；大齿轮采用 45 钢正火，200HBW。

由图 7-33c 中碳钢调质或正火图线

240HBW 查得 $\qquad\qquad\qquad \sigma_{Flim1} = 225$MPa

200HBW 查得 $\qquad\qquad\qquad \sigma_{Flim2} = 210$MPa

许用弯曲应力 $\qquad [\sigma_{F1}] = 0.7\sigma_{Flim1} = 0.7 \times 225$MPa $= 157.5$MPa

$\qquad\qquad\qquad\qquad [\sigma_{F2}] = 0.7\sigma_{Flim2} = 0.7 \times 210$MPa $= 147$MPa

由图 7-34c 中碳钢调质或正火图线

240HBW 查得 $\qquad\qquad\qquad \sigma_{Hlim1} = 590$MPa

200HBW 查得 $\qquad\qquad\qquad \sigma_{Hlim2} = 550$MPa

许用接触应力 $\qquad [\sigma_{H1}] = 0.9\sigma_{Hlim1} = 0.9 \times 590$MPa $= 531$MPa

$\qquad\qquad\qquad\qquad [\sigma_{H2}] = 0.9\sigma_{Hlim2} = 0.9 \times 550$MPa $= 495$MPa

2）按齿面接触强度设计计算

对钢制、软齿面闭式传动应按齿面接触疲劳强度设计公式（7-16）计算小齿轮直径 d_1。

由表 7-12 查得　电动机驱动，中等冲击载荷，取 $K = 1.5$

由表 7-13 查得 $\psi_d = 1$；$[\sigma_H]$ 取较小的 $[\sigma_{H2}] = 495$MPa 代入

小齿轮所受转矩 $T_1 = 9.55 \times 10^6 \dfrac{P_1}{n_1} = 9.55 \times 10^6 \dfrac{10}{400}$N·mm $= 2.387 \times 10^5$N·mm

$$d_1 \geqslant \sqrt[3]{\left(\frac{671}{[\sigma_H]}\right)^2 \frac{KT_1}{\psi_d} \frac{i+1}{i}} = \sqrt[3]{\left(\frac{671}{495}\right)^2 \frac{1.5 \times 238700}{1} \frac{3.5+1}{3.5}} \text{mm} \approx 94.57 \text{mm}$$

3）确定齿轮的参数，计算主要尺寸

①选齿数

取 $z_1 = 27$，$z_2 = iz_1 = 27 \times 3.5 = 94.5$，取 $z_2 = 95$

②确定模数

$m = d_1/z_1 = 94.57\text{mm}/27 = 3.5\text{mm}$，由表 7-3，取模数 $m = 4\text{mm}$

③确定中心距

$$a_0 = \frac{m}{2}(z_1 + z_2) = \frac{4}{2}(27 + 95)\text{mm} = 244\text{mm}$$

④计算传动的主要尺寸

$b = \psi_d d_1 = 94.57\text{mm}$，取 $b_2 = 95\text{mm}$

$b_1 = b_2 + (5 \sim 10) = 100 \sim 105\text{mm}$，取 $b_1 = 100\text{mm}$

$d_1 = 27 \times 4\text{mm} = 108\text{mm}$

$d_2 = 95 \times 4\text{mm} = 380\text{mm}$

$d_{a1} = m(z_1 + 2h_a^*) = 4\text{mm} \times (27 + 2) = 116\text{mm}$

$d_{a2} = m(z_2 + 2h_a^*) = 4\text{mm} \times (95 + 2) = 388\text{mm}$

其他尺寸略。

4）校核齿根弯曲疲劳强度

由图 7-32，$z_1 = 27$，$z_2 = 95$，查得复合齿形系数 $Y_{FS1} = 4.16$，$Y_{FS2} = 3.96$，由式（7-13）得

$$\sigma_{F1} = \frac{2KT_1 Y_{FS1}}{d_1 bm} = \frac{2 \times 1.5 \times 238700 \times 4.16}{108 \times 95 \times 4}\text{MPa} \approx 72.59\text{MPa} < [\sigma_{F1}]$$

$$\sigma_{F2} = \sigma_{F1} \frac{Y_{FS2}}{Y_{FS1}} = 72.59 \times \frac{3.96}{4.16}\text{MPa} = 69.1\text{MPa} < [\sigma_{F2}]$$

$\sigma_{F1} < [\sigma_{F1}]$，$\sigma_{F2} < [\sigma_{F2}]$，故齿根弯曲疲劳强度满足要求。

5）确定检测尺寸

检测尺寸选公法线长度

$z_1 = 27$，$z_2 = 95$，由表 7-5 查得 $K_1 = 4$，$W_1^* = 10.711$，$K_2 = 11$，$W_2^* = 32.328$

公法线长度　　　　$W_1 = mW_1^* = 4\text{mm} \times 10.711 = 42.844\text{mm}$

$$W_2 = mW_2^* = 4\text{mm} \times 32.328 = 129.312\text{mm}$$

6）确定齿轮精度

齿轮圆周速度

$$V = \frac{\pi d_1 n_1}{60 \times 1000} = \frac{3.14 \times 108 \times 400}{60000}\text{m/s} = 2.26\text{m/s}$$

确定精度等级：由表 7-8，并根据减速器要求，确定齿轮三个公差组的精度等级均为 8级。

7）齿轮结构设计

图 7-35 所示为大齿轮工作图。

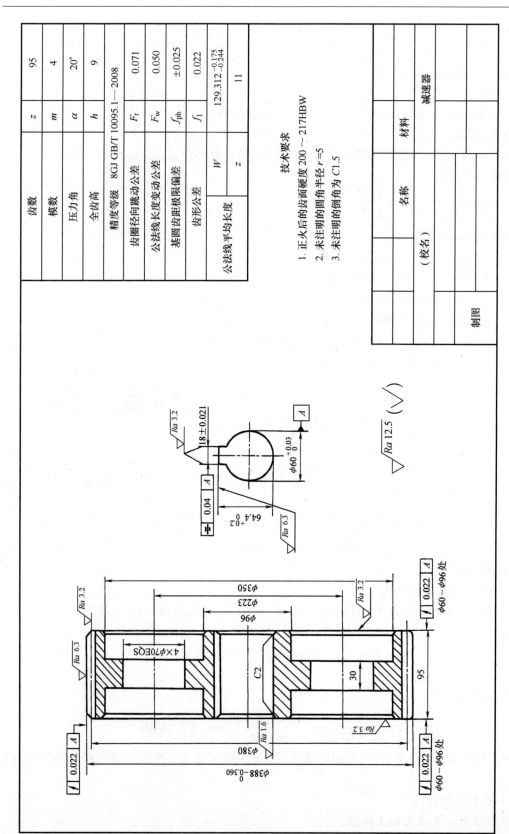

图 7-35　圆柱齿轮零件工作图

7.10　斜齿圆柱齿轮传动

7.10.1　斜齿圆柱齿轮齿廓的形成及啮合

前面研究的渐开线齿形实际上只是直齿圆柱齿轮端面的齿形，其实际齿廓是这样形成的：如图 7-36a 所示，当与基圆柱相切的发生面 S 绕基圆柱作纯滚动时，发生面上一条与基圆柱母线 CC 平行的直线 BB 的轨迹为一渐开线曲面（因为 BB 上任一点的轨迹均为一条渐开线），对称的两反向渐开线曲面即构成了直齿圆柱齿轮的一个齿廓。

斜齿轮齿廓曲面的形成与此相仿，只是直线 BB 不与母线 CC 平行，而与它成一交角 β_b（图 7-37a）。当发生面 S 绕基圆柱作纯滚动时，直线 BB 就展出一螺旋形的渐开螺旋面，即为斜齿轮齿廓曲面。β_b 称为基圆柱上的螺旋角。

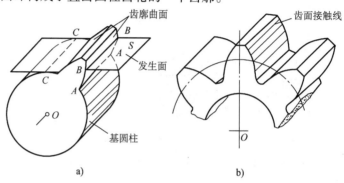

图 7-36　直齿圆柱齿轮
a）齿廓曲面的形成　b）接触线

由齿廓曲面的形成可知，直齿圆柱齿轮在啮合过程中，每一瞬时都是直线接触，接触线均为平行于轴线的直线（图 7-36），因此在啮合开始或终了的瞬时，一对轮齿突然地沿整个齿宽同时开始啮合或同时脱离啮合，从而使轮齿上所受的力具有突变性，故传动的平稳性较差。

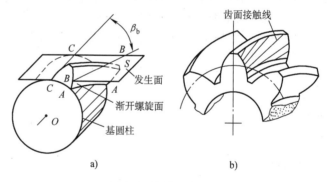

图 7-37　斜齿圆柱齿轮
a）齿廓曲面的形成　b）接触线

由斜齿轮齿廓曲面的形成原理可知，平行轴斜齿轮的一对轮齿在啮合过程中，除去啮合始点和啮合终点外，每一瞬时也是直线接触，但各接触线均不与轴线平行。如图 7-37b 所示，各接触线的长度是变化的，从开始啮合到脱离啮合的过程中，接触线的长度从零逐渐增到最大值，然后由最大值逐渐减小到零，所以斜齿轮上所受的力不具有突变性；由于斜齿轮的螺旋形轮齿使一对轮齿的啮合过程延长、重合度增大，因此斜齿轮较直齿圆柱齿轮传动平稳、承载能力大。

7.10.2　斜齿轮的主要参数和几何尺寸

1. 螺旋角 β

设想将斜齿轮沿其分度圆柱面展开（见图 7-38），这时分度圆柱面与轮齿相贯的螺旋线展开成一条斜直线，它与轴线的夹角为 β，称为斜齿轮分度圆柱上的螺旋角，简称斜齿轮的螺旋角。β 常用来表示斜齿轮轮齿的倾斜程度，一般取 $\beta = 8° \sim 20°$。

斜齿轮按其轮齿的旋向可分为右旋和左旋两种（见图 7-39）。斜齿轮旋向的判别与螺旋相同：面对轴线，若齿轮螺旋线右高左低为右旋；反之则为左旋。

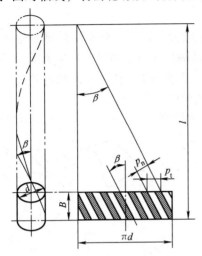

图 7-38　斜齿轮分度圆柱面展开图

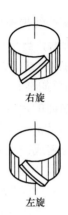

右旋

左旋

图 7-39　斜齿轮的旋向

2. 模数

由于轮齿的倾斜，斜齿轮端面上的齿形（渐开线）和垂直于轮齿方向的法向齿形不同。与齿线垂直的平面称为法面，与轴线垂直的平面称为端面。

端面齿距除以圆周率 π 所得到的商，称为端面模数，用 m_t 表示。

法向齿距除以圆周率 π 所得到的商，称为法向模数，用 m_n 表示。

由图 7-38 可得

$$p_n = p_t \cos\beta \tag{7-17}$$

因为

$$m_n = \frac{p_n}{\pi} \qquad m_t = \frac{p_t}{\pi}$$

所以

$$m_n = m_t \cos\beta \tag{7-18}$$

3. 压力角

以 α_n 和 α_t 分别表示法向和端面压力角，则它们之间有如下关系

$$\tan\alpha_n = \tan\alpha_t \cos\beta \tag{7-19}$$

4. 齿顶高系数和顶隙系数

斜齿轮的齿顶高和齿根高，不论从法向或端面来看都是相同的，因此

$$h_a = h_{an}^* m_n \tag{7-20}$$

$$h_f = (h_{an}^* + c_n^*) m_n \tag{7-21}$$

式中，法向齿顶高系数 $h_{an}^* = 1$；法向顶隙系数 $c_n^* = 0.25$。

斜齿轮的切制是顺着螺旋齿槽方向进给的，因此标准刀具的刃形参数必然与斜齿轮的法向参数相同，即法向参数为标准值。

5. 当量齿数

如图 7-40 所示，过斜齿轮分度圆上一点 P 作齿的法向剖面 n-n，该平面与分度圆柱面的

交线为一椭圆，以椭圆在 P 点的曲率半径 ρ 为分度圆半径，以斜齿轮的法向模数 m_n 为模数，取标准压力角 α_n 作一直齿圆柱齿轮，其齿形最接近于法向齿形，则称这一假想的直齿圆柱齿轮为该斜齿轮的当量齿轮，其齿数为该斜齿轮的当量齿数，用 z_v 表示，故

$$z_v = \frac{z}{\cos^3 \beta} \tag{7-22}$$

式中，z 为斜齿轮的实际齿数。

标准斜齿圆柱齿轮不发生根切的最少齿数 z_{min} 可由其当量齿轮的最少齿数求出

$$z_{min} = z_{vmin}\cos^3\beta = 17\cos^3\beta \tag{7-23}$$

由此可见，斜齿轮不根切的最少齿数小于 17，这是斜齿轮传动的优点之一。

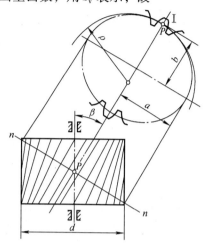

图 7-40　斜齿轮的当量圆柱齿轮

6. 斜齿轮公法线长度、分度圆弦齿厚

斜齿轮的检测尺寸公法线长度或分度圆弦齿厚一律在法向测量，称为法向公法线长度或法向分度圆弦齿厚，分别用 W_n、$\overline{s}_n$ 表示。

对于正常齿制标准斜齿轮，法向公法线长度计算公式为

$$W_n = m_n \left[2.9521(K - 0.5) + 0.014z' \right] \tag{7-24}$$

跨齿数为

$$K = \frac{z'}{9} + 0.5 \tag{7-25}$$

式中　z'——假想齿数，$z' = z\dfrac{\text{inv}\alpha_t}{\text{inv}20°}$。$\dfrac{\text{inv}\alpha_t}{\text{inv}20°}$ 值见表 7-15。

表 7-15　$\dfrac{\text{inv}\alpha_t}{\text{inv}20°}$ 值

β	$\dfrac{\text{inv}\alpha_t}{\text{inv}20°}$	β	$\dfrac{\text{inv}\alpha_t}{\text{inv}20°}$	β	$\dfrac{\text{inv}\alpha_t}{\text{inv}20°}$	β	$\dfrac{\text{inv}\alpha_t}{\text{inv}20°}$
8°	1.0283	13°	1.0768	18°	1.1536	23°	1.2657
8°20′	1.0309	13°20′	1.0810	18°20′	1.1598	23°20′	1.2746
8°40′	1.0333	13°40′	1.0853	18°40′	1.1665	23°40′	1.2838
9°	1.0359	14°	1.0896	19°	1.1730	24°	1.2931
9°20′	1.0388	14°20′	1.0943	19°20′	1.1797	24°20′	1.3029
9°40′	1.0415	14°40′	1.0991	19°40′	1.1866	24°40′	1.3128
10°	1.0446	15°	1.1039	20°	1.1936	25°	1.3227
10°20′	1.0477	15°20′	1.1083	20°20′	1.2010	25°20′	1.3327
10°40′	1.0508	15°40′	1.1139	20°40′	1.2084	25°40′	1.3433
11°	1.0543	16°	1.1192	21°	1.2160	26°	1.3541
11°20′	1.0577	16°20′	1.1244	21°20′	1.2239	26°20′	1.3652
11°40′	1.0618	16°40′	1.1300	21°40′	1.2319	26°40′	1.3765
12°	1.0652	17°	1.1358	22°	1.2401	27°	1.3878
12°20′	1.0688	17°20′	1.1415	22°20′	1.2485	27°20′	1.3996
12°40′	1.0728	17′40°	1.1475	22°40′	1.2570	27°40′	1.4116

假想齿数是计算法向公法线长度用的，并非实际齿数，其值只有数字意义。它不但不能取整，而且要取到 3 位小数，以保证法向公法线长度 W_n 值的精确度。

在测量法向公法线长度时，若齿宽 $b <$ $W_n \sin\beta_b$（$\approx W_n \sin\beta$），则卡尺的卡脚会跨到轮齿之外，如图 7-41 所示。此时，只能测量法向分度圆弦齿厚 $\overline{s}_n$ 和法向分度圆弦齿高 $\overline{h}_{an}$，其计算公式如下

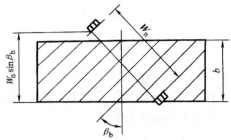

$$\overline{s}_n = m_n z_v \sin\frac{90°}{z_v} \tag{7-26}$$

$$\overline{h}_{an} = m_n \left[1 + \frac{z_v}{2}\left(1 - \cos\frac{90°}{z_v} \right) \right] \tag{7-27}$$

图 7-41 斜齿轮可测量公法线
长度的最小齿宽

有了上述关系后，就可以根据直齿圆柱齿轮的几何尺寸计算方法，推导出斜齿圆柱齿轮的几何尺寸计算公式，见表 7-16。

表 7-16　斜齿圆柱齿轮主要几何尺寸计算公式（$\alpha_n = 20°$，$h_{an}^* = 1$，$c_n^* = 0.25$）

名　称	符　号	计　算　公　式
模数	m_n	根据强度计算或结构要求确定，按表 7-3 取标准值
压力角	α_n	取标准值，$\alpha_n = 20°$
螺旋角	β	通常取 $\beta = 8° \sim 20°$
齿顶高系数	h_{an}^*	取标准值，正常齿 $h_{an}^* = 1$
顶隙系数	c_n^*	取标准值，正常齿 $c_n^* = 0.25$
齿顶高	h_a	$h_a = h_{an}^* m_n = m_n$
齿根高	h_f	$h_f = (h_{an}^* + c_n^*) m_n = 1.25 m_n$
齿高	h	$h = h_a + h_f = (2h_{an}^* + c_n^*) m_n = 2.25 m_n$
分度圆直径	d	$d = m_t z = m_n \dfrac{z}{\cos\beta}$
齿顶圆直径	d_a	$d_a = d + 2h_a = m_n \left(\dfrac{z}{\cos\beta} + 2 \right)$
齿根圆直径	d_f	$d_f = d - 2h_f = m_n \left(\dfrac{z}{\cos\beta} - 2.5 \right)$
中心距	a	$a = \dfrac{m_n}{2\cos\beta}(z_1 + z_2)$
公法线长度	W_n	$W_n = m_n [2.9521(K - 0.5) + 0.014z']$
法向分度圆弦齿厚	$\overline{s}_n$	$\overline{s}_n = m_n z_v \sin\dfrac{90°}{z_v}$
法向分度圆弦齿高	$\overline{h}_{an}$	$\overline{h}_{an} = m_n \left[1 + \dfrac{z_v}{2}\left(1 - \cos\dfrac{90°}{z_v} \right) \right]$

7.10.3　斜齿轮正确啮合条件

斜齿圆柱齿轮传动，相当于其端面上一对直齿圆柱齿轮传动。因此，一对外啮合斜齿圆柱齿轮的正确啮合条件是：两齿轮的端面模数和端面压力角分别相等，且两齿轮的螺旋角大小相等，旋向相反。因端面参数不是标准值，故正确啮合的常用条件为

$$
\left. \begin{aligned}
m_{n1} &= m_{n2} = m_n \\
\alpha_{n1} &= \alpha_{n2} = \alpha_n \\
\beta_1 &= -\beta_2
\end{aligned} \right\} \tag{7-28}
$$

式中 " $-$ " 表示旋向相反。

7.10.4　斜齿圆柱齿轮传动的强度计算

1. 受力分析

图 7-42 所示为斜齿圆柱齿轮传动的受力情况，若不计摩擦力，按分度圆上受力进行计算，以主动小齿轮为研究对象，作用于齿宽中点处的法向力 F_n 垂直于齿面。为了便于分析计算，把 F_n 分解为互相垂直的三个分力

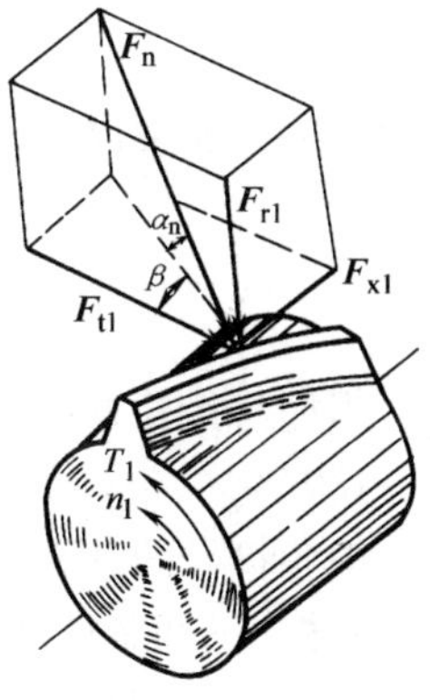

圆周力　　　　　　$F_{t1} = \dfrac{2T_1}{d_1}$

径向力　　　　　　$F_{r1} = F_{t1}\tan\alpha_n / \cos\beta$ 　　　(7-29)

轴向力　　　　　　$F_{x1} = F_{t1}\tan\beta$

式中　T_1——主动轮所受的转矩（N·mm）；

　　　d_1——主动轮分度圆直径（mm）；

　　　α_n——法向压力角，$\alpha_n = 20°$；

　　　β——螺旋角。

图 7-42　斜齿圆柱齿轮受力分析

根据作用与反作用定律可知，两轮所受法向力 F_n 及其分力圆周力 F_t、径向力 F_r、轴向力 F_x 大小分别相等，方向分别相反。主动轮和从动轮所受的圆周力、径向力的方向，与直齿圆柱齿轮传动情况相同。其所受轴向力的方向决定于轮齿螺旋线方向和齿轮的转向，可用下面方法确定：

根据主动轮轮齿螺旋线方向对应用左手或右手，主动轮的转向对应四指弯曲方向，则大拇指所指方向即为主动轮所受轴向力的方向，如图 7-43 所示。

2. 齿根弯曲疲劳强度计算

斜齿圆柱齿轮的齿根弯曲强度，按其法向上的当量直齿圆柱齿轮计算。对于一对钢制的标准斜齿轮传动，其简化弯曲强度校核公式为

图 7-43　斜齿圆柱齿轮轴向力方向判定

$$
\sigma_F = \frac{1.6KT_1 Y_{FS}}{d_1 m_n b} = \frac{1.6KT_1 Y_{ES}\cos\beta}{b m_n^2 z_1} \leqslant [\sigma_F] \tag{7-30}
$$

式中　m_n——法向模数（mm）；

Y_{FS}——复合齿形系数，应根据当量齿数 z_v（$= z/\cos^3\beta$）由图 7-32 查取；

$[\sigma_F]$——许用弯曲应力，与直齿圆柱齿轮传动的计算方法相同。

由于配对大、小齿轮的复合齿形系数 Y_{FS} 和许用弯曲应力不同，因此应分别进行校核。简化弯曲强度设计公式为

$$m_n \geqslant \sqrt[3]{\frac{1.6KT_1 Y_{FS}\cos^2\beta}{\psi_d z_1^2 [\sigma_F]}} \tag{7-31}$$

式（7-30）和式（7-31）中其余各符号的意义，单位和确定方法与直齿圆柱齿轮传动相同。

3. 齿面接触疲劳强度计算

斜齿轮的齿面接触疲劳强度计算与直齿轮基本相似。对于一对钢制齿轮，其简化接触强度校核公式为

$$\sigma_H = 590\sqrt{\frac{KT_1}{bd_1^2}\frac{i \pm 1}{i}} \leqslant [\sigma_H] \tag{7-32}$$

简化接触强度设计公式则为

$$d_1 \geqslant \sqrt[3]{\left(\frac{590}{[\sigma_H]}\right)^2 \frac{KT_1}{\psi_d}\frac{i \pm 1}{i}} \tag{7-33}$$

式中，当配对齿轮材料不是钢对钢时，常数 590 可根据配对材料系数 Z_E（表 7-14）修正为 $590 Z_E / 189.8$。

式中各符号的意义，单位和确定方法与直齿圆柱齿轮传动相同。

例 7-5 已知条件同例 7-4，现要求结构紧凑，试设计一斜齿圆柱齿轮传动。

解 1）选择材料，确定许用应力

因要求结构紧凑，故采用硬齿面。由表 7-11，小齿轮选用 20CrMnTi，渗碳淬火，59HRC；大齿轮选用 45 钢，表面淬火，48HRC。

由图 7-33d 中合金钢渗碳淬火图线，59HRC，$\sigma_{Flim1} = 430MPa$；调质钢火焰或感应淬火图线，48HRC，$\sigma_{Flim2} = 350MPa$。

许用弯曲应力 $[\sigma_F]_1 = 0.7\sigma_{Flim1} = 0.7 \times 430MPa = 301MPa$

$[\sigma_F]_2 = 0.7\sigma_{Flim2} = 0.7 \times 350MPa = 245MPa$

由图 7-34d 中合金钢渗碳淬火图线，59HRC，$\sigma_{Hlim1} = 1500MPa$；调质钢火焰或感应淬火图线，48HRC，$\sigma_{Hlim2} = 1150MPa$。

许用接触应力 $[\sigma_H]_1 = 0.9\sigma_{Hlim1} = 0.9 \times 1500MPa = 1350MPa$

$[\sigma_H]_2 = 0.9\sigma_{Hlim2} = 0.9 \times 1150MPa = 1035MPa$

2）按齿根弯曲强度设计公式（7-31）初估模数

选螺旋角 $\beta = 15°$，取 $z_1 = 20$，$z_2 = iz_1 = 3.5 \times 20 = 70$

确定载荷系数 K 和齿宽系数 ψ_d

由表 7-12，斜齿轮，取 $K = 1.4$，由表 7-13，非对称布置，硬齿面取 $\psi_d = 0.6$，确定 $\dfrac{Y_{FS}}{[\sigma_F]}$，当量齿数 $z_{v1} = \dfrac{z_1}{\cos^3\beta} = \dfrac{20}{\cos^3 15°} \approx 22$；$z_{v2} = \dfrac{z_2}{\cos^3\beta} = \dfrac{70}{\cos^3 15°} \approx 78$ 由图 7-32 查得 $Y_{FS1} = $

4.30，$Y_{\text{FS2}} = 3.98$

$$\frac{Y_{\text{FS1}}}{[\sigma_{\text{F1}}]} = \frac{4.30}{301} = 0.0143 \; ; \quad \frac{Y_{\text{FS2}}}{[\sigma_{\text{F2}}]} = \frac{3.98}{245} = 0.0162，选其中较大值。$$

$$m_{\text{n}} \geqslant \sqrt[3]{\frac{1.6 K T_1 Y_{\text{FS}} \cos^2\beta}{\psi_{\text{d}} z_1^2 [\sigma_{\text{F}}]}} = \sqrt[3]{\frac{1.6 \times 1.4 \times 238700 \times \cos^2 15° \times 0.0167}{0.6 \times 20^2}} \text{mm} \approx 3.19\text{mm}$$

由表 7-3 取 $m_{\text{n}} = 3.5\text{mm}$

3）确定参数计算主要尺寸

中心距

$$a = \frac{m_{\text{n}}}{2\cos\beta}(z_1 + z_2) = \frac{3.5}{2\cos 15°}(20 + 70)\text{mm} = 163.056\text{mm}$$

取 $a = 160\text{mm}$。

求螺旋角

$$\cos\beta = \frac{m_{\text{n}}}{2a}(z_1 + z_2) = \frac{3.5}{2 \times 160}(20 + 70) = 0.9844$$

$$\beta = 10°8'30''$$

由表 7-16，得

分度圆直径

$$d_1 = m_{\text{t}} z_1 = m_{\text{n}} \frac{z_1}{\cos\beta} = 3.5\text{mm} \times \frac{20}{\cos 10°8'30''} = 71.12\text{mm}$$

$$d_2 = m_{\text{t}} z_2 = m_{\text{n}} \frac{z_2}{\cos\beta} = 3.5\text{mm} \times \frac{70}{\cos 10°8'30''} = 248.88\text{mm}$$

齿顶圆直径

$$d_{\text{a1}} = m_{\text{n}}\left(\frac{z_1}{\cos\beta} + 2h_{\text{an}}^*\right) = 3.5\text{mm} \times \left(\frac{20}{\cos 10°8'30''} + 2\right) = 78.11\text{mm}$$

$$d_{\text{a2}} = m_{\text{n}}\left(\frac{z_2}{\cos\beta} + 2h_{\text{an}}^*\right) = 3.5\text{mm} \times \left(\frac{70}{\cos 10°8'30''} + 2\right) = 255.88\text{mm}$$

齿根圆直径

$$d_{\text{f1}} = m_{\text{n}}\left(\frac{z_1}{\cos\beta} - 2h_{\text{an}}^* - 2c_{\text{n}}^*\right) = 3.5\text{mm} \times \left(\frac{20}{\cos 10°8'30''} - 2.5\right) = 62.36\text{mm}$$

$$d_{\text{f2}} = m_{\text{n}}\left(\frac{z_2}{\cos\beta} - 2h_{\text{an}}^* - 2c_{\text{n}}^*\right) = 3.5\text{mm} \times \left(\frac{70}{\cos 10°8'30''} - 2.5\right) = 240.13\text{mm}$$

齿宽

$$b = \psi_{\text{d}} d_1 = 0.6 \times 71.11\text{mm} = 42.66\text{mm}，取 b_2 = 45\text{mm}$$

$$b_1 = b_2 + (5 \sim 10)\text{mm} = 50 \sim 55\text{mm}，取 b_1 = 50\text{mm}$$

其他几何尺寸略。

4）校核齿面接触疲劳强度

由式(7-32)，齿面接触应力

$$\sigma_{\text{H}} = 590\sqrt{\frac{K T_1}{b d_1^2} \cdot \frac{i+1}{i}} = 590\sqrt{\frac{1.4 \times 238700 \times (3.5+1)}{45 \times 71.11^2 \times 3.5}}\text{MPa} = 810.73\text{MPa}$$

$[\sigma_H]_1 > [\sigma_H]_2$，取 $[\sigma_H] = [\sigma_H]_2 = 1035\text{MPa}$，$\sigma_H < [\sigma_H]$，齿面接触疲劳强度满足要求。

5）确定检测尺寸

先选择法向公法线长度作为检测尺寸。由表 7-15，$\beta = 10°8'30''$，查得 $\text{inv}\alpha_t/\text{inv}20° = 1.0459$（插值法），假想齿数

$$z_1' = z_1 \frac{\text{inv}\alpha_t}{\text{inv}20°} = 20 \times 1.0459 = 20.918$$

$$z_2' = z_2 \frac{\text{inv}\alpha_t}{\text{inv}20°} = 70 \times 1.0459 = 73.213$$

跨齿数

$$K_1 = \frac{z_1'}{9} + 0.5 = \frac{20.918}{9} + 0.5 = 2.8，取 K_1 = 3$$

$$K_2 = \frac{z_2'}{9} + 0.5 = \frac{73.213}{9} + 0.5 = 8.6，取 K_2 = 9$$

法向公法线长度

$$W_{n1} = m_n[2.9521(K_1 - 0.5) + 0.014z_1'] = 3.5 \times [2.9521 \times (3 - 0.5) + 0.014 \times 20.918]\text{mm}$$

$$= 26.856\text{mm}$$

$$W_{n2} = m_n[2.9521(K_2 - 0.5) + 0.014z_2'] = 3.5 \times [2.9521 \times (9 - 0.5) + 0.014 \times 73.213]\text{mm}$$

$$= 91.412\text{mm}$$

参见图 7-41，由 $W_{n2}\sin\beta = 91.412 \times \sin10°8'30'' = 16.09\text{mm}$，$b_2 > W_{n2}\sin\beta$；由此不难推得，$b_1 > W_{n1}\sin\beta$，因而可以测量法向公法线长度。

6）确定齿轮精度方法同直齿圆柱齿轮，略。

7.11　圆柱齿轮的结构设计和齿轮传动的维护

7.11.1　圆柱齿轮的结构

根据强度条件和传动比要求可以确定齿轮的模数、齿数等基本参数，并计算出齿轮传动的主要尺寸。在确定齿轮尺寸的基础上，考虑材料、制造工艺等因素，确定齿轮的结构形状及尺寸是齿轮设计的任务之一。齿轮的结构形式一般根据齿顶圆直径大小选定。结构尺寸一般根据强度及工艺要求，由经验公式确定。

1. 齿轮轴

对于直径较小的钢制齿轮，当齿槽底到键槽顶的距离 $\delta < 2.5\text{mm}$ 或直径与相配轴直径相差很小的钢制齿轮，或可将齿轮与轴制成一体，称为齿轮轴，如图 7-44 所示。

2. 实心式齿轮

对于齿顶圆直径 $d_a \leqslant 200\text{mm}$ 的中、小尺寸的钢制齿轮，一般常采用锻造毛坯的实心式结构。圆柱齿轮如图 7-45 所示。

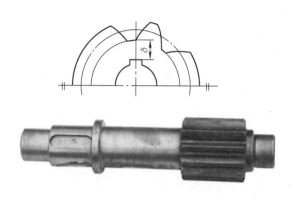

图 7-44　齿轮轴

图 7-45　实心式圆柱齿轮

3. 腹板式圆柱齿轮

当齿轮顶圆直径 $d_a \leq 500 \text{mm}$ 时，一般用锻造方法做成腹板结构齿轮，如图 7-46 所示。有些不重要的铸造齿轮也可以做成腹板结构。有关结构尺寸可以参考图中经验公式确定。

4. 轮辐式圆柱齿轮

当齿顶圆直径 $d_a > 500 \text{mm}$ 时，齿轮毛坯因受锻压设备限制而常用铸造方法，做成轮辐结构，如图 7-47 所示。根据不同强度要求，可用铸钢或铸铁。有关结构尺寸参考图中经验公式确定。

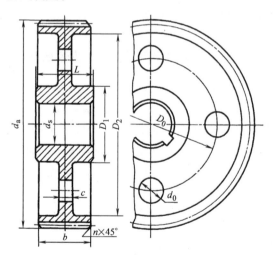

图 7-46　腹板式圆柱齿轮

$D_1 = 1.6 d_s$，$D_2 = d_a - 10m$，$D_0 = 0.5 (D_1 + D_2)$，

$c = 0.3b$，$n = 0.5m$，$d_0 = 0.25 (D_2 - D_1)$，

$L = (1.2 \sim 1.5) d_s$

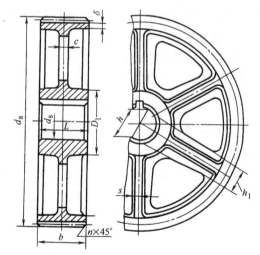

图 7-47　轮辐式圆柱齿轮

$D_1 = (1.6 \sim 1.8) d_a$，$\delta = 5m$，$h = 0.8 d_s$，

$c = 0.2h$，$n = 0.5m$，$h_1 = 0.8h$，

$L = (1.2 \sim 1.5) d_a$，$s = h/6 \ (\geq 10 \text{mm})$

7.11.2　齿轮传动的维护

正确维护是保证齿轮传动正常工作、延长齿轮使用寿命的必要条件。日常维护工作主要有以下内容：

1. 安装与磨合

齿轮、轴承、键等零件安装在轴上，注意固定和定位都应符合技术要求。使用一对新齿轮，先作磨合运转，即在空载及逐步加载的方式下，运转十几小时至几十小时，然后清洗箱体，更换新油，才能使用。

2. 检查齿面接触情况

采用涂色法检查，若色迹处于齿宽中部，且接触面积较大，如图 7-48a 所示，说明装配良好。若接触面积过小或接触部位不合理，如图 7-48b，c，d 所示，则都会使载荷分布不均。通常可通过调整轴承座位置以及修理齿面等方法解决。

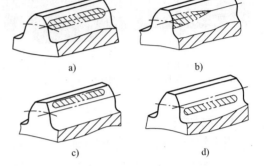

3. 保证正常润滑

按规定润滑方式，定时、定质、定量加润滑油。对自动润滑方式，注意油路是否畅通，润滑机构是否灵活。

4. 监控运转状态

通过看、摸、听，监视有无超常温度、异常响声、振动等不正常现象。发现异常现象，应及时检查加以解决，禁止其"带病工作"。对

图 7-48　圆柱齿轮齿面接触情况
a) 正确安装　b) 轴线倾斜
c) 中心距偏大　d) 中心距偏小

高速、重载或重要场合的齿轮传动，可采用自动监测装置，对齿轮运行状态的信息搜集处理、故障诊断及报警等，实现自动控制，确保齿轮传动的安全、可靠。

5. 装防护罩

对于开式齿轮传动，应装防护罩，以防止灰尘、切屑等杂物侵入齿面，减少齿面磨损，同时也保护操作人员的人身安全。

实例分析

实例一　某机器上有一对标准直齿圆柱齿轮机构，已知基本参数为 $z_1 = 20$，$z_2 = 40$，$m = 4\text{mm}$，$\alpha = 20°$，$h_a^* = 1$。为提高齿轮机构传动的平稳性，要求在传动比 i_{12} 和模数 m 都不变的前提下，把标准直齿圆柱齿轮机构改换为斜齿圆柱齿轮机构，试计算这对斜齿轮的 z_1、z_2、β 及分度圆直径 d_1、d_2、齿顶圆直径 d_{a1}、d_{a2} 和齿根圆 d_{f1}、d_{f2}。

解　标准直齿圆柱齿轮机构的中心距为

$$a = \frac{m}{2}(z_1 + z_2) = \frac{4}{2}(20 + 40)\,\text{mm} = 120\text{mm}$$

改换成标准斜齿圆柱齿轮机构后，中心距 a、传动比 i_{12} 和模数 m 都保持不变，则螺旋角 β 为

$$\beta = \arccos\frac{m_n(z_1 + z_2)}{2a}$$

齿数必须是整数，且 z_1 应小于 20，则这对斜齿轮的齿数有下列各组可供选择：

$$z_1 = 19、18、17\cdots\cdots$$
$$z_2 = 38、36、34\cdots\cdots$$

第一组：$z_1 = 19$，$z_2 = 38$，其螺旋角 β 为

$$\beta = \arccos \frac{m_n (z_1 + z_2)}{2a} = \arccos \frac{4(19+38)}{2 \times 120} = 18°11'42''$$

第二组：$z_1 = 18$，$z_2 = 36$，其螺旋角 β 为

$$\beta = \arccos \frac{m_n (z_1 + z_2)}{2a} = \arccos \frac{4(18+36)}{2 \times 120} = 25°50'31''$$

第三组：$z_1 = 17$，$z_2 = 34$，其螺旋角 β 为

$$\beta = \arccos \frac{m_n (z_1 + z_2)}{2a} = \arccos \frac{4(17+34)}{2 \times 120} = 31°47'18''$$

β 角太小将失去斜齿轮的优点，但太大将引起很大的轴向力，所以选取第一组参数比较合适。取 $z_1 = 19$，$z_2 = 38$，$\beta = 18°11'42''$，则

$$d_1 = m_n z_1 / \cos \beta = 4 \times 19 / \cos 18°11'42'' \, \text{mm} = 80.00 \, \text{mm}$$

$$d_1 = m_n z_2 / \cos \beta = 4 \times 38 / \cos 18°11'42'' \, \text{mm} = 160.00 \, \text{mm}$$

$$d_{a1} = d_1 + 2h_a^* m_n = (80.00 + 2 \times 1 \times 4) \, \text{mm} = 88.00 \, \text{mm}$$

$$d_{a2} = d_2 + 2h_a^* m_n = (160.00 + 2 \times 1 \times 4) \, \text{mm} = 168.00 \, \text{mm}$$

$$d_{f1} = d_1 - 2(h_a^* + c^*) m_n = [80.00 - 2(1 + 0.25) \times 4] \, \text{mm} = 70.00 \, \text{mm}$$

$$d_{f2} = d_2 - 2(h_a^* + c^*) m_n = [160.00 - 2(1 + 0.25) \times 4] \, \text{mm} = 150.00 \, \text{mm}$$

知识小结

1. 概述

　齿轮传动的特点——瞬时传动比不变，适用的圆周速度及传递功率的范围较大，效率高，寿命长

　齿轮传动的类型

　　直齿外齿轮传动、直齿内齿轮传动

　　齿轮齿条传动、斜齿轮传动

　　人字形齿轮传动、直齿锥齿轮传动

　　曲线齿锥齿轮传动、交错轴斜齿轮传动

　　蜗杆传动

　渐开线齿轮传动比——$i_{12} = \dfrac{\omega_1}{\omega_2} = \dfrac{r_{b2}}{r_{b1}} = \dfrac{z_2}{z_1}$

2. 渐开线圆柱齿轮的主要参数

　齿轮各部分名称

　　齿顶圆、齿根圆、分度圆

　　基圆、齿顶高、齿根高

　　全齿高、齿厚、齿槽宽

　　齿距、齿宽

　主要参数

　　齿数

　　模数

　　压力角

　　齿顶高系数

　　齿根高系数

3. 渐开线圆柱齿轮正确啮合条件 $\begin{cases} m_1 = m_2 = m \\ \alpha_1 = \alpha_2 = 20° \end{cases}$

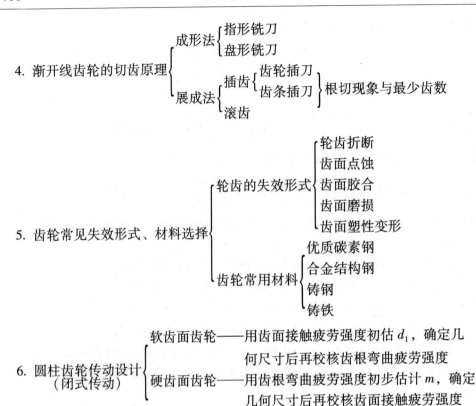

4. 渐开线齿轮的切齿原理 {
　成形法 {
　　指形铣刀
　　盘形铣刀
　}
　展成法 {
　　插齿 {
　　　齿轮插刀
　　　齿条插刀
　　} 根切现象与最少齿数
　　滚齿
　}
}

5. 齿轮常见失效形式、材料选择 {
　轮齿的失效形式 {
　　轮齿折断
　　齿面点蚀
　　齿面胶合
　　齿面磨损
　　齿面塑性变形
　}
　齿轮常用材料 {
　　优质碳素钢
　　合金结构钢
　　铸钢
　　铸铁
　}
}

6. 圆柱齿轮传动设计（闭式传动） {
　软齿面齿轮——用齿面接触疲劳强度初估 d_1，确定几何尺寸后再校核齿根弯曲疲劳强度
　硬齿面齿轮——用齿根弯曲疲劳强度初步估计 m，确定几何尺寸后再校核齿面接触疲劳强度
}

7. 斜齿圆柱齿轮传动 {
　斜齿圆柱齿轮的形成
　主要参数及尺寸
　斜齿轮正确啮合条件
　强度计算
}

8. 圆柱齿轮结构 {
　齿轮轴
　实心式齿轮
　腹板式齿轮
　轮辐式齿轮
}

9. 齿轮传动的维护 {
　安装与磨合
　检查齿面接触情况
　保证轴承润滑
　监控运转状态
　装防护罩
}

习 题

一、判断题（认为正确的，在括号内画√，反之画×）

1. 渐开线形状取决于基圆的大小。　　　　　　　　　　　　　　　　　　　（　　）

2. 根据渐开线齿廓啮合特性，齿轮传动的实际中心距任意变动不影响瞬时传动比恒定。　（　　）

3. 两个压力角相同，而模数和齿数均不相同的正常齿标准直齿圆柱齿轮，其中轮齿大的齿轮模数较

大。 （ ）

4. 齿轮的分度圆和节圆是齿顶圆与齿根圆中间的标准圆。 （ ）

5. 直齿圆柱齿轮上，可以直接测量直径的有齿顶圆和齿根圆。 （ ）

6. 渐开线齿轮上，基圆直径一定比齿根圆直径小。 （ ）

7. 一对直齿圆柱齿轮正确啮合的条件是：两轮齿的大小、形状都相同。 （ ）

8. 按标准中心距安装的一对标准直齿圆柱齿轮，其齿数和较多时，传动平稳性较好。 （ ）

9. 测量公法线长度，跨齿数必须按公式计算确定，并圆整为整数，否则，测量的结果不正确。（ ）

10. 计算标准直齿圆柱齿轮的公法线长度时，直接把跨齿数公式（7-8）代入式（7-7），则计算更为简便。 （ ）

11. 齿数少于17的直齿圆柱齿轮，不论在什么条件下切齿加工，齿轮都发生根切。 （ ）

12. 为使大、小齿轮的寿命接近，常使小齿轮齿面硬度比大齿轮齿面硬度高出30～50HBW。 （ ）

13. 圆柱齿轮精度等级，主要根据其承受载荷的大小确定。 （ ）

14. 一对直齿圆柱齿轮传动，当两轮材料与热处理方法相同时，两轮的齿面接触疲劳强度一定相同。 （ ）

15. 一对直齿圆柱齿轮传动，当两轮材料与热处理方法相同时，两轮的齿根弯曲疲劳强度一定相同。 （ ）

16. 为防止出现疲劳点蚀，可采用增大齿轮直径和提高齿面硬度等方法。 （ ）

17. 斜齿圆柱齿轮的标准模数和压力角在法面上。 （ ）

18. 斜齿圆柱齿轮传动的性能和承载能力都比直齿圆柱齿轮传动的强，因此被广泛用于高速、重载传动中。 （ ）

19. 某齿轮传动发生断齿，判定是设计原因，如齿轮材料和制造工艺不变，最有效的办法是增大模数。 （ ）

20. 圆柱齿轮传动中，齿根弯曲应力的大小与材料及热处理工艺无关，但弯曲疲劳强度的高低却与材料及热处理工艺有关。 （ ）

二、选择题（将正确答案的序号字母填入括号内）

1. 根据渐开线特性，渐开线齿轮的齿廓形状取决于_____的大小。 （ ）

A. 基圆　　　　　　　　　B. 分度圆　　　　　　　　　C. 齿顶圆

2. 当齿轮安装中心距稍有变化时，_____保持原值不变的性质称为可分性。 （ ）

A. 压力角　　　　　　　　B. 传动比　　　　　　　　　C. 啮合角

3. 影响齿轮承载能力大小的主要参数是_____。 （ ）

A. 齿数　　　　　　　　　B. 压力角　　　　　　　　　C. 模数

4. 两个压力角相同，而模数和齿数均不相同的正常齿标准直齿圆柱齿轮，比较它们的模数大小，应看什么尺寸？ （ ）

A. 齿顶圆直径　　　　　　B. 齿高　　　　　　　　　　C. 齿根圆直径

5. 齿轮上具有标准模数和标准压力角的是哪个圆？ （ ）

A. 齿顶圆　　　　　　　　B. 分度圆　　　　　　　　　C. 基圆

6. 压力角 $\alpha = 20°$，齿顶高系数 $h_a^* = 1$ 的直齿圆柱齿轮，其齿数在什么范围，基圆直径比齿根圆直径大？ （ ）

A. $z < 42$　　　　　　　　B. $z \leqslant 42$　　　　　　　　C. $z > 42$

7. 一对外啮合斜齿圆柱齿轮传动，两轮除模数、压力角必须分别相等外，螺旋角应满足什么条件？ （ ）

A. $\beta_1 = \beta_2$　　　　　　　　B. $\beta_1 + \beta_2 = 90°$　　　　　　C. $\beta_1 = -\beta_2$

8. 欲保证一对直齿圆柱齿轮连续传动，其重合度 ε 应满足什么条件？ （ ）

A. $\varepsilon = 0$ B. $0 < \varepsilon < 1$ C. $\varepsilon \geqslant 1$

9. 加工直齿圆柱齿轮轮齿时，一般检测什么尺寸来确定该齿轮是否合格？   （   ）

A. 公法线长度   B. 齿厚   C. 齿根圆直径

10. 在滚齿机上加工标准直齿圆柱齿轮，什么条件下会发生根切？   （   ）

A. $m < m_{min}$ B. $\alpha \neq 20°$ C. $z < z_{min}$

11. 齿面点蚀一般多发生在齿面的什么部位？   （   ）

A. 齿顶处   B. 齿根处   C. 节线附近

12. 中等载荷、低速、开式传动齿轮，一般易发生什么失效形式？   （   ）

A. 齿面疲劳点蚀   B. 齿面磨损   C. 齿面胶合

13. 载重汽车变速器中传动小齿轮，可承受较大冲击载荷，且尺寸受到限制，宜选用什么材料？

     （   ）

A. 20CrMnTi   B. 45   C. HT200

14. 一对圆柱齿轮传动，当两齿轮的材料与热处理方法选定，传动比不变，在主要提高齿面接触疲劳强度，不降低齿根弯曲疲劳强度的条件下，如何调整齿轮参数？   （   ）

A. 增大模数   B. 增大两轮齿数   C. 增大齿数并减小模数

15. 一对圆柱齿轮传动，当两齿轮的材料与热处理方法选定，传动比不变，在主要提高齿根弯曲疲劳强度，基本上不增加结构尺寸的条件下，如何调整齿轮参数？   （   ）

A. 增大模数并减少齿数   B. 增大模数   C. 增加齿数

16. 一对外啮合斜齿圆柱齿轮传动，当主动轮转向改变时，作用在两轮上的哪些分力的方向随之改变？

     （   ）

A. F_t、F_r 和 F_x B. F_t C. F_t 和 F_x

17. 斜齿圆柱齿轮传动强度计算公式中的复合齿形系数，用什么齿数从图7-32中查取？   （   ）

A. 当量齿数 z_v B. 齿数 z C. 假想齿数 z'

18. 斜齿圆柱齿轮传动，两轮轴线之间相对位置如何？   （   ）

A. 平行   B. 相交   C. 交错

19. 斜齿圆柱齿轮的齿数与法面模数不变，若增大分度圆螺旋角，则分度圆直径_____。   （   ）

A. 增大   B. 减少   C. 不变

20. 圆柱齿轮的结构形式一般根据什么选定？   （   ）

A. 齿顶圆直径   B. 模数   C. 齿厚

三、综合题

1. C6150车床主轴箱内有一对标准直齿圆柱齿轮，其模数 $m = 3mm$，齿数 $z_1 = 21$，$z_2 = 66$，压力角 $\alpha = 20°$，正常齿制。试计算两齿轮的主要几何尺寸。

2. 上题中若支承两齿轮的箱体轴承孔中心距恰好等于标准中心距。试确定两轮的节圆直径、啮合角；并作图确定实际啮合线 $B_1 B_2$ 的长度，检查该对齿轮传动的重合度为多少？

3. 用查表法确定第1题中小齿轮的跨齿数和公法线长度，分度圆弦齿厚及弦齿高。

4. 试设计单级直齿圆柱齿轮减速器中的齿轮传动。已知传递功率 $P = 7.5kW$，小齿轮转速 $n_1 = 970r/min$，大齿轮转速 $n_2 = 250r/min$；电动机驱动，工作载荷比较平稳，单向传动，小齿轮齿数已选定，$z_1 = 25$，材料选45钢调质，210HBW，大齿轮材料选45钢正火，180HBW。

5. 试设计一对开式直齿圆柱齿轮传动，已知转速 $n_1 = 970r/min$，传动比 $i = 3$，传递功率 $P = 7.5kW$，电动机驱动，双向运转，载荷中等冲击。要求结构紧凑，小齿轮材料建议采用45钢表面淬火，50HRC。

6. 某闭式标准直齿圆柱齿轮传动，中心距 $\alpha = 150mm$，如果小齿轮材料为40Cr表面淬火，52HRC，大齿轮材料为45钢表面淬火，45HRC，现有两种方案：①$z_1 = 18$，$z_2 = 42$，$m = 5mm$，$b = 80mm$；②$z_1 = 36$，$z_2 = 84$，$m = 2.5mm$，$b = 80mm$，试问：

1）哪种方案齿轮接触疲劳强度较高？

2）哪种方案齿轮弯曲疲劳强度较高？

3）哪种方案齿轮传动较平稳？

4）哪种方案齿坯质量较轻？

5）若用于简易冲床，应采用哪种方案？

7. 已知直齿圆柱齿轮 1 顺时针方向转动，分析并标出图 7-49 所示齿轮 2 所受的圆周力和径向力。

1）当齿轮 1 为主动轮时。

2）当齿轮 2 为主动轮时。

8. 在图 7-50 所示两级斜齿圆柱齿轮减速器中，高速级齿轮模数 $m_{n1} = 3$mm，主动轮为右旋，螺旋角 $\beta_1 = 15°$，低速级齿轮模数 $m_{n3} = 5$mm，$z_2 = 51$，$z_3 = 17$。

1）欲使中间轴上两斜齿轮的轴向力方向相反，低速级齿轮的螺旋角旋向应如何选择？

2）欲使中间轴上两斜齿轮的轴向力互相抵消，试求低速级齿轮的螺旋角大小。

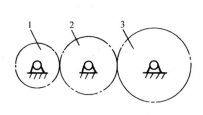

图 7-49　题三-7 图

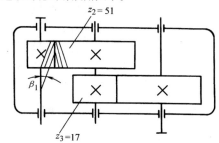

图 7-50　题三-8 图

第8章 其他齿轮传动

教学要求

★ **能力目标**

1）标准直齿锥齿轮、蜗杆传动几何尺寸计算的能力。

2）蜗杆传动的强度计算能力。

★ **知识要素**

1）锥齿轮、蜗轮蜗杆的类型、特点及应用场合。

2）锥齿轮、蜗杆蜗轮的基本参数、几何尺寸计算。

3）标准直齿锥齿轮传动、蜗杆传动的强度计算。

4）锥齿轮及蜗轮蜗杆的结构。

★ **学习重点与难点**

锥齿轮、蜗杆蜗轮的基本参数及几何尺寸计算。

引 言

空间齿轮传动，指的是相啮合的两齿轮轴线不平行的传动，两齿轮的相对运动为空间运动。空间齿轮传动的类型有：两轴线相交的锥齿轮传动，两轴线交错的斜齿轮传动及两轴线垂直交错的蜗杆传动等。本章只介绍直齿锥齿轮传动和蜗杆传动。

图 8-1 所示为由蜗杆传动、直齿锥齿轮和圆柱齿轮组成的传动系统。

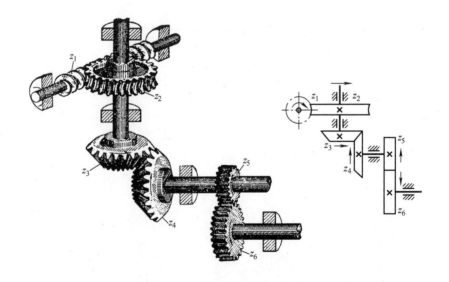

图 8-1　含空间齿轮传动的传动系统

学习内容

8.1　锥齿轮传动

8.1.1　锥齿轮传动的特点和应用

锥齿轮用于轴线相交的传动，两轴交角 Σ 可由传动要求确定，常用的轴交角 $\Sigma = 90°$（见图 8-2）。锥齿轮的特点是轮齿分布在圆锥面上，轮齿的齿形从大端到小端逐渐缩小。锥齿轮的轮齿有直齿、斜齿和曲齿三种类型，其中直齿锥齿轮应用较广。本节仅介绍常用的轴交角 $\Sigma = 90°$ 的直齿锥齿轮传动。

8.1.2　直齿锥齿轮的当量齿数

直齿锥齿轮的齿廓曲线为空间的球面渐开线。由于球面无法展开为平面，这给设计计算及制造带来不便，故采用近似方法来解决。

图 8-3 所示为锥齿轮的轴向剖视图，大端球面齿廓与轴向剖面的交线为圆弧 $\overarc{acb}$，过 c 点作切线与轴线交于 $O\,'$，以 $O\,'C$ 为母线，绕轴线旋转所得的与球面齿廓相切的圆锥体，称为背锥。投影在背锥面上的齿形可近似代替大端球面上的齿形。将背锥展开，形成一个平面扇形齿轮；如将此扇形齿轮补足为完整的齿轮，则所得的平面齿轮称为直齿锥齿轮的当量齿轮。当量齿轮分度圆直径用 d_{v} 表示，其模数为大端模数，压力角为标准值，所得齿数 z_{v} 称为当量齿数。

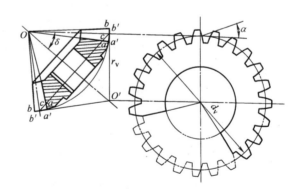

图 8-2　锥齿轮传动　　　　　　　　　图 8-3　背锥与当量齿轮

当量齿数 z_{v} 与实际齿数 z 的关系为

$$z_{\mathrm{v}} = \frac{z}{\cos\delta} \tag{8-1}$$

式中　δ——分度圆锥角。

8.1.3　直齿锥齿轮的基本参数及几何尺寸

图 8-4 所示为一对标准直齿锥齿轮，其节圆锥与分度圆锥重合，轴交角 $\Sigma = \delta_1 + \delta_2 = 90°$。由于大端轮齿尺寸大，计算和测量时相对误差小，同时也便于确定齿轮外部尺寸，定义大端参数为标准值。模数 m 由表 8-1 查取，压力角 $\alpha = 20°$，齿顶高系数 $h_{an}^* = 1$ ，顶隙系数 $c_n^* = 0.2$ 。

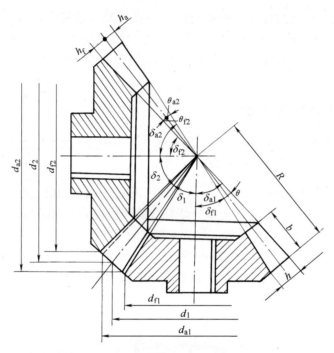

图 8-4　（不等顶隙收缩齿）锥齿轮的几何尺寸

表 8-1　锥齿轮的标准模数（摘自 GB/T 12368—1990）　　　　（单位：mm）

1	1.125	1.25	1.375	1.5	1.75	2	2.25	2.5	2.75
3	3.25	3.5	3.75	4	4.5	5	5.5	6	6.5
7	8	9	10	11	12	14	16	18	20
22	25	28	30	32	36	40	45	50	

标准直齿锥齿轮的几何尺寸如图 8-4 所示，计算公式见表 8-2（$\Sigma = \delta_1 + \delta_2 = 90°$）

表 8-2　标准直齿锥齿轮的几何尺寸计算公式

名称	符号	小　齿　轮	大　齿　轮
齿数	z	z_1	z_2
齿数比	i	\multicolumn{2}{c}{$i = z_2/z_1 = \cot\delta_1 = \tan\delta_2$}
分度圆锥角	δ	$\delta_1 = \arctan(z_1/z_2)$	$\delta_2 = \arctan(z_2/z_1)$
齿顶高	h_a	\multicolumn{2}{c}{$h_a = m$}

（续）

名称	符号	小 齿 轮	大 齿 轮
齿根高	h_f	$h_f = 1.2m$	
分度圆直径	d	$d_1 = z_1 m$	$d_2 = z_2 m$
齿顶圆直径	d_a	$d_{a1} = d_1 + 2h_a\cos\delta_1 = m(z_1 + 2\cos\delta_1)$	$d_{a2} = d_2 + 2h_a\cos\delta_2 = m(z_2 + 2\cos\delta_2)$
齿根圆直径	d_f	$d_{f1} = d_1 - 2h_f\cos\delta_1 = m(z_1 - 2.4\cos\delta_1)$	$d_{f2} = d_2 - 2h_f\cos\delta_2 = m(z_2 - 2.4\cos\delta_2)$
锥距	R	$R = \dfrac{1}{2}\sqrt{d_1^2 + d_2^2} = \dfrac{d_1}{2}\sqrt{i^2 + 1} = \dfrac{m}{2}\sqrt{z_1^2 + z_2^2}$	
齿顶角	θ_a	正常收缩齿 $\theta_a = \arctan(h_a/R)$	
齿根角	θ_f	$\theta_f = \arctan(h_f/R)$	
齿顶圆锥面圆锥角	δ_a	$\delta_{a1} = \delta_1 + \theta_a$	$\delta_{a2} = \delta_2 + \theta_a$
齿根圆锥面圆锥角	δ_f	$\delta_{f1} = \delta_1 - \theta_f$	$\delta_{f2} = \delta_2 - \theta_f$
齿宽	b	$b = \psi_R R$，齿宽系数 $\psi_R = b/R$，一般 $\psi_R = \dfrac{1}{4} \sim \dfrac{1}{3}$；$b \leqslant 10m$	

由于一对直齿锥齿轮的啮合相当于一对当量直齿圆柱齿轮的啮合，而当量齿轮的齿形和锥齿轮大端的齿形相近，所以一对标准直齿锥齿轮的正确啮合条件为两个锥齿轮大端的模数和压力角分别相等，即

$$\left.\begin{array}{l} m_1 = m_2 = m \\ \alpha_1 = \alpha_2 = 20° \end{array}\right\} \tag{8-2}$$

8.1.4 轮齿的受力分析

如图8-5所示，为方便设计计算，忽略摩擦力的影响，并将锥齿轮齿面上所受的法向载荷简化为集中力，并作用在齿宽中点处的法向剖面 N—N 上。将法向力 F_n 在法向剖面内分解为圆周力 F_{t1} 和力 F'，再将力 F' 在锥齿轮的轴向剖面内分解为沿锥齿轮轴线方向的轴向力 F_{x1} 和沿半径方向的径向力 F_{r1}。按图示几何关系可推知小齿轮上各力的大小为

圆周力
$$\left.\begin{array}{l} F_{t1} = \dfrac{2T_1}{d_{m1}} \\[4mm] F_{x1} = F'\sin\delta_1 = F_{t1}\tan\alpha\sin\delta_1 \\[2mm] F_{r1} = F'\cos\delta_1 = F_{t1}\tan\alpha\cos\delta_1 \end{array}\right\} \tag{8-3}$$
轴向力

径向力

式中　T_1——小齿轮传递的转矩（N·mm），$T_1 = 9.55 \times 10^6 \dfrac{P_1}{n_1}$；

d_{m1}——小齿轮齿宽中点处的分度圆直径，由几何关系可知，$d_{m1} = d_1(1 - 0.5b/R) = d_1(1 - 0.5\psi_R)$。其中，齿宽系数 $\psi_R = b/R$，一般可取 $\psi_R = 0.25 \sim 0.3$。

按作用力和反作用力的关系可知，大齿轮上所受的力为 $F_{t2} = -F_{t1}$，$F_{x2} = -F_{r1}$，$F_{r2} = -F_{x1}$。两齿轮上的受力方向判别如下：圆周力的方向在主动轮上与其转动方向相反，在从动轮上与其转动方向相同；径向力的方向分别指向各自的轮心；轴向力的方向由各自轮齿小端指向大端。

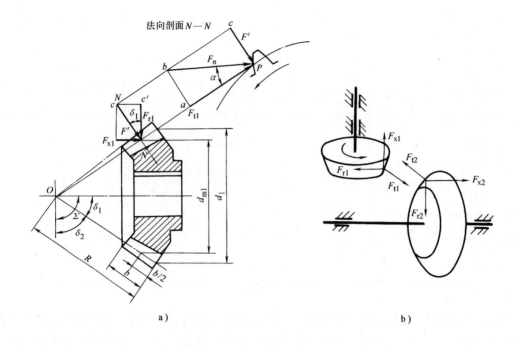

图 8-5　直齿锥齿轮的受力分析

8.1.5　标准直齿锥齿轮传动的强度计算

直齿锥齿轮传动的强度计算，可按齿宽中点处的一对当量直齿圆柱齿轮进行近似计算。其简化强度计算公式如下：

1. 齿面接触疲劳强度计算

校核公式为

$$\sigma_H = \sqrt{\left(\frac{195.1}{d_1}\right)^3 \frac{KT_1}{i}} \leqslant [\sigma_H] \tag{8-4}$$

设计公式为

$$d_1 \geqslant 195.1 \sqrt[3]{\frac{KT_1}{i[\sigma_H]^2}} \tag{8-5}$$

以上两式中的常数 195.1 包含有材料系数，是按两锥齿轮都为钢制齿轮计算得出的。如锥齿轮的材料配对为钢对铸铁或铸铁对铸铁，应将 195.1 相应替换为 175.6 或 163.9。

2. 齿根弯曲疲劳强度计算

校核公式为

$$\sigma_F = \left(\frac{3.2}{m}\right)^3 \frac{KT_1 Y_{FS}}{z_1^2 \sqrt{i^2+1}} \leqslant [\sigma_F] \tag{8-6}$$

设计公式为

$$m \geqslant 3.2 \sqrt[3]{\frac{KT_1 Y_{\mathrm{FS}}}{z_1^2 [\sigma_{\mathrm{F}}] \sqrt{i^2+1}}} \tag{8-7}$$

以上强度计算公式中，Y_{FS} 为复合齿形系数，按当量齿数 z_{v} 由图 8-6 查取。其余符号的含义、单位、确定方法都同直齿圆柱齿轮。

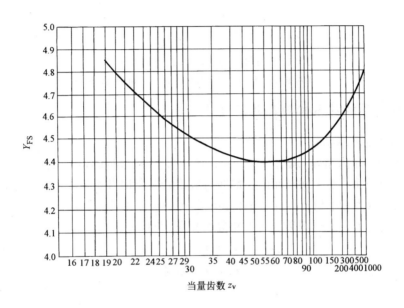

图 8-6　直齿锥齿轮的复合齿形系数

8.2　蜗杆传动

8.2.1　蜗杆传动的类型

蜗杆传动由蜗杆和蜗轮组成，常用于传递空间两垂直交错轴间的运动和动力，如图 8-7 所示。通常蜗杆为主动件，蜗轮为从动件。

根据蜗杆形状的不同，蜗杆传动可分为圆柱蜗杆传动（见图 8-8a）、环面蜗杆传动（见图 8-8b）和锥面蜗杆传动（见图 8-8c）。普通圆柱蜗杆则按其齿廓形状不同，又可分为阿基米德（ZA）蜗杆、渐开线蜗杆（ZI）和延伸渐开线（ZN）蜗杆。本节仅介绍最简单也是最常用的阿基米德蜗杆传动。

图 8-7　蜗杆传动

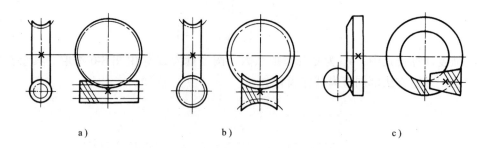

图 8-8　蜗杆传动的类型

a）圆柱蜗杆传动　b）环面蜗杆传动　c）锥面蜗杆传动

8.2.2　蜗杆传动的基本参数和几何尺寸

1. 蜗杆传动的基本参数

（1）模数 m、压力角 α　如图 8-9 所示，将垂直于蜗轮轴线且通过蜗杆轴线的平面称为蜗杆传动的中间平面。在中间平面内，蜗杆与蜗轮的啮合相当于齿条与齿轮的啮合，故规定中间平面上的参数为标准值。因此，蜗杆传动的正确啮合条件为：蜗杆轴向平面（脚标 x_1）和蜗轮端面（脚标 t_2）上的模数和压力角分别相等，即

$$\left.\begin{array}{l} m_{x1} = m_{t2} = m \\ \alpha_{x1} = \alpha_{t2} = \alpha \\ \gamma_1 = \beta_2 \end{array}\right\} \tag{8-8}$$

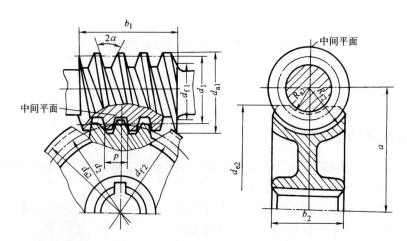

图 8-9　蜗杆传动的几何尺寸

蜗杆的标准模数系列参见表 8-3。

（2）蜗杆分度圆直径 d_1　由于蜗轮是用相当于蜗杆的滚刀来加工的，为限制蜗轮滚刀的数量，将蜗杆分度圆直径规定为标准值，其值与模数 m 匹配，见表 8-3。

表 8-3 普通蜗杆传动的 m 与 d_1 的匹配（摘自 GB/T 10085—1988）

m/mm	1	1.25		1.6		2				2.5				3.15			
d_1/mm	18	20	22.4	25	28	(18)	(22.4)	(28)	35.5	(22.4)	28	(35.5)	45	(28)	35.5	(45)	56
$m^2 d_1$/mm³	18	31.3	35	64	71.7	72	89.6	112	142	140	175	222	281	278	352	447	556

m/mm	4				5				6.3			
d_1/mm	(31.5)	40	(50)	71	(40)	50	(63)	90	(50)	63	(80)	112
$m^2 d_1$/mm³	504	640	800	1136	1000	1250	1575	2250	1985	2500	3175	4445

m/mm	8				10				12.5			
d_1/mm	(63)	80	(100)	140	(71)	90	(112)	160	(90)	112	(140)	200
$m^2 d_1$/mm³	4032	5120	6400	8960	7100	9000	11200	16000	14062	17500	21875	31250

m/mm	16				20				25			
d_1/mm	(112)	140	(180)	250	(140)	160	(224)	315	(180)	200	(280)	400
$m^2 d_1$/mm³	28672	35840	46080	6400	56000	64000	89600	126000	112500	125000	175000	250000

注：括号中的数字尽可能不采用。

（3）蜗杆分度圆柱导程角 γ 　蜗杆按螺旋角方向不同，可分为右旋和左旋，一般多用右旋。蜗杆分度圆柱导程角如图 8-10 所示，将蜗杆沿其分度圆柱面展开，则蜗杆的分度圆柱导程角 γ（相当于螺杆的螺纹升角 ϕ）可按图示几何关系推导而得

$$\tan\gamma = \frac{z_1 p_{x1}}{\pi d_1} = \frac{z_1 \pi m_{x1}}{\pi d_1} = \frac{z_1 m}{m q} = \frac{z_1}{q} \tag{8-9}$$

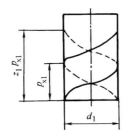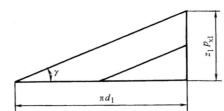

图 8-10 蜗杆分度圆上螺旋的导程角 γ

作动力传动时，为提高传动效率，γ 值可取大些，但过大则蜗杆制造困难，因此，一般取 $\gamma < 30°$。与螺旋机构相似，蜗杆传动的自锁条件是 $\gamma \leqslant \rho_v$（ρ_v 为啮合轮齿间的当量摩擦角，见表 8-11）。如果传动要求自锁，则一般取 $\gamma < 3°30'$，此时传动效率很低。

显然，蜗杆的分度圆柱导程角 γ 和其螺旋角 β_1 间的关系为 $\gamma = 90° - \beta_1$。又由蜗杆和蜗轮的轴交角 $\Sigma = \beta_1 + \beta_2 = 90°$ 可知，蜗轮的螺旋角 $\beta_2 = \gamma$。因此传递两正交轴之间运动的阿基米德蜗杆传动的正确啮合条件应增加：蜗轮的螺旋角 β_2 与蜗杆的分度圆柱导程角 γ 相等，且旋向相同。

（4）中心距 a 　对于普通圆柱蜗杆传动，其中心距尾数应取为 0 或 5（mm）；标准蜗杆减速器的中心距应取标准值（见表 8-4）。

表 8-4 蜗杆减速器的标准中心距（摘自 GB/T 10085—1988） （单位：mm）

40	50	63	80	100	125	160	(180)	200
(225)	250	(280)	315	(335)	400	(450)	500	

（5）蜗杆头数 z_1 和蜗轮齿数 z_2 蜗杆头数 z_1 的选择与传动比、传动效率及制造的难易程度等有关。对于传动比大或要求自锁的蜗杆传动，常取 $z_1 = 1$；为了提高传动效率 z_1 可取较大值，但加工难度增加，故常取 z_1 为 1、2、4、6。蜗轮齿数 z_2 常在 27～80 范围内选取。$z_2 < 27$ 的蜗轮加工时会产生根切，$z_2 > 80$ 会使蜗轮尺寸过大及蜗杆轴的刚度下降。z_1、z_2 的推荐值可参见表 8-5。

表 8-5 各传动比推荐的 z_1、z_2 值

i	5～6	7～8	9～13	14～24	25～27	28～40	>40
z_1	6	4	3～4	2～3	2～3	1～2	1
z_2	29～36	28～32	27～52	28～72	50～81	28～80	>40

蜗杆传动比是蜗轮齿数与蜗杆头数之比，用 i_{12} 表示传动比，1 为蜗杆，2 为蜗轮，计算公式为

$$i_{12} = \frac{z_2}{z_1} = 常数 \tag{8-10}$$

2. 普通圆柱蜗杆传动的几何尺寸

普通圆柱蜗杆传动的主要几何尺寸的计算公式见表 8-6。

表 8-6 普通蜗杆传动几何尺寸的计算公式

名 称		符号	计 算 公 式
基本参数	齿 数	z	z_1 按表 8-5 确定，$z_2 = iz_1$
	模 数	m	$m_{a1} = m_{t2} = m$，m 按表 8-3 取标准值
	压力角	α	$\alpha_{a1} = \alpha_{t2} = \alpha = 20°$
	齿顶高系数	h_a^*	标准值 $h_a^* = 1$
	顶隙系数	c^*	标准值 $c^* = 0.2$
几何尺寸	分度圆直径	d	d_1 按表 8-3 取标准值；$d_2 = mz_2$
	齿顶高	h_a	$h_{a1} = h_{a2} = h_a^* m = m$
	齿根高	h_f	$h_{f1} = h_{f2} = (h_a^* + c^*) m = 1.2m$
	蜗杆齿顶圆直径	d_{a1}	$d_{a1} = d_1 + 2h_{a1} = d_1 + 2m$
	蜗轮齿顶圆直径	d_{a2}	$d_{a2} = d_2 + 2h_{a2} = d_2 + 2m$
	蜗杆齿根圆直径	d_{f1}	$d_{f1} = d_1 - 2h_{f1} = d_1 - 2.4m$
	蜗轮齿根圆直径	d_{f2}	$d_{f2} = d_2 - 2h_{f2} = d_2 - 2.4m$
	蜗轮最大外圆直径	d_{e2}	$z_1 = 1$ 时，$d_{e2} \leqslant d_{a2} + 2m$；$z_1 = 2$、3 时，$d_{e2} \leqslant d_{a2} + 1.5m$；$z_1 = 4 \sim 6$ 时，$d_{e2} \leqslant d_{a2} + m$ 或按结构定
	蜗轮齿顶圆弧半径	R_{a2}	$R_{a2} = (d_1/2) - m$

（续）

	名　称	符号	计　算　公　式
几何尺寸	蜗轮齿根圆弧半径	R_{f2}	$R_{f2} = d_{a1}/2 + 0.2m$
	中心距	a	$a = (d_1 + d_2)/2$
	蜗轮宽度	b_2	当 $z_1 \leqslant 3$ 时，$b_2 \leqslant 0.75 d_{a1}$ 当 $z_1 = 4 \sim 6$ 时，$b_2 \leqslant 0.67 d_{a1}$
	蜗杆宽度	b_1	当 $z_1 = 1 \sim 2$ 时，$b_1 \geqslant (11 + 0.06 z_2) m$ 当 $z_1 = 3 \sim 4$ 时，$b_2 \geqslant (12.5 + 0.09 z_2) m$ 当磨削蜗杆时 b_1 的增大量为 $m < 10mm$ 时，增大 $15 \sim 25mm$；$m = 10 \sim 14mm$ 时，增大 $35mm$；更大的模数可查有关手册

8.2.3　蜗杆传动的特点和应用

蜗杆传动与一般齿轮传动相比，主要特点为：

（1）传动比大，结构紧凑　由于蜗杆的头数 z_1 很小，所以传动比 $i_{12} = \dfrac{n_1}{n_2} = \dfrac{z_2}{z_1}$ 可以很大。一般情况下，单级蜗杆传动比 $i_{12} = 10 \sim 100$；在仅传递运动（如分度机构）时，甚至可达到 500 以上。因此，一对蜗杆传动即可达到多级齿轮传动的传动比，结构紧凑。

（2）传动平稳，无噪声　因为蜗杆齿是连续的螺旋齿，所以蜗杆传动连续、平稳，噪声很小。

（3）具有自锁性　与螺杆机构相似，当蜗杆的导程角小于相啮合轮齿间的当量摩擦角时，蜗杆传动具有自锁性，即只能由蜗杆带动蜗轮转动，而不能由蜗轮作为主动件，带动蜗杆转动。例如，起重设备中就常采用可自锁的蜗杆传动来保证生产的安全性。

（4）传动效率低，摩擦损耗较大　在啮合传动时，蜗杆和蜗轮的轮齿间存在较大的相对滑动速度，因此摩擦损耗大，传动效率低且易发热。一般为 $0.7 \sim 0.8$，在蜗杆传动可自锁时，效率低于 0.5。因此，蜗杆传动不适于传递大功率的场合。

（5）制造成本高　因为磨损严重，所以蜗轮常须采用价格昂贵的减摩材料（青铜）制造，成本较高。

8.2.4　蜗杆传动运动分析与失效形式

1. 转动方向的确定
蜗杆传动的运动分析目的是确定传动件的转向。在蜗杆传动中，一般蜗杆为主动件，蜗轮的转向取决于蜗杆的转向与螺旋线方向以及蜗杆与蜗轮的相对位置。

转向判别一般用左右手定则来进行：当蜗杆为右（左）旋时，用右（左）手握住蜗杆轴线，四指弯曲的方向代表蜗杆的旋转方向，大拇指的反方向为蜗轮圆周速度的方向。如图 8-11 和图 8-12 所示。

2. 蜗杆传动的失效形式与材料选择
蜗杆传动的工作情况与齿轮传动相似，所以其失效形式也与齿轮传动基本相同，包括磨损、胶合、点蚀和轮齿折断等。但由于蜗杆传动中的齿面间存在较大的滑动速度，因此摩擦损耗大，所以，蜗杆传动最易发生的失效形式是胶合和磨损，而轮齿折断则很少发生。另外，由于蜗杆是连续的螺旋齿，而且蜗杆的材料强度比蜗轮高，因此失效一般总发生在蜗轮轮齿上。

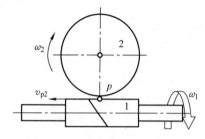

图 8-11　右旋蜗杆判断

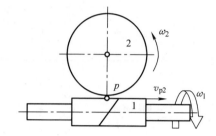

图 8-12　左旋蜗杆判断

　　根据对蜗杆传动失效形式的分析，蜗杆和蜗轮的材料不仅要求有足够的强度，还应有良好的减摩性、耐磨性和抗胶合能力。生产实践中最常用的材料是用淬硬磨削的钢制蜗杆配青铜蜗轮。具体材料选择可参考表 8-7。

表 8-7　蜗杆、蜗轮推荐选用的材料

名称	材料牌号	使用特点	应用场合
蜗杆	20、15Cr、20CrNi、20Cr、20CrMnTi 等	渗碳淬火至 56 ~ 62HRC，并磨削	用于高速重载传动
	45、40Cr、40CrNi、35SiMo 等	淬火至 45 ~ 55HRC，并磨削	用于中速中载传动
	45	调质处理（<270HBW）	用于低速轻载传动
蜗轮	锡青铜 ZCuSn10Pb1 ZCuSn5Pb5Zn5	抗胶合、减摩和耐磨性最好，但价格较高	用于滑动速度较大（$v_s = 5 \sim 15\mathrm{m/s}$）的重要传动
	无锡青铜 ZCuAl10Fe3 ZCuAl10Fe3Mn2	机械强度高，但减摩、耐磨性和抗胶合能力低于锡青铜，价格较便宜	用于中等滑动速度（$v_s \leqslant 8\mathrm{m/s}$）
	灰铸铁 HT150、HT200	机械强度低、抗冲击能力差，但成本低	用于低速轻载传动（$v_s < 2\mathrm{m/s}$）

3. 蜗杆传动的强度计算

　　如前所述，蜗杆传动的主要失效形式是磨损和胶合，而且失效通常发生在蜗轮轮齿上，因此一般只需对蜗轮轮齿进行齿面接触疲劳强度计算。经推导，对钢制蜗杆和青铜蜗轮配对的齿面接触疲劳强度简化计算公式如下

　　校核公式

$$\sigma_H = 480 \sqrt{\frac{KT_2}{d_1 d_2^2}} = 480 \sqrt{\frac{KT_2}{m^2 d_1 z_2^2}} \leqslant [\sigma_H] \tag{8-11}$$

　　设计公式

$$m^2 d_1 \geqslant KT_2 \left(\frac{480}{z_2 [\sigma_H]} \right)^2 \tag{8-12}$$

式中　T_2——蜗轮上所作用的转矩（N·mm），$T_2 = T_1 i \eta$，T_1 为蜗杆所作用的转矩，η 为蜗杆传动的效率，在初步估算时可按表 8-8 取近似数值；

　　　　K——载荷系数，一般 $K = 1 \sim 1.4$，当载荷平稳、蜗轮圆周速度 $v_2 \leqslant 3\text{m/s}$ 和 7 级以上精度时取较小值，否则取较大值；

　　　$[\sigma_H]$——许用接触应力（MPa），按蜗轮材料由表 8-9 或表 8-10 查取。

若蜗杆与蜗轮的配对材料为钢对灰铸铁时，应将式中的常数 480 替换为 497。按式（8-11）求出 $m^2 d_1$ 值后，可按表 8-3 选用相应的 m 和 d_1 值。

表 8-8　蜗杆传动的效率（近似值）

传动类型	蜗杆头数 z_1	效率 η
闭式传动	1	0.65 ~ 0.75
	2	0.75 ~ 0.82
	4，6	0.82 ~ 0.92
	自锁时	<0.50
开式传动	1，2	0.60 ~ 0.70

表 8-9　铸锡青铜蜗轮的许用接触应力 $[\sigma_H]$

蜗轮材料	铸造方法	滑动速度 $v_s/$（m/s）	许用应力 $[\sigma_H]$ /MPa	
			蜗杆齿面硬度	
			≤350HBW	>45HRC
ZCuSn10Pb1	砂型	≤12	180	200
	金属型	≤25	200	220
ZCuSn5Pb5Zn5	砂型	≤10	110	125
	金属型	≤12	135	150

表 8-10　铸铝青铜、铸黄铜和铸铁蜗轮的许用接触应力 $[\sigma_H]$　　　（单位：MPa）

蜗轮材料	蜗杆材料	滑动速度 $v_s/$（m/s）							
		0.25	0.5	1	2	3	4	6	8
ZCuAl10Fe3 ZCuAl10Fe3Mn2	淬火钢[1]	—	250	230	210	180	160	120	90
ZCuZn38Mn2Pb2	淬火钢	—	215	200	180	150	135	95	75
HT200，HT150 （120 ~ 150HBW）	渗碳钢	160	130	115	90	—	—	—	—
HT150 （120 ~ 150HBW）	调质或淬火钢	140	110	90	70	—	—	—	—

① 蜗杆若未经淬火，则表中的许用接触应力 $[\sigma_H]$ 值需降低 20%。

8.2.5　蜗杆传动的效率和热平衡计算

1. 蜗杆传动的效率

闭式蜗杆传动的功率损失包括三部分：齿面间啮合摩擦损失、蜗杆轴上轴承的摩擦损失和搅动润滑油的溅油损失。其中主要是考虑齿面间啮合摩擦损失，后两项的影响较小。蜗杆传动的总效率可按下式计算

$$\eta = (0.95 \sim 0.97)\frac{\tan\gamma}{\tan(\gamma + \rho_v)} \tag{8-13}$$

式中　γ——蜗杆导程角；

ρ_v——当量摩擦角，$\rho_v = \arctan f_v$；

f_v——当量摩擦系数，可由表 8-11 查取。

表 8-11　当量摩擦系数和当量摩擦角

蜗轮材料	锡青铜				无锡青铜		灰铸铁			
蜗杆齿面硬度	≥45HRC		<45HRC		≥45HRC		≥45HRC		<45HRC	
滑动速度 v_s/（m/s）	f_v	ρ_v	f_v	ρ_v	f_v	ρ_v	f_v	ρ_v	f_v	ρ_v
0.01	0.11	6°17′	0.12	6°51′	0.18	10°12′	0.18	10°12′	0.19	10°45′
0.10	0.08	4°34′	0.09	5°09′	0.13	7°24′	0.13	7°24′	0.14	7°58′
0.25	0.065	3°43′	0.075	4°17′	0.10	5°43′	0.10	5°43′	0.12	6°51′
0.50	0.055	3°09′	0.065	3°43′	0.09	5°09′	0.09	5°09′	0.10	5°43′
1.00	0.045	2°35′	0.055	3°09′	0.07	4°00′	0.07	4°00′	0.09	5°09′
1.50	0.04	2°17′	0.05	2°52′	0.065	3°43′	0.065	3°43′	0.08	4°34′
2.00	0.035	2°00′	0.045	2°35′	0.055	3°09′	0.055	3°09′	0.07	4°00′
2.50	0.03	1°43′	0.04	2°17′	0.05	2°52′				
3.00	0.028	1°36′	0.035	2°00′	0.045	2°35′				
4.00	0.024	1°22′	0.031	1°47′	0.04	2°17′				
5.00	0.022	1°16′	0.029	1°40′	0.035	2°00′				
8.00	0.018	1°02′	0.026	1°29′	0.03	1°43′				
10.0	0.016	0°55′	0.024	1°22′						
15.0	0.014	0°48′	0.020	1°09′						
24.0	0.013	0°45′								

注：当蜗杆齿面硬度 ≥45HRC 时的 ρ_v 值系指蜗杆齿面经磨削，蜗杆传动经磨合，并有充分润滑的情况。

由式（8-13）可知，蜗杆传动的效率 η 主要和蜗杆导程角 γ 有关，在 γ 的取值范围内，η 随 γ 增大而增大。同时考虑 $\tan\gamma = z_1/q$，因此在传递较大动力时，为提高传动效率，多采用多头蜗杆。如果要求自锁，则一般采用单头蜗杆。

2. 蜗杆传动的热平衡计算

因为蜗杆传动的传动效率低，工作时发热量大，在连续工作的闭式蜗杆传动中，若散热条件不好，易产生齿面胶合。所以应对其进行热平衡计算。

蜗杆传动损失的功率 P_s（W）

$$P_s = 1000(1 - \eta)P_1$$

式中　P_1——蜗杆传动的输入功率（kW）；

η——蜗杆传动的传动效率。

经箱体表面散发的热量折合成功率 P_c 为

$$P_c = kA(t_1 - t_2)$$

由于蜗杆传动损失的功率将全部转化为热量，因此在达到热平衡时，应有 $P_s = P_c$，经推导可得达到热平衡时润滑油的工作温度为

$$t_1 = \frac{1000P_1(1-\eta)}{kA} + t_2 \tag{8-14}$$

式中 　k——散热系数，自然通风条件良好时，$k = 14 \sim 17.5 \mathrm{W/(m^2 \cdot {}^{\circ}\!C)}$；没有循环空气流
动时，$k = 8.15 \sim 10.5 \mathrm{W/(m^2 \cdot {}^{\circ}\!C)}$；

　　　　A——散热面积（$\mathrm{m^2}$），$A = A_1 + 0.5A_2$，A_1 为与外界空气接触的箱体表面积，A_2 为凸
缘和散热片的面积；

　　　　t_1——达到热平衡时箱体内润滑油的温度，一般限制在 $t_1 = 70 \sim 90 {}^{\circ}\!C$；

　　　　t_2——周围空气的温度，一般可取 $t_2 = 20 {}^{\circ}\!C$。

　　或者在选定润滑油的工作温度 t_1 后，也可按下式计算所需的散热面积

$$A = \frac{1000P_1(1-\eta)}{k(t_1 - t_2)} \tag{8-15}$$

如果润滑油的工作温度超过许用温度，可以采用下列措施提高散热能力：

　　（1）增加散热面积　在箱体上铸出或焊上散热片，如图 8-13 所示。

　　（2）提高散热系数　在蜗杆轴端装风扇强迫通风，如图 8-14 所示。

图 8-13 　蜗杆减速器

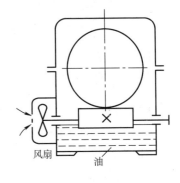

图 8-14 　蜗杆减速器风扇冷却

　　（3）加冷却装置　若以上方法散热能力仍不够，可在箱体油池内装蛇形循环冷却水管，
如图 8-15 所示。

　　对于大功率或蜗杆上置的蜗杆减速器，可采用压力喷油循环冷却，如图 8-16 所示。

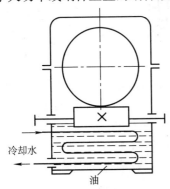

图 8-15 　蜗杆减速器冷却水管冷却

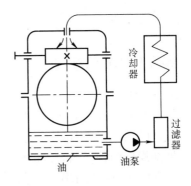

图 8-16 　蜗杆传动压力喷油冷却

8.3　锥齿轮、蜗杆和蜗轮的结构

8.3.1　锥齿轮的结构

与圆柱齿轮相似，锥齿轮按其尺寸大小也有齿轮轴、实心式、腹板式和轮辐式等结构形式。

1. 齿轮轴

如果锥齿轮的齿根圆到其键槽底面的距离 $\delta \leqslant 1.6m$（见图 8-17 所示），应采用齿轮轴，如图 8-18 所示。

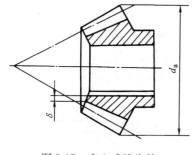

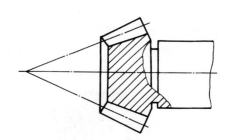

图 8-17　实心式锥齿轮
（$\delta \geqslant 1.6m$ 或 $d_a \geqslant 200$mm）

图 8-18　锥齿轮轴

2. 实心式锥齿轮

当齿顶圆直径 $d_a \geqslant 200$mm，且 $\delta > 1.6m$ 时，则可采用如图 8-17 所示的实心式锥齿轮。此种齿轮常用锻钢制造。

3. 腹板式锥齿轮

当齿顶圆直径 $d_a \leqslant 500$mm 时，为减轻重量、节约材料，应采用腹板式结构。腹板式锥齿轮一般采用锻造毛坯，其结构尺寸如图 8-19 所示。不重要的齿轮，也可采用铸铁或铸钢制造。为提高轮坯强度，可采用如附图 8-20 所示的带加强肋的腹板式结构。

8.3.2　蜗杆和蜗轮的结构

1. 蜗杆的结构

蜗杆通常与轴做成一个整体，称为蜗杆轴。按蜗杆的加工方法不同，可分为车削蜗杆和铣削蜗杆两种。图 8-21a 所示为铣削蜗杆，在轴上直接铣出螺旋齿形，没有退刀槽；图 8-21b 所示为车削蜗杆，则需在轴上设置退刀槽。

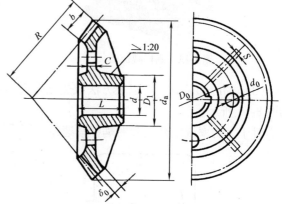

图 8-19　带加强肋的腹板式锥齿轮（$d_a > 300$mm）
$D_1 = 1.6d$（铸钢），$D_1 = 1.8d$（铸铁）；$L = (1 \sim 1.2)d$；
$\delta_0 = (3 \sim 4)m$，但不小于 10mm；$C = (0.1 \sim 0.17)R$，
但不小于 10mm；$S = 0.8C$，但不小于 10mm；
D_0、d_0 由结构确定

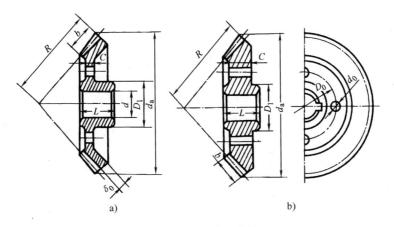

图 8-20　腹板式锥齿轮

a）模锻　b）自由锻

$D_1 = 1.6d$；$L = (1 \sim 1.2)d$；$\delta_0 = (3 \sim 4)m$，但不小于 10mm；$C = (0.1 \sim 0.17)R$；D_0、d_0 由结构确定

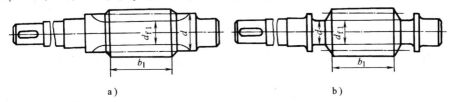

a）　　　　　　　　　　　　　　　b）

图 8-21　蜗杆的结构

a）铣削蜗杆　b）车削蜗杆

当 $z_1 = 1$、2 时，$b_1 \geqslant (8 + 0.06z_2)m$；当 $z_1 = 3$、4 时，$b_1 \geqslant (12.5 + 0.09z_2)m$

2. 蜗轮的结构

蜗轮直径较小时，可做成整体式结构。当直径较大时，由于青铜成本较高，为节省贵重的有色金属，则轮缘和轮心部分可分别采用青铜和铸铁制造。按轮缘和轮心联接方式的不同可分为轮箍式和螺栓联接式等。蜗轮的典型结构形式参见表 8-12。

表 8-12　蜗轮的典型结构

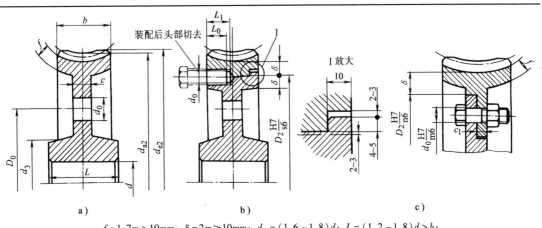

a）　　　　　　　　　　　　b）　　　　　　　　　　　　c）

$f = 1.7m > 10mm$；$\delta = 2m \geqslant 10mm$；$d_3 = (1.6 \sim 1.8)d$；$L = (1.2 \sim 1.8)d > b$；

$d_0 = (0.075 \sim 0.12)d > 5mm$；$L_0 = 2d_0$；$c = 0.3b$；$c_1 = 0.25b$

（续）

结构形式	特　点
a）整体式	当直径小于 100mm 时，可用青铜铸成整体；当滑动速度 $v_s \leq 2\text{m/s}$ 时，可用铸铁铸成整体
b）轮毂式	青铜轮缘与铸铁轮心通常采用 $\dfrac{H7}{s6}$ 配合，并加台肩和螺钉固定，螺钉数 6～12 个
c）螺栓联接式	以铰制孔螺栓联接时，螺栓孔要同时铰制，其配合为 $\dfrac{H7}{s6}$。螺栓数按剪切计算确定，并以轮缘受挤压校核，轮缘材料许用挤压应力 $\sigma_{jy} = 0.3\sigma_s$，$\sigma_s$ 为轮缘材料屈服点

实例分析

实例一　有一闭式蜗杆传动，模数 $m = 10\text{mm}$，现已知 $z_1 = 2$，蜗杆直径 $d_1 = 90\text{mm}$，蜗轮齿数 $z_2 = 40$，试确定蜗杆蜗轮的主要尺寸。

解

蜗杆齿顶圆直径　　　　$d_{a1} = d_1 + 2m = (90 + 2 \times 10)\text{mm} = 110\text{mm}$

蜗杆齿根圆直径　　　　$d_{f1} = d_1 - 2.4m = (90 - 2.4 \times 10)\text{mm} = 66\text{mm}$

蜗轮分度圆直径　　　　$d_2 = 40 \times 10\text{mm} = 400\text{mm}$

蜗轮齿顶圆直径　　　　$d_{a2} = d_2 + 2m = (400 + 2 \times 10)\text{mm} = 420\text{mm}$

蜗轮齿根圆直径　　　　$d_{f2} = d_2 - 2.4m = (400 - 2.4 \times 10)\text{mm} = 376\text{mm}$

蜗轮最大外圆直径　　　$d_{e2} = d_{a2} + 1.5m = (420 + 1.5 \times 10)\text{mm} = 435\text{mm}$

蜗轮齿宽　　　　　　　$b_2 \leq 0.75 d_{a1} = 0.75 \times 110\text{mm} = 82.5\text{mm}$

中心距　　　　　　　　$a = (d_1 + d_2)/2 = (90 + 400)/2\text{mm} = 245\text{mm}$

其余尺寸计算略。

实例二　试设计一闭式蜗杆传动。已知蜗杆输入功率 $P_1 = 9\text{kW}$，转速 $n_1 = 960\text{r/min}$，$n_2 = 48\text{r/min}$，载荷平稳，连续单向运动。

解　1）选择蜗杆和蜗轮的材料。蜗杆材料用 45 钢经表面淬火，表面硬度为 45～50HRC；蜗轮材料为 ZCuAl10Fe3，砂模铸造。

2）选择蜗杆、蜗轮齿数。计算传动比 $i = n_1/n_2 = 960/48 = 20$，参考表 8-5，取 $z_1 = 2$，$z_2 = iz_1 = 40$。

3）确定蜗轮的转矩 T_2。根据 $z_1 = 2$，按表 8-8 取 $\eta = 0.8$，则蜗轮传递转矩

$$T_2 = T_1 i\eta = 9.55 \times 10^6 \frac{P_1 i\eta}{n_1} = 9.55 \times 10^6 \times \frac{9 \times 20 \times 0.8}{960}\text{N} \cdot \text{mm}$$

$$= 1432.5 \times 10^3 \text{N} \cdot \text{mm}$$

4）按接触疲劳强度设计。预估相对滑动速度 $v_s = 4\text{m/s}$，按表 8-10 查得许用接触应力 $[\sigma_H] = 160\text{MPa}$；因载荷平稳，取载荷系数 $K = 1.1$。按式（8-12）可得

$$m^2 d_1 \geq KT_2 \left(\frac{480}{z_2 [\sigma_H]}\right)^2 = 1.1 \times 1432.5 \times 10^3 \times \left(\frac{480}{40 \times 160}\right)^2 \text{mm}^3 \approx 8864\text{mm}^3$$

查表 8-3 取相近值，模数 $m = 10\text{mm}$，蜗杆分度圆直径 $d_1 = 90\text{mm}$。

5）验算相对滑动速度。蜗杆分度圆处的线速度

$$v_1 = \frac{\pi d_1 n_1}{60 \times 1000} = \frac{3.14 \times 90 \times 960}{60 \times 1000} \text{m/s} = 4.5 \text{m/s}$$

蜗杆分度圆柱导程角

$$\gamma = \arctan \frac{z_1}{q} = \arctan \left(\frac{2}{9} \right) \approx 12.53°$$

相对滑动速度

$$v_s = \frac{v_1}{\cos\gamma} = \frac{4.5}{\cos 12.53°} \text{m/s} \approx 4.6 \text{m/s}, \text{ 与预估值接近。}$$

6）主要几何尺寸计算（略）。

7）蜗杆蜗轮工作图（略）。

知识小结

1. 锥齿轮传动
- 锥齿轮传动的特点和应用
- 直齿锥齿轮参数和几何尺寸
  - 大端参数为标准值
  - 分度圆锥角、锥距
  - 齿顶角、齿根角
  - 齿顶圆锥面圆锥角
  - 齿根圆锥面圆锥角
- 锥齿轮正确啮合条件 $\begin{cases} m_1 = m_2 = m \\ \alpha_1 = \alpha_2 = 20° \end{cases}$
- 锥齿轮受力分析
  - 圆周力
  - 径向力
  - 轴向力
- 锥齿轮传动强度计算
  - 齿面接触疲劳强度
  - 齿根弯曲疲劳强度

2. 蜗杆传动
- 蜗杆传动的特点和应用
- 蜗杆传动的基本参数
  - 中间平面参数为标准值
  - 模数、压力角
  - 蜗杆分度圆直径
  - 蜗杆分度圆柱导程角
  - 蜗轮齿数
- 蜗杆传动正确啮合条件 $\begin{cases} m_{a1} = m_{t2} = m \\ \alpha_{a1} = \alpha_{t2} = \alpha \\ \gamma_1 = \beta_2 \end{cases}$
- 转动方向的确定——左右手定则
- 蜗杆传动的维护
  - 增加散热面积
  - 提高散热系数
  - 加冷却装置
- 蜗杆强度计算

习 题

一、判断题（认为正确的，在括号内画√，反之画×）

1. 锥齿轮传动用于传递两相交轴之间的运动和动力。 （　　）

2. 锥齿轮传动中，锥齿轮所受的轴向力总是从其大端指向小端。 （　　）

3. 对锥齿轮传动进行受力分析时，假设力作用在齿宽中点处，因此，按强度计算公式得出的 d_1 和 m 是其齿宽中点处的 d_1 和 m，应换算成标准值。 （　　）

4. 对锥齿轮传动进行强度计算时，复合齿形系数应按其当量齿数选取。 （　　）

5. 蜗杆传动连续、平稳，因此适合传递大功率的场合。 （　　）

6. 蜗杆传动的传动比 $i_{12} = \dfrac{n_1}{n_2} = \dfrac{d_2}{d_1}$。 （　　）

7. 蜗杆传动的自锁性是指只能由蜗轮带动蜗杆，反之则不能运动。 （　　）

8. 蜗杆头数 z_1 越多，则其分度圆柱导程角就越大。 （　　）

9. 蜗杆传动最主要失效形式是轮齿折断。 （　　）

10. 因为蜗轮直径要比蜗杆大，所以蜗杆传动的失效多发生在蜗杆的轮齿上。 （　　）

二、选择题（将正确答案的序号字母填入括号内）

1. 标准直齿锥齿轮何处的参数为标准值？ （　　）

A. 大端　　　　　　　　B. 齿宽中点处　　　　　　　　C. 小端

2. 要实现两相交轴之间的传动，可采用下列哪种传动？ （　　）

A. 直齿圆柱齿轮　　　　B. 斜齿圆柱齿轮　　　　　　　C. 直齿锥齿轮

3. 计算轴交角 $\Sigma = 90°$ 的锥齿轮传动的传动比，下列公式中不正确的是＿＿＿。 （　　）

A. $i = d_2/d_1$　　　　　B. $i = z_2/z_1$　　　　　　　C. $i = \cot\delta_2$

4. 按规定蜗杆传动中间平面的参数为标准值，也即下列哪组参数为标准值？ （　　）

A. 蜗杆的轴向参数和蜗轮的端面参数

B. 蜗轮的轴向参数和蜗杆的端面参数

C. 蜗杆和蜗轮的端面参数

5. 在蜗杆传动中，当需要自锁时，应使蜗杆导程角＿＿＿当量摩擦角。 （　　）

A. 小于　　　　　　　　B. 大于　　　　　　　　　　　C. 等于

6. 在其他条件都相同的情况下，蜗杆头数增多，则＿＿＿。 （　　）

A. 传动效率降低　　　　B. 传动效率提高　　　　　　　C. 对传动效率没有影响

7. 蜗杆传动中，若蜗杆和蜗轮的轴交角为 $\Sigma = 90°$，则＿＿＿。 （　　）

A. $\gamma = \beta_2$　　　　　B. $\gamma = 90° - \beta_2$　　　　　C. $\gamma = -\beta_2$

8. 高速重载的蜗杆需经渗碳淬火，此蜗杆宜选用何种材料制造？ （　　）

A. 20Cr 或 20CrMnTi　　B. 45 或 40 钢　　　　　　　C. 40Cr 或 35SiMn

9. 高速重要的蜗杆传动中，蜗轮的材料应选用＿＿＿。 （　　）

A. 淬火合金钢　　　　　B. 锡青铜　　　　　　　　　　C. 无锡青铜

10. 当蜗杆的刚度不够时，应采用什么方法来提高其刚度？ （　　）

A. 蜗杆材料改用优质合金钢　　B. 增加蜗杆的直径系数 q 和模数 m　　C. 增大 z_1

三、设计计算题

1. 试设计某闭式正交直齿锥齿轮传动，小齿轮主动，传递功率 $P_1 = 7.5\text{kW}$，转速 $n_1 = 1460\text{r/min}$，$i = 3$。原动机为电动机，载荷有中等冲击，小齿轮悬臂布置，长期单向运转。

2. 一标准圆柱蜗杆传动，已知模数 $m = 6\text{mm}$，蜗杆头数 $z_1 = 2$，传动比 $i = 20$，中心距 $a = 150\text{mm}$，试计算其几何尺寸。

第9章 轮　系

工程力学与机械设计基础

教学要求

★ **能力目标**

1）分析轮系类型的能力。

2）定轴轮系、行星轮系传动比计算的能力。

3）了解各类减速器的应用的能力。

★ **知识要素**

1）轮系的分类与应用。

2）定轴轮系传动比的计算。

3）行星轮系传动比的计算。

4）减速器的类型和应用场合。

★ **学习重点与难点**

1）定轴轮系传动比的计算。

2）行星轮系传动比的计算。

引　言

如图 9-1 所示为卧式车床的外形图，图 9-2 为卧式车床主轴箱传动系统图。车床主轴的

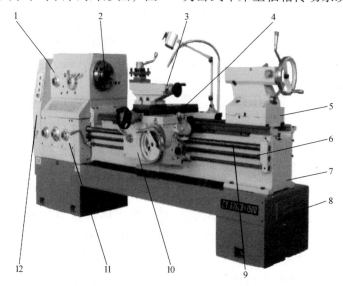

图 9-1　卧式车床的外形图

1—主轴箱　2—主轴　3—小溜板　4—刀架横向溜板　5—尾座　6—光杠　7—床身

8—床腿　9—丝杠　10—溜板箱　11—进给箱　12—交换齿轮变速机构

转动是由电动机传给 V 带传动，再经主轴箱内的传动系统提供的，一般电动机的转速是一定的，而主轴（自定心卡盘）的转速根据被切削工件的工件尺寸与切削量等需要变速，从图 9-2 可以看出，变换主轴箱内的不同齿轮啮合就可以得到不同的转速。

在机械设备上，为实现变速或获得大的传动比，常采用由一对以上的齿轮组成的齿轮传动装置，这些由多对齿轮组成的传动装置简称为齿轮系，广泛应用于各类机床、汽车变速器、差速器等。

本章主要研究齿轮系的组成、传动比的计算等内容，同时介绍常用减速器的主要形式、特点及应用。

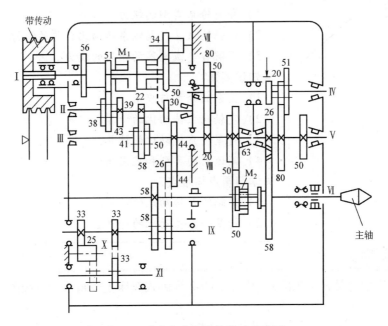

图 9-2　卧式车床主轴箱传动系统图

学习内容

9.1　定轴轮系

9.1.1　定轴轮系实例

图 9-3a 所示为两级圆柱齿轮减速器中的齿轮，图 9-3b 所示为其运动简图。本例中齿轮在运转时，各齿轮的几何轴线相对机架都是固定的，因此，这类齿轮传动装置称为定轴齿轮传动装置，或简称为定轴轮系。

图 9-4 所示为汽车变速器中的齿轮传动装置。其中齿轮 6、7 为双联齿轮，可在轴上移动，可实现齿轮 6 与齿轮 5、齿轮 7 与齿轮 4 的啮合。齿轮 8 也可移动，可以和齿轮 3 啮合，也可直接与齿轮 1 通过离合器在一起转动。

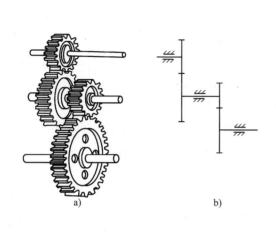

图 9-3　两级圆柱齿轮减速器

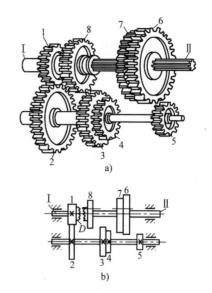

图 9-4　汽车变速器

9.1.2　定轴轮系传动比的计算

1. 一对圆柱齿轮的传动比

如图 9-5 所示，一对齿轮传动的传动比为

$$i_{12} = \frac{n_1}{n_2} = \pm \frac{z_2}{z_1} \tag{9-1}$$

式中，外啮合时，主、从动齿轮转动方向相反，取 "－" 号；内啮合时，主、从动齿轮转动方向相同，取 "＋" 号。其转动方向也可用箭头表示，如图 9-5 所示。

2. 平行轴定轴轮系的传动比

图 9-6 所示为所有齿轮轴线均互相平行的定轴轮系，设齿轮 1 为首轮，齿轮 5 为末轮，z_1、z_2、z_3、z_3'、z_4、z_4'、z_5 为各轮齿数，n_1、n_2、n_3、n_3'、n_4、n_4'、n_5 为各轮的转速，则各对齿轮的传动比为

$$i_{12} = \frac{n_1}{n_2} = -\frac{z_2}{z_1}$$

$$i_{23} = \frac{n_2}{n_3} = -\frac{z_3}{z_2}$$

$$i_{3'4} = \frac{n_{3'}}{n_4} = +\frac{z_4}{z_3'}$$

$$i_{4'5} = \frac{n_4'}{n_5} = -\frac{z_5}{z_4'}$$

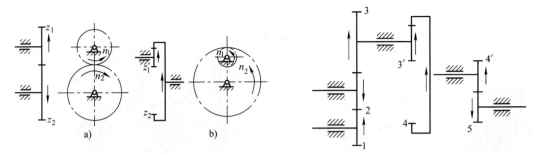

图 9-5　一对圆柱齿轮的传动比

a）外啮合传动　b）内啮合传动

图 9-6　平行轴定轴轮系的传动比

容易看出，将各对齿轮的传动比相乘即为首末两轮的传动比，即

$$i_{15} = i_{12}i_{23}i_{3'4}i_{4'5} = \frac{n_1 n_2 n_3' n_4'}{n_2 n_3 n_4 n_5} = \left(-\frac{z_2}{z_1}\right)\left(-\frac{z_3}{z_2}\right)\left(+\frac{z_4}{z_{3'}}\right)\left(-\frac{z_5}{z_{4'}}\right)$$

$$= (-1)^3 \frac{z_2 z_3 z_4 z_5}{z_1 z_2 z_3' z_4'}$$

$$= (-1)^3 \frac{z_3 z_4 z_5}{z_1 z_3' z_4'}$$

由上式可知：

1）平行轴定轴轮系的传动比等于轮系中各对齿轮传动比的连乘积，也等于轮系中所有从动轮齿数连乘积与所有主动轮齿数连乘积之比。若轮系中有 k 个齿轮，则平面平行轴定轴轮系传动比的一般表达式为

$$i_{1k} = \frac{n_1}{n_k} = (-1)^m \frac{1、k \text{ 所有从动齿轮齿数的乘积}}{1、k \text{ 所有主动齿轮齿数的乘积}} \tag{9-2}$$

2）传动比的符号决定于外啮合齿轮的对数 m，当 m 为奇数时，i_{1k} 为负号，说明首、末两轮转向相反；m 为偶数时，i_{1k} 为正号，说明首末两轮转向相同。定轴轮系的转向关系也可用箭头在图上逐对标出，如图 9-6 所示。

3）图 9-6 中的齿轮 2 既是主动轮，又是从动轮，它对传动比的大小不起作用，但改变了传动装置的转向，这种齿轮称为惰轮。惰轮用于改变传动装置的转向和调节轮轴间距，又称为过桥齿轮。

3. 非平行轴定轴轮系的传动比

定轴轮系中含有锥齿轮、蜗杆等传动时，其传动比的大小仍可用式（9-2）计算。但其转动方向只能用箭头在图上标出，而不能用 $(-1)^m$ 来确定，如图 9-7 所示。箭头标定转向的一般方法为：对圆柱齿轮传动，外啮合箭头方向相反，内啮合箭头方向相同；对锥齿轮传动，箭头相对或相离；对蜗杆传动，用主动轮左、右手定则，蜗杆右旋用右手，左旋用左手，四指弯曲方向代表蜗杆转向，大拇指的反方向

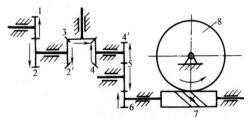

图 9-7　非平行轴的定轴轮系

代表蜗轮在啮合处的速度方向。

例 9-1　如图 9-7 所示的定轴轮系，已知 $z_1 = 20$、$z_2 = 30$、$z_2' = 40$、$z_3 = 20$、$z_4 = 60$、$z_4' = 40$、$z_5 = 30$、$z_6 = 40$、$z_7 = 2$、$z_8 = 40$；齿轮 1 的转速 $n_1 = 2400\text{r/min}$，转向如图 9-7 所示，求传动比 i_{17}、蜗轮 7 的转速和转向。

解　1）蜗轮的转速 n_8

由式（9-2）得

$$i_{18} = \frac{n_1}{n_8} = \frac{z_2 z_3 z_4 z_5 z_6 z_8}{z_1 z_{2'} z_3 z_{4'} z_5 z_7} = \frac{30 \times 60 \times 40 \times 40}{20 \times 40 \times 40 \times 2} = 45$$

$$n_8 = \frac{n_1}{i_{18}} = \frac{2400}{45}\text{r/min} = 53.3\text{r/min}$$

2）蜗轮的转向

由画箭头方法确定蜗轮 n_8 为逆时针方向旋转。

例 9-2　如图 9-8 所示为外圆磨床砂轮架横向进给机构的传动系统图，转动手轮，使砂轮架沿工件作径向移动，以便靠近和离开工件，其中齿轮 1、2、3 和 4 组成定轴轮系，丝杠与齿轮 4 相固联，丝杠转动时带动与螺母固联的刀架移动，丝杠螺距 $t = 4\text{mm}$，各齿数 $z_1 = 25$、$z_2 = 60$、$z_3 = 30$、$z_4 = 50$，试求手轮转一圈时砂轮架移动的距离 L。

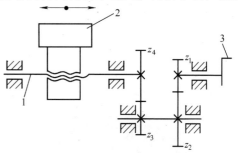

图 9-8　外圆磨床的进给机构
1—丝杠　2—砂轮架　3—手轮

解　轮系为定轴轮系，丝杠的转速与齿轮 4 的转速一样，要想求出丝杠的转速，就应先计算出齿轮 4 的转数，为了方便求出齿轮 4 的转速，这里可以 4 为主动轮，列出计算公式

$$n_{\text{丝杠}} = n_4 \qquad i_{41} = \frac{n_4}{n_1} = \frac{z_3 z_1}{z_4 z_2}$$

$$n_4 = n_1 i_{41} = 1 \times \frac{z_3 z_1}{z_4 z_2} = 1 \times \frac{30 \times 25}{50 \times 60} = 0.25\text{r/min}$$

再计算砂轮架移动的距离，因丝杠转一圈，螺母（砂轮架）移动一个螺距，所以砂轮架移动的距离

$$L = t n_{\text{丝杠}} = t n_4 = 4 \times 0.25\text{mm} = 1\text{mm}$$

生产实践中，加工设备的进给机构都是应用这样的传动系统来完成的，如将手轮（进给刻度盘）等分 50 份，则在转动进给刻度盘 1 等份就相当于进给机构的移动量为 0.02mm。

9.2　行星轮系

9.2.1　行星轮系实例及分类

图 9-9、图 9-10 所示为常见的行星齿轮传动装置。齿轮 2 既绕自身几何轴线 O_2 转动，

又绕齿轮1的固定几何轴线 O_1 转动，如同自然界中的行星一样，既有自转又有公转，所以称为行星轮；齿轮1和齿轮3的几何轴线固定不动，它们被称为太阳轮，分别与行星轮相啮合；支持行星轮作自转和公转的构件 H 称为行星架。由行星轮、太阳轮、行星架以及机架组成的行星齿轮传动装置称为行星轮系。

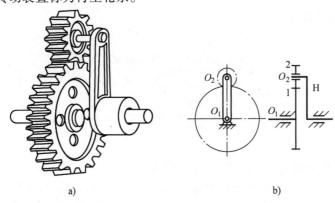

图 9-9　一个太阳轮的简单行星轮系

a）行星轮系结构图　b）机构运动简图

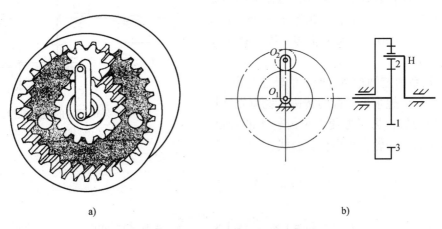

图 9-10　两个太阳轮的简单行星轮系

a）行星轮系结构图　b）机构运动简图

根据太阳轮的数目可以将行星轮系分为两大类。

（1）简单行星轮系　太阳轮的数目不超过两个的行星轮系称为简单行星轮系。图 9-9 中只有一个太阳轮，图 9-10 中有两个太阳轮，它们都是简单行星轮系。此类行星轮系中，行星架 H 与太阳轮的几何轴线必须重合，否则整个轮系不能转动。

（2）复合行星轮系　太阳轮的数目超过两个的行星轮系称为复合行星轮系，如图 9-11 所示。

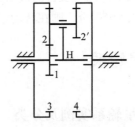

图 9-11　复合行星轮系

9.2.2 行星轮系传动比的计算

因为行星轮系中行星轮 2 的几何轴线不固定，所以该轮系的传动比不能直接利用定轴轮系传动比公式进行计算。现采用"反转法"，即给整个行星轮系（见图 9-12a）加上一个绕轴线 O-O 并与行星架 H 的转向相反的转速（$-n_H$）后，行星架 H 静止不动，而各构件间的相对运动并不改变。这样一来，所有齿轮的几何轴线位置相对行星架全部固定，从而得到一个假想的定轴轮系（见图 9-12b），该假想定轴轮系称为原行星轮系的转化轮系。转化轮系中各构件对行星架 H 的相对转速（或角速度）分别用 n_1^H、n_2^H、n_3^H 及 n_H^H 表示，转化前后各构件的转速见表 9-1。

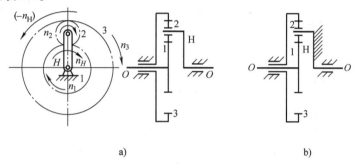

图 9-12 行星轮系的转化轮系

表 9-1 轮系转速表

构 件	行星轮系中各构件转速	转化轮系中各构件转速	构 件	行星轮系中各构件转速	转化轮系中各构件转速
太阳轮 1	n_1	$n_1^H = n_1 - n_H$	太阳轮 3	n_3	$n_3^H = n_3 - n_H$
行星轮 2	n_2	$n_2^H = n_2 - n_H$	行星架 H	n_H	$n_H^H = n_H - n_H = 0$

由于转化轮系中行星架是固定的，即转化轮系成了定轴轮系，因此可借用定轴轮系传动比计算公式进行计算，即

$$i_{13}^H = \frac{n_1^H}{n_3^H} = \frac{n_1 - n_H}{n_3 - n_H} = (-1)^1 \frac{z_2 z_3}{z_1 z_2} = -\frac{z_3}{z_1} \tag{9-3}$$

将式（9-3）写成一般通式为

$$i_{1k}^H = \frac{n_1^H}{n_k^H} = \frac{n_1 - n_H}{n_k - n_H} = (-1)^m \frac{\text{所有从动齿轮齿数乘积}}{\text{所有主动齿轮齿数乘积}} \tag{9-4}$$

利用上式可以求解行星轮系的传动比及未知各构件转速，使用时，应注意以下事项：

1) i_{1k}^H 表示转化轮系的传动比，$i_{1k}^H \neq i_{1k}$。

2) 齿轮 1、k 与行星架 H 的轴线必须重合，否则不能应用该公式。

3) n_1、n_k、n_H 方向相同或相反须用"±"号区别，并与数值一起代入计算。

4) 式中的"±"号表示 n_1^H 和 n_k^H 的转向关系。

若转化机构中所有齿轮轴线平行，可用 $(-1)^m$ 判定式中的"±"号（m 为齿轮 1 至齿轮 k 之间外啮合齿轮的对数）；否则只能用画箭头的办法判定。

例 9-3 图 9-13 所示的行星轮系中，各齿轮齿数为 $z_1 = 25$、$z_2 = 20$、$z_2' = 60$、$z_3 = 50$，转速 $n_1 = 600\text{r/min}$，转向如图所示。求传动比 i_{1H} 和行星架 H 的转速及转向。

解 1）用画箭头的办法判定 n_1^H、n_3^H 的转向相反。

2）列出转化轮系传动比的计算式，求 n_H。

$$i_{13}^H = \frac{n_1^H}{n_3^H} = \frac{n_1 - n_H}{n_3 - n_H} = -\frac{z_2 z_3}{z_1 z_2'}$$

代入已知值，得

$$\frac{600 - n_H}{0 - n_H} = -\frac{20 \times 50}{25 \times 60} = -\frac{2}{3}$$

解得 $n_H = 360\text{r/min}$，转向与 n_1 相同。

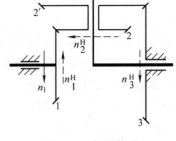

图 9-13　行星轮系

3）求得

$$i_{1H} = \frac{n_1}{n_H} = \frac{600}{360} = 1.67$$

结论：$n_H = 360\text{r/min}$，转向与 n_1 相同，$i_{1H} = 1.67$。

例 9-4 如图 9-14 所示行星轮系 $z_1 = 100$，$z_2 = 101$，$z_2' = 100$，$z_3 = 99$，试求：1）主动件 H 对从动件 1 的传动比 i_{H1}。2）若 $z_1 = 99$，其他齿轮齿数不变时，求传动比 i_{H1}。

解 1）由式（9-4）得

$$i_{13}^H = \frac{n_1 - n_H}{n_3 - n_H} = (-1)^2 \frac{z_2 z_3}{z_1 z_2'} = \frac{101 \times 99}{100 \times 100}$$

齿轮 3 固定，$n_3 = 0$，代入上式得

$$\frac{n_1 - n_H}{0 - n_H} = \frac{101 \times 99}{100 \times 100}$$

$$\frac{n_1}{n_H} = 1 - \frac{9999}{10000} = \frac{1}{10000}$$

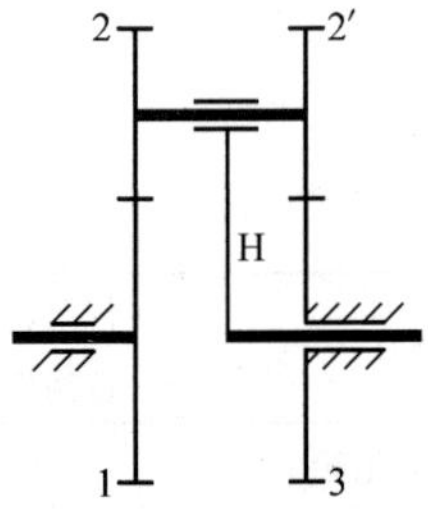

图 9-14　大传动
比行星轮系

$$i_{H1} = \frac{n_H}{n_1} = 10000 \text{（行星架 H 与齿轮 1 转向相同）}$$

由此结果可知，行星架 H 转 10000 转时，太阳轮 1 只转 1 转，表明它的传动比很大。但是，这种大传动比行星轮系的效率很低。若取轮 1 为主动件（用于增速时），机构将发生自锁而不能运动。故这种行星轮只适用于行星架 H 为主动件，并以传递运动为主的减速场合。

2）$z_1 = 99$，其他齿轮齿数不变时，求 i_{H1}。由

$$\frac{n_1}{n_H} = 1 - \frac{z_2 z_3}{z_1 z_2'} = 1 - \frac{101 \times 99}{99 \times 100} = -\frac{1}{100}$$

$$i_{H1} = \frac{n_H}{n_1} = -100$$

计算结果表明，同一种结构形式的行星轮系，由于某一齿轮的齿数少了一齿，传动比可相差 100 倍，且传动比的符号也改变了（即转向改变）。这说明构件实际转速的大小和回转方向的判断，用直观方法是看不出来的，必须根据计算结果确定。

9.3 混合轮系

由定轴轮系和行星轮系组合成的轮系称为混合轮系（见图 9-15）。因为混合轮系是由两种运动性质不同的轮系组成的，所以在计算传动比时，必须将混合轮系先分解为行星轮系和定轴轮系，然后分别按相应的传动比计算公式列出算式，最后联立求解

例 9-5 在图 9-15 所示的混合轮系中，已知 $z_1 = 20$、$z_2 = 40$、$z_2' = 20$、$z_3 = 30$、$z_4 = 80$。求传动比 i_{1H}。

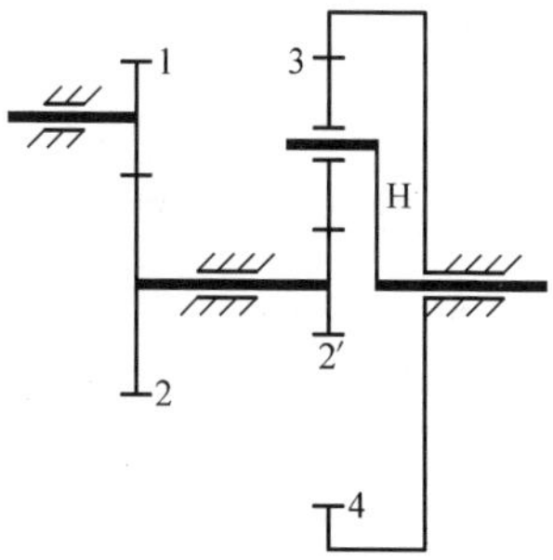

解 1）分析轮系，该轮系中，轮 3 为行星轮，与其相啮合的齿轮 2′、4 为太阳轮，所以 2′、3、4、H 组成行星轮系；齿轮 1、2 为定轴轮系。

2）按定轴轮系列式

$$i_{12} = \frac{n_1}{n_2} = -\frac{z_2}{z_1} \qquad (a)$$

图 9-15　混合轮系

3）按行星轮系 2′ - 3（H）- 4 列出转化轮系传动比计算式

$$i_{2'4}^H = \frac{n_2' - n_H}{n_4 - n_H} = (-1)^1 \frac{z_3 z_4}{z_2' z_3} = -\frac{z_4}{z_2'} \qquad (b)$$

4）将已知各轮的齿数及 $n_4 = 0$ 及 $n_2' = n_2$ 等代入式（a）、（b），得

$$i_{12} = \frac{n_1}{n_2} = -\frac{40}{20} \qquad (a')$$

$$i_{2'4}^H = \frac{n_2 - n_H}{0 - n_H} = -\frac{80}{20} \qquad (b')$$

由式（a′）得 $n_2 = -0.5n_1$。对双联齿轮，$n_2 = n_2'$，将 $n_2 = -0.5n_1$ 代入式（b′）得

$$\frac{-0.5n_1 - n_H}{-n_H} = -4$$

由此解得

$$i_{1H} = \frac{n_1}{n_H} = -10$$

9.4 减速器

减速器是用于原动机和工作机之间的封闭式机械传动装置，由封闭在箱体内的齿轮或蜗杆传动所组成，主要用来降低转速、增大转矩或改变转动方向。由于其传递运动准确可靠，结构紧凑，润滑条件良好，效率高，寿命长，且使用维修方便，因此得到广泛的应用。

生产中使用的减速器目前已经标准化和系列化，且由专门生产厂制造，使用者可根据具体的工作条件进行选择。

9.4.1 减速器的主要形式、特点及应用

根据传动零件的形式，减速器可分为齿轮减速器、蜗杆减速器；根据齿轮的形状不同，

可分为圆柱齿轮减速器、锥齿轮减速器；根据传动的级数，可分为一级减速器和多级减速器；根据传动的结构形式，可分为展开式、同轴式和分流式减速器。这里只介绍常见的简单的一级和二级减速器，其他形式的减速器可参看有关手册。常见的减速器形式及特点见表9-2。

表 9-2　常见减速器的形式及特点

名称	形　式	推荐传动比范围	特点及应用
一级减速器	圆柱齿轮	直齿 $i \leqslant 5$ 斜齿、人字齿 $i \leqslant 10$	轮齿可做成直齿、斜齿或人字齿。箱体一般用铸铁做成，单件或小批量生产时可采用焊接结构，尽可能不用铸钢件 支承通常用滚动轴承，也可用滑动轴承
	锥齿轮	直齿 $i \leqslant 3$ 斜齿 $i \leqslant 6$	用于输入轴和输出轴垂直相交的传动
	下置式蜗杆	$i = 10 \sim 70$	蜗杆在蜗轮的下面，润滑方便，效果较好，但蜗杆搅油损失大，一般用在蜗杆圆周速度 $v < 4 \sim 5\mathrm{m/s}$ 的场合
	上置式蜗杆	$i = 10 \sim 70$	蜗杆在上面，润滑不便，装拆方便，蜗杆的圆周速度可高些
二级减速器	圆柱齿轮展开式	$i = i_1 \cdot i_2 = 8 \sim 40$	二级减速器中最简单的一种，由于齿轮相对于轴承位置不对称，轴应具有较高的刚度。用于载荷稳定的场合。高速级常用斜齿，低速级用斜齿或直齿
	圆锥-圆柱齿轮	$i = i_1 \cdot i_2 = 8 \sim 15$	锥齿轮应用在高速级，使齿轮尺寸不致过大，否则加工困难。锥齿轮可用直齿或弧齿。圆柱齿轮可用直齿或斜齿

9.4.2 减速器的构造

减速器结构因其类型、用途不同而不同。但无论何种类型的减速器，其结构都是由箱体、轴系部件及附件组成。典型圆柱齿轮减速器结构如图9-16所示，图9-17至图9-20分别为一级圆柱齿轮减速器、二级圆柱齿轮减速器、圆锥-圆柱齿轮减速器、蜗杆减速器的实物图。

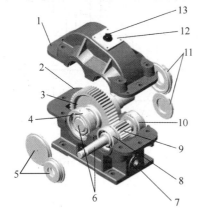

图 9-16　圆柱齿轮减速器结构
1—上箱体　2—下箱体　3—大齿轮　4、8、10—轴承
5、11—轴承端盖　6—轴　7—放油螺塞　9—小齿轮
12—检查孔盖　13—通气器

图 9-17　一级圆柱齿轮减速器实物图

图 9-18　二级圆柱齿轮减速器实物图

图 9-19　圆锥-圆柱齿轮减速器实物图

图 9-20　蜗杆减速器实物图

实例分析

实例一　图9-21为铣床主轴箱。箱外有一级V带传动减速装置，箱内 I 轴上有三联滑动齿轮，Ⅲ 轴上有双联滑动齿轮。用拨叉分别移动三联和双联滑动齿轮，可使主轴 Ⅲ 得到六种不同的转速。已知 I 轴的转速 $n_1 = 360 \mathrm{r/min}$，各齿轮齿数为 $z_1 = 14$，$z_2 = 48$，$z_3 = 28$，$z_4 = 20$，$z_5 = 30$，$z_6 = 70$，$z_7 = 36$，$z_8 = 56$，$z_9 = 40$，$z_{10} = 30$，计算主轴 Ⅲ 的六种转速。

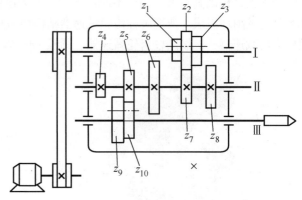

图9-21　铣床主轴箱传动图

解　1）当 Ⅲ 轴上双联齿轮 $z_{10} = 30$ 与 Ⅱ 轴的 $z_5 = 30$ 啮合时，移动 I 轴上的三联齿轮，可得到主轴的三种不同转速：

①$z_1 \rightarrow z_6 \rightarrow z_5 \rightarrow z_{10}$

$$i_{\text{总}1} = \frac{n_{\mathrm{I}}}{n_{\mathrm{Ⅲ}}} = \frac{70 \times 30}{14 \times 30} = 5, \quad n_{\mathrm{Ⅲ}} = n_{\mathrm{I}} \times \frac{1}{i_{\text{总}1}} = 360 \mathrm{r/min} \times \frac{1}{5} = 72 \mathrm{r/min}$$

②$z_3 \rightarrow z_8 \rightarrow z_5 \rightarrow z_{10}$

$$i_{\text{总}2} = \frac{n_{\mathrm{I}}}{n_{\mathrm{Ⅲ}}} = \frac{56 \times 30}{28 \times 30} = 2, \quad n_{\mathrm{Ⅲ}} = n_{\mathrm{I}} \times \frac{1}{i_{\text{总}2}} = 360 \mathrm{r/min} \times \frac{1}{2} = 180 \mathrm{r/min}$$

③$z_2 \rightarrow z_7 \rightarrow z_5 \rightarrow z_{10}$

$$i_{\text{总}3} = \frac{n_{\mathrm{I}}}{n_{\mathrm{Ⅲ}}} = \frac{36 \times 30}{48 \times 30} = \frac{3}{4}, \quad n_{\mathrm{Ⅲ}} = n_{\mathrm{I}} \times \frac{1}{i_{\text{总}3}} = 360 \mathrm{r/min} \times \frac{4}{3} = 480 \mathrm{r/min}$$

2）当 Ⅲ 轴上双联齿轮 $z_9 = 40$ 与 Ⅱ 轴的 $z_4 = 20$ 啮合时，移动 I 轴上的三联齿轮，又可得到主轴的三种不同转速：

①$z_1 \rightarrow z_6 \rightarrow z_4 \rightarrow z_9$

$$i_{\text{总}4} = \frac{n_{\mathrm{I}}}{n_{\mathrm{Ⅲ}}} = \frac{70 \times 40}{14 \times 20} = 10, \quad n_{\mathrm{Ⅲ}} = n_{\mathrm{I}} \times \frac{1}{i_{\text{总}4}} = 360 \mathrm{r/min} \times \frac{1}{10} = 36 \mathrm{r/min}$$

②$z_3 \rightarrow z_8 \rightarrow z_4 \rightarrow z_9$

$$i_{\text{总}5} = \frac{n_{\mathrm{I}}}{n_{\mathrm{Ⅲ}}} = \frac{56 \times 40}{28 \times 20} = 4, \quad n_{\mathrm{Ⅲ}} = n_{\mathrm{I}} \times \frac{1}{i_{\text{总}5}} = 360 \mathrm{r/min} \times \frac{1}{4} = 90 \mathrm{r/min}$$

③$z_2 \rightarrow z_7 \rightarrow z_4 \rightarrow z_9$

$$i_{\text{总}6} = \frac{n_{\mathrm{I}}}{n_{\mathrm{Ⅲ}}} = \frac{36 \times 40}{48 \times 20} = \frac{3}{2}, \quad n_{\mathrm{Ⅲ}} = n_{\mathrm{I}} \times \frac{1}{i_{\text{总}6}} = 360 \mathrm{r/min} \times \frac{2}{3} = 240 \mathrm{r/min}$$

实例二　图9-22所示为滚齿机工作台的传动系统，已知各齿轮的齿数为：$z_1 = 15$，$z_2 = 28$，$z_3 = 15$，$z_4 = 35$，$z_9 = 40$，蜗杆8和滚刀A均为单头，若被切齿轮的齿数为64时，试求

传动比 i_{75} 及 z_5、z_7 的齿数。

解 分析过程如下:

本题目为定轴轮系,滚刀 A 和蜗杆 8 的头数都为 1,齿轮 1 和齿轮 3 同轴,$n_1 = n_3$。根据齿轮的展成原理,滚刀 A 与轮坯 B 的转速关系应满足下式

$$i_{AB} = \frac{n_A}{n_B} = \frac{z_B}{z_A} = \frac{64}{1} = 64 \qquad ①$$

这一速比应该由滚齿机工作台的传动系统加以保证,其传动路线为:齿轮 $2(A) \to 1(3)$ $\to 4(5) \to 6 \to 7(8) \to 9(B)$,其中齿轮 6 为惰轮。因不需判断其传动的方向,故轮系的传动比为

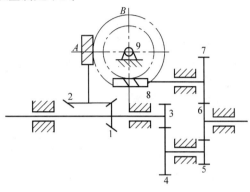

图 9-22 滚齿机工作台的传动系统

$$i_{AB} = \frac{n_A}{n_B} = \frac{z_1 z_4 z_7 z_9}{z_2 z_3 z_5 z_8} = \frac{15 \times 35 \times 40}{28 \times 15 \times 1} \times \frac{z_7}{z_5}$$

$$= 50 \times \frac{z_7}{z_5} \qquad ②$$

②代入①整理得

$$i_{75} = \frac{n_7}{n_5} = \frac{z_5}{z_7} = \frac{25}{32}, \quad z_5 = 25、z_7 = 32$$

本实例的实用价值是只要选用 $z_5 = 25$、$z_7 = 32$ 的一对齿轮,再按中心距搭配一个合适的齿轮 z_6 就能保证加工 64 个齿的齿轮。当被加工的齿轮的齿数 z_B 变化时,所需的传动比 i_{75} 也随之改变,这时只要根据 i_{75} 更换交换齿轮 z_5、z_7 和 z_6,就能保证滚齿机正确加工。

如加工 80 个齿的齿轮,选用 $z_5 = 25$、$z_7 = 40$,再配一个 z_6 就可以了。

知识小结

1. 轮系 $\begin{cases} 定轴轮系 \\ 行星轮系 \\ 混合轮系 \end{cases}$

2. 减速器 $\begin{cases} 一级圆柱齿轮减速器 \\ 一级锥齿轮减速器 \\ 下置式蜗杆减速器 \\ 上置式蜗杆减速器 \\ 圆柱齿轮展开式减速器 \\ 圆锥-圆柱齿轮减速器 \end{cases}$

习 题

一、判断题(认为正确的,在括号内打√;反之打×)

1. 车床上的进给箱、运输机中的减速器都属于轮系。 ( )

2. 在轮系中,输出轴与输入轴的角速度(或转速)之比称为轮系的传动比。 ( )

3. 定轴轮系中每个齿轮的几何轴线位置都是固定的。 ( )

4. 定轴轮系传动比,等于该轮系的所有从动齿轮齿数连乘积与所有主动齿轮齿数连乘积之比。( )

5. 轮系中加惰轮既会改变总传动比的大小，又会改变从动轮的旋转方向。　　　　　（　　）

6. 采用轮系传动可以实现无级变速。　　　　　　　　　　　　　　　　　　　　　（　　）

7. 轮系传动既可用于相距较远的两轴间传动，又可获得较大的传动比。　　　　　（　　）

8. 平行轴定轴轮系传动比计算公式中，－1 的指数 m 表示轮系中外啮合的圆柱齿轮的对数。（　　）

9. 轮系中的某一个中间齿轮，既可以是前一级齿轮副的从动轮，又可以是后一级的主动轮。（　　）

10. 轮系可以实现多级的变速要求。　　　　　　　　　　　　　　　　　　　　　　（　　）

二、选择题（将正确答案的字母序号填入括号内）

1. 当两轴相距较远，且要求传动准确时，应选用_____。　　　　　　　　　　　（　　）

A. 带传动　　　　　　　　　B. 链传动　　　　　　　　　C. 齿轮系传动

2. 传动比很大，要求平稳并能实现变速、变向的传动选用_____传动。　　　　　（　　）

A. 带传动　　　　　　　　　B. 链传动　　　　　　　　　C. 齿轮系传动

3. 轮系是指_____。　　　　　　　　　　　　　　　　　　　　　　　　　　　（　　）

A. 不能获得大传动比　　　　B. 不适宜作较远距离的传递　C. 可以实现变向和变速要求

4. 若主动轴转速为 1200r/min，现要求在高效率下使传动轴获得 12r/min 的转速，应采用_____传动。

（　　）

A. 单头蜗杆　　　　　　　　B. 一对齿轮传动　　　　　　C. 齿轮系传动

5. 定轴轮系的传动比大小与轮系中惰轮的齿数_____。　　　　　　　　　　　　（　　）

A. 有关　　　　　　　　　　B. 无关　　　　　　　　　　C. 成正比

6. 轮系中，_____转速之比称为轮系的传动比。　　　　　　　　　　　　　　　（　　）

A. 末轮与首轮　　　　　　　B. 末轮与中间轮　　　　　　C. 首轮与末轮

7. 传递平行轴运动的轮系，若外啮合齿轮为偶数对时，首末两轮转向_____。　　（　　）

A. 相同　　　　　　　　　　B. 相反　　　　　　　　　　C. 不确定

8. 在图 9-23 所示的三星轮换向机构传动中，1 为主动轮，4 为从动轮，图示位置_____。（　　）

A. 有 1 个惰轮，主、从动轮转向相同

B. 有 1 个惰轮，主、从动轮转向相反

C. 有 2 个惰轮，主、从动轮转向相同

9. 图 9-24 所示为滑移齿轮变速机构，分析输出轴 V 的转速有_____。　　　　　（　　）

A. 18 种　　　　　　　　　　B. 16 种　　　　　　　　　　C. 12 种

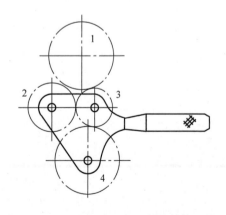

图 9-23　题二-8 图

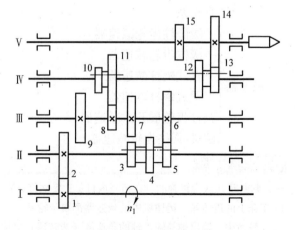

图 9-24　题二-9 图

10. 定轴轮系的末端是齿轮齿条传动，已知小齿轮模数 $m = 3\text{mm}$，齿数 $z = 15$，末端齿轮的转速 $n_{齿轮} = 10\text{r/min}$，则齿条的运动速度为_____。 ( )

A. 1300mm/min B. 1413mm/min C. 1500mm/min

三、设计计算题

1. 在图 9-25 所示的蜗杆传动中，已知蜗杆均为单头左旋，蜗轮齿数 $z_2 = 24$，$z_4 = 36$。试求传动比 i_{14} 及蜗轮 4 的转向。

2. 在图 9-26 所示的轮系中，已知各齿轮齿数为 $z_1 = 20$，$z_2 = 40$，$z_3 = 15$，$z_4 = 60$，$z_5 = 18$，$z_6 = 18$，$z_7 = 2$（左旋），$z_8 = 40$，$z_9 = 20$，齿轮 9 的模数 $m = 4\text{mm}$，齿轮 1 的转速 $n_1 = 100\text{r/min}$，转向如图示，求齿条 10 的速度 v_{10}，并确定其移动方向。

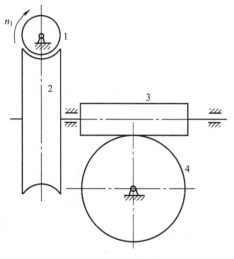

图 9-25　题三-1 图

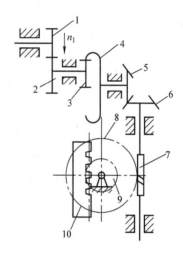

图 9-26　题三-2 图

教学要求

★ **能力目标**

1）了解各种带传动应用场合的能力。

2）了解 V 带标准、带轮标准的能力。

3）带传动设计的能力。

4）带传动张紧、安装与维护的能力。

5）滚子链传动设计的能力。

6）链传动布置、张紧与润滑的能力。

★ **知识要素**

1）带传动与链传动类型、工作原理、特点及应用。

2）V 带的结构、类型标记及 V 带轮的结构、V 带工作应力分析。

3）带传动、滚子链传动设计计算。

4）带传动与链传动的安装与维护常识。

★ **学习重点与难点**

带传动、滚子链传动设计计算。

技能要求

1）V 带安装、张紧的技能。

2）链传动张紧、润滑的技能。

引 言

各种机械和各种运输设备上广泛应用着带传动和链传动，图 10-1 所示为拖拉机上的柴油发动机的带传动，通过带传动将柴油机的动力传递给拖拉机的传动部分，驱动拖拉机正常工作。

链传动则广泛应用于各类运输设备上，自行车就是应用链传动最典型的例子，如图 10-2 所示。

图 10-1 柴油发动机

图 10-2 自行车

本章主要介绍带传动与链传动的组成、工作原理及安装与维护方面的知识。

学习内容

10.1　带传动的工作原理、类型及特点

带传动是一种应用很广的机械传动，一般由主动带轮、从动带轮和紧套在两带轮上的传动带组成，如图 10-3 所示。带传动有摩擦式和啮合式两种。

摩擦式带传动是依靠紧套在带轮上的传动带与带轮接触面间产生的摩擦力来传递运动和动力的，应用最为广泛。

啮合式带传动是靠传动带与带轮上齿的啮合来传递运动和动力的。比较典型的是图 10-4 所示的同步带传动，它除保持了摩擦带传动的优点外，还具有传递功率大，传动比准确等优点，故多用于要求传动平稳、传动精度较高的场合。数控机床、机车发动机、纺织机械等都应用了同步带传动。

图 10-3　带传动
1—从动带轮　2—传动带　3—主动带轮

图 10-4　同步带传动

本章主要讨论摩擦式带传动的问题。

摩擦式带传动按带的截面形状，可分为平带、V 带、多楔带、圆带传动等类型，如图 10-5 所示。

平带以内周为工作面，主要用于两轴平行、转向相同的较远距离的传动。

V 带以两侧面为工作面，在相同压紧力和相同摩擦因数的条件下，V 带产生的摩擦力要比平带大约 3 倍，所以 V 带传动能力强，结构更紧凑，在机械传动中应用最广泛。

多楔带相当于平带与几根 V 带的组合，兼有两者的优点，多用于结构要求紧凑的大功率传动中。

圆带仅用于如缝纫机、仪器等低速、小功率场合。

带传动的特点如下：

1）带是挠性体，富有弹性，故可缓冲、吸振，因而工作平稳、噪声小。

2）过载时，传动带会在小带轮上打滑，可防止其他零件的损坏，起到过载保护作用。

3）结构简单，成本低廉，制造、安装、维护方便，适用于较大中心距的场合。

4）传动比不够准确，外廓尺寸大，传动效率较低，不适用于有易燃、易爆气体的场合中。

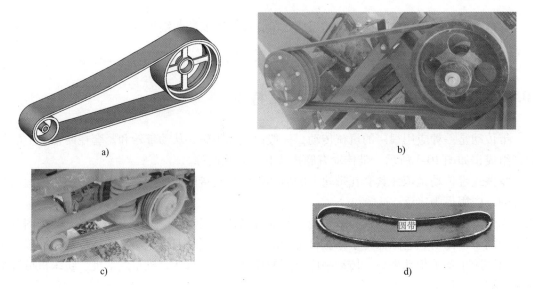

图 10-5　带传动类型

a）平带传动　b）V 带传动　c）多楔带传动　d）圆带传动

因此，带传动多用于机械中要求传动平稳、传动比要求不严格、中心距较大的高速级传动。一般带速 $v = 5 \sim 25\text{m/s}$，传动比 $i \leqslant 5$，传递功率 $P \leqslant 50\text{kW}$，效率 $\eta = 0.92 \sim 0.97$。

10.2　普通 V 带及 V 带轮

1. 普通 V 带的结构及标准

普通 V 带的结构如图 10-6 所示，由包布层、拉伸层、强力层、压缩层四部分组成。强力层分帘布芯和绳芯两种。帘布芯结构的 V 带，制造方便、抗拉强度好；而绳芯结构的 V 带，柔韧性好、抗弯强度高，适用于带轮直径小、转速较高的场合。

普通 V 带（楔角 $\theta = 40°$，$h/b_p \approx 0.7$）已标准化，按截面尺寸由小到大分为 Y、Z、A、B、C、D、E 七种型号，如图 10-7 所示，其尺寸见表 10-1。

图 10-6　V 带的结构

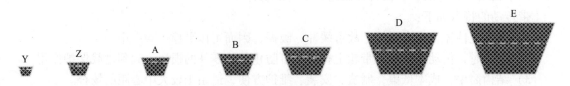

图 10-7　V 带的型号

表 10-1　普通 V 带、窄 V 带及带轮轮槽尺寸

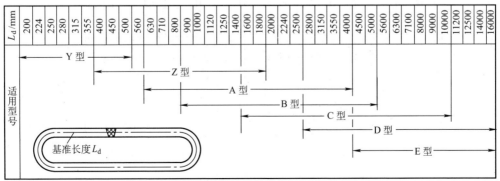

型号	Y	Z	A	B	C	D	E
b_p/mm	5.3	8.5	11.0	14.0	19.0	27.0	32.0
b/mm	6	10	13	17	22	32	38
h/mm	4	6	8	11	14	19	25
θ				40°			
每米带长的质量 $q/(\mathrm{kg \cdot m^{-1}})$	0.02	0.06	0.10	0.17	0.30	0.62	0.90
h_{fmin}/mm	4.7	7	8.7	10.8	14.3	19.9	23.4
h_{amin}/mm	1.6	2.0	2.75	3.5	4.8	8.1	9.6
e/mm	8 ± 0.3	12 ± 0.3	15 ± 0.3	19 ± 0.4	25.5 ± 0.5	37 ± 0.6	44.5 ± 0.7
f_{min}/mm	6	7	9	11.5	16	23	28
b_p/mm	5.3	8.5	11.0	14.0	19.0	27.0	32.0
δ_{min}/mm	5	5.5	6	7.5	10	12	15
B/mm				$B = (z-1)e + 2f$(z 为轮槽数)			

φ								
32°	d_d /mm	≤60						
34°			≤80	≤118	≤190	≤315		
36°		>60					≤475	≤600
38°			>80	>118	>190	>315	>475	>600

标准普通 V 带都制成无接头的环形，当带绕过带轮时，外层受拉而伸长，故称拉伸层；底层受压而缩短，故称压缩层；而在强力层部分必有一层既不受拉，也不受压的中性层，称为节面，其宽度 b_p，称为节宽（见表 10-1 图）；当带绕在带轮上弯曲时，其节宽保持不变。

在 V 带轮上，与 V 带节宽 b_p 处于同一位置的轮槽宽度，称为基准宽度，仍以 b_p 表示，基准宽度处的带轮直径，称为 V 带轮的基准直径，用 d_d 表示，它是 V 带轮的公称直径。

在规定的张紧力下，位于带轮基准直径上的周线长度，称为 V 带的基准长度，用 L_d 表示，它是 V 带的公称长度（见表 10-2）。V 带基准长度的尺寸系列见表 10-2。

表 10-2　普通 V 带基准长度的尺寸系列值

L_d/mm	200 224 250 280 315 355 400 450 500 560 630 710 800 900 1000 1120 1250 1400 1600 1800 2000 2240 2500 2800 3150 3550 4000 4500 5000 5600 6300 7100 8000 9000 10000 11200 12500 14000 16000
适用型号	Y 型 / Z 型 / A 型 / B 型 / C 型 / D 型 / E 型 基准长度 L_d

普通 V 带的标记是由型号、基准长度和生产厂家三部分组成，V 带的标记通常都压印在带的顶面，如图 10-8 所示。

为使各根带受力比较均匀，带传动使用的根数不宜过多，一般取 2 ~ 5 根为宜，最多不能超过 8 ~ 10 根。

2. 普通 V 带轮

普通 V 带轮一般由轮缘、轮毂及轮辐组成。根据轮辐结构的不同，常用 V 带轮分为四种类型，如图 10-9 所示。V 带轮的结构形式和结构尺寸可根据 V 带

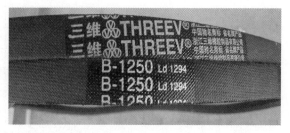

图 10-8　V 带的标记

型号、带轮的基准直径 d_d 和轴孔直径，按《机械设计手册》提供的图表选取；轮缘截面上槽形的尺寸如表 10-1 所示；普通 V 带的楔形角 θ 为 40°，当绕过带轮弯曲时，会产生横向变形，使其楔形角变小，为使带轮轮槽工作面和 V 带两侧面接触良好，一般轮槽制成后的楔角 φ 都小于 40°，带轮直径越小，所制轮槽楔角也越小。

V 带轮常用的材料有灰铸铁、铸钢、铝合金、工程塑料等，其中灰铸铁应用最广。当 v ≤30m/s 时，用 HT200；v≥25 ~ 45m/s 时，用孕育铸铁或铸钢；小功率传动可选用铸铝或工程塑料。

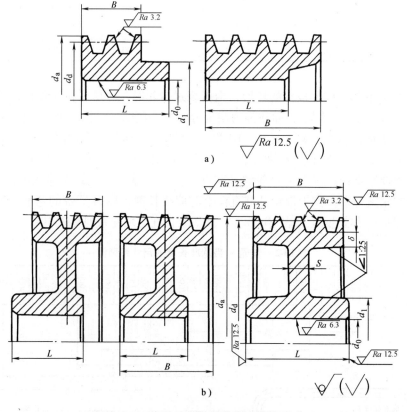

图 10-9　普通 V 带带轮的典型结构型式

a）实心轮　b）腹板轮

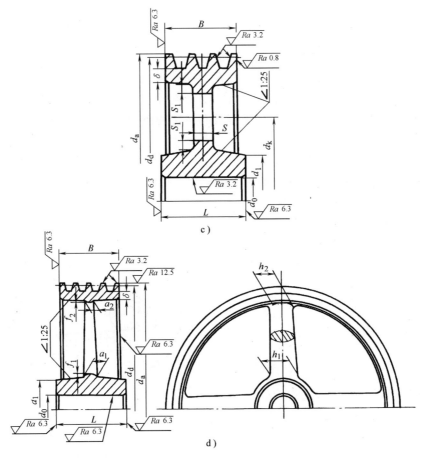

图 10-9 普通 V 带带轮的典型结构型式（续）

c）孔板轮 d）椭圆轮辐

$d_1 = (1.8 \sim 2)d_0$；$L = (1.5 \sim 2)\, d_0$；$S = (0.2 \sim 0.3)\, B$；$S_1 \geqslant 0.5S$；$h_1 = 290\sqrt[3]{\dfrac{P}{nA}}$ （mm）；

P 为传递的功率（kW）；n 为带轮的转速（r/min）；A 为轮辐数；$h_2 = 0.8h_1$；$\alpha_1 = 0.14h_1$；

$\alpha_2 = 0.8\alpha_1$；$f_1 = 0.2h_1$；$f_2 = 0.2h_2$

10.3 带传动工作能力分析

1. 带传动的受力分析与打滑

带安装时必须张紧套在带轮上，传动带由于张紧而使上下两边所受到相等的拉力称为初拉力，用 F_0 表示，如图 10-10a 所示。

工作时，主动轮 1 在转矩 T_1 的作用下以转速 n_1 转动；由于摩擦力的作用，驱动从动轮 2 克服阻力矩 T_2，并以转速 n_2 转动，此时两轮作用在带上的摩擦力方向，如图 10-10b 所示，进入主动轮一边的带进一步被拉紧，拉力由 F_0 增至 F_1；绕出主动轮一边的带被放松，拉力由 F_0 降至 F_2，形成紧边和松边。紧边和松边的拉力差值（$F_1 - F_2$）即为带传动传递的有效圆周力，用 F 表示。有效圆周力在数值上等于带与带轮接触弧上摩擦力值的总和 ΣF_f，即

$$F = F_1 - F_2 = \Sigma F_f \qquad (10\text{-}1)$$

当初拉力 F_0 一定时，带与轮面间摩擦力值的总和有一个极限值为 ΣF_{flim}。当传递的有效圆周力 F 超过极限值 ΣF_{flim} 时，带将在带轮上发生全面的滑动，这种现象称之为打滑。打滑一般出现在小带轮上。打滑使传动失效，应予避免。

带传动所能传递的最大圆周力与初拉力 F_0、摩擦因数 f 和包角 α 等有关，而 F_0 和 f 不能太大，否则会降低传动带寿命。包角 α 增加，带与带轮之间的摩擦力总和增加，从而提高了传动的能力。因此，设计时为了保证带具有一定的传动能力，要求 V 带在小轮上的包角 $\alpha_1 > 120°$。

2. 带传动的应力分析与疲劳强度

带传动工作时，在带的横截面上存在三种应力（见图 10-11）：

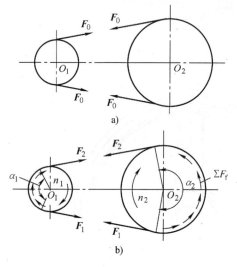

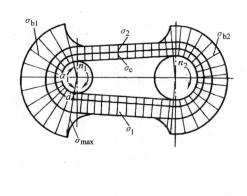

图 10-10　V 带传动的受力分析
a）未工作时　b）工作时

图 10-11　V 带截面上的应力分布

（1）由拉力产生的拉应力（σ）　带传动工作时，紧边和松边的拉应力分别为 σ_1、σ_2。由于紧边和松边的拉力不同，故沿转动方向，绕在主动轮上带的拉应力由 σ_1 渐渐地降到 σ_2，绕在从动轮上带的拉应力则由 σ_2 渐渐上升为 σ_1。

（2）由离心力产生的离心应力（σ_c）　带绕过带轮时作圆周运动而产生离心力，离心力将使带受拉，在截面上产生离心拉应力。同时可知，转速越快，V 带的质量越大，σ_c 就越大，故传动带的速度不宜过高。高速传动时，应采用材质较轻的带。

（3）由于弯曲变形而产生弯曲应力（σ_b）　带绕过带轮时，带越厚，带轮直径越小，则带所受的弯曲应力就越大。弯曲应力只发生在带的弯曲部分，且小带轮处的弯曲应力 σ_{b1} 大于大带轮处的弯曲应力 σ_{b2}，设计时应限制小带轮的最小直径 d_{dmin}。

上述三种应力在带上的分布情况如图 10-11 所示，最大应力发生在紧边刚绕入小带轮的 a 处，其值为

$$\sigma_{max} = \sigma_{b1} + \sigma_c + \sigma_1 \tag{10-2}$$

由图可知，带某一截面上的应力随着带的运转而变化，显然，传动带在变应力反复作用下会产生脱层、撕裂，最后导致疲劳断裂而失效。

为了保证带传动正常工作，应在保证带传动不打滑的条件下，使 V 带具有一定的疲劳强度和寿命。

3. 带传动的弹性滑动与传动比

传动带是弹性体，在拉力作用下会产生弹性伸长，其弹性伸长量随拉力而变化。传动时，紧边拉力 F_1 大于松边拉力 F_2，因此紧边产生的弹性伸长量大于松边的弹性伸长量。

如图 10-12 所示，当带的紧边在 a 点进入主动轮 1 时，带速与轮 1 的圆周速度 v_1 相等，但在轮 1 由 a 点旋转至 b 点的过程中，带所受的拉力由 F_1 逐渐降到 F_2，其弹性伸长量也逐渐减小，从而使带沿着轮 1 面产生微小的滑动，造成带速小于轮 1 的速度，在 b 点，带速降为 v_2。同理，带在从动轮 2 上由 c 点旋转至 d 点的过程中，由于拉力逐渐增大，带的弹性伸长量也增加，这时带在轮面 2 上向前滑动，致使带速大于轮 2 的速度 v_2，至 d 点又升高为 v_1 值。

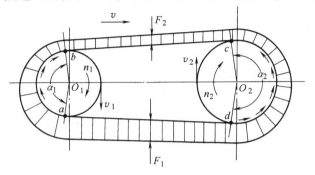

图 10-12　带传动的弹性滑动

由于带的弹性变形而引起带在轮面上滑动的现象，称为弹性滑动。弹性滑动在带工作时是不可避免的。弹性滑动会使带磨损，从而降低带的寿命，并使从动轮的速度降低，影响传动比。

虽然弹性滑动随所传递载荷的大小而变化，不是一个定值，影响带传动的传动比不能保持准确值，但实际上带传动正常工作时，弹性滑动所引起的影响，一般情况下可略去不计，故带的传动比 $i = \dfrac{n_1}{n_2} = \dfrac{d_2}{d_1}$。

10.4　带传动的设计计算

10.4.1　带传动的失效形式和设计准则

由带传动的工作情况分析，带传动的主要失效形式是打滑和带的疲劳损坏。因此，带传动的设计准则是：在保证带传动不打滑的前提下，具有一定的疲劳强度和寿命。

10.4.2　单根 V 带的基本额定功率

在包角 $\alpha = 180°$、特定带长、传动比 $i = 1$、工作平稳的条件下，单根 V 带的基本额定功率 P_0 见表 10-3。当实际工作条件与此不同时，应对 P_0 值加以修正，得到实际工作条件下单根 V 带所能传递的功率 $[P_0]$，计算公式为

$$[P_0] = (P_0 + \Delta P_0) K_\alpha K_L \tag{10-3}$$

式中　ΔP_0——考虑传动比 $i \neq 1$ 时，单根 V 带传递的额定功率增加量（kW）。因 $d_{d1} \neq d_{d2}$，带绕过大带轮时的弯曲应力 σ_{b2} 小于带绕过小带轮时的弯曲应力 σ_{b1}，此时带

所能传递的功率有所增加，故引入增加量修正，见表10-3；

K_α——包角修正系数，见表10-4；

K_L——带长修正系数，见表10-5。

表 10-3　普通 V 带的基本额定功率 P_0 和功率增量 ΔP_0

型号	小带轮转速 n/（r/min）	小带轮基准直径 d_{d1}/mm 单根 V 带的额定功率 P_0/kW								传动比 i 1.13~1.18	1.19~1.24	1.25~1.34	1.35~1.51	1.52~1.99	≥2.00
										额定功率增量 ΔP_0/kW					
A		75	90	100	112	125	140	160	180						
	700	0.04	0.61	0.74	0.90	1.07	1.26	1.51	1.76	0.04	0.05	0.06	0.07	0.08	0.09
	800	0.45	0.68	0.83	1.00	1.19	1.41	1.69	1.97	0.04	0.05	0.06	0.08	0.09	0.10
	950	0.51	0.77	0.95	1.15	1.37	1.62	1.95	2.27	0.05	0.06	0.07	0.08	0.10	0.11
	1200	0.60	0.93	1.14	1.39	1.66	1.96	2.36	2.74	0.07	0.08	0.10	0.11	0.13	0.15
	1450	0.68	1.07	1.32	1.61	1.92	2.28	2.73	3.16	0.08	0.09	0.11	0.13	0.15	0.17
	1600	0.73	1.15	1.42	1.74	2.07	2.45	2.94	3.40	0.07	0.11	0.13	0.14	0.17	0.19
	2000	0.84	1.34	1.66	2.04	2.44	2.87	3.42	3.93	0.11	0.13	0.16	0.19	0.22	0.24
B		125	140	160	180	200	224	250	280						
	400	0.84	1.05	1.32	1.59	1.85	2.17	2.50	2.89	0.06	0.07	0.08	0.10	0.11	0.13
	700	1.30	1.64	2.09	2.53	2.96	3.47	4.00	4.61	0.10	0.12	0.15	0.17	0.20	0.22
	800	1.44	1.82	2.32	2.81	3.30	3.86	4.46	5.13	0.11	0.14	0.17	0.20	0.23	0.25
	950	1.64	2.08	2.66	3.22	3.77	4.42	5.10	5.85	0.13	0.17	0.20	0.23	0.26	0.30
	1200	1.93	2.47	3.17	3.85	4.50	5.26	6.14	6.90	0.17	0.21	0.25	0.30	0.34	0.38
	1450	2.19	2.82	3.62	4.39	5.13	5.97	6.82	7.76	0.20	0.25	0.31	0.36	0.40	0.46
	1600	2.33	3.00	3.86	4.68	5.46	6.33	7.20	8.13	0.23	0.28	0.34	0.39	0.45	0.51
C		200	224	250	280	315	355	400	450						
	500	2.87	3.58	4.33	5.19	6.17	7.27	8.52	9.81	0.20	0.24	0.29	0.34	0.39	0.44
	600	3.30	4.12	5.00	6.00	7.14	8.45	9.82	11.3	0.24	0.29	0.35	0.41	0.47	0.53
	700	3.69	4.64	5.64	6.76	8.09	9.50	11.0	12.6	0.27	0.34	0.41	0.48	0.55	0.62
	800	4.07	5.12	6.23	7.52	8.92	11.4	12.1	13.8	0.31	0.39	0.47	0.55	0.63	0.71
	950	4.58	5.78	7.04	8.49	10.0	11.7	13.4	15.2	0.37	0.47	0.56	0.65	0.74	0.83
	1200	5.29	6.71	8.21	9.81	11.5	13.3	15.0	16.6	0.47	0.59	0.70	0.82	0.94	1.06
	1450	5.84	7.45	9.04	10.7	12.4	14.1	15.3	16.7	0.58	0.71	0.85	0.99	1.14	1.27

表 10-4　包角修正系数 K_α

包角 α_1/（°）	K_α	包角 α_1/（°）	K_α	包角 α_1/（°）	K_α	包角 α_1/（°）	K_α
70	0.56	110	0.78	150	0.92	190	1.05
80	0.62	120	0.82	160	0.95	200	1.10
90	0.68	130	0.86	170	0.98	210	1.15
100	0.73	140	0.89	180	1.00	220	1.20

表 10-5 带长修正系数

基准带长 L_d/mm	K_L						
	普通 V 带						
	Y	Z	A	B	C	D	E
200	0.81						
224	0.82						
250	0.84						
280	0.87						
315	0.89						
355	0.92						
400	0.96	0.87					
450	1.00	0.89					
500	1.02	0.91					
560		0.94					
630		0.96	0.81				
710		0.99	0.82				
800		1.00	0.85				
900		1.03	0.87	0.81			
1000		1.06	0.89	0.84			
1120		1.08	0.91	0.86			
1250		1.11	0.93	0.88			
1400		1.14	0.96	0.90			
1600		1.16	0.99	0.93	0.84		
1800		1.18	1.01	0.95	0.85		
2000			1.03	0.98	0.88		
2240			1.06	1.00	0.91		
2500			1.09	1.03	0.93		
2800			1.11	1.05	0.95	0.83	
3150			1.13	1.07	0.97	0.86	
3550			1.17	1.10	0.98	0.89	
4000			1.19	1.13	1.02	0.91	
4500				1.15	1.04	0.93	0.90
5000				1.18	1.07	0.96	0.92
5600					1.09	0.98	0.95
6300					1.12	1.00	0.97
7100					1.15	1.03	1.00
8000					1.18	1.06	1.02
9000					1.21	1.08	1.05
10000					1.23	1.11	1.07
11200						1.14	1.10
12500						1.17	1.12
14000						1.20	1.15
16000						1.22	1.18

10.4.3 V 带传动的设计计算

（一）设计的已知条件

传动功率 P，两轮转速 n_1、n_2（或传动比 i），传动的位置要求及原动机的类型等工作情况。

（二）设计内容

确定带型、长度、根数、传动中心距及带轮的结构和尺寸等。

（三）设计的具体方法与步骤

1. 确定计算功率 P_c

$$P_c = K_A P \tag{10-4}$$

式中　P——所传递的名义功率（kW）；

　　　K_A——工况系数，如表10-6所示。

表 10-6　工作情况系数 K_A

工 作 情 况		K_A					
		软起动			负载起动		
		每天工作小时数 / h					
		<10	10～16	>16	<10	10～16	>16
载荷变动微小	液体搅拌机，通风机和鼓风机（≤7.5kW）、离心式水泵和压缩机、轻型输送机等	1.0	1.1	1.2	1.1	1.2	1.3
载荷变动小	带式输送机（不均匀载荷）、通风机（>7.5kW）、压缩机、发电机，金属切削机床、印刷机、木工机械等	1.1	1.2	1.3	1.2	1.3	1.4
载荷变动较大	制砖机、斗式提升机、起重机，冲剪机床、纺织机械、橡胶机械、重载输送机、磨粉机等	1.2	1.3	1.4	1.4	1.5	1.6
载荷变动大	破碎机、磨碎机等	1.3	1.4	1.5	1.5	1.6	1.8

2. 选择带型

根据计算功率 P_c 和小带轮转速 n_1，由图10-13选择 V 带型号。

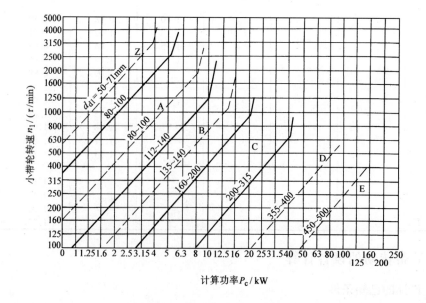

图 10-13　普通 V 带的选型图

3. 确定 V 带基准直径

带轮的基准直径 d_d 应大于或等于最小基准直径 d_{dmin}，见表 10-7。带轮基准直径越大，带速增大，所需要带的根数减少，但外廓尺寸增大。大带轮基准直径 $d_{d2} = i d_{d1}$，并圆整为系列值。

表 10-7　普通 V 带轮最小基准直径及带轮直径系列　　　　　（单位：mm）

V 带型号		Y	Z	A	B	C	D	E
d_{dmin}		20	50	75	125	200	355	500
推荐直径		≥28	≥71	≥100	≥140	≥200	≥355	≥500
常用 V 带轮基准直径系列	Z	50,56,63,71,75,80,90,100,112,125,140,150,160,180,200,224,250,280,315,355,400,500,560,630						
	A	75,80,90,100,112,125,140,150,160,180,200,224,250,280,315,355,400,450,500,560,630,710,800						
	B	125,140,150,160,180,200,224,250,280,315,355,400,450,500,560,630,710,800,1000,1120						
	C	200,210,224,236,250,280,300,355,400,450,500,560,600,630,710,750,800,900,1000,1120,1250,1400,1600,2000						

4. 验算带速

$$v = \frac{\pi d_{d1} n_1}{60 \times 1000} \tag{10-5}$$

设计时应使带速 v 在 $5 \sim 25 \text{m/s}$ 之间。当传递功率一定时，提高带速，所需有效拉力将减小，可减少带的根数。但带速过高，离心力过大，使摩擦力减小，传动能力反而降低，并影响带的寿命。因此，带速一般应在 $5 \sim 25 \text{m/s}$ 之间。

5. 确定带的基准长度 L_d 和实际中心距 a

传动比和带速一定时，中心距增大有利于增大小带轮包角和减少单位时间内的应力循环次数，但中心距过大，会由于载荷的变化而引起带的颤抖，同时外廓尺寸过大。设计时可按下式初选中心距：

$$0.7(d_{d1} + d_{d2}) < a_0 < 2(d_{d1} + d_{d2}) \tag{10-6}$$

初选后按带传动的几何关系求出 V 带的基准长度值 L_0

$$L_0 = 2a_0 + \frac{\pi}{2}(d_{d1} + d_{d2}) + \frac{(d_{d2} - d_{d1})^2}{4a_0} \tag{10-7}$$

根据此基准长度计算值 L_0，查表 10-2 选定带的基准长度 L_d，而传动的实际中心距可按下式计算

$$a \approx a_0 + (L_d - L_0)/2 \tag{10-8}$$

考虑安装、调整和补偿张紧力的需要，中心距应有一定的调节范围，即

$$a_{min} = a - 0.015 L_d \tag{10-9}$$

$$a_{max} = a + 0.03 L_d \tag{10-10}$$

6. 验算小带轮包角

$$\alpha_1 \approx 180° - 57.3° \times \frac{d_{d2} - d_{d1}}{a} \tag{10-11}$$

由上式可知，传动比越大，d_{d1} 与 d_{d2} 之差越大，则包角 α_1 越小。通常要求 $\alpha_1 \geqslant 120°$。若 α_1 过小，需增大中心距或降低传动比，也可增设张紧轮或压带轮。

7. 确定 V 带根数

$$z \geqslant \frac{P_c}{[P_c]} = \frac{P_c}{(P_0 + \Delta P_0) K_\alpha K_L} \tag{10-12}$$

为使各带受力均匀，应使 $z < 8$ 且为整数。

8. 单根 V 带的初拉力 F_0

$$F_0 = 500 \frac{P_c}{zv} \left(\frac{2.5}{K_\alpha} - 1 \right) + qv^2 \tag{10-13}$$

9. 带传动作用在带轮轴上的压力

为了设计带轮轴和轴承，必须计算出带轮对轴的压力，可按下式近似计算：

$$F_Q = 2zF_0 \sin \frac{\alpha_1}{2} \tag{10-14}$$

10. 带轮结构设计

带轮结构设计参见《机械设计手册》，据此绘制带轮零件图。

例 10-1 设计一带式输送机的普通 V 带传动，已知：异步电动机的额定功率 $P = 7.5\text{kW}$，转速 $n_1 = 1440\text{r/min}$，从动轮转速 $n_2 = 500\text{r/min}$，两班工作，要求中心距为 500mm 左右，工作中有轻微振动，试设计其中的 V 带传动。

解 1）确定计算功率 P_c

$$P_c = K_A P = 1.2 \times 7.5\text{kW} = 9\text{kW}$$

由表 10-6 查得 $K_A = 1.2$。

2）选择带型

根据计算功率 P_c 和小带轮转速 n_1，由图 10-13 选择 A 型带。

3）确定 V 带基准直径

由表 10-7 可知
$$d_{d1} = 100\text{mm}$$
$$d_{d2} = id_{d1} = 1440/500 \times 100\text{mm} = 288\text{mm}$$

查表 10-7 取 $d_{d2} = 280\text{mm}$。

4）验算带速

$$v = \frac{\pi d_{d1} n_1}{60 \times 1000} = \frac{3.14 \times 100 \times 1440}{60 \times 100}\text{m/s} = 7.54\text{m/s}$$

带速 v 在 $5 \sim 25\text{m/s}$ 之间，合适。

5）确定带的基准长度 L_d 和实际中心距 a

按要求取 $a_0 = 500\text{mm}$，计算 V 带的基准长度 L_0

$$L_0 = 2a_0 + \frac{\pi}{2}(d_{d1} + d_{d2}) + \frac{(d_{d2} - d_{d1})^2}{4a_0}$$

$$= 2 \times 500\text{mm} + \frac{3.14 \times (100 + 280)}{2}\text{mm} + \frac{(280 - 100)^2}{4 \times 500}\text{mm} = 1612.8\text{mm}$$

根据此基准长度计算值 L_0，查表 10-2 选定带的基准长度 $L_d = 1600\text{mm}$，计算实际中心距

$$a \approx a_0 + (L_d - L_0)/2 = 500\text{mm} + (1600 - 1612.8)\text{mm}/2 = 493.6\text{mm}$$

取 $a = 494\text{mm}$。

考虑安装、调整和补偿张紧力的需要，中心距应有一定的调节范围，即

$$a_{min} = a - 0.015L_d = 493.6\text{mm} - 0.015 \times 1600\text{mm} = 469.6\text{mm}$$

$$a_{max} = a + 0.03L_d = 493.6\text{mm} + 0.03 \times 1600\text{mm} = 541.9\text{mm}$$

6）验算小带轮包角

$$\alpha_1 \approx 180° - 57.3° \times \frac{d_{d2} - d_{d1}}{a} = 180° - 57.3° \times \frac{280 - 100}{494} = 160°$$

$\alpha_1 \geqslant 120°$，合适。

7）确定 V 带根数

查表 10-3 ~ 表 10-5 知，$P_0 = 1.31\text{kW}$（由插值法求），$\Delta P = 0.17\text{kW}$，$K_\alpha = 0.95$，$K_L = 0.99$，则

$$z \geqslant \frac{P_c}{[P_c]} = \frac{P_c}{(P_0 + \Delta P)K_\alpha K_L} = \frac{9}{(1.31 + 0.17) \times 0.95 \times 0.99} = 6.47$$

取 $z = 7$，由计算结果看，选 A 型带根数较多，故按上述计算方法，可重新选择 B 型带，其计算结果和 A 型带一起列于表 10-8 中。如表 10-8 所示，比较两结果看，选择 B 型更合理一些。

表 10-8　A 型和 B 型带计算结果比较

型号	d_{d1}/mm	d_{d2}/mm	v/(m·s^{-1})	L_d/mm	a/mm	α_1/(°)	z	F_0/N	F_Q/N
A 型	100	280	7.54	1600	494	160	7	145.4	2004.7
B 型	140	400	10.55	1950	534	152	3	334.2	1974.7

8）单根 V 带的初拉力 F_0

$$F_0 = 500\frac{P_c}{zv}\left(\frac{2.5}{K_\alpha} - 1\right) + qv^2 = 500 \times \frac{9}{3 \times 7.54} \times \left(\frac{2.5}{0.95} - 1\right)\text{N} + 0.17 \times 7.54^2\text{N} = 334.2\text{N}$$

式中，每米带长的质量 q 可查表 10-1。

9）带传动作用在带轮轴上的压力

$$F_Q = 2zF_0\sin\frac{\alpha_1}{2} = 2 \times 3 \times 334.2\sin\frac{160°}{2}\text{N} = 1974.7\text{N}$$

10）带轮结构设计（略）

10.5　带传动的张紧、安装与维护

1. 张紧装置

为了控制带的初拉力，保证带传动正常工作，必须采用适当的张紧装置。

图 10-14 所示是通过调节螺钉来调整电动机位置，加大中心距，以达到张紧目的。此法常用于水平布置的带传动，当带传动发生松弛时，通过调节螺钉移动电动机，以便张紧 V 带。

图 10-15 所示是通过调节摆动架（电动机轴中心）位置，加大中心距而达到张紧目的，常用于近似垂直布置的带传动，此法需在调整好位置后，锁紧螺母。

图 10-14　调节螺钉调整
1—滑道　2—调节螺钉

图 10-15　调节摆架调整
1—调节螺杆　2—摆动架

如图 10-16 所示是靠电动机和机座的重量，自动调整中心距达到张紧的目的，此法常用于小功率带传动，近似垂直布置的情况。

如图 10-17 所示是利用张紧轮张紧，张紧轮安装于松边的内侧，以避免带受双向弯曲。为使小带轮包角不减小得过多，张紧轮应尽量靠近大带轮安装，此法常用于中心距不可调节的场合。

图 10-16　自动调整中心距

图 10-17　张紧轮张紧

2. 安装与维护

正确地安装、使用并在使用过程中注意加强维护，是保证带传动正常工作，延长传动带使用寿命的有效途径。一般应注意以下几点：

1）安装时，两带轮轴线应相互平行，两轮相对应的 V 带型槽应对齐，其误差不得超过 20′，如图 10-18 所示。

2）安装 V 带时（见图 10-14），应先拧松调节螺钉和电动机与机架的固定螺栓，让电动机沿滑道向靠近工作机方向移动，缩小中心距，将 V 带套入槽中后，再调整中心距，把电动机沿滑道向远离工作机的方向移动，在拧紧电动机与机架的固定螺栓的同时将 V 带张紧；不应将带硬往带轮上撬，以免损坏带的工作表面和降低带的弹性。

3）V 带在轮槽中应有正确的位置（见图 10-19），带的顶面应与带轮外缘平齐，底面与带轮槽底间应有一定间隙，以保证带两侧工作面与轮槽全部贴合。

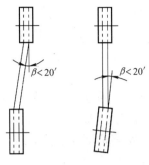
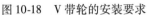

图 10-18　V 带轮的安装要求

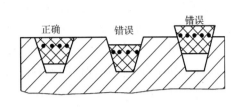

图 10-19　带在轮槽中的正确位置

4）V 带的张紧程度要适当。过松，不能保证足够的张紧力，传动时易打滑，传动能力不能充分发挥；过紧，带的张紧力过大，传动时磨损加剧，寿命缩短。实践证明，在中等中心距情况下，V 带安装后，用大拇指能够将带按下 15mm 左右的，则张紧程度合适，如图 10-20 所示。

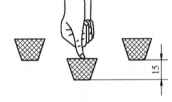

图 10-20　V 带的张紧程度

5）为避免带的受力不均匀，选用时一般 V 带不应超过 8～10 根。如需用多根 V 带传动时，为避免载荷分布不均，V 带的配组代号应相同，且生产厂家和批号也应相同。

6）使用中应对带作定期检查，发现有一根带松弛或损坏就应全部更换新带，不能新、旧带混用。旧带可通过测量，实际长度相同的，可组合在一起重新使用，以免造成浪费。

7）为了便于带的装卸，带轮应布置在轴的外伸端；带传动要加防护罩，以免发生意外事故，并保护带传动的工作环境，以防酸、碱、油落上而玷污传动带以及日光曝晒。

8）切忌在有易燃、易爆气体的环境中（如煤矿井下）使用带传动，以免发生危险。

10.6　链传动

10.6.1　概述

链传动由主动链轮、从动链轮和绕在链轮上的链条及机架组成，如图 10-21a 所示。工作时，通过链条与链轮轮齿的啮合来传递运动和动力。图 10-21b 所示为变速车上的链传动。

a)

b)

图 10-21　链传动

根据用途的不同，链传动分为传动链、起重链和牵引链。传动链用来传递动力和运动，起重链用于起重机械中提升重物，牵引链用于链式输送机中移动重物。常用的传动链为短节距精密滚子链（简称滚子链）。滚子链结构简单，磨损较轻，故应用较广。

链传动与其他传动相比，主要有以下特点：

1）链传动是有中间挠性件的啮合传动，与带传动相比，无弹性伸长和打滑现象，故能保证准确的平均传动比，传动效率较高，结构紧凑，传递功率大，张紧力比带传动小。

2）与齿轮传动相比，链传动结构简单，加工成本低，安装精度要求低，适用于较大中心距的传动，能在高温、多尘、油污等恶劣的环境中工作。

3）链传动的瞬时传动比不恒定，传动平稳性较差，有冲击和噪声；链条速度忽大忽小地周期性变化，并伴有链条的上下抖动，不宜用于高速和急速反向的场合。

一般链传动的应用范围为：传递功率 $P \leqslant 100kW$，链速 $v \leqslant 15m/s$，传动比 $i \leqslant 7$，中心距 $a \leqslant 5 \sim 6m$，效率 $\eta = 0.92 \sim 0.97$。

链传动适用于两轴线平行且距离较远、瞬时传动比无严格要求以及工作环境恶劣的场合。

目前，链传动在矿山机械、运输机械、石油化工机械、摩托车中得到广泛的应用。

10.6.2 滚子链和链轮

1. 滚子链和链轮

滚子链是由内链板、外链板、销轴、套筒及滚子五部分组成，如图 10-22 所示。销轴与外链板及套筒与内链板分别为过盈配合，而套筒与销轴及滚子与套筒之间为间隙配合。当链屈伸时，通过套筒绕销轴自由转动，可使内、外链板间作相对转动。当链条与链轮啮合时，滚子沿链轮齿廓滚动，减轻了链与链轮轮齿的磨损。链板制成"8"字形，目的是使各截面强度接近相等，且能减轻重量及运动时的惯性。

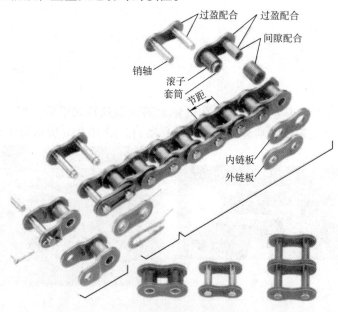

图 10-22　滚子链的结构

　　当传递较大的动力时，可采用双排链，如图 10-23 所示，或多排链。多排链由几排普通单排链用销轴联成。多排链制造比较困难，装配产生的误差易使受载不均，所以双排用得较多，四排以上用得很少。

　　滚子链已经标准化，由专业工厂生产，滚子链主要参数如图 10-22 所示。链条上相邻两销轴中心的距离 p 称为节距，它是链条的主要参数。链条长度常用节数表示。节

图 10-23　双排链

数一般取偶数，这样构成环状时，可使内、外链板正好相接。接头处可用开口销（见图 10-24a）或弹簧卡（见图 10-24b）锁紧。当链节为奇数时，需用过渡链节（见图 10-24c）才能构成环状。过渡链节的弯链板工作时会受到附加弯曲应力，故应尽量不用。

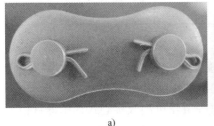

a)　　　　　　　　　　　　　b)　　　　　　　　　　　　c)

图 10-24　滚子链连接形式

a）开口销　b）弹簧卡　c）过渡链节

　　由于链节数常取偶数，为使链条与链轮的轮齿磨损均匀，链轮齿数一般应取与链节数互为质数的奇数。

　　链传动的标注示例如下：

08　A　1×88　GB/T 1243—2006

链号————　A 系列————　排数————　链节数————　标准编号————

　　比较常用的传动用短节距精密滚子链的基本尺寸可参见表 10-9。

表 10-9　短节距传动用精密滚子链基本尺寸

链号	节距 p /mm	排距 p_t /mm	滚子外径 d_{max} /mm	内链节内宽 b_{1min} /mm	销轴直径 d_{zmax} /mm	内链节外宽 b_{2max} /mm	外链节内宽 b_{3max} /mm	销轴长度 b_{4max} /mm	止锁端加长量 b_{5max} /mm	内链板高度 h_{max} /mm	单排极限拉伸载荷 Q_{min} /N	单排每米质量（近似值） q /（kg·m^{-1}）
05B	8.00	5.64	5.00	3.00	2.31	4.77	4.90	8.6	3.1	7.11	4400	0.18
06B	9.525	10.24	6.35	5.72	3.28	8.53	8.66	13.5	3.3	8.26	8900	0.40
08B	12.70	13.92	8.51	7.75	4.45	11.30	11.43	17.0	3.9	11.81	17800	0.70
08A	12.70	14.38	7.95	7.85	3.96	11.18	11.23	17.8	3.9	12.07	13800	0.60
10A	15.875	18.11	10.16	9.40	5.08	13.84	13.89	21.8	4.1	15.09	21800	1.00
12A	19.05	22.78	11.91	12.57	5.94	17.75	17.81	26.9	4.6	18.08	31100	1.50

（续）

链号	节距 p /mm	排距 p_t /mm	滚子外径 d_{max} /mm	内链节内宽 b_{1min} /mm	销轴直径 d_{zmax} /mm	内链节外宽 b_{2max} /mm	外链节内宽 b_{3max} /mm	销轴长度 b_{4max} /mm	止锁端加长量 b_{5max} /mm	内链板高度 h_{max} /mm	单排极限拉伸载荷 Q_{min} /N	单排每米质量（近似值）$q/$ (kg·m⁻¹)
16A	25.40	29.29	15.88	15.75	7.92	22.61	22.66	33.5	5.4	24.13	55600	2.60
20A	31.75	35.76	19.05	18.90	9.53	27.46	27.51	41.1	6.1	30.18	86700	3.80
24A	38.10	45.44	22.23	25.22	11.10	35.46	35.51	50.8	6.6	36.20	124600	5.60
28A	44.45	48.87	25.40	25.22	12.70	37.19	37.24	54.9	7.4	42.24	169000	7.50
32A	50.80	58.55	28.58	31.55	14.27	45.21	45.26	65.5	7.9	48.26	222400	10.10
40A	63.50	71.55	39.68	37.85	19.84	54.89	54.94	80.3	10.2	60.33	347000	16.10
48A	76.20	87.83	47.63	47.35	23.80	67.82	67.87	95.5	10.5	72.39	500400	22.60

2. 链轮齿形、结构和材料

（1）链轮的齿形　链轮的齿形应保证链轮与链条接触良好、受力均匀，链节能顺利地进入和退出与轮齿的啮合，GB/T 1243—2006 规定了链轮端面齿形。

（2）链轮的结构　链轮的结构如图 10-25 所示，小直径链轮可制成实心式，中等直径可制成孔板式，直径较大时可用组合式结构。

（3）链轮的材料　链轮材料应保证其有足够的强度和良好的耐腐蚀性，多用碳素结构钢或合金钢，可根据链速的高低选择不同材料。

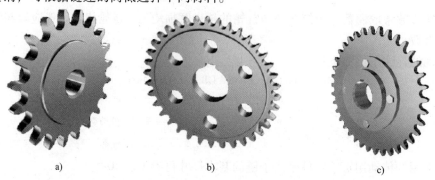

a)　　　　　　　　　　b)　　　　　　　　　　c)

图 10-25　链轮的结构

a）实心式　b）孔板式　c）组合式

10.7　滚子链传动的设计

10.7.1　链传动的失效形式

由于链条的结构比链轮复杂，强度不如链轮高，所以一般链传动的失效主要是链条的失效。常见形式有以下几种：

（1）链条的疲劳破坏　链传动由于松边和紧边的拉力不同，故其在运行中各元件受变应力作用。当应力达到一定数值，并经过一定的循环次数后，链板、滚子、套筒等元件会发生疲劳破坏。在润滑正常的闭式传动中，链条的疲劳强度是决定链传动承载能力的主要因素。

（2）链条铰链的磨损　链条与链轮啮合传动时，相邻链节间要发生相对转动，因而使销轴与套筒、套筒与滚子间发生摩擦，引起磨损。由于磨损使链节变长，易造成跳齿或脱链，使传动失效。这是开式传动或润滑不良的链传动的主要失效形式。

（3）链条铰链的胶合　当转速很高、载荷很大时，套筒与销轴间由于摩擦产生高温而发生粘附，使元件表面发生胶合。

（4）链条的静力拉断　在低速、重载或突然过载时，链条因静强度不足而被拉断。

10.7.2　链传动设计

（一）设计链传动的已知条件

一般已知：需要传递的功率，主动轮转速，从动轮转速（或传动比），传动的用途和工作情况，原动机类型，以及外廓安装尺寸等。

（二）设计计算的内容

确定滚子链的型号、链节距、链节数、选择大小链轮齿数、材料、结构，绘制链轮工作图并确定传动的中心距。

（三）设计计算的基本方法和主要参数的选择

1. 传动比 i

通常链传动比 $i \leq 7$，推荐 $i = 2 \sim 3.5$。当工作速度较低（$v < 2\text{m/s}$），且载荷平稳、传动外廓尺寸不受限制时，允许 $i \leq 10$。

2. 确定链轮齿数 z_1、z_2

链轮齿数对传动的平稳性和工作寿命影响很大。当小链轮齿数较少时，虽然可减小外廓尺寸，但会增大动载荷，传动平稳性差，磨损加快，因此要限制小链轮的最少齿数，通常取 $z_{\min} \geq 17$；小链轮齿数也不可过多，否则将使传动尺寸和重量增大；为避免跳齿和脱链现象，减小外廓尺寸和重量，对于大链轮齿数也要限制，一般应使 $z_2 \leq 120$。设计时，小链轮齿数 z_1 根据速度从表 10-10 中选取；大链轮齿数 $z_2 = iz_1$。由于链节数常取偶数，为使磨损均匀，链轮齿数一般取为奇数。链轮齿数优选数列：17、19、21、23、25、38、57、76、95、114。

表 10-10　小链轮齿数 z_1 的选择

链速 $v/(\text{m/s})$	$0.6 \sim 3$	$3 \sim 8$	>8
齿数 z_1	≥ 17	≥ 21	≥ 25

3. 选择链条节距 p 及排数，确定链型号

在一定条件下，链节距越大，承载能力越高，但运动平稳性差、动载荷和噪声越严重。因此，设计时，在满足承载能力的前提下，应尽量选取小节距的单排链；高速重载时，可选择小节距的多排链。

一般根据链传动的计算功率 P_c 和小链轮的转速 n_1 由图 10-26 选取链条节距 p 和链型号。

链传动的计算功率 P_c 可由下式确定

$$P_c = \frac{K_A P}{K_z} \tag{10-15}$$

式中　K_A——工况系数，见表 10-11；

　　　　K_z——小链轮齿数系数，当链轮转速使工作处于额定功率曲线凸锋左侧时（受链板疲劳限制，见图 10-26），查取 K_z 值；当工作处于曲线凸锋右侧（受滚子、套筒冲击疲劳限制）时，取 K_z' 值，见表 10-12；

　　　　P——链传动的名义功率（kW）。

表 10-11　工况系数 K_A

载荷种类	工 作 机	动 力 机		
		内燃机液力传动	电动机或汽轮机	内燃机机械传动
平稳载荷	液体搅拌机，中小型离心式鼓风机，离心式压缩机，轻型输送机，离心泵，均匀载荷的一般机械	1.0	1.0	1.2
中等冲击	大型或不均匀载荷的输送机，中型起重机和提升机，农业机械，食品机械，木工机械，干燥机，粉碎机	1.2	1.3	1.4
较大冲击	工程机械，矿山机械，石油钻井机械，锻压机械，冲床，剪床，重型起重机械，振动机械	1.4	1.5	1.7

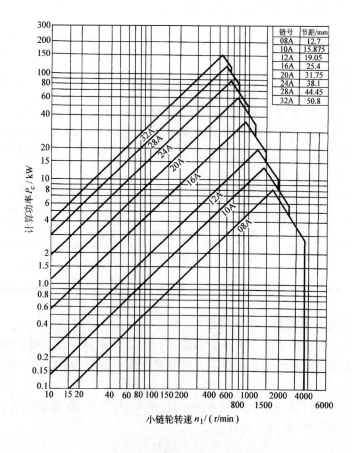

图 10-26　滚子链计算功率曲线

表 10-12 小链轮齿数系数 $K_z(K_z')$

z_1	9	11	13	15	17	19	21	23	25	27
K_z	0.446	0.554	0.664	0.775	0.887	1.00	1.11	1.23	1.34	1.46
K_z'	0.326	0.441	0.566	0.701	0.846	1.00	1.16	1.33	1.51	1.60

4. 确定中心距和链节数 L_p

中心距小，可使链传动结构紧凑，但链条在小轮上的包角小，与小链轮啮合的链节也少。同时，当链速一定时，链绕链轮的次数增多，即应力变化次数也增多，从而使链的寿命降低。中心距太大，则结构不紧凑，且会使链条的松边发生颤动，增加运动的不均匀性。

一般可初选中心距 $a_0 = (30 \sim 50)p$，最大可取 $a_{0max} = 80p$。链节数 L_p 按下式计算

$$L_p = \frac{2a_0}{p} + \frac{z_1 + z_2}{2} + \frac{p}{a_0}\left(\frac{z_2 - z_1}{2\pi}\right)^2 \tag{10-16}$$

将 L_p 圆整为整数，最好为偶数。链条总长为 $L = pL_p$。

根据 L_p 确定理论中心距 a。

$$a = \frac{p}{4}\left[\left(L_p - \frac{z_1 + z_2}{2}\right) + \sqrt{\left(L_p - \frac{z_1 + z_2}{2}\right)^2 + 8\left(\frac{z_2 - z_1}{2\pi}\right)^2}\right] \tag{10-17}$$

为保持链条松边有合适的垂度 f，$f = (0.01 \sim 0.02)a$，实际中心距 a' 要比理论中心距 a 小。

$\Delta a = a - a'$，通常 $\Delta a = (0.002 \sim 0.004)a$，中心距可调时，取大值，否则取小值。

5. 验算链速并确定润滑方式

链速过高，会增加链传动的动载荷和噪声，因此，一般将链速限制在 15m/s 以下。若超过了允许范围，应调整设计参数重新计算。

根据节距和链速查图 10-27 确定链传动的润滑方式。

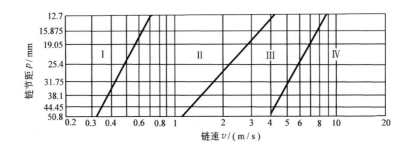

图 10-27 润滑方式

Ⅰ—人工定期润滑 Ⅱ—滴油润滑 Ⅲ—油浴润滑 Ⅳ—压力喷油润滑

6. 设计链轮并绘制其工作图

选择链轮材料，确定其结构尺寸，检验小链轮轮毂孔直径不得大于最大许用直径，其值参见有关标准。

10.8　链传动的布置、张紧与润滑

1. 链传动的布置

链传动的布置应注意以下几条原则：

1）两链轮的回转平面应在同一铅垂平面内，以免引起脱链或非正常磨损。

2）两链轮中心连线与水平面的倾斜角应小于45°，以免下链轮啮合不良。

3）尽量使紧边在上，松边在下，以免松边垂度过大时干扰链与轮齿的正常啮合。链传动的布置情况列于表 10-13 中。

表 10-13　链传动的布置

传动参数	正确布置	说　　明
$i > 2$ $a = (30 - 50)p$		两轮轴线在同一水平面,紧边在上面较好,但必要时,也允许紧边在下边
$i > 2$ $a < 30p$		两轮轴线不在同一水平面,松边应在下面,否则松边下垂量增大后,链条易与链轮卡死
$i < 1.5$ $a > 60p$		两轮轴线在同一水平面,松边应在下面,否则下垂量增大后,松边会与紧边相碰,需经常调整中心距
i、a 为任意值		两轮轴线在同一铅垂面内,下垂量增大,会减少下链轮的有效啮合齿数,降低传动能力。为此应采用:①中心距可调,②张紧装置,③上下两轮错开,使其不在同一铅垂面内

（续）

传动参数	正确布置	说　明
反向传动 $\lvert i \rvert < 8$	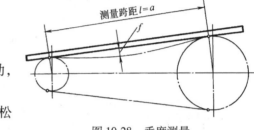	为使两轮转向相反,应加装 3 和 4 两个导向轮,且其中至少有一个是可以调整张紧的。紧边应布置在 1 和 2 两轮之间,角 δ 的大小应使链轮 2 的啮合包角满足传动要求

2. 链传动的张紧

链条包在链轮上应松紧适度。通常用测量松边垂度 f 的办法来控制链的松紧程度,如图 10-28 所示。

合适的松边垂度为

$$f = (0.01 \sim 0.02)a$$

式中　a——中心距。

对于重载、反复起动及接近垂直的链传动,松边垂度应适当减小。

传动中,当铰链磨损使链长度增大而导致松边垂度过大时,可采取如下张紧措施:

图 10-28　垂度测量

1) 通过调整中心距,使链张紧。

2) 拆除 1~2 个链节,缩短链长,使链张紧。

3) 加张紧轮,使链条张紧。张紧轮一般位于松边的外侧,它可以是链轮,其齿数与小链轮相近,也可以是无齿的辊轮,辊轮直径稍小,并常用夹布胶木制造。

3. 链传动的润滑

链传动有良好的润滑时,可以减轻磨损,延长使用寿命。表 10-14 推荐了几种不同工作条件下的润滑方式,供设计时选用。推荐采用全损耗系统用油的牌号为:L—AN46、L—AN68、L—AN100。

表 10-14　套筒滚子链传动的润滑方式

润滑方式	简　图	说　明	供　油　量
人工定期润滑		定期在链条松边的内、外链板间隙中注油。通常链速 $v < 2\text{m/s}$ 时用该方法	每班加油一次,保证销轴处不干燥
滴油润滑		有简单外壳,用油杯通过油管向松边的内、外链板间隙处滴油。通常链速 $v = 2 \sim 4\text{m/s}$ 时用该方法	给油量为 5~20 滴/min(单排链),速度高时给油量应增加

（续）

润滑 方式	简　图	说　明	供 油 量
油浴 润滑		具有不漏油的外壳,链条从油池中通过	链条浸入油中深度为 8 ~ 12mm,若过深,则易因搅油损失大而发热变质
溅油 润滑		具有不漏油的外壳,甩油盘将油甩起,经壳体上的集油装置将油导流到链条上。甩油盘圆周速度大于 3m/s。当链宽超过125mm 时,应在链轮的两侧装甩油盘	链条不浸入油池,甩油盘浸油深度为 12 ~ 15mm

压力润滑说明：具有不漏油的外壳,液压泵供油。循环油可起冷却作用。喷油嘴设在链条啮入处,喷油嘴数应是(m +1)个,m 为链条排数

链速 v /(m/s)	每个喷油嘴的供油量/(cm³/s) 节距 p/mm			
	≤19.05	25.40 ~ 31.75	38.10 ~ 44.45	50.80
8 ~ 13	16.7	25	33.4	41.7
13 ~ 18	33.4	41.7	50	58.3
18 ~ 24	50	58.3	66.8	75

注：开式传动和不易润滑的链传动,可定期用煤油拆洗,干燥后浸入 70 ~ 80℃的润滑油中,使铰链间隙充油后安装使用。

实例分析

我们日常生活和工业生产实践中，很多地方用到带传动与链传动，图 10-29 ~ 图 10-32 所示为常见实例。

图 10-29　打夯机上的带传动

图 10-30　发动机上的带传动

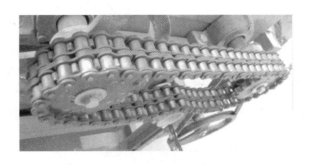

图 10-31　玉米脱粒机上的带传动与链传动　　　　图 10-32　玉米脱粒机上的双排链传动

知识小结

1. 带传动 $\begin{cases} 摩擦式 \begin{cases} 平带 \\ V 带 \\ 多楔带 \\ 圆带传动 \end{cases} \\ 啮合式——同步带传动 \end{cases}$

2. 普通 V 带及 V 带轮 $\begin{cases} 普通 V 带的结构 \begin{cases} 包布层 \\ 拉伸层 \\ 强力层 \begin{cases} 帘布芯 \\ 绳芯 \end{cases} \\ 压缩层 \end{cases} \\ 普通 V 带型号——Y、Z、A、B、C、D、E \\ V 带轮 \begin{cases} 实心轮 \\ 辐板轮 \\ 椭圆辐轮 \end{cases} \end{cases}$

3. 带传动工作能力分析 $\begin{cases} 带传动的受力分析与打滑 \begin{cases} F = F_1 - F_2 = \Sigma F_f \\ 当传递的有效圆周力超过极限值时，带将在带轮上发生全面的滑动，这种现象称为打滑 \end{cases} \\ 带传动弹性的滑动与传动比 \begin{cases} 由于带的弹性变形而引起带在轮面上滑动的现象，称为弹性滑动 \\ V 带传动比 \ i = \dfrac{n_1}{n_2} = \dfrac{d_2}{d_1} \end{cases} \\ 带传动的受力分析 \begin{cases} 拉应力 \\ 离心应力 \\ 弯曲应力 \end{cases} \end{cases}$

4. 带传动的设计计算 { 带传动失效形式——带在带轮上打滑，带的磨损和疲劳断裂 / 基本额定功率 / 设计计算

5. 带传动的张紧、安装与维护 { 张紧方式 { 调节螺钉调整 / 调节摆动架位置 / 自动调整中心距 / 张紧轮张紧 } / 安装与维护 }

6. 链传动 {
链的类型 { 传动链 / 起重链 / 牵引链 }
滚子链——滚子链是由内链板、外链板、销轴、套筒及滚子五部分组成
链轮齿形、结构和材料 { 链轮的齿形 / 链轮的结构 { 实心式 / 孔板式 / 组合式 } / 链轮的材料 }
链传动的失效形式 { 链条的疲劳破坏 / 链条铰链的磨损 / 链条铰链的胶合 / 链条的静力拉断 }
链传动的布置
链传动的润滑 { 人工定期润滑 / 滴油润滑 / 油浴润滑 / 溅油润滑 / 压力润滑 }
}

习 题

一、判断题（认为正确的，在括号内打✓；反之打×）

1. 带传动是通过带与带轮之间产生的摩擦力来传递运动和动力的。　　　　　　　（　　）

2. V 带的横截面为梯形，下面是工作面。　　　　　　　　　　　　　　　　　（　　）

3. V 带的基准长度是指在规定的张紧力下，位于带轮基准直径上的周线长度。　（　　）

4. V 带型号中，截面尺寸最小的是 Z 型。　　　　　　　　　　　　　　　　　（　　）

5. 带传动不能保证传动比准确不变的原因是易发生打滑现象。　　　　　　　　（　　）

6. 为了保证 V 带传动具有一定的传动能力，小带轮的包角通常要求大于或等于120°。　（　　）

7. 打滑首先发生在小带轮上。　　　　　　　　　　　　　　　　　　　　　　（　　）

8. V 带根数越多，受力越不均匀，故选用时一般 V 带不应超过 8 ~ 10 根。　　（　　）

9. 一组 V 带中发现其中有一根已不能使用，只要换上一根新的就行。　　　　（　　）

10. 安装 V 带时，V 带的内圈应牢固贴紧带轮槽底。　　　　　　　　　　　　（　　）

11. V 带传动的张紧轮最好布置在松边外侧靠近大带轮处。　　　　　　　　　（　　）

12. 为降低成本，V 带传动通常可将新、旧带混合使用。　　　　　　　　　　（　　）

13. 一般套筒滚子链用偶数节是为避免采用过渡链节。　　　　　　　　　　　（　　）

14. 链传动是通过链条的链节与链轮轮齿的啮合来传递运动和动力的。　　　　（　　）

15. 链传动因是轮齿啮合传动，故能保证准确的平均传动比。　　　　　　　　（　　）

16. 链传动产生冲击和振动，传动平稳性差。　　　　　　　　　　　　　　　（　　）

17. 滚子链传动时，链条的外链板与销轴之间可相对转动。　　　　　　　　　（　　）

18. 滚子链上，相邻两销轴中心的距离 p 称为节距，是链条的主要参数。　　（　　）

19. 和带传动相比，链传动适宜在低速、重载以及工作环境恶劣的场合中工作。（　　）

20. 链条的节距标志其承载能力，节距越大，承受的载荷也越大。　　　　　　（　　）

二、选择题（将正确答案的字母序号填入括号内）

1. V 带传动的特点是＿＿＿＿＿。　　　　　　　　　　　　　　　　　　　（　　）

A. 缓和冲击，吸收振动　　　　B. 传动比准确　　　　C. 能用于环境较差的场合

2. V 带比平带传动能力大的主要原因是什么？　　　　　　　　　　　　　　（　　）

A. 带的强度高　　　　　　　　B. 没有接头　　　　　C. 产生的摩擦力大

3. 普通 V 带的横截面的形状为＿＿＿＿＿。　　　　　　　　　　　　　　　（　　）

A. 矩形　　　　　　　　　　　B. 圆形　　　　　　　C. 等腰梯形

4. ＿＿＿＿＿传动具有传动比准确的特点。　　　　　　　　　　　　　　　（　　）

A. 平带　　　　　　　　　　　B. 普通 V 带　　　　　C. 啮合式带

5. 带传动的打滑现象首先发生在何处？　　　　　　　　　　　　　　　　　（　　）

A. 大带轮　　　　　　　　　　B. 小带轮　　　　　　C. 大、小带轮同时出现

6. 带轮常采用何种材料？　　　　　　　　　　　　　　　　　　　　　　　（　　）

A. 钢　　　　　　　　　　　　B. 铸铁　　　　　　　C. 铝合金

7. 普通 V 带传动中，V 带的楔角 θ 是＿＿＿＿＿。　　　　　　　　　　（　　）

A. 36°　　　　　　　　　　　　B. 38°　　　　　　　　C. 40°

8. 在相同的条件下，普通 V 带横截面尺寸＿＿＿＿＿，其传递的功率也＿＿＿＿＿。（　　）

A. 越小　越大　　　　　　　　B. 越大　越小　　　　C. 越大　越大

9. 普通 V 带传动中，V 带轮的楔角 φ 是＿＿＿＿＿。　　　　　　　　　（　　）

A. 小于 40°　　　　　　　　　B. 等于 40°　　　　　　C. 大于 40°

10. 对于 V 带传动，一般要求小带轮上的包角不得小于＿＿＿＿＿。　　　　（　　）

A. 100°　　　　　　　　　　　B. 120°　　　　　　　　C. 130°

11. V 带轮槽角应小于带楔角的目的是什么？　　　　　　　　　　　　　　（　　）

A. 增加带的寿命　　　　　　　B. 便于安装　　　　　C. 可以使带与带轮间产生较大的摩擦力

12. 若 V 带传动的传动比为 5，从动轮直径是 500mm，则主动轮直径是＿＿＿＿＿ mm。（　　）

A. 100　　　　　　　　　　　　B. 250　　　　　　　　C. 500

13. 带传动采用张紧装置的主要目的是什么？　　　　　　　　　　　　　　（　　）

A. 增加包角　　　　　　　　　B. 保持初拉力　　　　C. 提高寿命

14. 中等中心距的普通 V 带的张紧程度是以用大拇指能按下＿＿＿＿＿为宜。（　　）

A. 5mm　　　　　　　　　　　B. 10mm　　　　　　　C. 15mm

15. 链传动属于何种传动？　　　　　　　　　　　　　　　　　　　　　　（　　）

A. 具有中间柔性体的啮合传动

B. 具有中间挠性体的啮合传动

C. 具有中间弹性体的啮合传动

16. 套筒滚子链的链板一般制成"8"字形，其目的是＿＿＿＿。　　　　　　　　　（　　）

A. 使链板美观　　　　　　　　　B. 使各截面强度接近相等，减轻重量

C. 使链板减少摩擦

17. 在滚子链传动中，尽量避免采用过渡链节的主要原因是什么？　　　　　　　（　　）

A. 制造困难　　　　　　　B. 价格贵　　　　　　　C. 链板受附加弯曲应力

18. 滚子链传动中，链条节数最好取＿＿＿＿，链轮的齿数最好取＿＿＿＿。　　（　　）

A. 整数　整数　　　　　　B. 奇数　偶数　　　　　　C. 偶数　奇数

19. 要求两轴中心距较大，且在低速、重载荷、高温等不良环境下工作，应选用＿＿＿＿。（　　）

A. 带传动　　　　　　　　B. 链传动　　　　　　　　C. 齿轮传动

20. 滚子链中，套筒与内链板之间采用的是＿＿＿＿。　　　　　　　　　　　　（　　）

A. 间隙配合　　　　　　　B. 过渡配合　　　　　　　C. 过盈配合

三、设计计算题

1. 设计某锯木机用普通 V 带传动。已知电动机额定功率 $P = 3.5\text{kW}$，转速 $n_1 = 1420\text{r/min}$，传动比 $i = 2.6$，每天工作 16h。

2. 设计某带式输送机用滚子链传动。已知电动机额定功率 $P = 5.5\text{kW}$，转速 $n_1 = 970\text{r/min}$，传动比 $i = 2.5$，按推荐方式润滑，工作载荷平稳，中心距可调。

第11章
联　接

教学要求

★ **能力目标**

1）螺栓联接预紧和防松的能力。

2）螺栓组联接的结构设计能力。

3）键的类型及尺寸的选择能力。

★ **知识要素**

1）螺纹联接的类型、预紧和防松。

2）螺栓组联接的结构设计。

3）键联接、花键联接与成形联接、销联接的类型和应用场合。

4）平键联接的设计。

5）其他联接形式的类型和应用场合。

★ **学习重点与难点**

1）螺栓组联接的结构设计。

2）平键联接的设计计算。

技能要求

1）螺栓联接预紧和防松的技能。

2）键联接的安装与拆卸的技能。

引　言

图 11-1 所示为一减速器实物图，减速器是由很多零件用不同的联接方式组装在一起来实现其功能的。从图中可以看出，减速器上下箱体用"上下箱体联接螺栓"联接；为联接可靠，轴承旁的联接螺栓和一般上下箱体的联接螺栓不一样，用"轴承旁联接螺栓"；为上下箱体安装方便、准确，上下箱体在安装时要用"定位销"；轴承端盖和箱体的联接用"轴承端盖联接螺栓"；为使电动机和工作机联接，

图 11-1　减速器实物图

1—减速器下箱体　2—定位销　3—上下箱体联接螺栓　4—减速器上箱体　5—带轮　6—键联接　7—轴承端盖联接螺栓　8—轴承旁联接螺栓

需要在电动机的外伸轴上安装键。

由此可见，机械设备的组成离不开各种联接，本章主要介绍常见的螺纹联接、键联接与花键联接等联接形式。

学习内容

11.1　概述

通常，联接可分为可拆联接和不可拆联接两类。可拆联接是不损坏联接中任一零件就可拆开的联接，故多次装拆不影响其使用性能，常用的有螺纹联接、键联接、花键联接、销联接等。不可拆联接是拆开联接时至少要损坏联接中某一部分才能拆开的联接，常见的有焊接、铆接以及粘接等。

此外，过盈配合也是常用的联接手段，它介于不可拆联接和可拆联接之间。很多情况下，过盈配合都是不可拆的，因拆开这种联接将会引起表面损坏和配合松动；但在过盈量不大的情况下，如对于滚动轴承内圈与轴的联接，虽多次装拆轴承对联接损伤也不大，又可视为可拆联接。

设计中选用何种联接，主要取决于使用要求和经济性要求。一般来说，采用可拆联接是由于结构、安装、维修和运输上的需要；而采用不可拆联接，多数是由于工艺和经济上的要求。

1. 螺纹联接的组成

根据螺旋线所在的表面，螺纹可分为外螺纹和内螺纹。螺纹联接用的螺栓就是外螺纹，如图 11-2 所示；螺母即为内螺纹，如图 11-3 所示；螺纹联接就是由螺栓与螺母组成，如图 11-4 所示。

图 11-2　外螺纹—螺栓

图 11-3　内螺纹—螺母

2. 常用的螺纹

（1）三角螺纹　三角螺纹（即普通螺纹）的牙型为等边三角形，牙型角 $\alpha = 60°$，$\beta = 30°$。牙根强度高、自锁性好、工艺性能好，主要用于联接。同一公称直径按螺距 P 大小分为粗牙螺纹和细牙螺纹。粗牙螺纹用于一般联接。细牙螺纹升角小、螺距小、螺纹深度浅、自锁性最好、螺杆强度较高，适用于受冲击、振动和变载荷的联接、细小零件、薄壁管件的联接和微调装置，但细牙螺纹耐磨性较差，牙根强度较低，易滑扣，如图 11-5 所示。

（2）矩形螺纹　矩形螺纹的牙型为正方形，牙厚是螺距的一半。牙型角 $\alpha = 0°$，$\beta = 0°$。矩形螺纹当量摩擦因数小，传动效率高，用于传动。但牙根强度较低，难于精确加工，磨损后间隙难以修复，补偿、对中精度低，如图 11-6 所示。

图 11-4　螺纹联接

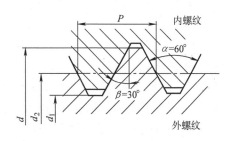

图 11-5　三角形螺纹

（3）梯形螺纹　梯形螺纹牙型为等腰梯形，牙型角 $\alpha = 30°$，$\beta = 15°$。梯形螺纹比三角形螺纹当量摩擦因数小，传动效率较高；比矩形螺纹牙根强度高，承载能力高，加工容易，对中性能好，可补偿磨损间隙，故综合传动性能好，是常用的传动螺纹，如图 11-7 所示。

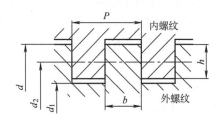

图 11-6　矩形螺纹

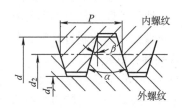

图 11-7　梯形螺纹

（4）锯齿形螺纹　锯齿形螺纹牙型为不等腰梯形，牙型角 $\alpha = 33°$，工作面的牙侧角 $\beta = 3°$，非工作面的牙侧角 $\beta = 30°$。锯齿形螺纹综合了矩形螺纹传动效率高和梯形螺纹牙根强度高的特点，但只能用于单向受力的传动，如图 11-8 所示。

（5）管螺纹　管螺纹的牙型为等腰三角形，牙型角 $\alpha = 55°$，$\beta = 27.5°$，公称直径近似为管子孔径，以 in$^{\ominus}$（英寸）为单位。由于牙顶呈圆弧状，内外螺纹旋合相互挤压变形后无径向间隙，多用于有紧密性要求的管件联接，以保证配合紧密。适于压力不大的水、煤气、油等管路联接，如图 11-9 所示。锥管螺纹与管螺纹相似，但螺纹是绕制在 1∶16 的圆锥面上，紧密性更好。适用于高温、高压或密封性要求高的管路系统的联接。

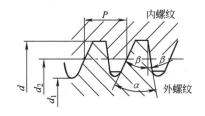

图 11-8　锯齿形螺纹

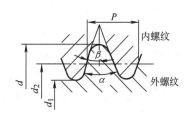

图 11-9　管螺纹

$\ominus$　in 为非法定计量单位，1in = 0.0254m。

上述螺纹类型，除了矩形螺纹外，其余都已标准化。

3. 螺纹的代号

螺纹代号由特征代号和尺寸代号组成。粗牙普通螺纹用字母 M 与公称直径表示；细牙普通螺纹用字母 M 与公称直径×螺距表示。当螺纹为左旋时，在代号之后加"LH"字母。

M40——表示公称直径为 40mm 的粗牙普通螺纹。

M40×1.5——表示公称直径为 40mm，螺距为 1.5mm 的细牙普通螺纹。

M40×1.5LH——表示公称直径为 40mm，螺距为 1.5mm 的左旋细牙普通螺纹。

11.2 螺纹联接

11.2.1 螺纹联接的主要类型

1. 螺栓联接

图 11-10 所示为螺栓联接，适用于被联接件不太厚又需经常拆装的场合使用，有两种联接形式：一种是被联接件上的通孔和螺栓杆间留有间隙的普通螺栓联接（见图 11-10a）；另一种是螺杆与孔是基孔制过渡配合的铰制孔用螺栓联接（见图 11-10b）。

2. 双头螺柱联接

图 11-11 所示为双头螺柱联接。这种联接适用于被联接件之一太厚而不便于加工通孔，并需经常拆装的场合。其特点是被联接件之一制有与螺柱相配合的螺纹，另一被联接件则为通孔。

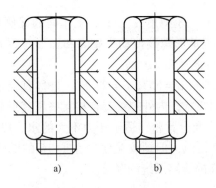

a)   b)

图 11-10　螺栓联接

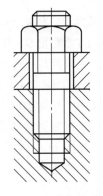

图 11-11　双头螺柱联接

3. 螺钉联接

图 11-12 所示为螺钉联接。这种联接的适用场合与双头螺柱联接相似，但多用于受力不大，不需经常拆装的场合。其特点是不用螺母，螺钉直接拧入被联接件的螺孔中。

4. 紧定螺钉

图 11-13 所示为紧定螺钉联接。这种联接适用于固定两零件的相对位置，并可传递不大的力和转矩。其特点是将螺钉旋入被联接件之一的螺纹孔中，末端顶住另一被联接件的表面或顶入相应的尖孔中，以固定两个零件的相对位置。

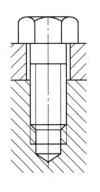

图 11-12　螺钉联接

图 11-13　紧定螺钉联接

11. 2. 2　常用螺纹联接件

在机械制造中，常见的螺纹联接件有：螺栓、双头螺柱、螺钉、紧定螺钉、螺母、垫圈等，具体结构如图 11-14 ~ 图 11-19 所示，这些零件的结构和尺寸都已标准化，可根据实际需要按标准选用。

螺纹联接件的常用材料为 Q215A、Q235A、10、35 和 45 钢，对于重要和特殊用途的螺纹联接件，可采用 15Cr、40Cr 等力学性能较高的合金钢。

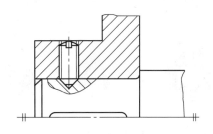

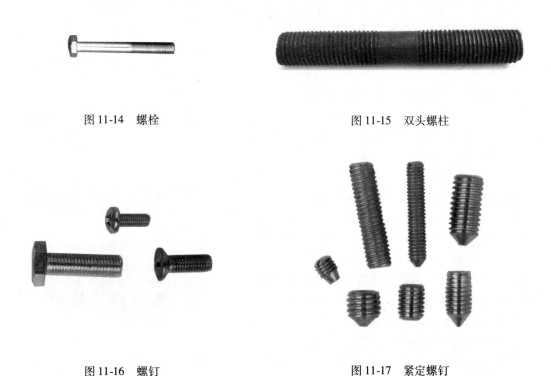

图 11-14　螺栓　　　　　　　　　　　　　　图 11-15　双头螺柱

图 11-16　螺钉　　　　　　　　　　　　　　图 11-17　紧定螺钉

图 11-18　螺母　　　　　　　　　　　　图 11-19　垫圈

11.2.3　螺纹联接件的预紧和防松

1. 预紧

在生产实践中，大多数螺纹联接在安装时都需要预紧。联接在工作前因预紧所受到的力，称为预紧力。预紧可以增强联接的刚性、紧密性和可靠性，防止受载后被联接件间出现缝隙或发生相对移动。

对于普通场合使用的螺纹联接，为了保证联接所需的预紧力，同时又不使螺纹联接件过载，通常由工人用普通扳手凭经验决定。对重要场合，如气缸盖、管路凸缘等紧密性要求较高的螺纹联接，预紧时应控制预紧力。

控制预紧力的方法很多，通常是用测力矩扳手和预置式扭力扳手。图 11-20a 所示为测力矩扳手。利用控制拧紧力矩的方法来控制预紧力的大小。测力矩扳手的工作原理是：扳手长柄在拧紧时产生弹性弯曲变形，但和扳手头部固联的指针不发生变形，当扳手长柄弯曲时，和长柄固联的刻度盘在指针下便显示出拧紧力矩的大小。

图 11-21a 所示为预置式扭力扳手的实物图，图 11-21b 所示为扳手的头部，头部上有一棘轮转向开关，拨动开关，扳手可换方向转动，因头部里有棘轮机构，此扳手在拧紧时只需连续往复摆动，即可拧紧螺母。手柄的尾部（见图 11-21c）有预设扭矩数值的套筒，使用时转动套筒，调节标尺上的数值至所需扭矩值。预置式扭力扳手具有声响装置，当紧固件的拧紧扭矩达到预设数值时，能自动发出信号"咔嗒"的一声，同时伴有明显的手感振动，提示完成工作。

考虑到由于摩擦因数不稳定和加在扳手上的力有时难于准确控制，可能使螺栓拧得过紧，甚至拧断。因此，对于重要联接不宜采用直径小于

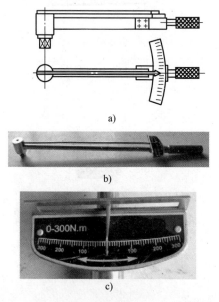

图 11-20　测力矩扳手
a）示意图　b）实物图　c）刻度盘

16mm 的螺栓，并应在装配图上注明拧紧的要求。

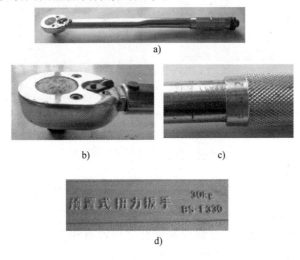

图 11-21 预置式扭力扳手

2. 防松

联接用的螺纹联接件，一般采用三角形粗牙普通螺纹。正常使用下，螺纹联接本身具有自锁性，螺母和螺栓头部等支承面处的摩擦也有防松作用，因此在静载荷作用下，联接一般不会自动松脱。但在冲击、振动或变载荷作用下，或当温度变化很大时，螺纹中的摩擦阻力可能瞬间消失或减小，这种现象多次重复出现就会使联接逐渐松脱，甚至会引起严重事故。因此，在生产实践中使用螺纹联接时必须考虑防松措施，常用的防松方法有以下几种：

（1）对顶螺母 两螺母对顶拧紧后使旋合螺纹间始终受到附加的压力和摩擦力，从而起到防松作用。该方式结构简单，适用于平稳、低速和重载的固定装置上的联接，但轴向尺寸较大，如图 11-22 所示。

（2）弹簧垫圈 螺母拧紧后，靠垫圈压平而产生的弹簧弹性反力使旋合螺纹间压紧，同时垫圈斜口的尖端抵住螺母与被联接件的支承面也有防松作用。该方式结构简单，使用方便。但在冲击振动的工作条件下，其防松效果较差，一般用于不重要的联接，如图 11-23 所示。

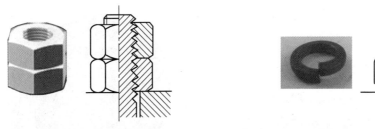

图 11-22 对顶螺母   图 11-23 弹簧垫圈

（3）开口销与六角开槽螺母 将开口销穿入螺栓尾部小孔和螺母槽内，并将开口销尾部掰开与螺母侧面贴紧，靠开口销阻止螺栓与螺母相对转动以防松。该方式适用于较大冲击、振动的高速机械中，如图 11-24 所示。

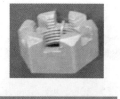

图 11-24　开口销与六角开槽螺母

（4）圆螺母与止动垫圈　垫圈的内圆有一内舌，垫圈的外圆有若干的外舌，螺杆（轴）上开有槽，使用时，先将止动垫圈的内舌插入螺杆的槽内，当螺母拧紧后，再将止动垫圈的外舌之一折嵌入圆螺母的沟槽中，使螺母和螺杆之间没有相对运动，该方式防松效果较好，多用于轴上滚动轴承的轴向固定，如图 11-25 所示。

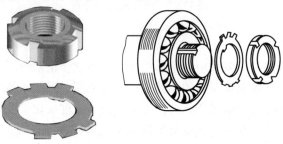

图 11-25　圆螺母与止动垫圈

（5）止动垫圈　螺母拧紧后，将单耳或双耳止动垫圈上的耳分别向螺母和被联接件的侧面折弯贴紧，即可将螺母锁住。该方式结构简单，使用方便，防松可靠，如图 11-26 所示。

（6）串联钢丝　用低碳钢丝穿入各螺钉头部的孔内，将各螺钉串联起来使其相互制约，使用时必须注意钢丝的穿入方向。该方式适用于螺钉组联接，其防松可靠，但装拆不方便，如图 11-27 所示。

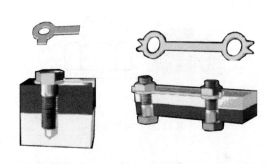

图 11-26　止动垫圈　　　　　　　　　图 11-27　串联钢丝

（7）冲点　在螺纹件旋合好后，用冲头在旋合缝处或在端面冲点防松。这种防松方法效果很好，但此时螺纹联接成了不可拆联接，如图 11-28 所示。

（8）粘结剂　用粘结剂涂于螺纹旋合表面，拧紧螺母后粘结剂能自行固化，防松效果良好，但不便拆卸，如图 11-29 所示。

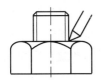

图 11-28　冲点

涂粘结剂

图 11-29　粘结剂

11.2.4　螺栓组联接的结构设计

一般情况下，大多数螺栓都是成组使用的，安排螺栓组时应考虑受力、装拆、加工、强度等方面因素，应注意以下几个问题：

1）在布置螺栓位置时，各螺栓间及螺栓中心线与机体壁之间应留有足够的扳手空间，以便于装拆，见图 11-30 中尺寸 A、B、C、D、E。

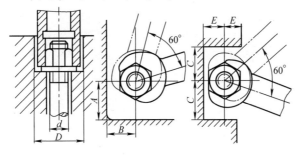

图 11-30　扳手空间

2）如果联接在受轴向载荷的同时还受到较大的横向载荷，则可采用键、套筒、销等零件来分担横向载荷（见图 11-31），以减小螺栓的预紧力和结构尺寸。

3）力求避免螺栓受弯曲，为此，螺栓与螺母的支承面通常应加工平整。为减少加工面，其结构常可做成凸台、鱼眼坑（见图 11-32a、b）。加工或安装时，还应保证支承面与螺栓轴线相垂直，以免产生偏心载荷使螺栓受到弯曲，从而削弱强度。

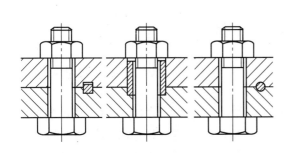

图 11-31　减载装置

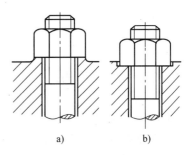

a)　　　　　b)

图 11-32　支承面结构
a）凸台　b）沉孔

4）工程实践中，螺栓的直径可根据联接零件的相关尺寸选择，必要时或重要联接中要对螺栓进行强度校核计算，有关螺栓的强度计算可参看机械设计手册。

11.3 键联接

键联接在机器中应用极为广泛，常用于轴与轮毂之间的周向固定，以传递运动和转矩。其中有些还能实现轴向移动，用作动联接。键联接分为松键联接和紧键联接两大类。

11.3.1 松键联接的类型、标准和应用

松键联接可分为平键、半圆键联接两种。

1. 平键联接

平键联接具有结构简单、装拆方便、对中性好等优点，故应用最广。平键又分为普通平键、导向平键和滑键。

（1）普通平键 图 11-33 所示为普通平键联接的结构形式。普通平键用于静联接，按其端部形状不同分为圆头（A 型）、平头（B 型）及单圆头（C 型）三种，如图 11-34 所示。

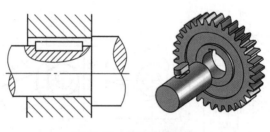

图 11-33 普通平键联接

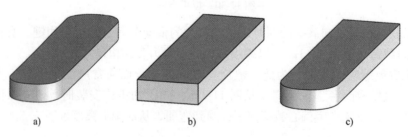

a) b) c)

图 11-34 普通平键的类型
a) A 型键 b) B 型键 c) C 型键

平键已标准化，其结构尺寸都有相应的规定。关于键与键槽的形式、尺寸可参看表 11-1。

用 A 型键和 C 型键时，轴上的键槽是用端铣刀加工的（见图 11-35a），键在槽中的轴向固定较好，但键槽两端会引起较大的应力集中；用 B 型键时，键槽是用盘铣刀加工的（见图 11-35b），应力集中较小，但键在槽中轴向固定不好。A 型键应用最广，C 型键则多用于轴端。

表 11-1　普通平键、导向平键和键槽的截面尺寸及公差　　　（单位：mm）

轴	键		键　槽										
			宽度 b					深度				半径 r	
			极限偏差					轴 t		毂 t_1			
			较松键联接		一般键联接		较紧键联接						
公称直径	公称尺寸 $b \times h$	L ($h14$)	轴 H9	毂 D10	轴 N9	毂 Js9	轴和毂 P9	公称尺寸	极限偏差	公称尺寸	极限偏差	最小	最大
>10~12	4×4	8~45	+0.030 0	+0.078 +0.030	0 −0.030	±0.015	−0.012 −0.042	2.5	+0.1 0	1.8	+0.1 0	0.08	0.16
>12~17	5×5	10~56						3.0		2.3		0.16	0.25
>17~22	6×6	14~70						3.5		2.8			
>22~30	8×7	18~90	+0.036 0	+0.098 +0.040	0 −0.036	±0.018	−0.015 −0.051	4.0		3.3			
>30~38	10×8	22~110						5.0		3.3			
>38~44	12×8	28~140	+0.043 0	+0.120 +0.050	0 −0.043	±0.0215	−0.018 −0.061	5.0	+0.20 0	3.3	+0.20 0	0.25	0.40
>44~50	14×9	36~160						5.5		3.8			
>50~58	16×10	45~180						6.0		4.3			
>58~65	18×11	50~200						7.0		4.4			
>65~75	20×12	56~220	+0.052 0	+0.149 +0.065	0 −0.052	±0.026	−0.022 −0.074	7.5		4.9			
>75~85	22×14	63~250						9.0		5.4		0.40	0.60
>85~95	25×14	70~280						9.0		5.4			
>95~110	28×16	80~320						10.0		6.4			
L 系列	6,8,10,12,14,16,18,20,22,25,28,32,36,40,45,50,56,63,70,80,90,100,110,125,140,160,180,200,220, 250,280,320,360,400,450,500												

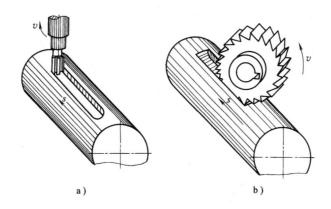

图 11-35　键槽的加工

a) 端铣刀加工　b) 盘铣刀加工

（2）导向平键和滑键　导向平键和滑键用于动联接。

当轮毂在轴上需沿轴向移动时，可采用导向平键或滑键，导向平键（见图11-36）用螺钉固定在轴上的键槽中，而轮毂可沿着键作轴向滑动，如汽车齿轮变速器中齿轮轴上的键。

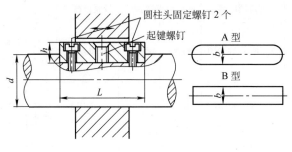

图 11-36　导向平键

当被联接零件滑移的距离较大时，宜采用滑键（见图11-37）。滑键固定在轮毂上，与轮毂同时在轴上的键槽中作轴向滑移。

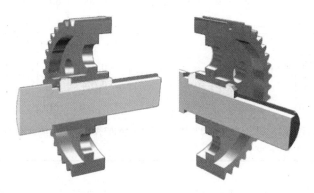

图 11-37　导向平键

2. 半圆键联接

图 11-38 所示为半圆键联接。键槽呈半圆形，键能在键槽内自由摆动以适应轴线偏转引起的位置变化。其缺点是键槽较深，对轴的强度削弱大，故一般多用于轻载或锥形结构的联接中。

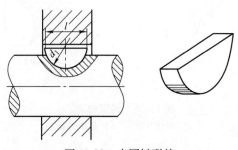

图 11-38　半圆键联接

11.3.2 紧键联接的类型、标准及应用

紧键联接有楔键和切向键联接两种。紧键联接的特点是：键的上下两表面是工作面；装配时，将键楔紧在轴毂之间；工作时，靠键楔紧产生的摩擦力来传递转矩。

1. 楔键联接

图 11-39 所示为楔键联接的结构形式。楔键联接的对中性差，仅适用于要求不高、载荷平稳、速度较低的场合（如某些农业机械及建筑机械中）。楔键分为普通楔键（见图 11-39a）及钩头楔键（见图 11-39b）两种。为便于安装与拆卸，楔键最好用于轴端。使用带钩头的楔键时，拆卸较为方便，但应加装安全罩。

2. 切向键联接

切向键联接如图 11-40 所示，由两个斜度为 1∶100 的楔键组成。装配时，把一对楔键分别从轮毂的两端打入，其斜面相互贴合，共同楔紧在轴毂之间。用一个切向键时，只能传递单向转矩；如要传递双向转矩，则要用两对切向键按 120°～135°分布。切向键对轴削弱较大，故只适用于速度较小、对中性要求不高、轴径大于 100mm 的重型机械中。

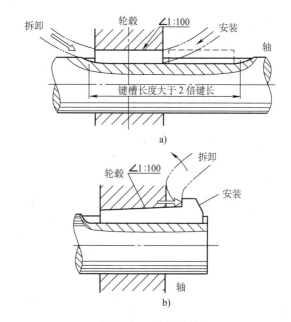

图 11-39　楔键联接

a）普通楔键　b）钩头楔键

11.3.3 平键联接的设计

平键联接的设计步骤为：

1. 类型的选择

选择键的类型应根据具体的工作要求和使用条件而定，如对中性要求；传递转矩大小；轮毂是否沿轴向滑移及滑移的距离大小；键在轴上的位置等。

2. 键的尺寸的选择

1）根据轴的直径从国家标准（见表11-1）中选择平键的截面尺寸（$b \times h$）。

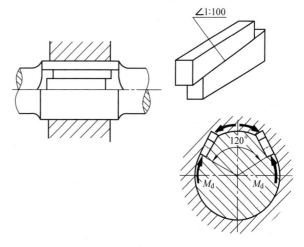

图 11-40　切向键联接

2）根据轮毂长度 L_1 选择键长 L，静联接取 $L = L_1 - (5 \sim 10)$ mm，动联接根据移动距离确定。键长 L 应符合标准长度系列。

3. 校核平键联接的强度

键联接的主要失效形式有压溃、磨损和剪断。由于键为标准件，其剪切强度足够，因此

用于静联接的普通平键主要失效是工作面的压溃；而动联接的主要失效形式是工作面的磨损。因此，通常只按工作面的最大挤压应力或压强校核。

静连接

$$\sigma_{p} = \frac{4T}{dhl} \leqslant \left[\sigma_{p}\right] \qquad (11\text{-}1)$$

动联接

$$p = \frac{4T}{dhl} \leqslant \left[p\right] \qquad (11\text{-}2)$$

式中 T——传递的转矩（N·mm）；

　　　　d——轴的直径（mm）；

　　　　h——键高（mm）；

　　　　l——键的工作长度（mm）；

$\left[\sigma_{p}\right]$和$\left[p\right]$——键联接的许用挤压应力和许用压强（MPa），计算时应取联接中较弱材料的值，各种材料的许用应力（压强）见表11-2所示。

表 11-2　键联接材料的许用应力　　　　　　　　　（单位：MPa）

项　　　目	联接性质	键或轴、毂材料	载 荷 性 质		
			静 载 荷	轻 微 冲 击	冲　　击
$\left[\sigma_{p}\right]$	静联接	钢	120～150	100～120	60～90
		铸铁	70～80	50～60	30～45
$\left[p\right]$	动联接	钢	50	40	30

如果强度不够可以采用下列措施解决：

1）适当增加轮毂宽度及键的长度。

2）采用相距180°布置两个键，但考虑载荷分布不均匀性，强度计算时，应按1.5个键计算。

4. 选择轴毂尺寸及公差

例 11-1　　如图11-41所示，某钢制输出轴与铸铁齿轮采用键联接，已知装齿轮处轴的直径 $d = 45\text{mm}$，齿轮轮毂长 $L_{1} = 80\text{mm}$，该轴传递的转矩 $T = 200\text{kN·mm}$，载荷有轻微冲击。试选用该键联接。

解　1）选择键联接的类型

为保证齿轮传动啮合良好，要求轴毂对中性好，故选用 A 型普通平键联接。

2）选择键的主要尺寸

按轴径 $d = 45\text{mm}$，由表11-1查得键宽 $b = 14\text{mm}$，键高 $h = 9\text{mm}$，键长 $L = 80 - (5～10)\text{mm} = (75～70)\text{mm}$，取 $L = 70\text{mm}$。标记为：键 14×70GB/T 1096—2003。

3）校核键联接强度

由表11-2查铸铁材料$\left[\sigma_{p}\right] = 50～60\text{MPa}$，计算挤压强度

$$\sigma_{p} = \frac{4T}{dhl} = \frac{4 \times 200000}{45 \times 9 \times (70 - 14)}\text{MPa} = 35.27\text{MPa} \leqslant \left[\sigma_{p}\right]$$

所选键联接强度足够。

4）标注键联接公差

轴、毂公差的标注如图11-42所示。

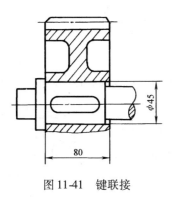

图 11-41 键联接

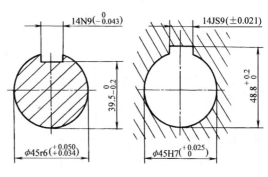

图 11-42 轴、毂公差的标注

11.4 花键联接

花键联接是由周向均布多个键齿的花键轴与带有相应键槽的轮毂组成，如图 11-43 所示。与平键联接相比，由于键齿与轴一体，故花键联接的承载能力高，定心性和导向性好，对轴的削弱较小，因此适用于载荷较大和对定心精度要求较高的静联接和动联接，特别是在飞机、汽车、拖拉机、机床及农业机械中应用较广。其缺点是齿根仍有应力集中，加工需专用设备和量刃具，制造成本高。

图 11-43 花键联接

常用的花键联接根据其齿形的不同，可分为矩形花键和渐开线花键两种。

1. 矩形花键

如图 11-44 所示，矩形花键的齿侧边为直线，廓形简单。一般采用小径定心。这种定心方式的定心精度高、稳定性好，但花键轴和孔上的齿均需在热处理后磨削，以消除热处理变形。

2. 渐开线花键

如图 11-45 所示，渐开线花键的两侧齿形为渐开线，标准规定，渐开线花键的标准压力角有 30° 和 45° 两种。受载时，齿上有径向分力，能起自动定心作用，有利于各齿受力均匀，因此多采用齿形定心。渐开线花键可用加工齿轮的方法制造，工艺性好，易获得较高的精度和互换性，齿根强度高，应力集中小，寿命长，因此常用于载荷较大、定心精度要求较高以及尺寸较大的联接。

图 11-44 矩形花键联接

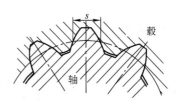

图 11-45 渐开线花键联接

11. 5　销联接

销联接主要用于固定零件之间的相对位置，如图 11-46a 所示，也可用于轴与毂的联接或其他零件的联接，以传递不大的载荷，如图 11-46b 所示。在安全装置中，销还常用作过载剪断元件，如图 11-46c 所示，称为安全销。

销按其外形可分为圆柱销（见图 11-47）、圆锥销（见图 11-48）及异形销（见图 11-49）等，这些销都有国家标准。与圆柱销、圆锥销相配的被联接件孔均需铰光和开通。对于圆柱销联接，因有微量过盈，故多次装拆后定位精度会降低。圆锥销联接的销和孔均制有 1∶50 的锥度，装拆方便，多次装拆对定位精度影响较小，故可用于需经常装拆的场合。特殊结构形式的销统称为异形销。用于安全场合的销称为安全销，如图 11-50 所示。

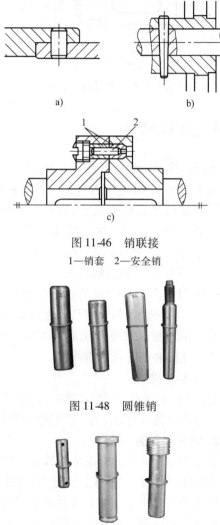

图 11-46　销联接
1—销套　2—安全销

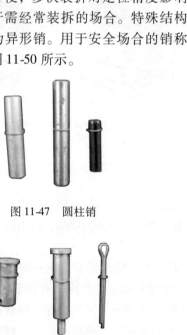

图 11-47　圆柱销

图 11-48　圆锥销

图 11-49　异形销

图 11-50　安全销

11. 6　其他联接简介

除了上述介绍的几种联接外，工程机械和生活实践中还经常用到其他一些联接，如铆接、焊接、粘接、过盈配合以及自攻螺钉和膨胀螺钉联接等。

1. 铆接

如图 11-51 所示，铆接是一种使用时间较长的简单的机械联接。将铆钉穿入被联接件的铆钉孔中，用锤击或压力机压缩铆合而成的一种不可拆联接。

铆接具有工艺设备简单、抗振、耐冲击和牢固可靠等优点，但结构笨重，被联接件（或被铆件）由于制有钉孔，使强度受到较大的削弱，且铆接时有剧烈的噪声。目前除桥梁、飞机制造等工业部门采用外，应用已逐渐减少，并为焊接、粘接所代替。

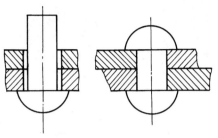

图 11-51　铆钉联接

2. 焊接

焊接是利用局部加热的方法将被联接件联接成一体的不可拆联接。

在焊接时，被联接件接缝处的金属和焊条熔化、混合并填充接缝处空隙而形成焊缝。最常见的焊缝形式有：正接填角焊缝、搭接焊缝和对接焊缝等多种，如图 11-52 所示。

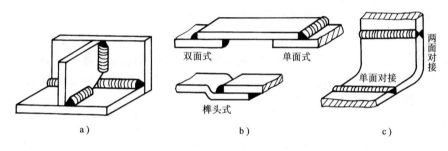

图 11-52　焊缝形式
a）正接填角焊缝　b）搭接焊缝　c）对接焊缝

与铆接相比，焊接具有强度高、工艺简单、重量轻、工人劳动条件好等优点，特别是单件小批量生产或形式变化较多的零部件，采用焊接结构常常可以缩短生产准备周期、减轻重量、降低成本，所以应用日益广泛，新的焊接方法发展也很迅速。

在机械工业中，常用的焊接方法有属于熔融焊的气焊和电焊。电焊又分为电弧焊和接触焊两大类，其中电弧焊操作简单，连接质量好，应用最广。

焊接结构件可以全部用轧制的板、型材、管材焊成，也可以用轧材、铸件、锻件拼焊而成，同一组件又可以用不同材质或按工作需要在不同部位选用不同强度和不同性能的材料拼组而成。因此，采用焊接方法，对结构件的设计提供了很大的灵活性。

3. 胶接

胶接是利用胶粘剂在一定条件下把预制的元件联接在一起，并具有一定的联接强度，它也是使用时间较长的一种不可拆联接，其应用实例如图 11-53 所示。

常用的胶粘剂有酚醛-乙烯、聚氨酯、环氧树脂等。

胶接的特点如下：

1）不受被联接件材料的限制，可联接金属和非金属，包括某些脆性材料。

2）接头的应力分布较均匀，对于薄板（特别是非铁金属）结构，避免了铆、焊、螺纹联接引起的应力集中和局部翘曲。

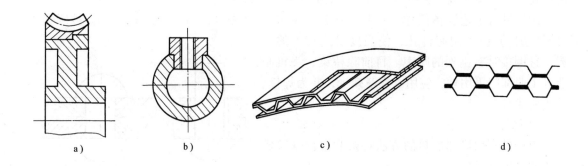

图 11-53　胶接应用实例

3）一般不需要机械紧固件，不需加工联接孔，因此大大减少了机械加工量和降低了整个结构的重量。

4）胶接的密封性能好。此外还具有绝缘、耐腐蚀等特点。

5）工艺过程易实现机械化和自动化。

胶接的缺点是：工作温度过高时，胶接强度将随温度的增高而显著下降；此外，耐老化、耐介质（酸、碱）性能较差，且不稳定；而且对胶接接头载荷的方向有限制且不宜承受严重的冲击载荷。

4. 过盈配合联接

过盈配合联接是利用两个被联接件间的过盈配合来实现的联接。如图 11-54 所示为两光滑圆柱面的过盈配合联接，这种联接可做成可拆联接（过盈量较小），也可做成不可拆联接（过盈量较大）。装配后，由于结合处的弹性变形和过盈量，在配合表面产生很大的正压力；工作时，靠配合表面产生的摩擦力来传递载荷。这种联接结构简单，对中性好，对轴的削弱小，耐冲击性能强，但配合表面的加工精度要求较高，装配不方便。

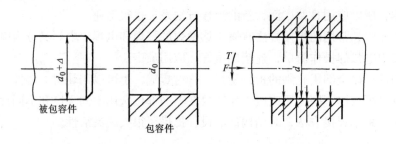

图 11-54　过盈联接

5. 自攻螺钉联接和膨胀螺栓联接

自攻螺钉联接是利用螺钉在被联接件的光孔内直接攻出螺纹。螺钉头部形状有盘头、沉头和半沉头，分别如图 11-55a、b、c 所示，头部槽有一字槽、十字槽和开槽等形状，末端有锥端和平端两种，常用于金属薄板、轻合金或塑料零件的联接。

图 11-56 所示为膨胀螺栓联接，该螺栓头部为一圆锥体，杆部装一软套筒，套筒上开有

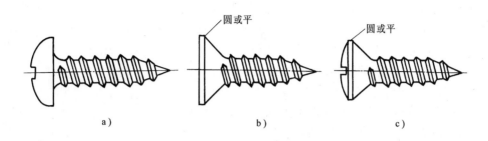

图 11-55　自攻螺钉联接

轴向槽。安装时先将螺栓杆连同套筒装在被联接孔中，拧紧末端螺母时，锥体压入套筒，靠套筒变形将螺栓固定在被联接件中，末端有平端形和钩形等，这种联接结构简单，安装方便，应用广泛。

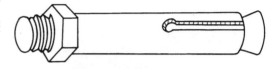

图 11-56　膨胀螺栓联接

6. 快拆联接

一般户外运动用自行车的前、后轮和车座等处的联接多应用快拆联接，以便快速拆下前、后轮，方便补胎或调整车座高度。如图 11-57 所示为自行车车轮的快拆联接结构实物图。

快拆结构由偏心轮、拉杆和调节螺母几部分组成，车轮的轴为空心轴，拉杆从空心轴中穿过。图 11-57a 为快拆联接打开状态，偏心轮转到偏心距在轴线上为最短距离的位置，图 11-57b 为快拆联接锁紧状态，偏心轮转到偏心距在轴线上为最长距离的位置。

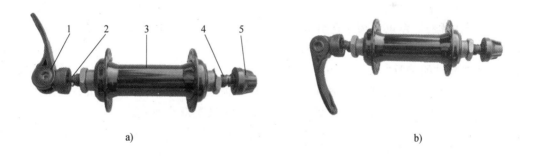

图 11-57　车轮快拆结构
a）打开状态　b）锁紧状态
1—偏心轮　2—拉杆　3—车轮花鼓　4—空心轴　5—调节螺母

快拆结构的工作原理是扳动偏心轮，利用偏心轮的偏心作用，拉杆上被夹持物体间的轴向距离变化，通过附加夹持装置（如自行车上的前、后叉等）将被夹物体（车轮）夹紧。车轮快拆时，向外扳动偏心轮，由于偏心轮的偏心作用，车轮的锁紧结构被放松，便可将车轮从支撑部位拿下。安装时，把车轮放入支撑部位，向内压紧偏心轮，使车轮锁紧结构压紧，车轮结构就被定位并固定好。车轮锁紧结构的锁紧程度可由调节螺母来调节。

图 11-58 是自行车车座的快拆结构实物图。图 11-59 是快拆结构的组成，由偏心轮、拉杆、锁紧环和调节螺母组成，夹持原理也是利用改变拉杆的轴向距离调整锁紧环张口的收缩来夹紧座杆以相对固定车座的高度，锁紧环收缩的程度可由调节螺母来调整。调节车座高低时，向外扳动偏心轮，锁紧环松开，将车座调整至合适高度后，把偏心轮向内扳动，锁紧环收缩，座杆被锁紧，车座相对位置固定。

快拆联接的特点是结构简单、拆装方便、联接可靠，除用于自行车的联接外，在工程设备上也经常用到，如车床上的夹具等。

图 11-58　车座快拆结构实物图

图 11-59　车座快拆结构
1—偏心轮　2—拉杆　3—调节螺母　4—锁紧环

实例分析

1. 螺纹联接中扳手的正确使用

扳手是用来旋紧六角形、正方形螺钉和各种螺母的工具，常用工具钢、合金钢制成。它的开口处要求光整、耐磨。扳手可分为活口扳手、专用扳手和特殊扳手三类。活口扳手是常用的工具，正确的使用方法如图 11-60 所示。

2. 双头螺柱的装配

由于双头螺柱没有头部，无法将双头螺柱旋入被联接的螺纹孔内并紧固，常采用螺母对顶或通过长螺母使止动螺钉与双头螺柱对顶的方法来装配双头螺柱。

图 11-61 所示为用双螺母对顶装配双头螺柱，方法是先将两个螺母相互锁紧在双头螺柱上，然后用扳手扳动上面一个螺母，把双头螺柱拧入螺孔中紧固。

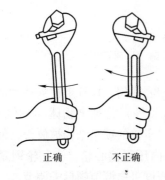

正确　　不正确

图 11-60　活扳手使用方法

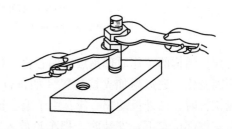

图 11-61　双头螺柱的拧入法 1

图 11-62 所示为通过长螺母使止动螺钉对顶装配双头螺柱，原理是用止动螺钉来阻止长螺母和双头螺柱之间的相对运动。装配时先将长螺母拧到双头螺柱的上部螺纹处，然后拧入止动螺钉顶到螺柱上面，再扳动长螺母，双头螺柱即可拧入螺孔中。松开螺母时，应先将止动螺钉回松，即可拧下长螺母。

3. 对顶螺母的拧紧

采用对顶螺母防松时，如图 11-63 所示，两螺母对顶拧紧后，下一个螺母的上牙侧与螺栓的下牙侧摩擦，上一个螺母的下牙侧与螺栓的上牙侧摩擦，从而使旋合螺纹间两螺母始终受到附加的两个相反的力和摩擦力作用，达到防放松的效果。

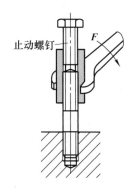

图 11-62 双头螺柱的拧入法 2

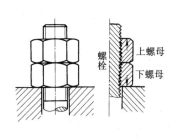

图 11-63 对顶螺母的拧紧方法

正确的操作步骤是这样的：

1）当下一个螺母拧紧后，上一个螺母拧入并刚接触下一个螺母即可。

2）用两个扳手分别卡入上、下螺母上，然后同时让下一个螺母对应扳手往松动方向转，上一个螺母对应扳手往拧紧方向转，直到相互转不动为止，即可达到对顶螺母防松作用。

如将两个螺母都以拧紧方向使劲拧紧，其结果如同一个加厚螺母拧紧一样，不起防松作用。

4. 螺栓组的布置应遵循的原则

1）螺栓组的布置应力求对称、均匀。通常将结合面设计成轴对称的简单几何形状，如图 11-64 所示，以便于加工，并应使螺栓组的对称中心与接合面的形心重合，以保证接合面受力比较均匀。

2）螺栓数目应取为 2、3、4、6 等易于分度的数目，以便加工，如图 11-64 所示。

3）同一组螺栓应采用同一种材料和相同的公称尺寸。

4）对承受弯矩或转矩的螺栓组联接，应尽量将螺栓布置在靠近接合面的边缘，以

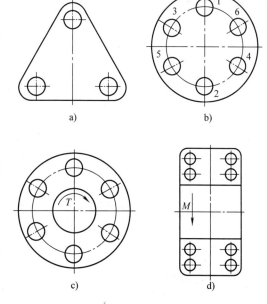

图 11-64 螺栓组的布置

便充分和均衡地利用各个螺栓的承载能力，如图 11-64 所示。

5）螺栓组拧紧时，为使紧固件的配合面上受力均匀，应按一定的顺序来拧紧，如图 11-64b 中所标数字顺序所示，而且每个螺栓或螺母不能一次拧紧，应按顺序分 2～3 次才全部拧紧。拆卸时和拧紧时的顺序相反。

知识小结

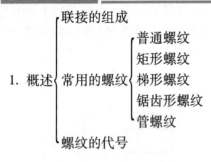

1. 概述
- 联接的组成
- 常用的螺纹
  - 普通螺纹
  - 矩形螺纹
  - 梯形螺纹
  - 锯齿形螺纹
  - 管螺纹
- 螺纹的代号

2. 螺纹联接
- 螺纹联接的主要类型
  - 螺栓联接
  - 双头螺柱联接
  - 螺钉联接
  - 紧定螺钉联接
- 常用螺纹联接件
  - 螺栓、双头螺柱、螺钉
  - 紧定螺钉、螺母、垫圈
- 螺纹联接的预紧和防松
  - 预紧
    - 测力矩扳手
    - 预置式扭力扳手
  - 防松
    - 对顶螺母、弹簧垫圈、开口销与六角
    - 开槽螺母、圆螺母与止动垫圈
    - 止动垫圈、串联钢丝、冲点、粘结剂
- 螺栓组联接的结构设计

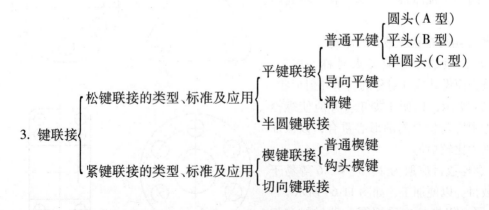

3. 键联接
- 松键联接的类型、标准及应用
  - 平键联接
    - 普通平键
      - 圆头（A 型）
      - 平头（B 型）
      - 单圆头（C 型）
    - 导向平键
    - 滑键
  - 半圆键联接
- 紧键联接的类型、标准及应用
  - 楔键联接
    - 普通楔键
    - 钩头楔键
  - 切向键联接

4. 花键联接
- 矩形花键
- 渐开线花键

5. 销联接 { 圆柱销
圆锥销
异形销
安全销

6. 其他联接 { 铆接
焊接
胶接
过盈配合联接
自攻螺钉联接和膨胀螺栓联接
快拆联接

习　题

一、判断题（认为正确的，在括号内打 ✓；反之打 ×）

1. 普通螺纹的牙型角是 60°。　　　　　　　　　　　　　　　　　　　　　　　（　　）

2. M24 × 1.5 表示公称直径为 24mm、螺距为 1.5mm 的粗牙普通螺纹。　　　（　　）

3. 公称直径相同的粗牙普通螺纹的强度高于细牙普通螺纹。　　　　　　　　（　　）

4. 工程实践中螺纹联接多采用自锁性好的三角螺纹。　　　　　　　　　　　（　　）

5. 三角形螺纹比梯形螺纹效率高，自锁性差。　　　　　　　　　　　　　　（　　）

6. 双头螺柱联接用于被联接件之一太厚而不便于加工通孔并需经常拆装的场合。（　　）

7. 螺钉联接用于被联接件之一太厚而不便于加工通孔且不需经常拆装的场合。（　　）

8. 螺纹联接中的预紧力越大越好。　　　　　　　　　　　　　　　　　　　（　　）

9. 对于重要的联接可以采用直径小于 M12 ~ M16 的螺栓联接。　　　　　　（　　）

10. 对顶螺母和弹簧垫圈的防松法可用于重要的联接中。　　　　　　　　　（　　）

11. 键联接的主要用途是使轴与轮毂之间有确定的相对位置。　　　　　　　（　　）

12. 平键联接的对中性好、结构简单、装拆方便，故应用最广。　　　　　　（　　）

13. 楔键联接的对中性差，仅适用于要求不高、载荷平稳、速度较低的场合。　（　　）

14. 平键中，导向键联接适用于轮毂滑移距离不大的场合，滑键联接适用于轮毂滑移距离较大的场合。
　　　　　　　　　　　　　　　　　　　　　　　　　　　　　　　　　　（　　）

15. 导向平键属于移动副联接。　　　　　　　　　　　　　　　　　　　　　（　　）

16. 切向键对轴削弱较大，故只适用于速度较小、对中性要求不高且较大轴径的重型机械中。（　　）

17. 由于花键联接较平键联接的承载能力高，因此花键联接主要用于载荷较大和对定心精度要求较高的场合。　　　　　　　　　　　　　　　　　　　　　　　　　　　　　（　　）

18. 花键联接除用于静联接外，还可用于动联接。　　　　　　　　　　　　（　　）

19. 销联接主要用于固定零件之间的相对位置，有时还可做防止过载的安全销。（　　）

20. 在框架机构中，焊接是其他联接方法中最常用的联接方式。　　　　　　（　　）

二、选择题（将正确答案的字母序号填入括号内）

1. 联接用螺纹的螺旋线数是_____。　　　　　　　　　　　　　　　　　　（　　）

A. 1　　　　　　　　　　　B. 2　　　　　　　　　　　C. 3

2. 联接螺纹采用三角形螺纹是因为这种螺纹_____。　　　　　　　　　　（　　）

A. 牙根强度高，自锁性能好　　B. 防振性好　　　　　　C. 传动效率高

3. 用于薄壁零件的联接螺纹，应采用_____。　　　　　　　　　　　　　（　　）

A. 三角形细牙螺纹　　　　　　B. 矩形螺纹　　　　　　C. 锯齿形螺纹

4. 传动螺纹多用＿＿＿螺纹。　　　　　　　　　　　　　　　　　　　（　　）

A. 梯形　　　　　　　　　　B. 三角形　　　　　　　　C. 矩形

5. 下列三种螺纹中，自锁性能好的是＿＿＿螺纹。　　　　　　　　　（　　）

A. 梯形　　　　　　　　　　B. 三角形　　　　　　　　C. 矩形

6. 当两个被联接件之一太厚，不宜制成通孔，且联接需要经常拆装时，适宜采用＿＿＿联接。（　　）

A. 螺栓　　　　　　　　　　B. 双头螺柱　　　　　　　C. 螺钉

7. 当两个被联接件之一太厚，不宜制成通孔，且联接不需要经常拆装时，适宜采用＿＿＿联接。

（　　）

A. 螺栓　　　　　　　　　　B. 双头螺柱　　　　　　　C. 螺钉

8. 在螺纹联接常用的放松方法中，当承受较大冲击或振动载荷时，应选用＿＿＿放松措施。（　　）

A. 对顶螺母　　　　　　　　B. 弹簧垫圈　　　　　　　C. 开口销与六角开槽螺母

9. 采用凸台或鱼眼坑支座作螺栓或螺母的支承面，是为了＿＿＿。　　（　　）

A. 造型美观　　　　　　　　B. 避免螺栓受弯曲应力　　C. 便于放置垫圈

10. 在同一组螺栓联接中，螺栓的材料、直径、长度均应相同，是为了＿＿＿。（　　）

A. 造型美观　　　　　　　　B. 便于加工和装配　　　　C. 受力合理

11. 齿轮减速器的箱体与箱盖用螺纹联接，箱体被联接处的厚度不太大，且经常拆装，一般选用什么联接？　　　　　　　　　　　　　　　　　　　　　　　　　　　　　　　　　　（　　）

A. 螺栓连接　　　　　　　　B. 螺钉联接　　　　　　　C. 双头螺柱联接

12. 螺纹联接预紧的主要目的是什么？　　　　　　　　　　　　　　　（　　）

A. 增强联接的强度　　　　　B. 防止联接自行松动　　　C. 保证联接的可靠性和密封性

13. 下列几种螺纹联接中，哪一种更适用于承受冲击、振动和变载荷？（　　）

A. 普通粗牙螺纹　　　　　　B. 普通细牙螺纹　　　　　C. 梯形螺纹

14. 普通平键联接的工作特点是＿＿＿。　　　　　　　　　　　　　　（　　）

A. 键的两侧面是工作面　　　B. 键的上下两表面是工作面

15. 普通平键联接的应用特点是＿＿＿。　　　　　　　　　　　　　　（　　）

A. 能实现轴上零件的轴向定位　B. 依靠侧面工作，对中性好，装拆方便

C. 能传递轴向力

16. 平键联接主要用于传递＿＿＿场合。　　　　　　　　　　　　　　（　　）

A. 轴向力　　　　　　　　　B. 横向力　　　　　　　　C. 转矩

17. 在轴的端部加工 C 型键槽，一般采用什么加工方法？　　　　　　（　　）

A. 用盘铣刀铣制　　　　　　B. 在插床上用插刀加工　　C. 用端铣刀铣制

18. 锥形轴与轮毂的键联接宜用＿＿＿。　　　　　　　　　　　　　　（　　）

A. 平键联接　　　　　　　　B. 半圆键联接　　　　　　C. 楔键联接

19. 只能承受圆周方向的力，不可以承受轴向力的联接是＿＿＿。　　（　　）

A. 平键联接　　　　　　　　B. 楔键联接　　　　　　　C. 切向键联接

20. 结构简单，承载不大，但要求同时对轴向与周向都固定的联接应采用＿＿＿。（　　）

A. 平键联接　　　　　　　　B. 花键联接　　　　　　　C. 销联接

第12章 轴

引 言

日常生活用品和工业生产实践的设备中有很多轴，可以说有转动的地方就有轴。

图 12-1 所示为一减速器的外形图，其中有两根轴，其作用是支持旋转零件并传递运动和转矩。

图 12-2 所示为减速器低速轴（阶梯轴）的结构示意图，图中③轴段、⑦轴段安装有轴承，用来支持轴的旋转，④轴端、①轴端安装工作零件齿轮与联轴器。日常生活中的自行车就有前轮轴、后轮轴、中轴和脚蹬子轴等。

图 12-1 减速器

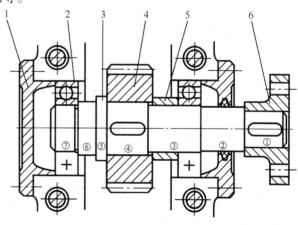

图 12-2 减速器低速轴

1—轴承端盖 2—轴承 3—轴 4—齿轮 5—套筒 6—联轴器

本章主要介绍轴的类型、结构、材料及轴的结构设计与强度计算。

学习内容

12.1　轴的分类及应用

轴是直接支承传动零件（如齿轮、带轮、链轮等）以传递运动和动力的重要零件。

1. 按所受载荷分类

轴按所受载荷，可分为心轴、传动轴和转轴三类。

（1）心轴　主要承受弯矩的轴称为心轴。若心轴工作时是转动的，称为转动心轴，例如机车轮轴，如图 12-3 所示。

若心轴工作时不转动，则称为固定心轴，例如自行车前轮轴，如图 12-4 所示。

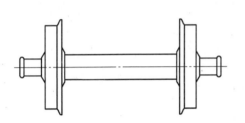

图 12-3　转动心轴

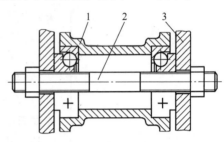

图 12-4　固定心轴

1—前轮轮毂　2—前轮轴　3—前叉

（2）传动轴　主要承受转矩的轴称为传动轴。图 12-5 所示为汽车从变速箱到后桥的传动轴。

（3）转轴　图 12-6 所示为单级圆柱齿轮减速器中的转轴，该轴上两个轴承之间的轴段承受弯矩，联轴器与齿轮之间的轴段承受转矩。这种既承受弯矩又承受转矩的轴称为转轴。

2. 按轴线的几何形状分类

按轴线的几何形状，轴可分为直轴（见图 12-4、图 12-6）、曲轴和挠性轴三类。

图 12-5　传动轴

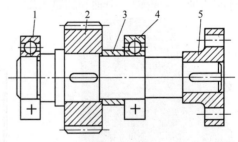

图 12-6　转轴

1、4—轴承　2—齿轮　3—套筒　5—联轴器

曲轴（见图 12-7）常用于往复式机械（如曲柄压力机、内燃机）中，以实现运动的转换和动力的传递。

挠性轴(也称钢丝软轴)是由几层紧贴在一起的钢丝层构成的(见图 12-8a)，它能把旋转运动和不大的转矩灵活地传到任何位置，但它不能承受弯矩，多用于转矩不大、以传递运动为主的简单传动装置中。摩托车的前轮到速度表之间的传动轴就是挠性轴（见图 12-8b）。

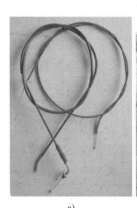

图 12-7 曲轴

a)　　　　　　　b)

图 12-8 挠性轴

直轴按形状又可分为光轴、阶梯轴和空心轴三类。

（1）光轴 光轴的各截面直径相同。它加工方便，但零件不易定位，如图 12-9 所示。

（2）阶梯轴 轴上零件容易定位，便于装拆，一般机械中常用，如图 12-10 所示。

图 12-9 光轴

图 12-10 阶梯轴

（3）空心轴 图 12-11 所示为空心轴。它可以减轻重量、增加刚度，还可以利用轴的空心来输送润滑油、切削液或便于放置待加工的棒料。车床主轴就是典型的空心轴。

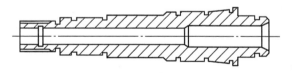

图 12-11 空心轴

12.2 轴的材料及其选择

轴的材料是决定承载能力的重要因素。轴的材料除应具有足够的强度外，还应具备足够的塑性、冲击韧度、抗磨损性和抗腐蚀性；对应力集中的敏感性较小；具有良好的工艺性和经济性；能通过不同的热处理方式提高轴的疲劳强度。

轴的材料主要采用碳素钢和合金钢。碳素钢比合金钢价廉，对应力集中的敏感性小，并可通过热处理提高疲劳强度和耐磨性，故应用较广泛。常用的碳素钢为优质碳素钢，为保证轴的力学性能，一般应对其进行调质或正火处理。不重要的轴或受载荷较小的轴，也可用 Q235 等普通碳素钢。

合金钢比碳素钢的机械强度高，热处理性能好，但对应力集中的敏感性强，价格也较贵，主要用于对强度或耐磨性要求较高以及处于高温或腐蚀等条件下工作的轴。

高强度铸铁和球墨铸铁有良好的工艺性，并具有价廉、吸振性和耐磨性好以及对应力集中敏感性小等优点，适用于制造结构形状复杂的轴（如曲轴、凸轮轴等）。

轴的毛坯选择：当轴的直径较小而又不太重要时，可采用轧制圆钢；重要的轴应当采用锻造坯件；对于大型的低速轴，也可采用铸件。

轴的常用材料及其主要力学性能见表 12-1。

表 12-1　轴的常用材料及其主要力学性能

材料牌号	热处理方法	毛坯直径/mm	硬度HBW	抗拉强度R_m/MPa	屈服强度σ_s/MPa	弯曲疲劳极限σ_{-1}/MPa	扭转疲劳极限τ_{-1}/MPa	许用弯曲应力/MPa		
								$[\sigma_{+1}]_{bb}$	$[\sigma_0]_{bb}$	$[\sigma_{-1}]_{bb}$
				不　小　于						
Q235A	热轧或锻后空冷	≤100		400～420	225	170	105	125	70	40
		>100～250		375～390	215					
35	正火	≤100	149～187	510	265	240	120	165	75	45
45	正火	≤100	170～217	590	295	255	140	195	95	55
	调质	≤200	217～255	640	355	275	155	215	100	60
40Cr	调质	≤100	241～286	735	540	355	200	245	120	70
		>100～300	162～217	685	490	335	185			
35SiMn 42SiMn	调质	≤100	229～286	785	510	355	205	245	120	70
		>100～300	219～269	735	440	335	185			
40MnB	调质	≤200	241～286	735	490	345	195	245	120	70

12.3　轴的结构设计

轴的结构一般应满足如下要求：

1）为节省材料、减轻重量，应尽量采用等强度外形和高刚度的剖面形状。

2）要便于轴上零件的定位、固定、装配、拆卸和位置调整。

3）轴上安装有标准零件（如轴承、联轴器、密封圈等）时，轴的直径要符合相应的标准或规范。

4）轴上结构要有利于减小应力集中以提高疲劳强度。

5）应具有良好的加工工艺性。

多数情况采用阶梯轴，因为它既接近于等强度，加工也不复杂，且有利于轴上零件的装拆、定位和固定。

图 12-2 为阶梯轴的典型结构。轴上安装轮毂部分的轴段称为轴头（见图 12-2 的①、④段），安装轴承的轴段称为轴颈（见图 12-2 的③、⑦段），连接轴头和轴颈部分的轴段称为

轴身（见图 12-2 的②、⑤、⑥段）。

结构分析主要是看轴上零件的定位和固定方式，①、④轴段上联轴器和齿轮是靠②与⑤形成的轴肩来定位的。左端的轴承是靠⑥轴段的轴肩来定位的，右端的轴承是靠套筒来定位的。齿轮和联轴器靠键和轴实现圆周方向的固定。

12.3.1　轴上零件的固定和定位

选择轴的结构时，主要考虑下述几个方面：

1. 轴上零件的周向固定

轴上零件必须可靠地周向固定，才能传递运动与动力。周向固定可采用键、花键、销、成形联接等联接。其结构可参考第 11 章的相关内容。

2. 轴上零件的轴向固定

轴上零件的轴向位置必须固定，以承受轴向力或不产生轴向移动。轴向定位和固定主要有两类方法：一是利用轴本身部分结构，如轴肩、轴环、锥面等；二是采用附件，如套筒、圆螺母、弹性挡圈、轴端挡圈、紧定螺钉、楔键和销等，详见表 12-2。

表 12-2　轴上零件的轴向固定方法

固 定 方 式	结 构 图 形	应 用 说 明
轴肩或轴环	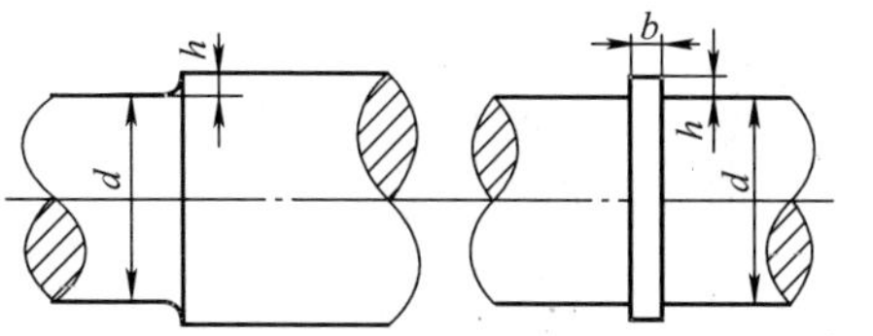	固定可靠，承受轴向力大
套筒	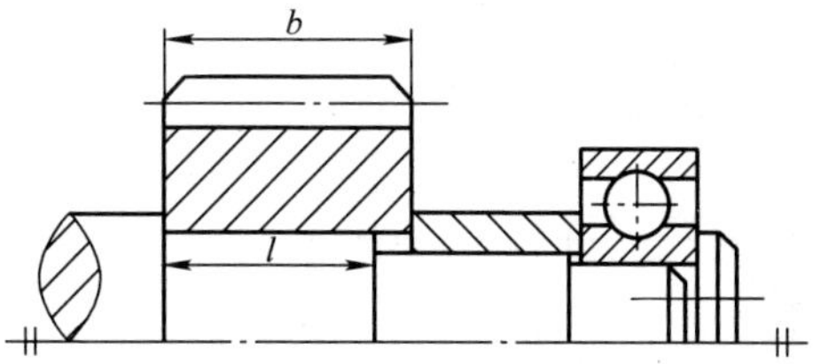	固定可靠，承受轴向力大，多用于轴上相邻两零件相距不远的场合，为了定位可靠，应使齿轮轮毂宽 b 大于相配轴段的长度 l，一般取 $b-l=2 \sim 3 mm$
锥面	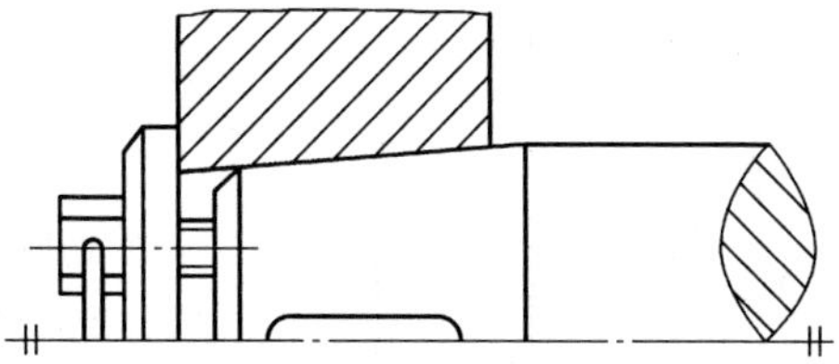	对中性好，常用于调整轴端零件位置或需经常拆卸的场合

（续）

固 定 方 式	结 构 图 形	应 用 说 明
圆螺母与止动垫圈		常用于零件与轴承之间距离较大，轴上允许车制螺纹的场合
双圆螺母		可以承受较大的轴向力，螺纹对轴的强度削弱较大，应力集中严重
弹性挡圈	轴用弹性挡圈	承受轴向力小或不承受轴向力的场合，常用作滚动轴承的轴向固定
轴端挡圈		用于轴端零件要求固定的场合
紧定螺钉		承受轴向力小或不承受轴向力的场合

3. 轴上零件的定位

轴上零件利用轴肩或轴环来定位是最方便而有效的办法，如图 12-2 所示齿轮、联轴器左侧的定位。为了保证轴上零件紧靠定位面，轴肩或轴环处的圆角半径 r 必须小于零件毂孔的圆角 R 或倒角 $C1$（见图 12-12）。定位轴肩的高度 h 一般取 $(2 \sim 3)C1$ 或 $h = (0.07 \sim 0.1)d$（d 为配合处的轴径）。轴环宽度 $b \approx 1.4h$（见表 12-2 图）。

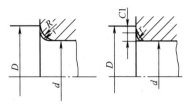

图 12-12　定位轴肩的结构尺寸

12.3.2　轴的加工和装配工艺性

轴的形状应力求简单，阶梯级数尽可能少，键槽、圆角半径、倒角、中心孔等尺寸尽可能统一，以利于加工和检验；轴上需磨削的轴段应设计砂轮越程槽（见图 12-2 中⑥和⑦的交界处）；车制螺纹的轴段应有退刀槽；当轴上有多处键槽时，应使各键槽位于同一圆轴母线上（见图 12-2）。为便于装配，轴端应有倒角；阶梯轴常设计成两端小中间大，以便于零件从两端装拆；各零件装配应尽量不接触其他零件的配合表面；轴肩高度不应妨碍零件的拆卸。

12.4　轴的强度计算

12.4.1　确定各轴段的直径和长度

1. 各轴段的直径

进行轴的初期设计时，由于轴承及轴上零件位置均不确定，不能求出支反力和弯矩分布情况，因而无法按弯曲强度计算轴的危险截面直径，只能用估算法来初步确定轴的直径。初步估算轴的直径可以采用以下两种方法：

（1）按类比法初步估算轴的直径　这种估算方法是根据轴的工作条件，选择与其相似的轴进行类比，从而进行轴的结构设计，并画出轴的零件图。用类比法估算轴的直径时一般不进行强度计算。由于完全依靠现有资料及设计者的经验估算轴的直径，结果比较可靠，同时又缩短了设计周期，因而较为常用。但这种方法也存在一定的盲目性。

（2）按抗扭强度初步估算轴的直径　在进行轴的结构设计前，先对所设计的轴按抗扭强度条件初步估算轴的最小直径。待轴的结构设计基本完成之后，再对轴进行全面的受力分析及强度、刚度核算。

由材料力学可知，圆轴扭转时的强度条件为

$$\tau = \frac{T}{W_{\mathrm{T}}} = \frac{9.55 \times 10^6 P}{0.2 d^3 n} \leqslant [\tau] \tag{12-1}$$

式中　τ、$[\tau]$——轴的扭转切应力和许用扭转切应力（MPa）；

　　　　T——轴所传递的转矩（N·mm）；

　　　　W_{T}——轴的抗扭截面系数（mm³）；

　　　　P——轴所传递的功率（kW）；

　　　　n——轴的转速（r/min）；

　　　　d——轴的估算直径（mm）。

将许用应力代入上式，按许用扭转切应力$[\tau]$计算轴径d的设计公式

$$d \geqslant \sqrt[3]{\frac{9.55 \times 10^6 P}{0.2[\tau]n}} \geqslant A \sqrt[3]{\frac{P}{n}} \tag{12-2}$$

式中 $A = \sqrt[3]{\frac{9.55 \times 10^6}{0.2[\tau]}}$ 是由轴的材料和承载情况确定的常数，其值见表12-3。

表 12-3　常用材料$[\tau]$和 A 值

轴的材料	Q235，20	35	45	40Cr，35SiMn，42SiMn，40MnB
$[\tau]$/MPa	15~25	20~35	25~45	35~55
A	149~126	135~112	126~103	112~97

注：1. 当作用在轴上的弯矩较转矩小或只受转矩时，$[\tau]$取较大值，A取较小值；反之$[\tau]$取较小值，A取较大值。

2. 当用 Q235 及 35SiMn 时，$[\tau]$取较小值，A取较大值。

应用式（12-2）求出的 d 值，一般作为轴的最小直径。若轴段上有键槽时，应把算得的直径增大，单键增大 3%~5%，双键增大 8~10%，然后圆整到标准直径。

2. 各轴段的长度

各轴段的长度主要是根据安装零件与轴配合部分的轴向尺寸（或者考虑安装零件的位移以及留有适当的调整间隙等）来确定。确定轴的各段长度时应考虑保证轴上零件轴向定位的可靠，与齿轮、联轴器等相配合部分的轴长，一般应比毂的长度短 2~3mm。

12.4.2　轴的强度校核

当轴的结构设计完成以后，轴上零件的位置均已确定，轴上所受载荷的大小、方向、作用点及支承跨距均为已知，此时可按弯扭组合强度来校核轴的强度。

轴的强度计算应根据轴上载荷情况的不同而采用相应的计算方法。对于传动轴，可按抗扭强度计算公式（12-1）和式（12-2）进行计算；对于心轴，可按弯矩强度计算；对于转轴，应按弯扭组合强度计算，必要时还应按疲劳强度条件精确校核安全系数。

1. 弯扭组合强度计算

对于同时承受弯矩 M 和转矩 T 的钢制转轴，通常按第三强度理论计算，强度计算公式为

$$\sigma_e = \frac{M_e}{W} = \frac{\sqrt{M^2 + (\alpha T)^2}}{0.1d^3} \leqslant [\sigma_{-1}]_{bb} \tag{12-3}$$

式中 σ_e——危险截面的当量应力（MPa）；

M_e——当量弯矩（N·mm）；

M——合成弯矩（N·mm）；

T——轴所传递的转矩（N·mm）；

d——危险截面的直径（mm）；

W——危险截面的抗弯截面系数（N·mm）；

α——将转矩转化为当量弯矩的折合系数。对于不变转矩，$\alpha = \frac{[\sigma_{-1}]_{bb}}{[\sigma_{+1}]_{bb}} \approx 0.3$；对于

脉动转矩，$\alpha = 0.6$；对于频繁正反转的轴，可按对称循环转矩处理，取 $\alpha = 1$。若转轴变化规律不清楚时，一般按脉动变化转矩处理；

$[\sigma_{-1}]_{bb}$——对称循环状态下的许用弯曲应力，参见表 12-1；

$[\sigma_{+1}]_{bb}$——静应力状态下的许用弯曲应力，参见表 12-1。

由式（12-3）可推得实心轴直径 d 的设计公式

$$d \geqslant \sqrt[3]{\frac{M_e}{0.1[\sigma_{-1}]_{bb}}} \tag{12-4}$$

由式（12-4）求得的直径如小于或等于由结构确定的轴径，说明原轴径强度足够；否则应加大各轴段的直径。

2. 按弯扭组合强度校核轴的步骤

1）画出轴的空间受力图，计算出水平面内支反力和铅垂面内支反力。

2）根据水平面内受力图画出水平面内弯矩图。

3）根据垂直面内受力图画出垂直面内弯矩图。

4）将矢量合成，画合成弯矩图。

5）画出轴的扭矩图。

6）计算危险截面的当量弯矩。

7）进行危险截面的强度计算。对有键槽的截面，应将计算的直径增大。当校核轴的强度不够时，应重新进行设计。

例 12-1 图 12-13 所示为一级直齿圆柱齿轮减速器的传动简图。已知从动轴传递的功率为 $P = 12kW$，转速 $n_2 = 200r/min$，大齿轮的齿宽 $b = 70mm$，齿数 $z = 40$，$m = 5mm$，轴端装联轴器，试设计此从动轴。

解 1）选择轴的材料

因轴对材料无特殊要求，故选 45 钢，正火处理。

2）初估轴外伸端直径 d

根据公式 $d \geqslant A\sqrt[3]{\dfrac{P}{n}}$，查表 12-3，45 钢的 $A = 126 \sim 103$，于是得

$$d \geqslant A\sqrt[3]{\frac{P}{n}} = (126 \sim 103)\sqrt[3]{\frac{12}{200}}mm = 49.33 \sim 40.32mm,$$

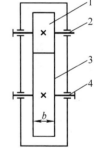

图 12-13 一级齿轮减速器

1—主动齿轮 2—主动轴
3—从动齿轮 4—从动轴

考虑该轴段上有一个键槽，故应将直径增大 4%，即 $d = (49.33 \sim 40.32) \times 1.04mm = 51.30 \sim 41.93mm$；轴头安装联轴器，应取对应的标准直径系列值，取 $d = 42mm$。

3）轴的结构设计并绘制草图

①轴的结构分析：要确定轴的结构形状，必须先确定轴上零件的装拆顺序和固定方式，因为不同的装拆顺序和固定方式对应着不同的轴的形状。本题考虑齿轮从轴的右端装入，齿轮的左端用轴肩（或轴环）定位和固定，右端用套筒固定。因单级传动，一般将齿轮安装在箱体中间，轴承安装在箱体的轴承孔内，相对于齿轮左右对称为好，并取相同的内径，最后确定轴的形状如图 12-14 所示，本轴设计为 6 个轴段，从右向左编号。

②确定各段的直径：根据轴各段直径确定的原则，本题中各段直径选取如下：轴段①的直径为最小直径，已由前面的计算确定为 $d_1 = 42mm$；轴段②要考虑联轴器的定位和安装密

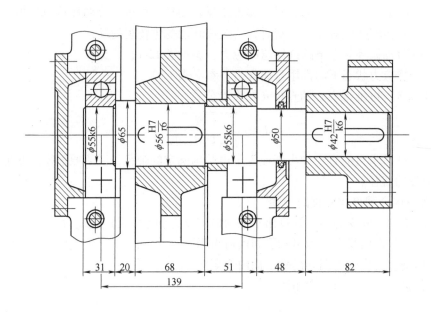

图 12-14　轴系部件结构简图

封圈的需要，取 $d_2 = 50\text{mm}$，取定位轴肩高 $h = (0.07 \sim 0.1) d_1$；轴段③安装轴承，为便于装拆应取 $d_3 > d_2$，且与轴承的内径标准系列相符，故取 $d_3 = 55\text{mm}$（轴承型号为6311）；轴段④安装齿轮，此直径尽可能采用推荐的标准系列值，但轴的尺寸不宜取得过大，故取 $d_4 = 56\text{mm}$；轴段⑤为轴环，考虑左面轴承的拆卸以及右面齿轮的定位和固定，取轴径 $d_5 = 65\text{mm}$；轴段⑥取与轴段3同样的直径，即 $d_6 = 55\text{mm}$。

　　③确定各轴段的长度：为保证齿轮固定可靠，轴段④的长度应略短于齿轮轮毂的长度（设齿轮轮毂长与齿宽 b 相等，为70mm），取 $L_4 = 68\text{mm}$，为保证齿轮端面与箱体内壁不相碰，应留一定间隙，取两者间距为15mm，为保证轴承含在箱体轴承孔内，并考虑轴承的润滑，取轴承端面距箱体内壁距离为5mm（图示为油润滑，如为脂润滑应取大些），故轴段⑤长度为 $L_5 = (15 + 5)\text{mm} = 20\text{mm}$；根据轴承内圈宽度 $B = 29\text{mm}$，故取轴段⑥ $L_6 = 31\text{mm}$；因两轴承相对齿轮对称，故取轴段③ $L_3 = (2 + 20 + 29)\text{mm} = 51\text{mm}$；为保证联轴器不与轴承端盖联接螺钉相碰，并使轴承盖拆卸方便，联轴器左端面与端盖间应留适当的间隙，再考虑箱体和轴承端盖的尺寸取定轴段②的长度，经查《机械零件设计手册》，取 $L_2 = 48\text{mm}$；根据联轴器轴孔长度 $L_1 = 84\text{mm}$，（见《机械零件设计手册》，本题选用弹性套柱销联轴器，型号为 TL7，J 型轴孔），取 $L_1 = 82\text{mm}$。

　　因此，全轴长 $L = (82 + 48 + 51 + 68 + 20 + 31)\text{mm} = 300\text{mm}$。

　　④两轴承之间的跨距 l：因深沟球轴承的支反力作用点在轴承宽度的中点，故两轴承之间的跨距 $l = (70 + 20 \times 2 + 14.5 \times 2)\text{mm} = 139\text{mm}$。

　　4）按扭转和弯曲组合进行强度校核

　　①绘制轴的计算简图：对于图 12-15a 所示的轴，将载荷简化，两端轴承视为一端活动铰链，一端固定铰链，其受力简图如图 12-15b 所示。

　　②计算轴上的作用力：

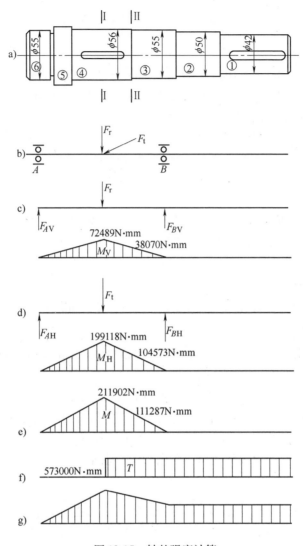

图 12-15　轴的强度计算

从动轮上的转矩

$$T = 9.55 \times 10^6 P/n = 9.55 \times 10^6 \times 12/200 \text{N} \cdot \text{mm} = 573000 \text{N} \cdot \text{mm}$$

齿轮分度圆直径

$$d = zm = 40 \times 5 \text{mm} = 200 \text{mm}$$

齿轮的圆周力

$$F_\text{t} = \frac{2T}{d} = \frac{2 \times 573000}{200} \text{N} = 5730 \text{N}$$

齿轮的径向力　　　$F_\text{r} = F_\text{t}\tan\alpha = 5730\tan20°\text{N} \approx 2086\text{N}$

③计算支反力及弯矩：

a）求垂直平面内的支反力及弯矩

求支反力：对称布置，只受一个力，故

$$F_{AV} = F_{BV} = \frac{F_r}{2} = \frac{2086}{2}N = 1043N$$

求垂直平面内的弯矩

Ⅰ—Ⅰ截面　　　　$M_{ⅠV} = 1043 \times 69.5 N \cdot mm = 72489 N \cdot mm$

Ⅱ—Ⅱ截面　　　　$M_{ⅡV} = 1043 \times 36.5 N \cdot mm = 38070 N \cdot mm$

b）求水平平面内的支反力及弯矩

求支反力：对称布置，只受一个力，故

$$F_{AH} = F_{BH} = \frac{F_t}{2} = \frac{5730}{2}N = 2865N$$

求水平平面内的弯矩

Ⅰ—Ⅰ截面　　　　$M_{ⅠH} = 2865 \times 69.5 N \cdot mm = 199118 N \cdot mm$

Ⅱ—Ⅱ截面　　　　$M_{ⅡH} = 2865 \times 36.5 N \cdot mm = 104573 N \cdot mm$

c）求各剖面的合成弯矩

Ⅰ—Ⅰ截面

$$M_Ⅰ = \sqrt{M_{ⅠV}^2 + M_{ⅠH}^2} = \sqrt{72489^2 + 199118^2}N \cdot mm = 211902 N \cdot mm$$

Ⅱ—Ⅱ截面

$$M_Ⅱ = \sqrt{M_{ⅡV}^2 + M_{ⅡH}^2} = \sqrt{38070^2 + 104573^2}N \cdot mm = 111287 N \cdot mm$$

d）计算转矩

$$T = 573000 N \cdot mm$$

e）确定危险截面以及校核其强度　由图 12-15 容易看出，截面Ⅰ、Ⅱ所受转矩相同，但弯矩 $M_Ⅰ > M_Ⅱ$，截面Ⅰ可能为危险截面；但由于轴径 $d_Ⅰ > d_Ⅱ$，故也应对截面Ⅱ进行校核。按弯扭组合计算时，转矩按脉动循环变化考虑，取 $\alpha = 0.6$。

Ⅰ—Ⅰ截面的应力

$$\sigma_{Ⅰe} = \frac{\sqrt{M_Ⅰ^2 + (\alpha T)^2}}{0.1 d_Ⅰ^3} = \frac{\sqrt{211902^2 + (0.6 \times 573000)^2}}{0.1 \times 56^3}MPa = 23.0MPa$$

Ⅱ—Ⅱ截面的应力

$$\sigma_{Ⅱe} = \frac{\sqrt{M_Ⅱ^2 + (\alpha T)^2}}{0.1 d_Ⅱ^3} = \frac{\sqrt{111287^2 + (0.6 \times 573000)^2}}{0.1 \times 55^3}MPa = 21.72MPa$$

查表 12-1 得 $[\sigma_{-1}]_{bb} = 55MPa$，较 $\sigma_{Ⅰe}$、$\sigma_{Ⅱe}$ 都大，故轴强度满足要求，并有相当裕量。

f）也可用式（12-4）计算轴径，来比较危险截面Ⅰ的直径是否合适。取最大弯矩 $M_Ⅰ$ 来计算 M_e

$$M_e = \sqrt{M_Ⅰ^2 + (\alpha T)^2} = \sqrt{211902^2 + (0.6 \times 573000)^2}N \cdot mm = 403857 N \cdot mm$$

代入式（12-4）得

$$d \geqslant \sqrt[3]{\frac{M_e}{0.1[\sigma_{-1}]_{bb}}} = \sqrt[3]{\frac{403857}{0.1 \times 55}}mm = 41.87mm$$

实际危险截面 $d_1 = 56mm$，大于计算值，说明满足要求。

一般设计过程 e）、f）方法任选一种即可。

5）轴的工作图绘制（见图 12-16）。

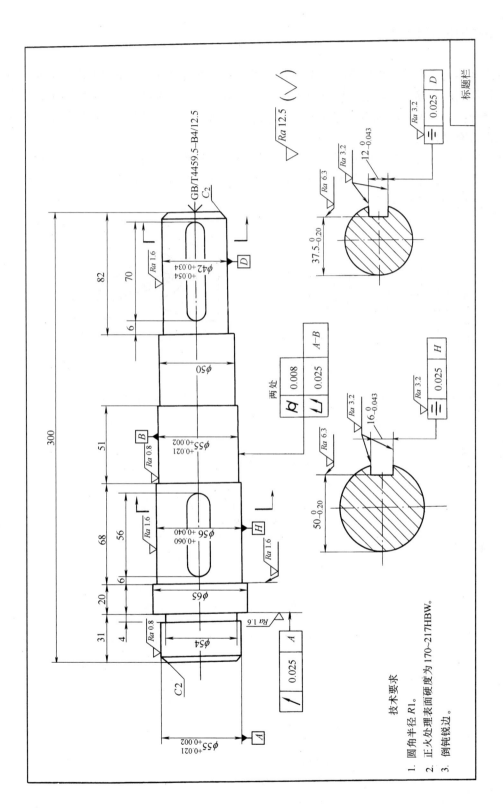

图 12-16 轴的工作图

技术要求
1. 圆角半径 R1。
2. 正火处理表面硬度为 170~217HBW。
3. 倒钝锐边。

12.5　轴的刚度计算

　　轴的刚度不足，在载荷作用下将产生很大的变形，从而影响机器的正常工作。例如，切削机床主轴的刚度不够，会影响机床的加工精度；带动齿轮工作的轴，如果刚度不足，将影响齿轮的啮合传动；轴的弯曲变形过大还会加大轴承的磨损等。所以，对于有刚度要求的轴，必须进行刚度校核。

　　轴在弯矩作用下会产生弯曲变形，其变形量用挠度 y 和转角（见图 12-17）来度量；轴在转矩作用下会产生扭转变形，其变形量用扭转角 ψ（见图 12-18）来度量。设计时应根据轴的工作条件限制其变形量。

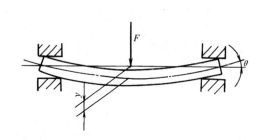

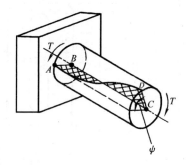

图 12-17　轴的挠度和转角　　　　　　　　　图 12-18　轴的扭转角

挠度　　　　　　　　　　　　　　　　$y \leq [y]$

转角　　　　　　　　　　　　　　　　$\theta \leq [\theta]$　　　　　　　　　　（12-5）

扭转角　　　　　　　　　　　　　　　$\psi \leq [\psi]$

$[y]$、$[\theta]$、$[\psi]$ 分别为许用挠度、许用转角和许用扭转角，其值见表 12-4。

表 12-4　轴的许用变量

变　形		应　用　场　合	许　用　值
弯曲变形	许用挠度 $[y]$	一般用途的轴	$(0.0003 \sim 0.0005)L$
		刚度要求较高的轴	$\leq 0.0002L$
		装齿轮的轴	$(0.01 \sim 0.05)m_n$
		安装蜗轮的轴	$(0.01 \sim 0.05)m$
		感应电动机轴	$\leq 0.01\delta$
		L——支承间跨距 m_n——齿轮法向模数 m——蜗轮模数 δ——定子与转子间的间隙	

（续）

变　　形		应　用　场　合	许　用　值
弯曲变形	许用转角 $[\theta]$	滑动轴承 深沟球轴承 调心球轴承 圆柱滚子轴承 圆锥滚子轴承 安装齿轮处轴的截面	0.001 rad 0.005 rad 0.05 rad 0.0025 rad 0.0016 rad 0.001 rad
扭转变形	许用扭转角 $[\psi]$	一般传动 较精密的传动 重要传动	0.5°~1°/m 0.25°~0.5°/m <0.25°/m

实例分析

　　图 12-19 是一轴系部件的结构图，在轴的结构和零件固定方面存在一些不合理的地方，请在图上标出不合理的地方，说明不合理的现象，最后画出正确的轴系部件的结构图。

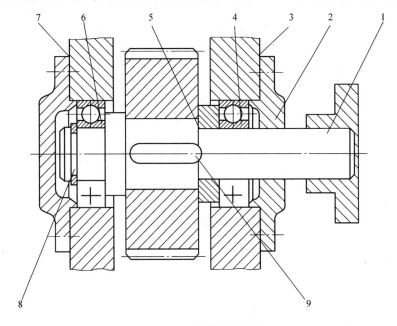

图 12-19　轴结构改错图

　　分析过程如下：

　　序号 1 处有三处不合理的地方：①联轴器应打通；②安装联轴器的轴段应有定位轴肩；③安装联轴器的轴段上应有键。

　　序号 2 处有三处不合理的地方：①轴承端盖和轴接触处应留有间隙；②轴承端盖和轴接触处应装有密封圈；③轴承端盖的形状虽然可以用，加工面与非加工面分开则更佳。

　　序号 3 处有两处不合理的地方：①安装轴承端盖的部位应高于整个箱体，以便加工；②箱体本身的剖面不应该画剖面线。

　　序号 4 处有一处不合理的地方：安装轴承的轴段应高于右边的轴段，形成一个轴肩，以便轴承的安装。

　　序号 5 处有两处不合理的地方：①安装齿轮的轴段长度应比齿轮的宽度短一点，以便齿轮更好地定位；②套筒直径太大，已和轴承外圈接触。形成动、静零件接触，轴不可能转动，套筒的最大直径应小于轴承内圈的最小直径，以方便轴承的拆卸。

　　序号 6 处有两处不合理的地方：①定位轴肩太高，应留有拆卸轴承的空间；②安装轴承的轴段应留有越程槽。

　　序号 7 处有一处不合理的地方：安装轴承端盖的部位应高于整个箱体，以便加工。

　　序号 8 处的结构虽然可以用，但还能找到更好的结构，例如单向固定的结构。

　　序号 9 处有一处不合理的地方：键太长，键的长度应小于该轴段的长度。

　　轴结构的改正如图 12-20 所示。

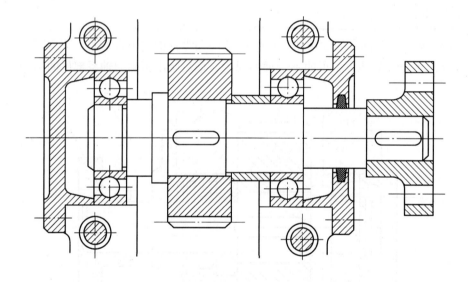

图 12-20　轴结构正确图

知识小结

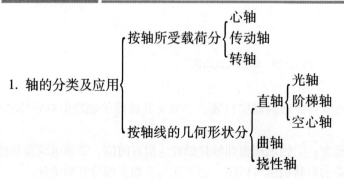

1. 轴的分类及应用
- 按轴所受载荷分
  - 心轴
  - 传动轴
  - 转轴
- 按轴线的几何形状分
  - 直轴
    - 光轴
    - 阶梯轴
    - 空心轴
  - 曲轴
  - 挠性轴

2. 轴的材料及其选择 $\begin{cases} 碳素钢 \\ 合金钢 \\ 高强度铸铁 \\ 球墨铸铁 \end{cases}$

3. 轴的结构分析 $\begin{cases} 阶梯轴的结构 \begin{cases} 轴头 \\ 轴颈 \\ 轴身 \end{cases} \\ 轴上零件的固定和定位 \begin{cases} 周向固定 \begin{cases} 键 \\ 花键 \\ 销 \\ 成形联接 \end{cases} \\ 轴向固定 \begin{cases} 轴肩、轴环、锥面、套筒 \\ 圆螺母、弹性挡圈 \\ 轴端挡圈、紧定螺钉 \end{cases} \\ 轴上零件的定位 \end{cases} \\ 轴的加工和装配工艺性 \end{cases}$

4. 轴的强度计算 $\begin{cases} 确定各轴段直径和长度 \\ 轴的强度校核 \end{cases}$

5. 轴的刚度计算 $\begin{cases} 挠度\ y \leqslant [y] \\ 转角\ \theta \leqslant [\theta] \\ 扭转角\ \psi \end{cases}$

习 题

一、判断题（认为正确的，在括号内画√，反之画×）

1. 一般机械中的轴多采用阶梯轴，以便于零件的装拆、定位。 （　　）

2. 自行车的前、后轮轴都是心轴。 （　　）

3. 同一轴上各键槽、退刀槽、圆角半径、倒角、中心孔等，重复出现时，尺寸应尽量相同。 （　　）

4. 轴的各段长度取决于轴上零件的轴向尺寸。为防止零件的窜动，一般轴头长度应稍大于被安装零件轮毂的长度。 （　　）

5. 为了使滚动轴承内圈轴向定位可靠，轴肩高度应大于轴承内圈高度。 （　　）

6. 满足强度要求的轴，其刚度一定足够。 （　　）

7. 轴的表面强化处理，可以避免产生疲劳裂纹，提高轴的承载能力。 （　　）

8. 轴与轴上零件通过过盈配合能传递较大的转矩。 （　　）

9. 设置轴颈处的砂轮越程槽主要是为了减少过渡圆角处的应力集中。 （　　）

10. 提高轴刚度的措施之一是选用力学性能好的合金钢材料。 （　　）

二、选择题（将正确答案的序号字母填入括号内）

1. 与轴承配合的轴段是_____。 （　　）

A. 轴头　　　　　　　　　B. 轴颈　　　　　　　　　C. 轴身

2. 哪种轴只承受弯矩而不承受转矩？ （　　）

A. 心轴　　　　　　　　　B. 传动轴　　　　　　　　C. 转轴

3. 对轴进行强度校核时，应选定危险截面，通常危险截面为_____。 （　　）

A. 受集中载荷最大的截面　　　　B. 截面积最小的截面　　　　C. 受载大，截面小，应力集中的截面

4. 适当增加轴肩或轴环处圆角半径的目的在于_____。　　　　　　　　　　　　　　（　　）

A. 降低应力集中，提高轴的疲劳强度

B. 便于轴的加工

C. 便于实现轴向定位

5. 按扭转强度估算转轴轴径时，求出的直径指哪段轴径？　　　　　　　　　　　　　（　　）

A. 装轴承处的直径　　　　　　　B. 轴的最小直径　　　　　　　C. 轴上危险截面处的直径

6. 某转轴在高温、高速和重载条件下工作，宜选用何种材料？　　　　　　　　　　　（　　）

A. 45 钢正火　　　　　　　　　　B. 45 钢调质　　　　　　　　　C. 35SiMn

7. 下面三种方法哪种能实现可靠的轴向固定？　　　　　　　　　　　　　　　　　　（　　）

A. 紧定螺钉　　　　　　　　　　B. 销钉　　　　　　　　　　　C. 圆螺母与止动垫圈

8. 轴上零件的周向固定方式有多种形式。对于普通机械，当传递转矩较大时，宜采用下列哪种方式？

（　　）

A. 花键联接　　　　　　　　　　B. 切向键联接　　　　　　　　C. 销联接

9. 为使轴上零件能紧靠轴肩定位面，轴肩根部的圆弧半径应_____该零件轮廓孔的倒角或圆角半径。

（　　）

A. 大于　　　　　　　　　　　　B. 小于　　　　　　　　　　　C. 等于

10. 为便于拆卸滚动轴承，与其定位的轴肩高度应_____滚动轴承内圈厚度。　　　　（　　）

A. 大于　　　　　　　　　　　　B. 小于　　　　　　　　　　　C. 等于

三、设计计算

试设计直齿圆柱齿轮减速器（见图 12-21）的低速轴。已知轴的转速 $n = 100 \text{r/min}$，传递功率 $P = 3\text{kW}$，轴上齿轮参数 $z = 60$，$m = 3\text{mm}$，齿宽为 70mm。

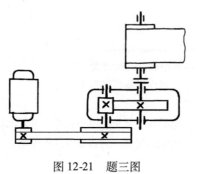

图 12-21　题三图

教学要求

★ 能力目标

1）滚动轴承类型的选择能力。

2）滚动轴承的寿命计算能力。

3）正确安装与拆卸轴承的能力。

4）轴系部件的组合设计能力。

★ 知识要素

1）常用滚动轴承的结构、特点，主要类型及其代号。

2）滚动轴承的工作情况分析、失效形式和计算准则。

3）轴系部件的组合设计、滚动轴承的配合与装拆。

4）滑动轴承的特点、类型及应用场合。

5）轴系部件的润滑与密封。

★ 学习重点与难点

1）滚动轴承的寿命计算。

2）轴系部件的组合设计。

技能要求

正确安装与拆卸轴承的技能。

引言

　　轴承是机器中用来支承轴和轴上零件的重要零部件，它能保证轴的回转精度，减少回转轴与支承间的摩擦和磨损。

　　图13-1所示为减速器低速轴（阶梯轴）的结构示意图，图中③轴段、⑦轴段安装有轴承，用来支持轴的旋转和传递运动与转矩。自行车前轮轴、后轮轴、中轴和脚蹬子轴等处都安装有轴承或安装有滚动体。一般来说，只要有轴的地方一定有轴承来支持。

　　本章主要介绍轴承的类型、结构、寿命计算及轴系部件组合设计；同时介绍轴系部件的润滑及密封等内容。

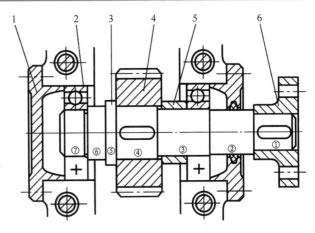

图 13-1　减速器低速轴

1—轴承端盖　2—轴承　3—轴　4—齿轮　5—套筒　6—联轴器

学习内容

13. 1　轴承的功用、类型和特点

按摩擦性质，轴承可分为滚动轴承（见图 13-2）与滑动轴承（见图 13-3）。按所受载荷方向的不同，又可分为承受径向载荷的向心轴承和承受轴向载荷的推力轴承。

图 13-2　滚动轴承

图 13-3　滑动轴承

滚动轴承具有摩擦力矩小，易起动，载荷、转速及工作温度的适用范围较广，轴向尺寸小，润滑、维修方便等优点。滚动轴承已标准化，由专业工厂专业化生产，在机械中应用非常广泛。

滑动轴承具有结构简单，便于安装，抗冲击能力强等独特优点，同时也存在着摩擦和损耗较大，轴向结构不紧凑，以及润滑的建立和维护困难等明显不足。

13. 2　滚动轴承的构造及类型

如图 13-4 所示，滚动轴承一般由内圈、外圈、滚动体及保持架等四部分组成。通常内圈用过盈配合与轴颈装配在一起，外圈则以较小的间隙配合装在轴承座孔内，内、外圈的一侧均有滚道，工作时，内、外圈作相对转动，滚动体可在滚道内滚动。为防止滚动体相互接触而增加摩擦，常用保持架将滚动体均匀地分开。滚动轴承构造中，有的无外圈或无内圈，亦可无保持架，但不能没有滚动体。

滚动体的形状有球形、圆柱形、圆锥形、鼓形、滚针形等多种，如图 13-5 所示。

滚动轴承的内圈、外圈和滚动体均采用强度高、耐磨性好的铬锰高碳钢制造，常用材料有 GCr15、GCr15SiMn 等，淬火后硬度可达 60HRC 以上。保持架多用低碳钢或铜合金制造，也可采用塑料或其他材料。

滚动轴承的类型如下所述：

1）按滚动体形状，滚动轴承可分为球轴承和滚子轴承两大类。

2）按滚动轴承所承受载荷的方向不同，滚动轴承可分为以承受径向载荷为主的向心轴承和以承受轴向载荷为主的推力轴承两类。

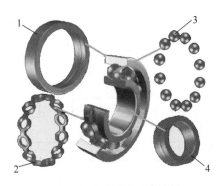

图 13-4 滚动轴承基本结构

1—外圈 2—保持架 3—滚动体 4—内圈

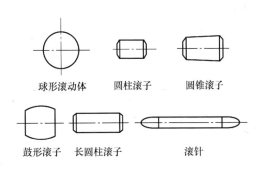

图 13-5 滚动体的形状

3）接触角是滚动轴承的一个重要参数。如图 13-6 所示，轴承的径向平面（垂直于轴承轴心线的平面）与经轴承套圈传递给滚动体的合力作用线（一般为外圈滚道接触点的法线）的夹角为接触角，用 α 表示。接触角越大，承受轴向载荷的能力也越大。按接触角分，公称接触角 $\alpha = 0$ 的轴承称为径向接触向心轴承（如深沟球轴承、圆柱滚子轴承）；公称接触角 $0° < \alpha \leqslant 45°$ 的轴承称为角接触向心轴承（如角接触球轴承、圆锥滚子轴承）；公称接触角 $\alpha = 90°$ 的轴承称为轴向推力轴承。

4）由于轴的安装误差或轴的变形等都会引起内、外圈轴心线发生相对倾斜，其倾斜角用 θ 表示（见图 13-7）。当内、外圈倾斜角过大时，可采用外滚道为球面的调心轴承，这类轴承能自动适应两套圈轴心线的偏斜。

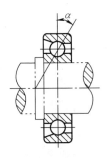

图 13-6 滚动轴承的接触角

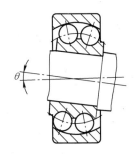

图 13-7 滚动轴承的轴心线倾斜

滚动轴承已完全标准化，由专业化工厂生产，故本章只介绍滚动轴承的类型、代号、选择方法及寿命计算等问题。

13.3 滚动轴承的代号

相关国家标准规定了滚动轴承代号的表示方法。滚动轴承代号由基本代号、前置代号及后置代号构成，其排列顺序如图 13-8 所示。

1. 基本代号

基本代号用来表示轴承的基本类型、结构和尺寸，其组成如图 13-9 所示。

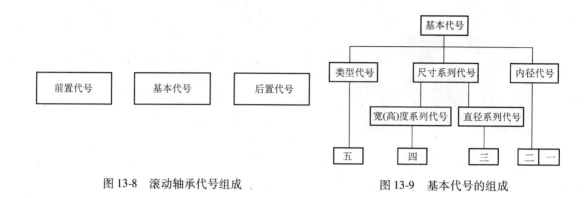

图 13-8　滚动轴承代号组成　　　　　　图 13-9　基本代号的组成

（1）类型及类型代号　滚动轴承的主要类型及其代号如下：

1）调心球轴承（类型代号 1）。调心球轴承是一种带球面外滚道的双列球轴承，它具有自动调心性，可以自动补偿由于轴的挠曲和壳体变形而引起的同轴度误差。主要承受径向载荷，也可以承受不大的轴向载荷，允许角偏差小于 3°，适用于多支点传动轴、刚性较小的轴以及难以对中的轴，如图 13-10 所示。

图 13-10　调心球轴承 1205 实物图

2）调心滚子轴承（类型代号 2）。调心滚子轴承有两列对称布置的球面滚子，滚子在外圈内球面滚道里可以自由调位，以此补偿轴变形和轴承座的同轴度误差。允许角偏差小于 2.5°，承载能力比调心球轴承大，常用于其他种类轴承不能胜任的重载情况，如轧钢机、大功率减速器、吊车车轮等，如图 13-11 所示。

3）推力调心滚子轴承（类型代号 2）。推力调心滚子轴承是由下支撑滚道、上支撑滚道与保持架和滚动体为一体的

图 13-11　调心滚子轴承 22211 实物图

几部分组成。主要承受轴向载荷；承载能力比推力球轴承大得多，并能承受一定的径向载荷。下滚道为球形滚道，能自动调心，允许角偏差小于 3°，极限转速较推力球轴承高；适用于重型机床、大型立式电动机轴的支承等，如图 13-12 所示。

4）圆锥滚子轴承（类型代号 3）。圆锥滚子轴承的外圈是倾斜的，内圈与保持架、滚动体为一整体，内、外圈可以分离，轴向和径向间隙容易调整。可同时承受径向载荷和较大的单向轴向载荷，承载能力高，常用于斜齿轮轴、锥齿轮轴和蜗杆减速器轴、汽车的前后轴以及机床主轴的支承等。允许角偏差 2′，一般成对使用，如图 13-13 所示。

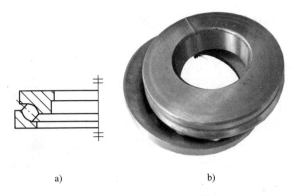

a) b)

图 13-12 推力调心滚子轴承

a）轴承简图 b）29418 轴承

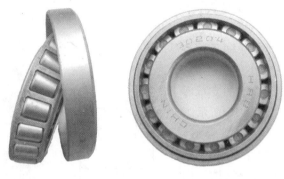

图 13-13 圆锥滚子轴承 30204 实物图

5）推力球轴承（类型代号 5）。推力球轴承分为：51000 型，用于承受单向轴向载荷；52000 型，用于承受双向轴向载荷。51000 型由上下两个支撑滚道、中间带保持架的滚动体三部分组成。52000 型是由上中下三个支撑滚道、两个带保持架的滚动体五部分组成。推力球轴承只能承受轴向载荷，不能承受径向力，不宜在高速下工作，常用于起重机吊钩、蜗杆轴和立式车床主轴的支承等，如图 13-14 所示。

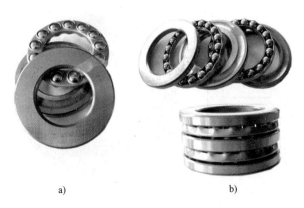

a) b)

图 13-14 推力球轴承

a）51314 轴承 b）52314 轴承

6）深沟球轴承（类型代号 6）。主要承受径向载荷，也能承受一定的轴向载荷，极限转速较高，当量摩擦因数最小，高转速时可用来承受不大的纯轴向载荷，允许角偏差小于 10′，承受冲击能力差，适用于刚性较大的轴上，常用于机床齿轮箱、小功率电动机与普通民用设备等，如图 13-15 所示。

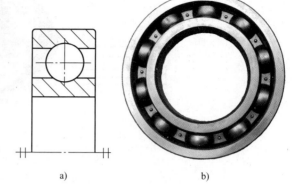

图 13-15　深沟球轴承 6224
a）轴承简图　b）6224 轴承

7）角接触球轴承（类型代号 7）。角接触球轴承的基本结构和深沟球轴承几乎一样，只是轴承的外圈一个方向是倾斜的，有一个接触角，可承受单向轴向载荷和径向载荷，接触角 α 越大，承受轴向载荷的能力也越大，通常应成对使用。高速时用它代替推力球轴承较好。适用于刚性较大、跨距较小的轴，如斜齿轮减速器和蜗杆减速器中轴的支承等。允许角偏差小于 10′，如图 13-16 所示。

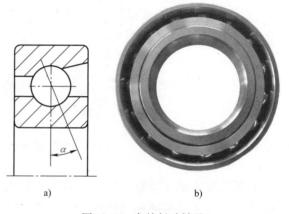

图 13-16　角接触球轴承
a）轴承简图　b）7224 轴承

8）圆柱滚子轴承（类型代号 N）。圆柱滚子轴承的外圈的内滚道是平的，内圈与保持架、滚动体为一整体，内、外圈可以分离，装拆方便。可承受较大的径向载荷，不能承受轴向载荷。内、外圈允许少量轴向移动，允许角偏差很小，允许角偏差小于 4′。其承载能力比深沟球轴承大，能承受较大的冲击载荷。适用于刚性较大、对中良好的轴，常用于大功率电动机、人字齿轮减速器等。圆柱滚子轴承有单列和双列滚子之分，图 13-17 所示为单列圆柱滚子轴承。

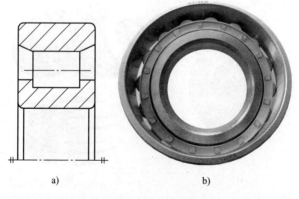

图 13-17　圆柱滚子轴承
a）轴承简图　b）N213 轴承

9）滚针轴承（类型代号 NA）。滚针轴承的结构与组成和圆柱滚子轴承类似，不同的是把圆柱滚子换成滚针，有的轴承还没有保持架。该轴承的结构类型较多，有的就只有保持架和滚针，而没有内、外圈。在同样的内径条件下，与其他类型的轴承相比，其外径最小，内、外圈可以分离。其径向承受载荷能力较大，不能承受轴向力，一般用于对轴承外径有严格要求的场合，如图 13-18 所示。

（2）尺寸系列代号 尺寸系列代号由轴承的宽（高）度系列代号和直径系列代号组合而成。

1）宽（高）度系列代号。对于同一内、外径的轴承，根据不同的工作条件可做成不同的宽（高）度，如图 13-19 所示，称为宽（高）度系列（对于向心轴承表示宽度系列，对于推力轴承则表示高度系列），用基本代号右起第四位数字表示，其代号见表 13-1。当宽度系列代号为 0 时，在轴承代号中通常省略，但在调心轴承和圆锥滚子轴承代号中不可省略。

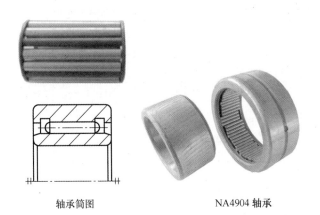

轴承简图　　　　　　　　NA4904 轴承

图 13-18 滚针轴承

60205　　62205

图 13-19 宽（高）度系列对比

表 13-1 轴承的宽（高）度系列代号

向心轴承	宽度系列	特窄	窄	正常	宽	特宽	推力轴承	高度系列	特低	低	正常
	代号	8	0	1	2	3,4,5,6		代号	7	9	1,2

2）直径系列代号。对于同一内径的轴承，由于工作所需承受负荷大小不同，寿命长短不同，必须采用大小不同的滚动体，因而使轴承的外径和宽度随着改变，这种内径相同而外径不同的变化称为直径系列，用基本代号右起第三位数字表示，其代号见表 13-2。图 13-20所示是不同直径系列深沟球轴承的外径和宽度对比。

表 13-2 滚动轴承的直径系列代号

项 目	向 心 轴 承						推 力 轴 承				
直径系列	超轻	超特轻	特轻	轻	中	重	超轻	特轻	轻	中	重
代号	8,9	7	0,1	2	3	4	0	1	2	3	4

6205　　　　6305　　　　6405

图 13-20　直径系列对比

组合排列时，宽（高）度系列在前，直径系列在后，详见表 13-3。

表 13-3　尺寸系列代号

直径系列		向心轴承								推力轴承			
		宽度系列代号								高度系列代号			
		8	0	1	2	3	4	5	6	7	9	1	2
		宽度尺寸依次递增→								高度尺寸依次递增→			
		尺寸系列代号											
外径尺寸依次递增↓	7	—	—	17	—	37	—	—	—	—	—	—	—
	8	—	08	18	28	38	48	58	68	—	—	—	—
	9	—	09	19	29	39	49	59	69	—	—	—	—
	0	—	00	10	20	30	40	50	60	70	90	10	—
	1	—	01	11	21	31	41	51	61	71	91	11	—
	2	82	02	12	22	32	42	52	62	72	92	12	22
	3	83	03	13	23	33	—	—	—	73	93	13	23
	4	—	04	14	24	—	—	—	—	74	94	14	24
	5	—	—	—	—	—	—	—	—	—	95	—	—

注：表中 "—" 表示不存在此种组合。

（3）内径代号　内径代号表示轴承内径尺寸的大小，用基本代号右起第一、第二位数字表示，常用内径尺寸代号见表 13-4。

表 13-4　滚动轴承常用内径代号

轴承公称内径/mm		内 径 代 号	示 例
10 ~ 17	10	00	深沟球轴承 6200
	12	01	$d = 10mm$
	15	02	
	17	03	
20 ~ 480（22，28，32 除外）		公称内径除以 5 的商数，商数为个位数时，需在商数左边加 "0" 如 08	调心滚子轴承 232 08 $d = 40mm$
大于和等于 500 以上及 22，28，32		用公称内径毫米数直接表示，但与尺寸系列之间用 "/" 分开	调心滚子轴承 230/500 $d = 500mm$ 深沟球轴承 62/22 $d = 22mm$

注：此表代号不表示滚针轴承的代号。

基本代号一般由五个数字或字母加四个数字组成，当宽度系列为"0"时，可省略。例如：

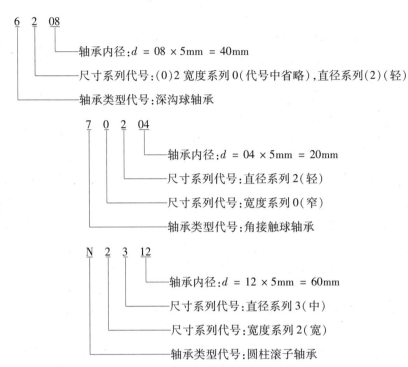

2. 前置代号和后置代号

（1）前置代号　前置代号表示成套轴承分部件，用字母表示，例如：L 表示可分离轴承的可分离内圈或外圈，K 表示滚子和保持架组件等。

（2）后置代号　后置代号是轴承在结构形状、尺寸公差、技术要求等方面有改变时，在基本代号右侧添加的补充代号，一般用字母（或加数字）表示，与基本代号相距半个汉字距。后置代号共分八组，例如，第一组是内部结构，表示内部结构变化情况。现以角接触球轴承的接触角变化为例，说明其标注含义：

1）角接触球轴承，公称接触角 $\alpha = 40°$，代号标注：7210 B。

2）角接触球轴承，公称接触角 $\alpha = 25°$，代号标注：7210 AC。

3）角接触球轴承，公称接触角 $\alpha = 15°$，代号标注：7005 C。

又如，后置代号中第五组为公差等级，滚动轴承的公差等级分为 0、6、6X、5、4、2 等六级，其中 2 级精度最高，0 级精度最低。标记方法为在轴承代号后写/P0，/P6，/6X，/P5，/P4，/P2 等，如 6208/P6。0 级精度为普通级，应用最广，其代号通常可不标。

前、后置代号及其他有关内容，详见《滚动轴承产品样本》。

13.4　滚动轴承类型、特点及选择

1. 选择轴承类型应考虑的因素

1）轴承工作载荷的大小、方向和性质。

2) 轴承转速的高低。

3) 轴颈和安装空间允许的尺寸范围。

4) 对轴承提出的特殊要求。

2. 滚动轴承选择的一般原则

1) 球轴承与同尺寸和同精度的滚子轴承相比，它的极限转速和旋转精度较高，因此更适用于高速或旋转精度要求较高的场合。

2) 滚子轴承比同尺寸的球轴承的承载能力大，承受冲击载荷的能力也较高，因此适用于重载及有一定冲击载荷的地方。

3) 非调心的滚子轴承对于轴的挠曲敏感，因此这类轴承适用于刚性较大的轴和能保证严格对中的地方。

4) 各类轴承内、外圈轴线相对偏转角不能超过许用值，否则会使轴承寿命降低，故在刚度较差或多支点轴上，应选用调心轴承。

5) 推力轴承的极限转速较低，因此在轴向载荷较大和转速较高的装置中，应采用角接触球轴承。

6) 当轴承同时受较大的径向和轴向载荷且需要对轴向位置进行调整时，宜采用圆锥滚子轴承。

7) 当轴承的轴向载荷比径向载荷大很多时，采用向心和推力两种不同类型轴承的组合来分别承担轴向和径向载荷，其效果和经济性都比较好。

8) 考虑经济性，球轴承比滚子轴承价格便宜；公差等级越高，价格越贵。

13.5   滚动轴承的受力分析和失效形式

1. 滚动轴承的受力分析

以深沟球轴承为例，如图 13-21 所示。当轴承受纯径向载荷时，径向载荷通过轴颈作用于内圈，而内圈又将载荷作用于下半圈的滚动体，其中处于 F_r 作用线上的滚动体承载最大。轴承工作时，内、外圈相对转动，滚动体既有自转又随着转动圈绕轴承轴线公转，这样轴承元件（内、外圈滚道和滚动体）所受的载荷呈周期性变化，可近似看作脉动循环应力。

2. 滚动轴承的主要失效形式

（1）疲劳点蚀   由于滚动体和内、外圈滚道之间产生的脉动循环应力，导致接触疲劳破坏——疲劳点蚀，使轴承运转时产生振动、噪声，并加速磨损失去工作能力，疲劳点蚀是轴承正常工作条件下的主要失效形式，应进行疲劳寿命计算。

（2）塑性变形   在很大的静载荷或冲击载荷作用下，滚道和滚动体会出现不均匀的永久塑性变形凹坑，使轴承工作时产生剧烈振动。为防止塑性变形，需对低速、重载以及大冲击条件下工作的轴承进行静强度设计计算。

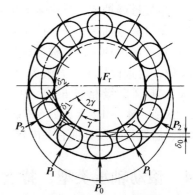

图 13-21   深沟球轴承径向
载荷的分布情况

（3）磨损　在润滑不良和多粉尘条件下，轴承的滚道和滚动体会产生磨损，速度较高时还可能产生胶合。为防止和减轻磨损，应限制轴承的工作转速，并加强润滑和密封。

13.6　滚动轴承的寿命计算

滚动轴承寿命计算是保证轴承在一定载荷条件和工作期限内不发生疲劳点蚀失效。

13.6.1　基本额定寿命和基本额定动载荷

1. 寿命

滚动轴承任一滚动体或内外圈滚道出现疲劳点蚀前所经历的总转数，或在某一给定的恒定转速下的工作小时数称为轴承的寿命。

2. 基本额定寿命

一批同样型号的轴承，在相同的工作条件下，由于制造精度、材料均质程度的不同，寿命并不相同，甚至会相差数十倍。基本额定寿命是指一批同型号的轴承，在相同的运转条件下，当有 10% 的轴承发生疲劳点蚀，而 90% 的轴承未发生疲劳点蚀前所运转的总转数（L_{10}）或在给定转速下运转的总工作时数（L_{h10}），其可靠度为 90%。

3. 基本额定动载荷

轴承的基本额定寿命为一百万（10^6）转时所能承受的最大载荷称为基本额定动载荷，用 C 表示。基本额定动载荷是衡量轴承承载能力的主要指标，对于主要承受径向载荷的向心轴承为径向基本额定动载荷 C_r，对于主要承受轴向载荷的推力轴承为轴向基本额定动载荷 C_a。各种轴承的基本额定动载荷值可在有关轴承标准或机械手册中查得。

13.6.2　滚动轴承的寿命计算公式

对于基本额定动载荷为 C 的轴承，当它所受的当量动载荷 P（载荷当量）恰好与 C 值相等，则其基本额定寿命为一百万转（10^6 r）。但如果 $P \neq C$，该轴承的基本额定寿命将增加或减少；另外，已知轴承所受当量动载荷为 P，而且要求该轴承有寿命 L_{10}（单位 10^6 r），需选用额定动载荷为多大的轴承，这些就是滚动轴承寿命计算需要解决的问题。

滚动轴承的寿命 L_{10} 与轴承所受的载荷 P 直接相关，通过大量试验获得的轴承寿命 L_{10} 与载荷 P 的关系如图 13-22 所示。

轴承载荷与寿命曲线的数学表达式为

$$L_{10}P^\varepsilon = 常数 \tag{13-1}$$

式中　P——当量动载荷（kN）；

　　　L_{10}——基本额定寿命（10^6 r）；

　　　ε——寿命指数，球轴承 $\varepsilon = 3$，滚子轴承 $\varepsilon = 10/3$。

当 $L = 1$（10^6 r）时，轴承所承受的载荷为基本额定动载荷 C，代入式（13-1）则有

$$L_{10}P^\varepsilon = 1 \times C^\varepsilon$$

由此可以得到轴承寿命计算的基本公式为

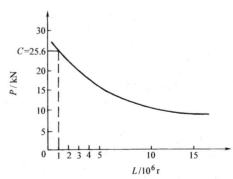

图 13-22　滚动轴承的载荷—寿命曲线

$$L_{10} = \left(\frac{C}{P} \right)^{\varepsilon} \tag{13-2}$$

实际设计计算中，常用一定转速下的工作小时数表示轴承寿命，若用 n 表示轴承转速，则式（13-2）可改写为

$$L_{h} = \frac{10^6}{60n} \left(\frac{C}{P} \right)^{\varepsilon} \tag{13-3}$$

式中　n——轴承转速（r/min）；

　　　L_{h}——轴承寿命（h）；

　　　C——基本额定动载荷（kN）；

　　　P——当量动载荷（kN）。

由于轴承标准中列出的基本额定动载荷是对一般轴承而言的，当轴承在高温下工作时，应列入温度修正系数 f_{t} 对 C 给予修正，f_{t} 可查表13-5。考虑到工作中的冲击和振动给轴承寿命带来的影响，列入载荷修正系数 f_{p} 对 P 加以修正，f_{p} 可查表13-6。

表 13-5　温度修正系数

轴承工作温度 / ℃	100	125	150	200	250	300
f_{t}	1	0.95	0.90	0.80	0.70	0.60

表 13-6　载荷修正系数

载荷性质	无冲击或轻微冲击	中等冲击	强烈冲击
f_{p}	1.0 ~ 1.2	1.2 ~ 1.8	1.8 ~ 3.0

修正后的寿命计算公式为

$$L_{h} = \frac{10^6}{60n} \left(\frac{f_{t}C}{f_{p}P} \right)^{\varepsilon} \tag{13-4}$$

由式（13-4）求得的轴承寿命应满足

$$L_{h} \geqslant \left[L_{h} \right]$$

式中　$\left[L_{h} \right]$——轴承的预期寿命，见表13-7。

表 13-7　轴承预期寿命 $\left[L_{h} \right]$ 的参考值

机　器　种　类		预期寿命 $[L_{h}]$/h
不经常使用的仪器及设备,如闸门开闭装置等		500
航空发动机		500 ~ 2000
间断使用的机器	中断使用不致引起严重后果的手动机械、农业机械等	3000 ~ 8000
	中断使用会引起严重后果的机器设备,如升降机、输送机、吊车等	8000 ~ 12000
每天工作 8h 的机器	利用率不高的机械,如一般的齿轮传动,某些固定电动机等	12000 ~ 20000
	利用率较高的机械,如连续使用的起重机、金属切削机床等	20000 ~ 30000
连续工作 24h 的机器	一般可靠性的空气压缩机、电动机、水泵等	40000 ~ 60000
	高可靠性的电站设备、给排水装置等	>100000

在轴承寿命计算的设计过程中，往往已知载荷 P、转速 n 和轴承预期寿命 $[L_h]$。这时应将式（13-4）改写成

$$C' = \frac{f_p P}{f_t} \sqrt[\varepsilon]{\frac{60 n L_h}{10^6}}$$ （13-5）

按式（13-5）可算出待选轴承所应具有的基本额定动载荷，并根据 $C \geqslant C'$ 确定轴承型号。

13.6.3　当量动载荷

在轴承的寿命计算公式中，P 为当量动载荷，对于只承受纯径向载荷 F_r 的向心轴承

$$P = F_r$$ （13-6）

对于只承受纯轴向载荷的推力轴承

$$P = F_a$$ （13-7）

当轴承受到径向载荷和轴向载荷共同作用时，则当量动载荷 P 为与实际作用的复合外载荷有同样效果的载荷，其计算公式为

$$P = X F_r + Y F_a$$ （13-8）

式中　X——径向载荷系数，见表 13-8；

　　　Y——轴向载荷系数，见表 13-8；

　　　F_r——轴承所承受的实际径向载荷（N）；

　　　F_a——轴承所承受的实际轴向载荷（N）。

表 13-8　滚动轴承当量动载荷 X、Y 系数

轴承类型（代号）	$\dfrac{F_a}{C_{0r}}$	e	单列轴承				双列轴承（或成对安装单列轴承）			
			$\dfrac{F_a}{F_r} \leqslant e$		$\dfrac{F_a}{F_r} > e$		$\dfrac{F_a}{F_r} \leqslant e$		$\dfrac{F_a}{F_r} > e$	
			X	Y	X	Y	X	Y	X	Y
深沟球轴承	60000	0.014	0.19				2.30			2.30
		0.028	0.22				1.99			1.99
		0.056	0.26				1.71			1.71
		0.084	0.28				1.55			1.55
		0.11	0.30	1	0	0.56	1.45	1	0	0.56	1.45
		0.17	0.34				1.31			1.31
		0.28	0.38				1.15			1.15
		0.42	0.42				1.04			1.04
		0.56	0.44				1.00			1.00

（续）

轴承类型 （代号）		$\frac{F_a}{C_{0r}}$	e	单列轴承				双列轴承（或成对安装单列轴承）			
				$\frac{F_a}{F_r} \leq e$		$\frac{F_a}{F_r} > e$		$\frac{F_a}{F_r} \leq e$		$\frac{F_a}{F_r} > e$	
				X	Y	X	Y	X	Y	X	Y
角接触球轴承	70000C	0.015	0.38				1.47		1.65		2.39
		0.029	0.40				1.40		1.57		2.28
		0.058	0.43				1.30		1.46		2.11
		0.087	0.46				1.23		1.38		2.00
		0.12	0.47	1	0	0.44	1.19	1	1.34	0.72	1.93
		0.17	0.50				1.12		1.26		1.82
		0.29	0.55				1.02		1.14		1.66
		0.44	0.56				1.00		1.12		1.63
		0.58	0.56				1.00		1.12		1.63
	70000AC	—	0.68	1	0	0.41	0.87	1	0.92	0.67	1.41
调心球轴承	10000	—	$1.5\tan\alpha$	1	0	0.4	$0.4\cot\alpha$	1	$0.4\cot\alpha$	0.65	$0.65\cot\alpha$
圆锥滚子轴承	30000	—	$1.5\tan\alpha$	1	0	0.4	$0.4\cot\alpha$	1	$0.4\cot\alpha$	0.67	$0.67\cot\alpha$
调心滚子轴承	20000	—	$1.5\tan\alpha$					1	$0.4\cot\alpha$	0.67	$0.67\cot\alpha$

注：1. C_{0r} 为径向额定静载荷，由产品目录或轴承标准中查得。

2. e 为轴向载荷影响系数，用以判别轴向载荷 P_a 对当量动载荷 P 影响的程度。

3. 对于深沟球轴承和角接触轴承，先根据 $\frac{F_a}{C_{0r}}$ 的 e 值，然后再得出相应的 X、Y 值，对于表中未列入的 $\frac{F_a}{C_{0r}}$ 值可用线性插值法求出相应的 e、X、Y 值。

13.6.4　角接触轴承的轴向载荷计算

1. 角接触轴承的附加轴向力 F_s

由于角接触轴承存在着接触角 α，当轴承受到径向载荷 F_r 作用时，承载区内的滚动体与滚道间的法向力 F_i 可分解为径向分力 F_i'' 和轴向分力 F_i'。各滚动体上所受轴向分力的总和即为轴承的附加轴向力 F_s，如图 13-23 所示。

F_s 的近似值可按表 13-9 求得。

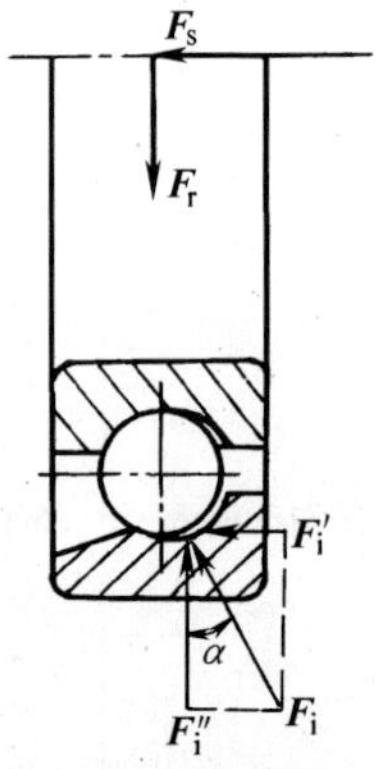

2. 角接触轴承的轴向力计算

为了使角接触轴承的附加轴向力得到平衡，在实际安装时，通常将角接触轴承成对对称使用，分别为双圈窄边相对的正装（面对面）和双圈宽边相对的反装（背对背），如图 13-24 所示。

如图 13-25a 所示的轴承 I 及 II 面对面安装，F_X 和 F_R 分别为作用在轴上的轴向载荷和径向载荷，F_{r1}、F_{r2} 分别为轴承 I、II 所受径向反力，F_{s1}、F_{s2} 为径向力引起的附加轴向力。轴上各轴向力的简化示意如图 13-25b 所示。

若 $F_{s1} + F_X > F_{s2}$（见图 13-25c），则轴有向右移动的趋势，轴承 II 被"压紧"，其承受的轴向载荷为 $F_{a2} = F_X + F_{s1}$。轴承 I 被"放松"，承

图 13-23　径向载荷产生的附加轴向力

受的轴向载荷仅为其附加轴向力，即 $F_{a1} = F_{s1}$。

表 13-9 角接触轴承的附加轴向力

轴承类型	角接触球轴承			圆锥滚子轴承
	70000C 型（$\alpha = 15°$）	70000AC 型（$\alpha = 25°$）	70000B 型（$\alpha = 25°$）	
F_s	eF_r	$0.68F_r$	$1.14F_r$	$F_r / 2Y$

注：1. e 由表 13-8 查得。

2. Y 为 $F_r/F_d > e$ 时的轴向载荷系数。

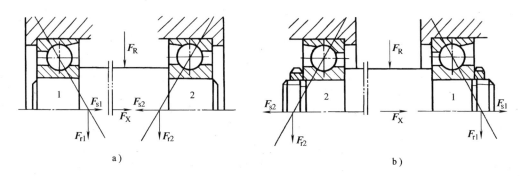

图 13-24 角接触轴承载荷的分布
a）正装（面对面） b）反装（背对背）

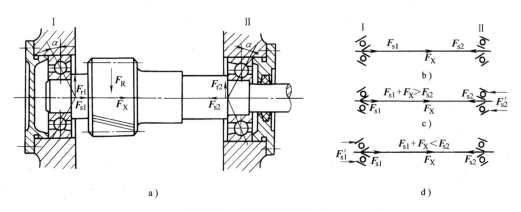

图 13-25 角接触轴承的轴向力

若 $F_{s1} + F_X < F_{s2}$（见图 13-25d），则轴有向左移动的趋势，轴承 I 被"压紧"；其承受的轴向载荷为 $F_{a1} = F_{s2} - F_X$，轴承 II 被"放松"，承受的轴向载荷为其附加轴向力，即 $F_{a2} = F_{s2}$。

由上述分析，可将角接触轴承轴向载荷的计算方法归纳为：

1）根据轴承的安装结构，画出其轴向力示意图（包括外部轴向载荷 F_X 及附加轴向力 F_{s1}、F_{s2}）。

2）分析轴上全部轴向力的合力指向，判定"压紧"端轴承和"放松"端轴承。

3）"压紧"端轴承的总轴向力等于除自身的附加轴向力以外的其余轴向力的代数和。

4）"放松"端轴承的总轴向力等于其自身附加轴向力。

例 13-1　某单级斜齿轮减速器从动轴轴颈直径 $d = 35\text{mm}$，从动轴转速 $n = 500\text{r/min}$，拟采用两个深沟球轴承（6307）支承，如图 13-26 所示。已知轴承所受径向载荷 $F_{r1} = 3000\text{N}$，$F_{r2} = 2200\text{N}$，轴向外载 $F_X = 800\text{N}$，减速器工作时有中等冲击，求该轴承的寿命。

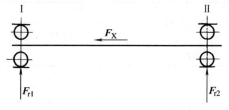

图 13-26　例 13-1 图

解　1）计算轴承的当量动载荷

由于轴承 1 的径向载荷比轴承 2 大，且设轴向力 F_X 全部由轴承 1 承受，$F_{a1} = 800\text{N}$，故只对轴承 1 进行寿命计算（偏于安全）。

查手册可得 6307 轴承 $C_0 = 19200\text{N}$，$C = 33200\text{N}$，则 $F_{a1}/C_0 = 800/19200 = 0.042$，查表 13-8 并利用线性插值法求得

$$e = 0.22 + \frac{0.26 - 0.22}{0.056 - 0.028} \times (0.042 - 0.028) = 0.24$$

由于

$$\frac{F_{a1}}{F_{r1}} = \frac{800}{3000} = 0.27 > e$$

查表可得

$$X = 0.56$$

$$Y = 1.99 - \frac{1.99 - 1.71}{0.056 - 0.028} \times (0.042 - 0.028) = 1.85$$

得当量载荷　$P_1 = XF_{r1} + YF_{a1} = 0.56 \times 3000\text{N} + 1.85 \times 800\text{N} = 3160\text{N}$

2）求轴承的寿命

查表 13-5，按轴承工作温度轴承 $100℃$，取 $f_t = 1$

查表 13-6，中等冲击，取 $f_p = 1.5$

代入寿命计算公式，得

$$L_h = \frac{10^6}{60n}\left(\frac{f_t C}{f_p P_1}\right)^\varepsilon = \frac{10^6}{60 \times 500}\left(\frac{1 \times 33200}{1.5 \times 3160}\right)^3 \text{h} = 11454\text{h}$$

例 13-2　某减速器的主动轴，轴径 $d = 40\text{mm}$，拟采用一对公称接触角 $\alpha = 25°$ 的角接触球轴承（见图 13-24a）。已知轴承载荷 $F_{r1} = 2060\text{N}$，$F_{r2} = 1000\text{N}$，轴向外载荷 $F_X = 880\text{N}$，轴的转速 $n = 5000\text{r/min}$，工作中有中等冲击，预期寿命 $[L_h] = 2000\text{h}$。试选择轴承型号。

解　1）分析：根据已知条件 $d = 40\text{mm}$，$\alpha = 25°$，角接触球轴承，可初步确定轴承型号为 7□□08AC。只要根据外载、转速等条件计算出轴承所需基本额定动载荷，然后查手册以满足条件 $C \geq C'$ 的轴承为适用。

2）计算 1、2 的轴向力 F_{a1}、F_{a2}

查表 13-9，可得　　　$F_{s1} = 0.68F_{r1} = 0.68 \times 2060\text{N} = 1400\text{N}$

$$F_{s2} = 0.68F_{r2} = 0.68 \times 1000\text{N} = 680\text{N}$$

因　　　　　　$F_{s1} + F_A = (1400 + 880)\text{N} = 2280\text{N} > F_{s2}$

故轴承 2 为"压紧"端

$$F_{a2} = F_{s1} + F_A = 2280\text{N}$$

轴承 1 为"放松"端

$$F_{a1} = F_{s1} = 1400 \text{N}$$

3）计算轴承 1、2 的当量动载荷，由表 13-8 查得 $e = 0.68$（70000AC 型）

由于

$$\frac{F_{a1}}{F_{r1}} = \frac{1400}{2060} = 0.68 = e$$

$$\frac{F_{a2}}{F_{r2}} = \frac{2280}{1000} = 2.28 > e$$

故查表 13-8 得

$$X_1 = 1 \qquad\qquad Y_1 = 0$$
$$X_2 = 0.41 \qquad\quad Y_2 = 0.87$$

轴承 1、2 的当量动载荷为

$$P_1 = 1 \times F_{r1} + 0 \times F_{a1} = 2060 \text{N}$$

$$P_2 = 0.41 \times F_{r2} + 0.87 \times F_{a2}$$

$$= 0.41 \times 1000 \text{N} + 0.87 \times 2280 \text{N} = 2394 \text{N}$$

4）计算轴承所需基本额定动载荷 C'

查表 13-5　　工作温度正常　　取 $f_t = 1$

查表 13-6　　中等冲击　　　　取 $f_p = 1.5$

带入式（13-5）

$$C_1' = \frac{f_p p_1}{f_t} \sqrt[3]{\frac{60 n L_h}{10^6}} = \frac{1.5 \times 2060}{1} \sqrt[3]{\frac{60 \times 5000 \times 2000}{10^6}} \text{N} = 26064 \text{N}$$

$$C_2' = \frac{f_p p_2}{f_t} \sqrt[3]{\frac{60 n L_h}{10^6}} = \frac{1.5 \times 2394}{1} \sqrt[3]{\frac{60 \times 5000 \times 2000}{10^6}} \text{N} = 30290 \text{N}$$

由于轴的结构要求两端选用同样型号的轴承，故以受载大的轴承 2 作为计算、选择的依据。以 $C_2' = 30290 \text{N}$ 为参考数据查机械零件设计手册得轴承型号 7208AC，该轴承基本额定动载荷 $C = 35200 \text{N} > C'$，故适用。

13.7　滚动轴承的静载荷计算

滚动轴承在极低的转速或缓慢摆动工作时，其主要失效形式为塑性变形，尤其是受到过大的静载荷或冲击载荷作用，会产生明显的永久变形，因此，应对此类轴承进行静载荷计算。

1. 基本额定静载荷 C_0

轴承受载后，在应力最大的滚动体与滚道接触处产生的塑性变形量之和为滚动体直径的万分之一时，所承受的载荷称为该滚动轴承的额定静载荷，以 C_0 表示。各种轴承的 C_0 值可从有关标准和手册中查到。

2. 当量静载荷 P_0

当轴承承受径向和轴向的复合载荷时，需折算成当量静载荷进行计算。当量静载荷为一假定载荷，在此载荷作用下，滚动轴承受载最大的滚动体和滚道接触处产生的永久变形量之

和与实际载荷作用下的永久变形量相等。计算公式为

$$P_0 = X_0 F_r + Y_0 F_a$$

式中　X_0、Y_0——滚动轴承静载荷的径向和轴向系数，见表 13-10。

表 13-10　滚动轴承静载荷系数 X_0、Y_0

轴承类型	轴承代号	单列		双列	
		X_0	Y_0	X_0	Y_0
深沟球轴承	60000	0.6	0.5	0.6	0.5
调心球轴承	10000	0.5	0.22cota	1	0.44cota
调心滚子轴承	20000	0.5	0.22cota	1	0.44cota
角接触球轴承	70000C	0.5	0.46	1	0.92
	70000AC	0.5	0.38	1	0.76
	7000B	0.5	0.26	1	0.52
圆锥滚子轴承	3000	0.5	0.22cota	1	0.44cota

3. 静载荷计算

按静强度选择或验算轴承的公式为

$$\frac{C_0}{P_0} \geq S_0$$

式中　C_0——基本额定静载荷（N），可查有关手册；

　　　P_0——当量静载荷（N）；

　　　S_0——静载荷安全系数，见表 13-11。

表 13-11　滚动轴承的静强度安全系数 S_0

使用要求、场合或载荷性质			S_0
不旋转轴承	不需经常旋转的轴承、一般载荷		≥0.5
	不需经常旋转的轴承、有冲击载荷或载荷分布不均	水坝闸门装置	≥1
		吊桥	≥1.5
旋转轴承	对旋转精度及平稳性要求较低、没有冲击和振动		0.5～0.8
	正常使用		0.8～1.2
	对旋转精度及平稳性要求较高或承受很大冲击载荷		1.2～2.5

13.8　滚动轴承的组合设计

为了保证轴承在机器中正常工作，除了要正确选择轴承类型和确定轴承的型号外，还必须正确、合理地进行轴承组合的结构设计，即合理地解决轴承固定、调整、预紧、配合、装拆以及润滑和密封等方面的问题。

13.8.1　滚动轴承的轴向固定

1. 内圈固定

滚动轴承内圈轴向定位固定见表 13-12 。

表 13-12　轴承内圈轴向定位固定方式

定位固定方式	简图	特点和应用
轴肩定位固定		最为常用的一种方式，单向定位，简单可靠，适用各种轴承
弹性挡圈嵌在轴的沟槽内		结构紧凑，装拆方便，无法调整游隙，承受轴向载荷较小，适用于转速不高的深沟球轴承
用螺钉固定轴端挡圈		定位固定可靠，能承受较大的轴向力，适合于高转速下的轴承定位
用圆螺母定位固定		防松、定位安全可靠，承受轴向力大，适用于高速、重载

2. 外圈固定

滚动轴承外圈轴向定位固定的方式见表 13-13 。

表 13-13　滚动轴承外圈轴向定位固定的方式

定位固定方式	简图	特定和应用
轴承端盖固定	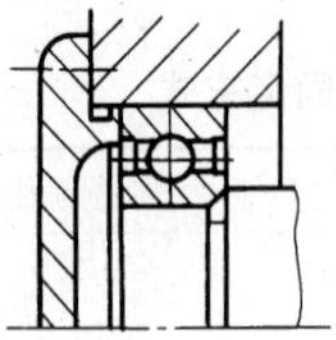	固定可靠、调整简便，应用广泛，适合于各类轴承的外圈单向固定
弹簧挡圈固定	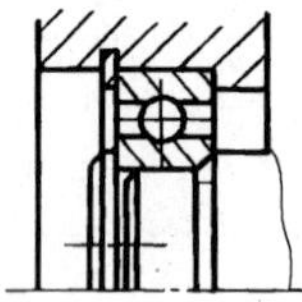	结构简单、紧凑，适合于转速不高、轴向力不大的场合
止动卡环固定	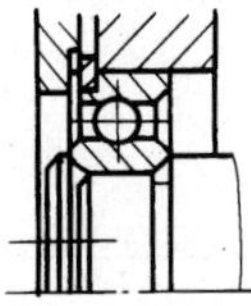	轴承外圈带有止动槽，结构简单、可靠，适用于箱体外壳不便设凸肩的深沟球轴承固定
螺纹环固定	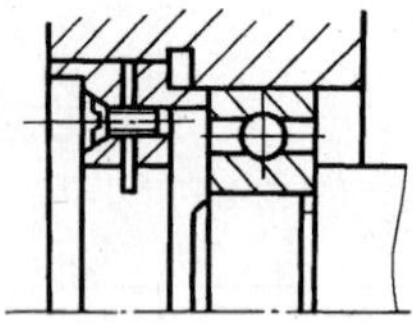	轴承座孔须加工螺纹，适用于转速高、轴向载荷大的场合

13.8.2　滚动轴承轴系的支承结构形式

　　为了保证轴工作时的位置，防止轴的窜动，轴系的轴向位置必须固定。其典型结构形式有下述三种。

1. 两端单向固定

　　此种结构适用于工作温度变化不大的短轴，如图 13-27 所示。考虑到轴工作时受热膨胀，安装时轴承盖与轴承外圈之间应留有间隙，如图 13-27a 所示，常取间隙 $\Delta = 0.25 \sim 0.4$mm。一般还要在轴承盖和机座间加调整垫片，以便调整轴承的游隙。

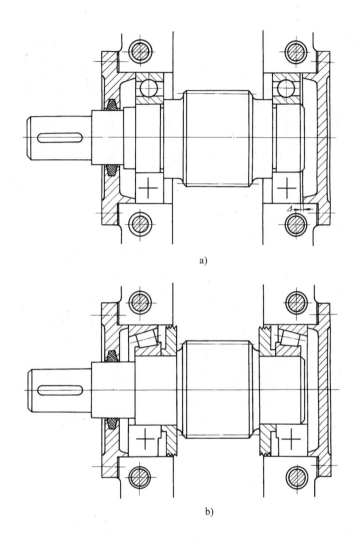

a)

b)

图 13-27　两端单向固定

2. 一端固定及一端游动

当轴在工作温度较高的条件下工作或轴细长时，为弥补轴受热膨胀时的伸长，常采用一端轴承双向固定、一端轴承游动的结构形式（见图 13-28）。一般游动端可选用圆柱滚子轴承（见图 13-28a）或深沟球轴承（见图 13-28b）。

3. 两端游动

图 13-29 所示为典型的两端游动支承，两个支承都采用外圈无挡边的圆柱滚子轴承，轴承的内、外圈各边都要求固定，以保证轴能在轴承外圈的内表面作轴向游动。这种支承适用于要求两端都游动的场合（如人字齿轮的主动轴），以弥补因螺旋角偏差造成两侧轮齿不完全对称而引起的啮合误差。为了保证整个啮合系统的正常工作，传动的另一根轴要做成固定式。

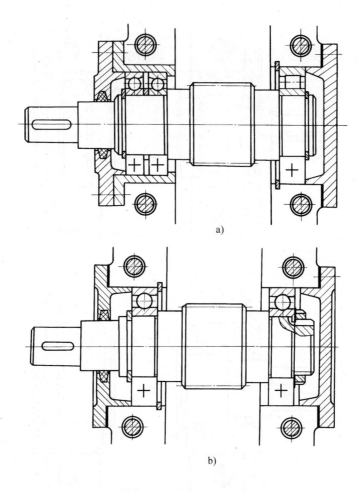

a)

b)

图 13-28　一端固定及一端游动

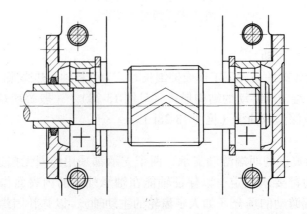

图 13-29　两端游动

13.8.3　滚动轴承组合的调整

1. 轴承间隙的调整

为保证轴承正常运转，在装配轴承时，一般都要留有适当的间隙，常用的调整方法有三种：

（1）调整垫片（见图 13-30a）　增减轴承端盖与箱体结合面之间的垫片厚度以调整轴承间隙。

（2）调节压盖（见图 13-30b）　利用端盖上的螺钉调节可调压盖的轴向位置。

（3）调整环（见图 13-30c）　增减轴承端面与轴承端盖间的调整环厚度以调整轴承间隙。

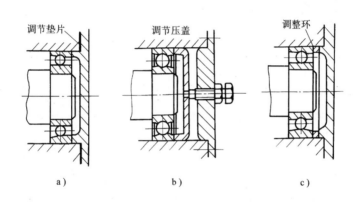

图 13-30　轴向间隙的调整

a）调整垫片　b）调节压盖　c）调整环

2. 轴承组合位置的调整

轴承组合位置调整的目的是使轴上零件具有准确的工作位置，如锥齿轮传动，要求两个节锥顶点要重合，这可以通过调整移动轴承的轴向位置来实现。图 13-31 所示为锥齿轮轴系支承结构，套杯与机座之间的垫片 1 用来调整锥齿轮的轴向位置，而垫片 2 则用来调整轴承游隙。

3. 滚动轴承的预紧

预紧是指安装时给轴承一定的轴向压力（预紧力），以消除其间隙，并使滚动体和内外圈接触处产生弹性预变形。预紧的作用是增加轴承刚度，减小轴承工作时的振动，提高轴承的旋转精度。

预紧的方法有：

（1）定位预紧　在轴承的内圈（或外

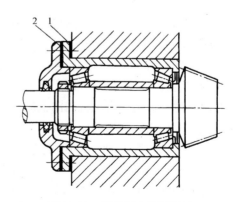

图 13-31　轴承组合位置调整

圈）之间加上金属垫片（见图 13-32a）或磨窄某一套圈的宽度（见图 13-32b），在受一定轴向力后产生预变形实现预紧。

（2）定压预紧　利用弹簧的弹性压力使轴承承受一定的轴向载荷并产生预变形，实现定压预紧，如图 13-33 所示。

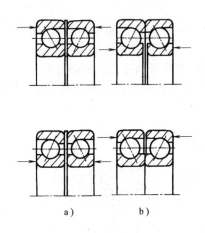

a）　　　　　　b）

图 13-32　轴承的定位预紧

a）增加金属垫片　b）磨窄某一套圈厚度

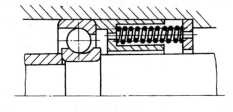

图 13-33　轴承的定压预紧

13.9　滚动轴承的配合与装拆

1. 滚动轴承的配合

滚动轴承是标准件，其内圈与轴颈的配合采用基孔制，外圈与轴承座孔的配合采用基轴制，由于轴承配合内外径的上偏差均为零，因而相同的配合种类，内圈与轴颈的配合较紧，外圈与轴承座孔的配合较松。

滚动轴承的配合种类和公差应根据轴承类型、转速、工作条件以及载荷大小、方向和性质来确定。对于转速较高、载荷及振动较大、旋转精度较高的转动套圈（通常为内圈），应采用较紧的配合；固定套圈（通常为外圈）、游动套圈或经常拆卸的轴承应采用较松的配合。有关滚动轴承配合的详细资料可参考《机械设计手册》。

2. 轴承的安装与拆卸

进行滚动轴承组合设计时，应考虑轴承的安装与拆卸。例如，定位轴肩高度应符合滚动轴承规定的安装尺寸，以保证拆卸空间的位置（见图 13-34c）。

安装轴承时，可用压力机在内圈上施加压力，将轴承压套到轴颈上（见图 13-34a），也可在内圈上加套后用锤子均匀敲击装入轴颈，但不允许直接用锤子敲打轴承外圈，以防损坏轴承；对精度要求较高的轴承，还可采用热配法，将轴承放在不到 100°C 的油中加热后，再装入。

轴承的拆卸如图 13-34b、c 所示。图 13-34d 所示为轴承专用的轴承拆卸器。

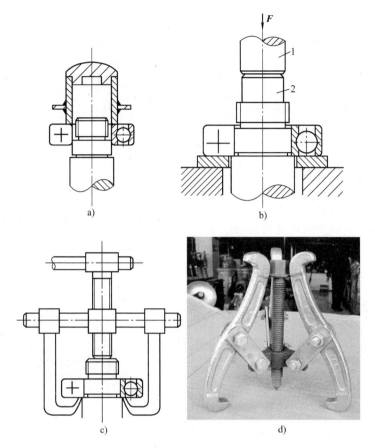

图 13-34 轴承的装拆
1—压头 2—轴

13.10 滑动轴承

在高速、重载、高精密度、结构要求剖分、大直径或直径很小的场合,尤其是在低速、有较大冲击的机械中(如水泥搅拌机、破碎机等),不便使用滚动轴承时,应使用滑动轴承。

13.10.1 滑动轴承的结构和类型

滑动轴承一般由轴承座、轴瓦(或轴套)、润滑装置和密封装置等部分组成。
滑动轴承根据承受载荷方向的不同可分为向心滑动轴承和推力滑动轴承两类。
向心滑动轴承只能承受径向载荷。它有整体式和对开式两种形式。

1. 整体式滑动轴承

图 13-35 所示为典型的整体式滑动轴承,它由轴承座和轴套组成。实际上,有些轴直接穿入在机架上加工出的轴承孔,即构成了最简单的整体式滑动轴承。

整体式滑动轴承结构简单,制造容易,成本低,常用于低速、轻载、间歇工作而不需要经常装拆的场合。它的缺点是轴只能从轴承的端部装入,装拆不便;轴瓦磨损后,轴与孔之间的间隙无法调整。

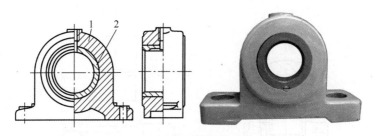

图 13-35　整体式滑动轴承

1—轴承座　2—轴套

2. 对开式滑动轴承

图 13-36 所示为典型的对开式滑动轴承。它由轴承座，轴承盖，剖分的上轴瓦和下轴瓦以及双头螺柱等组成。为了保证轴承的润滑，可在轴承盖上注油孔处加润滑油。为便于装配时对中和防止横向移动，轴承盖和轴承座的分合面做成阶梯形定位止口。

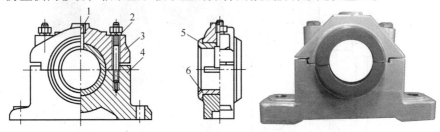

图 13-36　对开式滑动轴承

1—注油孔　2—双头螺柱　3—轴承盖　4—轴承座　5—上轴瓦　6—下轴瓦

这种轴承的轴瓦采用对开式，在分合面上配置有调整垫片，当轴瓦磨损后，可适当调整垫片或对轴瓦分合面进行刮削、研磨等切削加工来调整轴颈与轴瓦间的间隙。由于这种轴承装拆方便，故应用较广。

3. 推力滑动轴承的结构形式

以立式轴端推力滑动轴承为例，它由轴承座、衬套、轴瓦和止推瓦组成，如图 13-37 所示。止推瓦底部制成球面，可以自动复位，避免偏载。销钉用来防止轴瓦转动。轴瓦用于固定轴的径向位置，同时也可承受一定的径向负荷。润滑油靠压力从底部注入，并从上部油管流出。

推力轴承用来承受轴向载荷，如图 13-38 所示。按推力轴颈支承面的不同，可分为实心、空心和多环等形式。对于实心式推力轴颈，由于它距支承面中心越远处滑动速度越大，边缘部分磨损较快，因而使边缘部分压强减小，靠近中心处压强很高，轴颈与轴瓦之间的压力分布很不均匀。如采用空心或环形轴颈，则可使压力分布趋于均匀。根据承受轴向力的大小，环形支承面可做成单环或多环，多环式轴颈承载能力较大，且能承受双向轴向载荷。

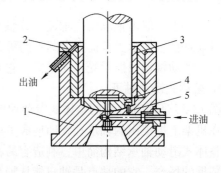

图 13-37　推力滑动轴承

1—轴承座　2—衬套　3—轴瓦　4—止推瓦　5—销钉

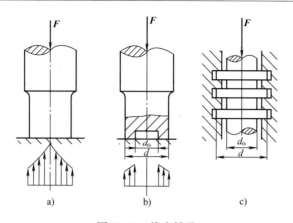

图 13-38 推力轴承

a）实心式 b）空心式 c）多环式

13.10.2 轴瓦（轴套）的结构和轴承材料

轴瓦（轴套）是滑动轴承中直接与轴颈相接触的重要零件，它的结构形式和性能将直接影响轴承的寿命、效率和承载能力。

1. 轴瓦（轴套）的结构

整体式滑动轴承通常采用圆筒形轴套（见图 13-39a），对开式滑动轴承则采用对开式轴瓦（见图 13-39b）。它们的工作表面既是承载面，又是摩擦面，因而是滑动轴承中的核心零件。

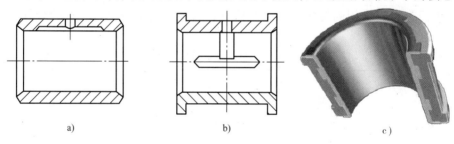

图 13-39 轴瓦（轴套）结构

a）圆筒形轴套 b）对开式轴瓦 c）实物图

许多轴瓦（轴套）内壁上开有油沟，其目的是为了把润滑油引入轴颈和轴瓦的摩擦面，使轴颈和轴瓦（轴套）的摩擦面上建立起必要的润滑油膜。油沟一般开在非承载区，并不得与端部接通，以免漏油，通常轴向油沟长度为轴瓦宽度的 80 %。油沟的形式如图 13-40 所示，油沟的上方开有油孔。

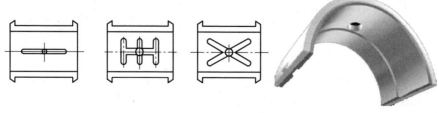

图 13-40 油沟的形式

为了节约贵重金属，常在轴瓦内表面浇注一层轴承合金作减摩材料，以改善轴瓦接触表面的摩擦状况，提高轴承的承载能力，这层材料通常称为轴承衬。

为保证轴承衬与轴瓦贴附牢固，一般在轴瓦内表面预制一些沟槽等，沟槽形式如图13-41、13-42所示。

图 13-41　铸铁或钢制轴瓦的沟槽形式

图 13-42　青铜轴瓦的沟槽形式

2. 轴承材料

轴瓦（或轴套）和轴承衬的材料统称为轴承材料。非液体摩擦滑动轴承工作时，因轴瓦与轴颈直接接触并有相对运动，将产生摩擦、磨损并发热，故常见的失效形式是磨损、胶合或疲劳破坏。因此，轴承材料应具有足够的强度和良好的塑性、减摩性（对润滑油的吸附性强，摩擦因数小）和耐磨性，容易磨合（指经短期轻载运转后能消除表面不平度，使轴颈与轴瓦表面相互吻合），易于加工等性能。

轴承材料有金属、粉末冶金、非金属材料几类。

1）金属材料包括轴承合金、青铜、铸铁等。常用的金属材料及其性能见表13-14。轴承合金（巴氏合金）常用的有锡基和铅基两种，这些材料的减摩性、抗胶合性、塑性好，但强度低、价格贵。

表 13-14　常用金属轴承材料及其性能

材料	牌号	$[p]$ /MPa	$[v]$ /(m/s)	$[pv]$ /(MPa·m/s)	备　注
锡锑 轴承合金	ZChSnSb11-6	平稳 25	80	20	用于高速、重载的重要轴承。变载荷下易疲劳，价高
	ZChSnSb8-4	冲击 20	60	15	
铅锑 轴承合金	ZChPbSb16-16-2	15	12	10	用于中速、中载轴承，不宜受显著冲击，可做为锡锑轴承合金的代用品
	ZChPbSb15-5-3	5	6	5	
锡青铜	ZCuSn10Pb1	15	10	15	用于中速、重载及受变载荷的轴承
	ZCuSn5Pb5Zn5	8	3	15	用于中速、中载轴承
铅青铜	ZCuPb30	平稳 25 冲击 15	12 8	30 60	用于高速、重载轴承，能承受变载荷和冲击载荷
铝青铜	ZCuAl9Mn2	15	4	12	最易用于润滑充分的低速、重载轴承
黄铜	ZCuZn38Mn2Pb2	10	1	10	用于低速、中载轴承
铸铁	HT150 ~ HT250	2 ~ 4	0.5 ~ 1	1 ~ 4	用于低速、轻载的不重要轴承，价廉

青铜强度高，承载能力大，导热性好，且可以在较高温度下工作，但与轴承合金相比，其抗胶合能力较差，不易磨合，与之相配的轴颈必须经淬硬处理。

2）粉末冶金材料是以粉末状的铁或铜为基本材料与石墨粉混合，经压制和烧结制成的多孔性材料。用这种材料制成的成形轴瓦，可在其材料孔隙中存储润滑油，具有自润滑作用，即运转时因热膨胀和轴颈的抽吸作用，使润滑油从孔隙中自动进入工作表面起润滑作用，停止运转时轴瓦降温，润滑油回到孔隙。由于它不需要经常加油，故又称为含油轴承。含油轴承有铁-石墨和青铜-石墨两种。粉末冶金材料的价格低廉、耐磨性好，但韧性差，常用于低、中速、轻载或中载、润滑不便或要求清洁的场合，如食品机械、纺织机械或洗衣机等机械中。

3）非金属材料主要有塑料、硬木、橡胶等，使用最多的是塑料。塑料轴承材料的特点是：有良好的耐磨性和抗腐蚀能力，良好的吸振和自润滑性。缺点是承载能力一般较低，导热性和尺寸稳定性差，热变形大，故常用于工作温度不高、载荷不大的场合。

13.11　轴系部件的润滑与密封

机械在运动过程中，各相对运动的零部件的接触表面会产生摩擦及磨损，摩擦是机械运转过程中不可避免的物理现象，在机械零部件众多的失效形式中，摩擦及磨损是最常见的失效形式。在日常生活和工程实践中，很多器具和设备的最终报废不是强度或刚度的原因，而是因磨损严重导致不能正常使用而废弃。要维护机械的正常运转，减少噪声，保持运转精度，就必须了解摩擦产生的原因，采用合理的润滑。

13.11.1　摩擦与磨损

摩擦可分为不同的形式，根据摩擦产生的部位可分为内摩擦与外摩擦：内摩擦是指发生在物质内部，阻碍分子间相对运动的摩擦现象；外摩擦是指当两个相互接触的物体发生相对滑动或有相对滑动的趋势时，在接触面上产生的阻碍相对滑动的摩擦现象。

根据工作零件的运动形式可分为静摩擦与动摩擦：静摩擦是指工作零件仅有相对滑动趋势时的摩擦现象；动摩擦是指工作零件相对运动过程中的摩擦现象。

根据位移情况的不同可分为滑动摩擦与滚动摩擦。本节只研究工作零件相对运动时金属表面间的滑动摩擦。

根据摩擦表面间存在润滑剂的情况，滑动摩擦又可分为干摩擦、流体摩擦（流体润滑）、边界摩擦（边界润滑）及混合摩擦（混合润滑），如图 13-43 所示。

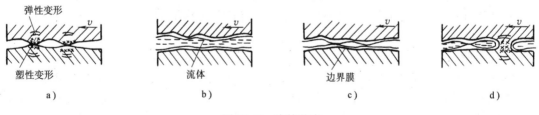

图 13-43　摩擦状态

a）干摩擦　b）流体摩擦　c）边界摩擦　d）混合摩擦

1）干摩擦是指接触表面间无任何润滑剂或保护膜的纯金属接触时的摩擦，如图 13-43a 所示，这种摩擦会使接触面间产生较大的摩擦及磨损，故在应用中应严禁出现这种情况。

2）流体摩擦是指两摩擦面不直接接触，中间有一层完整的油膜（油膜厚度一般在

1.5~2μm 以上）隔开的摩擦现象，如图 13-43b 所示。这种润滑状态最好，但有时需外界设备供应润滑油，造价高，用于润滑要求较高的场合。

3）边界摩擦是指接触表面吸附着一层很薄的边界膜（油膜厚度小于 1μm）的摩擦现象，如图 13-43c 所示，介于干摩擦与流体摩擦两种状态之间。

4）实际运转中可能会出现干摩擦、流体摩擦与边界摩擦的混合状态，称之为混合摩擦，如图 13-43d 所示。

运转部位接触表面间的摩擦将导致零件表面材料的逐渐损失，形成磨损。磨损会影响机器的使用寿命，降低工作的可靠性与效率，甚至会使机器提前报废。因此，在设计时应预先考虑如何避免或减轻磨损，以保证机器达到设计寿命。

13.11.2　润滑剂及其选择

为减轻机械运转部位接触表面间的磨损，常在摩擦副间加入润滑剂将两表面分隔开来，这种措施称为润滑。润滑的主要作用有：降低摩擦，减少磨损，防止腐蚀，提高效率，改善机器运转状况，延长机器的使用寿命。

工业生产实际中最常用的润滑剂有润滑油、润滑脂，此外，还有固体润滑剂（如二硫化钼、石墨等）、气体润滑剂（如空气等）。

1. 润滑油

润滑油是使用最广泛的润滑剂，可以分为三类：一是有机油，通常是指动植物油；二是矿物油，主要是指石油产品；三是化学合成油。因矿物油来源充足，成本低廉，稳定性好，实用范围广，故多采用矿物油作为润滑油。

衡量润滑油性能的一个重要指标是粘度。粘度的大小不仅直接影响摩擦副的运动阻力，而且对润滑油膜的形成及承载能力有决定性作用，它是选择润滑油的主要依据。粘度可用动力粘度、运动粘度、条件粘度三项指标来表示，润滑油的牌号就以运动粘度来划分。对于工业用润滑油，国家标准（GB/T 3141—1994）规定温度在 40℃ 时按运动粘度分为 5、7、10、15、22、32 等 20 个牌号。牌号的数值越大，油的粘度越高，即越稠。

选用润滑油主要是确定润滑油的种类与牌号。一般是根据机械设备的工作条件、载荷和速度，先确定合适的粘度范围，再选择适当的润滑油品种。选择的原则是：载荷较大或变载、冲击的场合，加工粗糙或未经磨合的表面，选粘度较高的润滑油。速度高时，载荷较小，采用压力循环润滑、滴油润滑的场合，宜选用粘度低的润滑油。

常用润滑油的性能与用途见表 13-15。

2. 润滑脂

润滑脂是在润滑油中加入稠化剂（如钙、钠、锂等金属皂基）而形成的脂状润滑剂，俗称黄油或干油。加入稠化剂的主要作用是减少油的流动性，提高润滑油与摩擦面的附着力。有时还加入一些添加剂，以增加抗氧化性和油膜厚度。

润滑脂的主要质量指标：

（1）锥入度　锥入度（脂的稠度）是指在规定的测定条件下，将重力为 150g 的标准锥体放入 25℃ 的润滑脂试样中，经 5s 后所沉入的深度称为该润滑脂的锥入度（以 0.1mm 为单位）。它标志着润滑脂内阻力的大小和流动性的强弱，锥入度越小，表明润滑脂越不易从摩擦表面中被挤出，附着性、密封性好，故承载能力高。

表 13-15 工业常用润滑油的性能与用途

类别	品种代号	牌号	运动粘度	闪点/℃ 不低于	倾点/℃ 不高于	主要性能和用途	说明
工业闭式齿轮油	L-CKB 抗氧防锈工业齿轮油	46	41.4~50.6	180	-8	有良好的抗氧化性,抗腐蚀性、抗浮化性等性能,适用于齿面应力在500MPa 以下的一般工业闭式齿轮传动的润滑	L-润滑剂类
		68	61.2~74.8				
		100	90~110				
		150	135~165	220			
		220	198~242				
		320	288~352				
	L-CKC 中载荷工业齿轮油	68	61.2~74.8	180	-5	具有良好的极压抗磨和热氧化安定性,适用冶金、矿山、机械、水泥等工业的中载荷(500~1000MPa)闭式齿轮的润滑	
		100	90~110				
		150	135~165	200			
		220	198~242				
		320	288~352				
		460	414~506				
		680	612~748				
	L-CKD 重载荷工业齿轮油	100	90~110	180	-8	具有良好的极压抗磨性、抗氧化性,适用于冶金、矿山、机械、化工等行业的重载荷齿轮传动装置	
		150	135~165				
		220	198~242	200			
		320	288~352				
		460	414~506				
		680	612~748		-5		
主轴油	主轴油(SH/T 0017—1990)	N2	2.0~2.4	60	凝点不高于-15	主要适用于精密机床主轴轴承的润滑及其他以油压力、油雾润滑为润滑方式的滑动轴承和滚动轴承的润滑。N10 可作为普通轴承用油和缝纫机用油	SH 为石化部标准代号
		N3	2.9~3.5	70			
		N5	4.2~5.1	80			
		N7	6.2~7.5	90			
		N10	9.0~11.0	100			
		N15	13.5~16.5	110			
		N22	19.8~24.2	120			
全损耗系统用油	L-AN 全损耗系统用油(GB 443—1989)	5	4.14~5.06	80	-5	不加或加少量添加剂,质量不高,适用于一次性润滑和某些要求较低、换油周期较短的油浴式润滑	全损耗系统用油包括L-AN 全损耗系统油(原机械油)和车辆油(铁路机车车辆油)
		7	6.12~7.48	110			
		10	9.00~11.00	130			
		15	13.5~16.5	150			
		22	19.8~24.2				
		32	28.8~35.2				
		46	41.4~50.6				
		68	61.2~74.8	160			
		100	90.0~110	180			
		150	135~165				

（2）滴点　滴点是指在规定的条件下，润滑脂受热后从标准测量杯的孔口滴下第一滴油时的温度。滴点标志着润滑脂耐高温的能力。

润滑脂和润滑油相比，润滑脂粘性大，粘性随温度变化的影响较小，使用温度范围较润滑油宽广；粘附能力强，密封性好，油膜强度高，不易流失；但流动性和散热能力差，摩擦阻力大，故不宜用于高速高温的场合。

常用润滑脂的性能与用途见表 13-16。

表 13-16　常用润滑脂的性能与用途

润滑脂		锥入度/0.1mm	滴点/℃ 大于等于	性能	主要用途
名称	牌号				
钙基 钙基润滑脂 GB/T 491—2008	1	310～340	80	抗水性好，适用于潮湿环境，但耐热性差	目前尚广泛应用于工、农业交通运输等机械设备的中速中低载荷轴承的润滑，将逐渐被锂基脂所取代
	2	265～295	85		
	3	220～250	90		
	4	175～205	95		
钠基 钠基润滑脂 GB 492—1989	2	265～295	160	耐热性很好，粘附性强，但不耐水	适用于不与水接触的工农业机械的轴承润滑，使用温度不超过110℃
	3	220～250	160		
锂基 通用锂基润滑脂 GB/T 7324—2010	1	310～340	170	具有良好的润滑性能、机械安定性、耐热性和防锈性，抗水性好	为多用途、长寿命通用脂，适用于 -20～120℃ 各种机械的轴承及其他摩擦部位的润滑
	2	265～295	175		
	3	220～250	180		
极压锂基润滑脂 GB/T 7323—2008	00	400～430	165	具有良好的机械安定性、抗水性、极压抗磨性、防锈性和泵送性	为多效、长寿命通用脂，适用于温度范围 -20～120℃ 的重型机械设备齿轮轴承的润滑
	0	355～385	170		
	1	310～340	170		
	2	265～295	170		
滚动轴承润滑脂 SH 0378—1992	2	250～295	120	具有良好的润滑性能、化学稳定性、机械安定性	用于汽车、电动机、机车及其他机械滚动轴承的润滑
铝基 复合铝基润滑脂 SH 0378—1992	0	355～385	235	耐热性、抗水性、流动性、泵水性、机械安定性等均好	称为"万能润滑脂"，适用于高温设备的润滑，0、1 号脂泵送性好，适用于集中润滑，2 号脂适用于轻中载荷设备轴承
	1	310～340			
	2	265～295			
合成润滑脂 7412 号齿轮脂	00	400～430	200	具有良好的涂覆性，粘覆性和极压润滑性，适用温度 -40～150℃	为半流体脂，适用于各种减速器齿轮的润滑，解决了齿轮箱漏油问题
	00	445～474	200		

3. 固体润滑剂

用具有润滑作用的固体粉末取代润滑油或润滑脂来实现摩擦表面的润滑，称为固体润滑。最常用的固体润滑剂有石墨、二硫化钼、二硫化钨、高分子材料（如聚四氟乙烯、尼龙等）。

固体润滑剂具有很好的化学稳定性，耐高温、高压，润滑简单，维护方便，适用于速度、温度和载荷非正常的条件下，或不允许有油、脂污染及无法加润滑油的场合。

13.11.3　润滑方式及选择

为了获得良好的润滑效果，除正确选择润滑剂外，还应选用合适的润滑方式和润滑装置。

1. 油润滑方式及装置

（1）滑动轴承的润滑方式及装置　润滑方式根据供油方式可分为间歇式和连续式。

间歇润滑只适用于低速、轻载和不重要的轴承，比较重要的轴承均应采用连续润滑方式。

常见的润滑方式和装置如图 13-44 所示，一种是压注油杯，一般用油壶或油枪进行定期加油；另一种是装满油脂的旋盖式油杯。

图 13-45 所示为连续润滑的供油装置，其中，图 13-45a 所示为芯捻润滑装置，它利用芯捻的毛细管作用将油从油杯中吸入轴承，但供油量不能调整；图 13-45b 所示为针阀式注油杯，当手柄平放时，针阀被弹簧压下，堵住底部油孔，当手柄垂直时，针阀提起，底部油孔打开，油杯中的油流入轴承，调节螺母可调节针阀提升的高度以控制油孔的进油量。

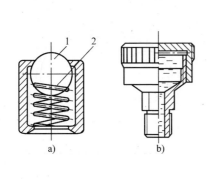

图 13-44　间歇润滑方式
a）压注油杯　b）旋盖式油杯
1—钢球　2—弹簧

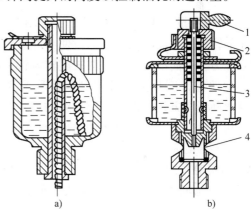

图 13-45　连续润滑方式
a）芯捻润滑装置　b）针阀式注油杯
1—手柄　2—调节螺母　3—针阀　4—观察孔

图 13-46 所示润滑装置是在轴颈套上一个油环，利用轴的旋转将油甩到轴颈上，它适用于转速较高的轴颈处。

（2）滚动轴承的润滑方式　滚动轴承通常以轴承内径 d 和转速 n 的乘积值 $d \times n$ 来选择润滑剂和润滑方式，选择时参见表 13-17。

1）滴油润滑。滴油润滑用油杯储油（图 13-45b），可用针阀调节油量。为了使滴油畅通，一般选用粘度较低的 L-AN15 全损耗系统用油。

2）喷油润滑。喷油润滑是用油泵将油增压，然后通过油管和喷嘴将油喷到轴承内，其润滑效果好，一般适用于高速、重载和重要的轴承中。

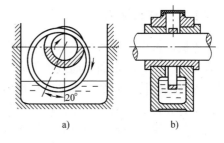

图 13-46　甩油润滑方式

3）油雾润滑。油雾润滑是用经过过滤和脱水的压缩空气，将润滑油经雾化后通入轴承。该润滑方式适用于 dn 值大于 $6 \times 10^5 \, \text{mm} \cdot \text{r/min}$ 的轴承。这种方法的冷却效果好，并可节约润滑油，但油雾散逸在空气中，会污染环境。

表 13-17　适用于脂润滑和油润滑的 dn 值界限

轴承类型	$dn/(10^4 \text{mm} \cdot \text{r/min})$（脂润滑）	$dn/(10^4 \text{mm} \cdot \text{r/min})$（油润滑）			
		油浴	滴油	喷油（循环油）	油雾
深沟球轴承	16	25	40	60	>60
调心球轴承	16	25	40		
角接触球轴承	16	25	40	60	>60
圆柱滚子轴承	12	25	40	60	>60
圆锥滚子轴承	10	16	23	30	
调心滚子轴承	8	12		25	
推力球轴承	4	6	12	15	

4）浸油润滑。在齿轮减速器中，如图 13-47 所示，将大齿轮的一部分浸入油中，利用大齿轮的转动，把油带到摩擦部位使零件进行润滑的方式称为浸油润滑。同时，油被旋转齿轮带起飞溅到其他部位，使其他零件得到润滑称为飞溅润滑。这两种润滑方式润滑可靠，连续均匀，但转速较高时功耗大，多用于中速转动的齿轮箱体中齿轮与轴承等零件的润滑。

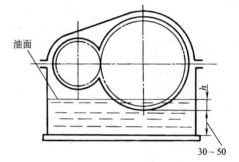

油面

$30 \sim 50$

图 13-47　浸油润滑

2. 脂润滑方式及装置

润滑脂比润滑油稠，不易流失，但冷却作用差，适用于低、中速且载荷不太大的场合。润滑脂的常用润滑方式有手工加脂、脂杯加脂、脂枪加脂和集中润滑系统供脂等。对于开式齿轮传动、轴承、链传动等传动装置，多采用手工将润滑脂压入或填入润滑部位。对于旋转部位固定的设备，多在旋转部位的上方采用带阀的压配式注油杯和不带阀的弹簧盖油杯，如图 13-44a、b 所示。对于大型设备，润滑点多，多采用集中润滑系统，即用供脂设备把润滑脂定时定量送至各润滑点。

13.11.4　密封装置

机械设备中的润滑系统都必须设置密封装置，密封的作用是为了防止灰尘、水分及有害介质侵入机器，阻止润滑剂或工作介质的泄漏，有效地利用润滑剂。通过密封还可节约润滑剂，提高机器使用寿命，改善工厂环境卫生和工作条件。

密封装置的类型很多，根据被密封构件的运动形式可分为静密封和动密封。两个相对静止的构件之间结合面的密封称为静密封，如减速器的上下箱之间的密封、轴承端盖与箱体轴承座之间的密封等。实现静密封的方法很多，最简单的方法是靠接合面加工平整，在一定的压力下贴紧密封；一般情况下，是在结合面之间加垫片或密封圈，还有在结合面之间涂各类密封胶。两个具有相对运动的构件结合面之间的密封称为动密封，根据其相对运动的形式不同，动密封又可分为旋转密封和移动密封，如减速器中外伸轴与轴承端盖之间的密封就是旋转密封。旋转密封又分为接触式密封和非接触式密封两类。本节只研究旋转轴外伸端的密封方法。

1. 接触式密封

接触式密封是靠密封元件与接合面的压紧产生接触摩擦而起密封作用的，故此种密封方式不宜用于高速。

（1）毡圈密封　如图13-48所示，将断面为矩形的毡圈压入轴承端盖的梯形槽中，使之产生对轴的压紧作用而实现密封。毡圈内径略小于轴的直径，尺寸已标准化。毡圈材料为毛毡，安装前，毡圈应先在粘度较高的热矿物油中浸渍饱和。毡圈密封结构简单，安装方便，成本较低，但易磨损、寿命短。一般适用于脂润滑和密封处圆周速度 $v < 4m/s$ 的场合，工作温度不超过90℃。

（2）唇形密封圈密封　如图13-49a所示，密封圈一般由耐油橡胶、金属骨架和弹簧三部分组成，也有的没有骨架，密封圈是标准件。靠材料本身的弹力及弹簧的作用，以一定的收缩力紧套在轴上起密封作用。使用唇形密封圈时应注意唇口的方向，图13-49b所示为密封圈唇口朝内，主要是防止漏油；图13-49c所示为密封圈唇口朝外，主要是防止灰尘、杂质侵入。这种密封方式既可用于油润滑，也可用于脂润滑，轴的圆周速度要求小于 $7m/s$，工作温度范围为 $-40 \sim 100$℃。

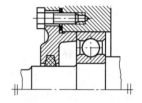

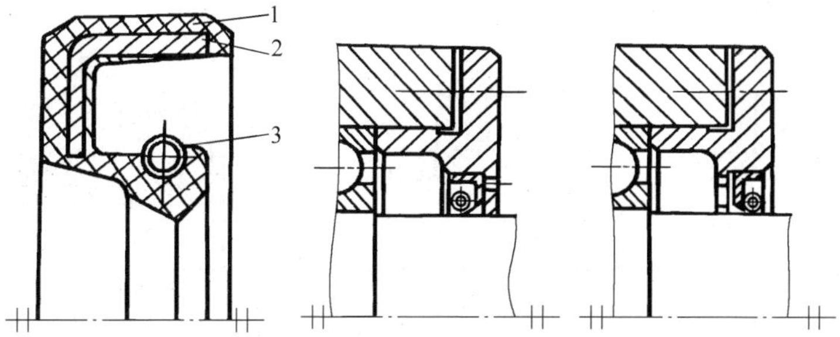

图13-48　毡圈密封

图13-49　唇形密封圈密封

1—耐油橡胶　2—金属骨架　3—弹簧

2. 非接触式密封

非接触式密封方式密封部位转动零件与固定零件之间不接触，留有间隙，因此对轴的转速没有太大的限制。

（1）间隙密封　如图13-50所示，间隙式密封（亦称防尘节流环式），在转动件与静止件之间留有很小间隙（$0.1 \sim 0.3mm$），利用节流环间隙的节流效应起到防尘和密封作用。可在轴承端盖内加工出螺旋槽，若在螺旋槽内填充密封润滑脂，密封效果会更好。间隙的宽度越长，密封的效果越好。适用于环境比较干净的脂润滑。

（2）挡油环密封　如图13-51所示，在轴承座孔内的轴承内侧与工作零件之间安装一挡油环，挡油环随轴一起转动，利用其离心作用，将箱体内下溅的油及杂质甩走，阻止油进入轴承部位，多用于轴承部位使用脂润滑的场合。

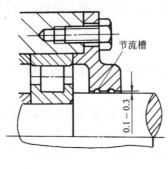

图 13-50　间隙密封

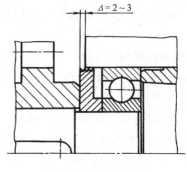

图 13-51　挡油环密封

3. 迷宫式密封

如图 13-52 所示，轴上的旋转密封零件与固定在箱体上的密封零件的接触处做成迷宫间隙，对被密封介质产生节流效应而起密封作用，可分为轴向迷宫、径向迷宫、组合迷宫等，若在间隙中填充密封润滑脂，密封效果更好。迷宫式密封结构简单，使用寿命长，但加工精度要求高，装配较难，适用于脂或油的润滑场合，多用于一般密封不能胜任、要求较高的场合。

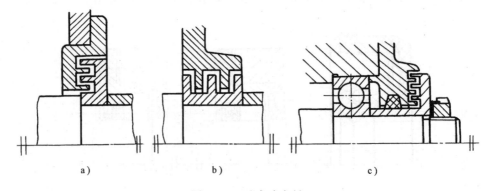

图 13-52　迷宫式密封
a）轴向迷宫　b）径向迷宫　c）组合迷宫

实例分析

实例一　齿轮减速器的高速轴，用一对深沟球轴承，转速 $n = 3000 \text{r/min}$，轴承径向载荷 $F_r = 4800 \text{N}$，轴向载荷 $F_a = 2500 \text{N}$，有轻微冲击。轴颈直径 $d \geqslant 70 \text{mm}$，要求轴承寿命 $L_h \geqslant 5000 \text{h}$，试选轴承型号。

解题分析：由于轴承型号未定，C_0、e、X、Y 值都无法确定，必须进行试算。试算时可先预选某一型号轴承或先预定 X、Y 值，再进行核算。以下采用预选轴承的方法。

试选轴承型号为 6314、6414 的深沟球轴承两种方案进行计算，由手册查得轴承数据如下：

方案	轴承型号	$C(\text{N})$	$C_0(\text{N})$	$D(\text{mm})$	$B(\text{mm})$	$n_{\lim}(\text{r/min})$
1	6314	81600	64500	150	35	4300
2	6414	113000	107000	180	42	3800

计算步骤见下表：

计算项目	计算根据	单位	计算方案	
			方案 1	方案 2
(1) $\dfrac{F_a}{C_0}$			0.039	0.023
(2) e 值	表 13-8		0.24	0.22
(3) $\dfrac{F_a}{F_r}$			$0.52 > e$	$0.52 > e$
(4) X、Y 值	表 13-8		$X = 0.56$ $Y = 1.85$	$X = 0.56$ $Y = 1.99$
(5) 载荷系数 f_p	表 13-6		1.2	1.2
(6) 温度系数 f_t	表 13-5		1	1
(7) 当量动载荷 P	$P = XF_r + YF_a$	N	7313	7663
(8) 额定动载荷 C	$C' = \dfrac{f_p P}{f_t} \sqrt[3]{\dfrac{60 n L_h}{10^6}}$	N	84727	88782

结论：6414 深沟球轴承可以满足要求，但外廓尺寸较大。如果选择 6314 深沟球轴承，虽尺寸较小，但因 C 值小 3.7%，可靠度会有降低。为安全使用，建议选用 6414 轴承。

知识小结

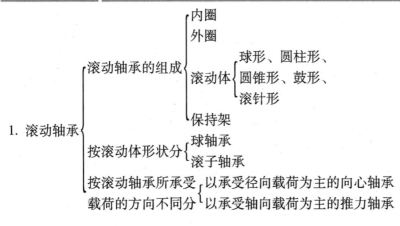

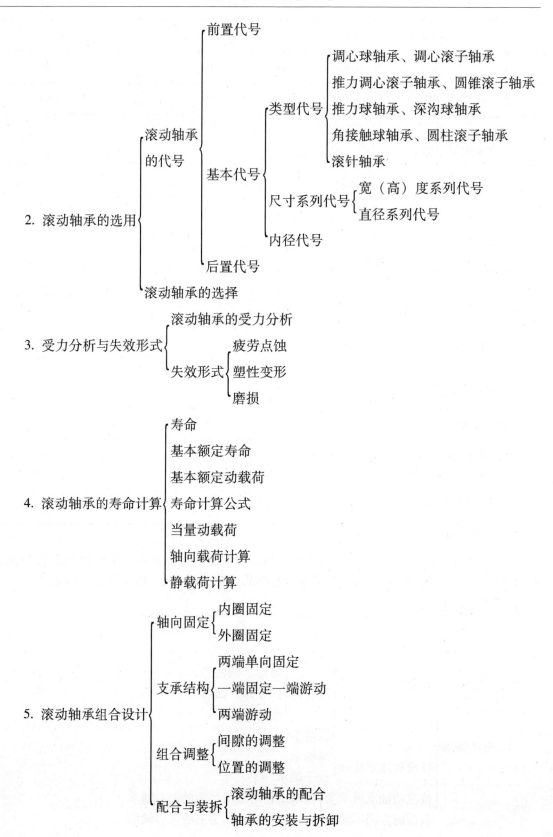

2. 滚动轴承的选用
- 滚动轴承的代号
  - 前置代号
  - 基本代号
    - 类型代号
      - 调心球轴承、调心滚子轴承
      - 推力调心滚子轴承、圆锥滚子轴承
      - 推力球轴承、深沟球轴承
      - 角接触球轴承、圆柱滚子轴承
      - 滚针轴承
    - 尺寸系列代号
      - 宽（高）度系列代号
      - 直径系列代号
    - 内径代号
  - 后置代号
- 滚动轴承的选择

3. 受力分析与失效形式
- 滚动轴承的受力分析
- 失效形式
  - 疲劳点蚀
  - 塑性变形
  - 磨损

4. 滚动轴承的寿命计算
- 寿命
- 基本额定寿命
- 基本额定动载荷
- 寿命计算公式
- 当量动载荷
- 轴向载荷计算
- 静载荷计算

5. 滚动轴承组合设计
- 轴向固定
  - 内圈固定
  - 外圈固定
- 支承结构
  - 两端单向固定
  - 一端固定一端游动
  - 两端游动
- 组合调整
  - 间隙的调整
  - 位置的调整
- 配合与装拆
  - 滚动轴承的配合
  - 轴承的安装与拆卸

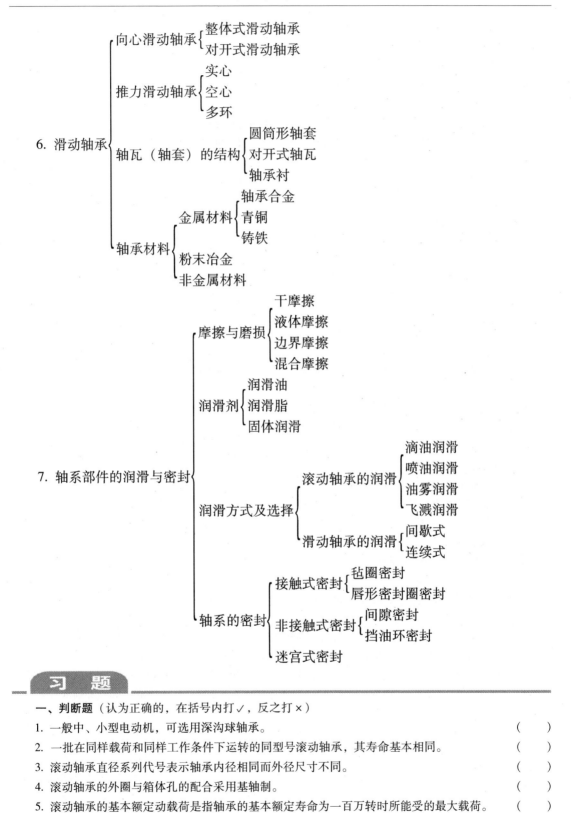

一、判断题（认为正确的，在括号内打√，反之打×）

1. 一般中、小型电动机，可选用深沟球轴承。 （ ）

2. 一批在同样载荷和同样工作条件下运转的同型号滚动轴承，其寿命基本相同。 （ ）

3. 滚动轴承直径系列代号表示轴承内径相同而外径尺寸不同。 （ ）

4. 滚动轴承的外圈与箱体孔的配合采用基轴制。 （ ）

5. 滚动轴承的基本额定动载荷是指轴承的基本额定寿命为一百万转时所能受的最大载荷。 （ ）

6. 滚动轴承的当量动载荷是指轴承所受径向力与轴向力的代数和。 （ ）

7. 与滚动轴承相比，滑动轴承承载能力高，抗振性好，噪声低。 （　　）

8. 滑动轴承工作面是滑动摩擦，因此与滚动轴承相比，滑动轴承只能用于低速运转。 （　　）

9. 推力滑动轴承能承受径向载荷。 （　　）

10. 为了保证润滑，油沟应开在轴承的承载区。 （　　）

二、选择题（将正确答案的序号字母填入括号内）

1. 直齿圆柱齿轮减速器，当载荷平稳、转速较高时，应选用哪种轴承？ （　　）

A. 深沟球轴承　　　　　　　　B. 推力球轴承　　　　　　　　C. 角接触轴承

2. 在尺寸相同的情况下，哪类轴承所能承受的轴向载荷最大？ （　　）

A. 深沟球轴承　　　　　　　　B. 角接触轴承　　　　　　　　C. 调心球轴承

3. 在正常条件下，滚动轴承的主要失效形式是什么？ （　　）

A. 工作表面疲劳点蚀　　　　　B. 滚动体碎裂　　　　　　　　C. 滚道磨损

4. 下列滚动轴承中哪类轴承的极限转速最高？ （　　）

A. 深沟球轴承　　　　　　　　B. 角接触球轴承　　　　　　　C. 推力球轴承

5. 滚动轴承的直径系列，表达了不同直径系列的轴承，区别在于_____。 （　　）

A. 外径相同而内径不同

B. 内径相同而外径不同

C. 内外径均相向，滚动体大小不同

6. 只能承受径向力的轴承是_____。 （　　）

A. 深沟球轴承　　　　　　　　B. 圆柱滚子轴承　　　　　　　C. 推力球轴承

7. 只能承受轴向力的轴承是_____。 （　　）

A. 深沟球轴承　　　　　　　　B. 圆柱滚子轴承　　　　　　　C. 推力球轴承

8. 不能同时承受径向力和轴向力的轴承是_____。 （　　）

A. 深沟球轴承　　　　　　　　B. 圆锥滚子轴承　　　　　　　C. 圆柱滚子轴承

9. 必须成对使用的轴承是_____。 （　　）

A. 深沟球轴承　　　　　　　　B. 圆锥滚子轴承　　　　　　　C. 圆柱滚子轴承

10. 在_____情况下，滑动轴承润滑油的粘度应选用得较高。 （　　）

A. 重载　　　　　　　　　　　B. 工作温度高　　　　　　　　C. 高速

三、综合题

1. 试说明下列滚动轴承代号的含义。

7205C　　　　　　　30306／P5　　　　　　N409／P6　　　　　6212

2. 7210C 轴承的基本额定动载荷 $C = 32800N$。

（1）当量动载荷 $P = 5200N$，工作转速 $n = 720r/min$ 时，试计算轴承寿命 L_h。

（2）$P = 5000N$，若要求 $L_h = 15000h$，允许最高转速是多少？

（3）工作转速 $n = 720r/min$，要求 $L_h = 20000h$，求允许的当量动载荷 P 为多少。

3. 某传动装置中采用一对深沟球轴承，已知轴承直径 $d = 40mm$，转速 $n = 1450r/min$，轴承所受径向载荷 $F_{r1} = 2000N$，$F_{r2} = 1200N$，载荷有轻微冲击，常温下工作，要求 $[L_h] = 8000h$，试选择轴承型号。

教学要求

★ 能力目标

1）了解联轴器、离合器与制动器的功用及类型。

2）联轴器的选择能力。

★ 知识要素

1）联轴器的类型、结构和特点。

2）联轴器的选择。

3）离合器的类型、结构和特点。

4）制动器的类型、结构和应用场合。

引 言

常用工作机械多由原动装置、传动装置和执行装置等组成，每种装置之间需要互相联接起来，联轴器就是用来联接这些装置的重要零件。如图 14-1 所示的卷扬机，其电动机与减速器之间、减速器与卷筒之间就是用联轴器来联接并传递运动和转矩的。

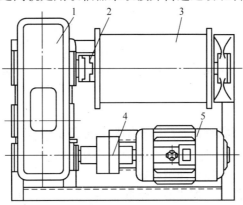

图 14-1 卷扬机

1—减速器 2、4—联轴器 3—卷筒 5—电动机

人们驾驶汽车在用手动换挡变速时，要踩下离合器，使离合器处于分离状态才能操纵变速器，这时离合器的作用就是断开发动机和传动装置的联接，但当离合器接合时，发动机就和传动装置联接传递运动和转矩。离合器是运动联接与断开的重要零件。

联轴器和离合器都是用来联接两轴，使之一起转动并传递转矩的装置。联轴器与离合器的区别是：联轴器只有在机器停止运转后将其拆卸，才能使两轴分离；离合器则可以在机器的运转过程中进行分离或接合。制动器是用来迫使机器迅速停止运转或降低机器运转速度的机械装置。

本章主要介绍联轴器、离合器与制动器的类型、应用场合及选择。

学习内容

14.1 联轴器

14.1.1 联轴器的分类

对于联轴器所联接的两轴，由于制造、安装误差或受载、变形等一系列原因，两轴的轴线会产生径向位移、轴向位移、偏角位移或综合位移，如图 14-2 所示。位移将使机器工作情况恶化，因此，要求联轴器具有补偿位移的能力。此外，在有冲击、振动的工作场合，还要求联轴器具有缓冲和吸振的能力。

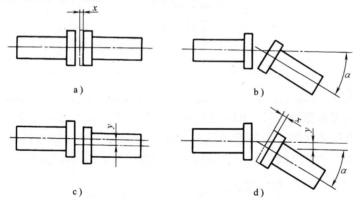

图 14-2　轴线的相对位移

a）轴向位移 x　b）偏角位移 α　c）径向位移 y　d）综合位移 x、y、α

常用联轴器的分类如下：

$$
联轴器
\begin{cases}
刚性
\begin{cases}
固定式——套筒联轴器、凸缘联轴器、链条联轴器 \\
可移式——滑块联轴器、齿式联轴器、万向联轴器
\end{cases} \\
弹性
\begin{cases}
金属弹性元件——蛇形弹簧联轴器 \\
非金属弹性元件——梅花形弹性联轴器、弹性套柱销联轴器、弹性柱销联轴器
\end{cases}
\end{cases}
$$

14.1.2 联轴器的结构和特点

1. 固定式刚性联轴器

（1）套筒联轴器　将套筒与被联接两轴的轴端分别用键（或销钉）固定联成一体，即成为套筒联轴器。它结构简单，径向尺寸小，但要求被联接两轴必须很好地对中，且装拆时需作较大的轴向移动，故常用于要求径向尺寸小的场合。

单键联接的套筒联轴器可用于传递较大转矩的场合，如图 14-3 所示。

若用销联接，如图 14-4 所示，则常用于传递较小转矩的场合，或用作剪销式安全联轴器。

图 14-3　单键联接套筒联轴器

图 14-4　销联接套筒联轴器

（2）凸缘联轴器　如图 14-5 所示，凸缘联轴器由两个半联轴器及联接螺栓组成。凸缘联轴器结构简单，成本低，但不能补偿两轴线可能出现的径向位移和偏角位移，故多用于转速较低、载荷平稳、两轴线对中性较好的场合。

（3）链条联轴器　如图 14-6 所示，链条联轴器是利用公用的链条，同时与两个齿数相同的并列链轮啮合，常见的有双排滚子链联轴器、齿形链联轴器等。

图 14-5　凸缘联轴器

图 14-6　链条联轴器

链条联轴器具有结构简单、装拆方便、拆卸时不用移动被联接的两轴、尺寸紧凑、重量轻、有一定补偿能力、对安装精度要求不高、工作可靠、寿命较长、成本较低等优点，可用于纺织、农机、起重运输、工程、矿山、轻工、化工等机械的轴系传动，适用于高温、潮湿和多尘工况环境，不适用高速、有剧烈冲击载荷和传递轴向力的场合，链条联轴器应在良好的润滑并有防护罩的条件下工作。

2. 可移式刚性联轴器

（1）十字滑块联轴器　如图 14-7 所示，十字滑块联轴器由两个带有凹槽的半联轴器和两端面都有榫的中间圆盘组成。圆盘两面的榫位于互相垂直的两条直径方向上，可以分别嵌入半联轴器相应的凹槽中。

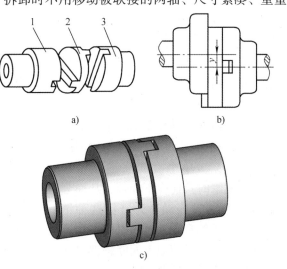

图 14-7　滑块联轴器
a）分体图　b）组合图　c）实物图
1—半联轴器　2—中间圆盘　3—半联轴器

十字滑块联轴器允许两轴有一定的径向位移。当被联接的两轴有径向位移时，中间圆盘将在半联轴器的凹槽中作偏心回转，由此引起的离心力将使工作表面压力增大而加快磨损。为此，应限制两轴间的径向位移量不大于 $0.04d$（d 为轴径），偏角位移量 $\alpha \leqslant 30'$，轴的转速不超过 250r/min。

十字滑块联轴器主要用于没有剧烈冲击载荷而又允许两轴线有径向位移的低速轴联接。联轴器的材料常选用 45 钢或 ZG310—570，中间圆盘也可用铸铁。摩擦表面应进行淬火，硬度在 46～50HRC。为了减少滑动面的摩擦和磨损，还应注意润滑。

（2）齿式联轴器　它是由两个具有外齿环的半内套筒轴和两个具有内齿环的凸缘外壳组成的，半联轴器通过内、外齿的相互啮合而相连（见图 14-8）。两凸缘外壳用螺栓联成一体，两齿轮联轴器内、外齿环的轮齿间留有较大的齿侧间隙，外齿轮的齿顶做成球面，球面中心位于轴线上，故能补偿两轴的综合位移。齿环上常用压力角为 20°的渐开线齿廓，齿的形状有直齿和鼓形齿，后者称为鼓形齿联轴器。

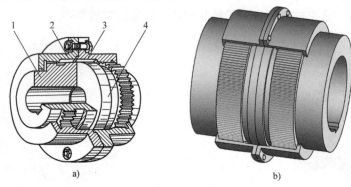

图 14-8　齿式联轴器

a）结构图　b）实物图

1、4—轴　2、3—凸缘外壳

与滑块联轴器相比，齿式联轴器的转速可提高，且因为是多齿同时啮合，故齿轮联轴器工作可靠，承载能力大，但制造成本高，一般多用于起动频繁，经常正、反转的重型机械。

（3）万向联轴器　如图 14-9 所示，万向联轴器由两个轴叉分别与中间的十字轴以铰链相连，万向联轴器两轴间的夹角可达 45°。单个万向联轴器工作时，两轴的瞬时角速度不相等，从而会引起冲击和扭转振动。为避免这种情况，保证从动轴和主动轴均以同一角速度等速回转，应采用双万向联轴器，如图 14-9b 所示，并要求中间轴与主、从动轴间夹角相等，及中间轴两端轴叉应位于同一平面内。

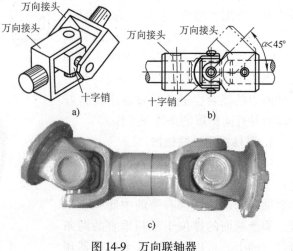

图 14-9　万向联轴器

a）结构图　b）双万向联轴器　c）实物图

3. 金属弹性元件联轴器

蛇形弹簧联轴器如图 14-10 所示，是一种结构先进的金属弹性联轴器，它靠蛇形弹簧片将两轴连接并传递转矩。

蛇形弹簧联轴器减振性好，使用寿命长。梯形截面的蛇形弹簧片采用优质弹簧钢，经严格的热处理，并特殊加工而成，具有良好的力学性能，从而使联轴器的使用寿命远比非金属弹性元件联轴器（如弹性套柱销、尼龙柱销联轴器）长。其承受变动载荷范围大，起动安全，运行可靠；联轴器的传动效率经测定达 99.47%，其短时超载能力为额定转矩的两倍，运行安全可靠；噪声低，润滑好，结构简单，装拆方便，整机零件少，体积小，重量轻；被设计成梯形截面的弹簧片与梯形齿槽的吻合尤为方便，紧密，从而使装拆、维护比一般联轴器简便；允许有较大的安装偏差，由于弹簧片与齿弧面是点接触的，所以使联轴器能获得较大的挠性。它能被安装在同时有径向、角向、轴向的偏差情况下正常工作。

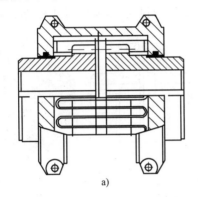

a)　　　　　　　　　　　　　　　　b)

图 14-10　蛇形弹簧联轴器

a) 结构图　b) 实物图

4. 非金属弹性元件联轴器

（1）梅花形弹性联轴器　　如图 14-11 所示，梅花形弹性联轴器主要由两个带凸齿的半联轴器和弹性元件组成，靠半联轴器和弹性元件的密切啮合并承受径向挤压以传递转矩，当两轴线有相对偏移时，弹性元件发生相应的弹性变形，起到自动补偿作用。梅花形弹性联轴器主要适用于起动频繁、经常正反转、中高速、中等转矩和要求高可靠性的工作场合，如冶金、矿山、石油、化工、起重、运输、轻工、纺织、水泵、风机等。

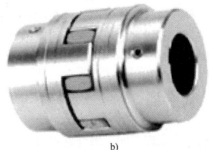

a)　　　　　　　　　　　　　　　　b)

图 14-11　梅花形弹性联轴器

a) 分体图　b) 实物图

与其他联轴器相比，梅花形弹性联轴器具有以下特点：工作稳定可靠，具有良好的减振、缓冲和电绝缘性能。结构简单，径向尺寸小，重量轻，转动惯量小，适用于中高速场合；具有较大的轴向、径向和角向补偿能力；高强度聚氨脂弹性元件耐磨耐油，承载能力大，使用寿命长，安全可靠；联轴器无需润滑，维护工作量少，可连续长期运行。

（2）弹性套柱销联轴器　弹性套柱销联轴器（见图14-12）的结构与凸缘联轴器相似，只是用套有弹性圈的柱销代替了联接螺栓，故能吸振。安装时应留有一定的间隙。以补偿较大的轴向位移。其允许轴向位移量 $x \leqslant 6\text{mm}$，允许径向位移量 $y \leqslant 0.6\text{mm}$，允许角偏移量 $\alpha \leqslant 1°$。弹性套柱销联轴器结构简单，价格便宜，安装方便，适用于转速较高、有振动和经常正反转、起动频繁的场合，如电动机与机器轴之间的联接就常选用这种联轴器。

（3）弹性柱销联轴器　弹性柱销联轴器的结构如图14-13所示，它采用尼龙柱销将两半联轴器联接起来，为防止柱销滑出，两侧装有挡板。其特点及应用情况与弹性套柱销联轴器相似，而且结构更为简单，维修安装方便，传递转矩的能力很大，但外形尺寸和转动惯量较大。

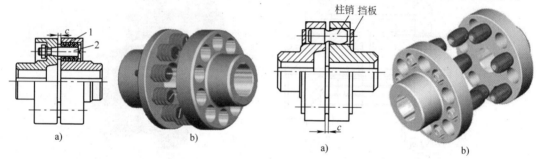

图 14-12　弹性套柱销联轴器
a）结构图　b）实物图
1—弹性圈　2—柱销

图 14-13　弹性柱销联轴器
a）结构图　b）实物图
1—柱销　2—挡板

14.2　联轴器的选择

联轴器的选择包括联轴器的类型选择和尺寸型号的选择。

联轴器的种类很多，常用的大多已标准化或系列化。设计时，可根据工作条件、轴的直径、计算转矩、工作转速、位移量以及工作温度等，从标准中选择联轴器的类型和尺寸型号，必要时可对其中某些零件进行强度验算。

在选择和校核联轴器时，考虑到机械运转速度变动时（如起动、制动）的惯性力和工作过程中过载等因素的影响，应将联轴器传递的名义转矩适当增大，即按计算转矩进行联轴器的选择和校核。

14.3　离合器

根据工作原理不同，离合器可分为牙嵌式和摩擦式两类，分别通过牙（齿）的啮合和工作表面的摩擦力来传递转矩。离合器还可按控制离合的方法不同，分为操纵式和自动式两类。下面介绍几种典型的离合器。

1. 牙嵌离合器

如图 14-14 所示,它主要由端面带牙的两个半离合器组成,通过啮合的齿来传递转矩。其中半离合器 1 固装在主动轴上,而半离合器 2 则利用导向平键安装在从动轴上,沿轴线移动。

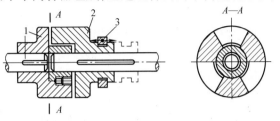

图 14-14　牙嵌离合器
1—半离合器1　2—半离合器2　3—滑环

工作时,利用操纵杆（图中未画出）带动滑环 3,使半离合器 2 作轴向移动,从而实现离合器的接合或分离。

牙嵌离合器结构简单,尺寸小,工作时无滑动,并能传递较大的转矩,故应用较多,其缺点是运转中接合时有冲击和噪声,必须在两轴转速差很小或停车时进行接合或分离。

2. 摩擦离合器

摩擦离合器可分为单盘式、多盘式和圆锥式三类,这里只简单介绍前两种。

（1）单盘式摩擦离合器　如图 14-15 所示,单盘式摩擦离合器是由两个半离合器（摩擦盘）组成。工作时两离合器相互压紧,靠接触面间产生的摩擦力来传递转矩。其接触面是平面,一个摩擦盘（定盘）固装在主动轴上,另一个摩擦盘（动盘）利用导向平键（或花键）安装在从动轴上,工作时,通过操纵滑环使动盘在轴上移动,使动盘和定盘压紧与分开,从而实现接合和分离,图示为压紧状态。

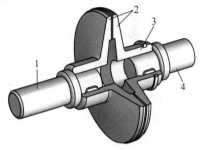

图 14-15　单盘式摩擦离合器
1—主动轴　2—摩擦盘
3—滑环　4—从动轴

这种离合器结构简单,但传递的转矩较小。实际生产中常用多盘式摩擦离合器。

（2）多盘式摩擦离合器　如图 14-16 所示,多盘式摩擦离合器是由外摩擦片、内摩擦片和主动轴套筒、从动轴套筒组成。主动轴套筒用平键（或花键）安装在主动轴上,从动轴套筒与从动轴之间为动连接。当操纵杆拨动滑环向左移动时,通过安装在从动轴套筒上的杠杆的作用,使内、外摩擦盘压紧并产生摩擦力,使主、从动轴一起转动（图示为压紧状态）;当滑环向右移动时,则使两组摩擦片放松,从而主、从轴分离。压紧力的大小可通过从动轴套筒上的调节螺母来控制。

多盘式离合器的优点是径向尺寸小而承载能力大,连接平稳,因此适用的载荷范围大,应用较广。其缺点是盘数多,结构复杂,离合动作缓慢,发热、磨损较严重。

与牙嵌离合器比较,摩擦离合器的优点是:

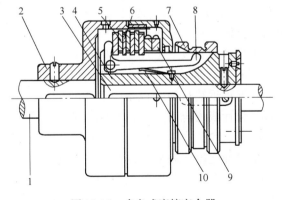

图 14-16　多盘式摩擦离合器
1—主动轴　2—主动轴套筒　3—从动轴　4—从动轴套筒
5—外摩擦片　6—内摩擦片　7—滑环
8—杠杆　9—调节螺母　10—弹簧片

1）可以在被联接两轴转速相差较大时接合。

2）接合和分离的过程较平稳，可以用改变摩擦面上压紧力大小的方法调节从动轴的加速过程。

3）过载时的打滑，可避免其他零件损坏。

由于上述优点，故摩擦离合器应用较广。

其缺点是：

1）结构较复杂，成本较高。

2）当产生滑动时，不能保证被连接两轴精确地同步转动。

除常用的操纵式离合器外，还有自动式离合器。自动式离合器有控制转矩的安全离合器，有控制旋转方向的定向离合器，有根据转速的变化自动离合的离心式离合器。

14.4　制动器

1. 制动器的功用和类型

制动器一般是利用摩擦力来降低物体的速度或停止其运动的。按制动零件的结构特征，制动器可分为外抱块式、内涨蹄式、带式等。

各种制动器的构造和性能必须满足以下要求：

1）能产生足够的制动力矩。

2）松闸与合闸迅速，制动平稳。

3）构造简单，外形紧凑。

4）制动器的零件有足够的强度和刚度，而制动器摩擦带要有较高的耐磨性和耐热性。

5）调整和维修方便。

2. 几种典型的制动器

（1）外抱块式制动器　外抱块制动器，一般又称为块式制动器。图 14-17 所示为外抱块式制动器示意图。主弹簧通过制动臂使闸瓦块压紧在制动轮上，使制动器经常处于闭合（制动）状态。当松闸器通入电流时，利用电磁作用把顶柱顶起，通过推杆推动制动臂，使闸瓦块与制动器松脱。瓦块的材料可用铸铁，也可在铸铁上覆以皮革或石棉带，瓦块磨损时可调节推杆的长度。上述通电时松闸，断电时制动的过程，称为常闭式。常闭式比较安全，因此在起重运输机械等设备中应用较广。松闸器亦可设计成通电时制动，断电时松闸，则成为常开式。常开式制动器适用于车辆的制动。

电磁外抱块式制动器制动和开启迅速，尺寸小，重量轻，易于调整瓦块间隙，更换瓦块和电磁铁也很方便。但制动时冲击大，电能消耗也大，不宜用于制动力矩大和需要频繁起动的场合。

电磁外抱块式制动器已有标准，可按标准

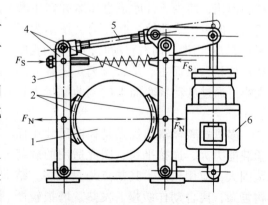

图 14-17　外抱块式制动器

1—制动轮　2—闸瓦块　3—主动簧
4—制动臂　5—推杆　6—松闸器

规定的方法选用。

（2）内涨蹄式制动器　如图 14-18 所示为内涨蹄式制动器工作简图。两个制动蹄分别通过两个销轴与机架铰接，制动蹄表面装有摩擦片，制动轮与需制动的轴固联。当压力油进入双向作用的泵后，推动左右两个活塞，克服弹簧的作用使制动蹄压紧制动轮，从而使制动轮（或轴）制动。油路卸压后，弹簧的拉力使两制动蹄与制动轮分离而松闸。这种制动器结构紧凑，广泛应用于各种车辆以及结构尺寸受限制的机械中。

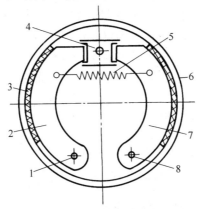

图 14-18　内涨蹄式制动器

1、8—销轴　2、7—制动蹄　3—摩擦片　4—泵　5—弹簧　6—制动轮

实例分析

实例一　有一螺旋输送机（见图 14-19），由电动机通过齿轮减速器、开式锥齿轮传动来驱动螺旋输送机工作。已知电动机功率 $P_1 = 5.5\text{kW}$，转速 $n_1 = 960\text{r/min}$，轴端直径 $d_1 = 38\text{mm}$，轴端长度 $L_1 = 80\text{mm}$。减速器输入轴的轴端直径 $d_2 = 32\text{mm}$，轴端长度 $L_2 = 58\text{mm}$。试选择减速器与电动机之间的联轴器。

解　分析：为了减小冲击与振动及安装方便，选用弹性套柱销联轴器。

联轴器的计算转矩可按下式计算

$$T_c = KT_1 \qquad (14-1)$$

式中　T_1——名义转矩（N·m）；

　　　T_c——计算转矩（N·m）；

　　　K——工作情况系数，见表 14-1。

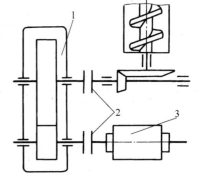

图 14-19　螺旋输送机示意图

1—减速器　2—联轴器　3—电动机

表 14-1　联轴器工作情况系数

机 床 名 称	K
发电机	1.0 ~ 2.0
带式运输机、鼓风机、连续运动的金属切削机床	1.25 ~ 5.0
离心泵、螺旋输送机、链板运输机、混砂机等	1.5 ~ 2.0
往复运动的金属切削机床	1.5 ~ 2.0
往复式泵、活塞式压缩机	2.0 ~ 2.0
球磨机、破碎机、冲剪机、锤	2.0 ~ 2.0
升降机、起重机、轧钢机	3.0 ~ 2.0

在选择联轴器型号时，应使计算转矩 $T_c \leqslant T_m$，T_m 为额定转矩（N·m）；工作转速 $n \leqslant [n]$，$[n]$ 为联轴器的许用转速（r/min）

1）计算转矩。高速轴传递的名义转矩 $T_1 = 9550 P_1/n_1 = 9550 \times 5.5/960 \mathrm{N·m} = 54.71 \mathrm{N·m}$ 查表 14-1，取工作情况系数 $K=1.8$，计算转矩

$$T_c = KT_1 = 1.8 \times 54.71 \mathrm{N·m} = 98.46 \mathrm{N·m}$$

2）选择联轴器。根据被连接两轴的转速和计算转矩，查手册可选取弹性柱销联轴器 TL5 型，但 TL5 型无 $\phi38\mathrm{mm}$ 的孔，故选取 TL6 型，其公称转矩 $T_n = 250 \mathrm{N·m}$，许用转速 $[n] = 3300 \mathrm{r/min}$，轴孔直径有 $\phi32\mathrm{mm}$ 和 $\phi38\mathrm{mm}$，符合全部要求。

根据电动机轴的形状和长度，主动端采用 Y 型轴孔，A 型键槽，$d_1 = 38\mathrm{mm}$，$L = 82\mathrm{mm}$，根据减速器高速轴的形状和长度，从动端采用：J 型轴孔，A 型键槽，$d_2 = 32\mathrm{mm}$，$L = 60\mathrm{mm}$，其标记为：TL6 联轴器 $\dfrac{38 \times 82}{\mathrm{J}32 \times 60}$ GB/T 4323—2002。

知识小结

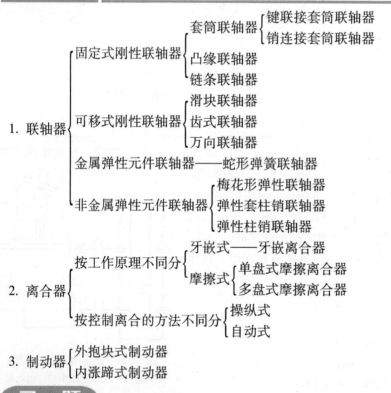

1. 联轴器
{
固定式刚性联轴器 {
套筒联轴器 { 键联接套筒联轴器 / 销连接套筒联轴器 }
凸缘联轴器
链条联轴器
}
可移式刚性联轴器 {
滑块联轴器
齿式联轴器
万向联轴器
}
金属弹性元件联轴器——蛇形弹簧联轴器
非金属弹性元件联轴器 {
梅花形弹性联轴器
弹性套柱销联轴器
弹性柱销联轴器
}
}

2. 离合器
{
按工作原理不同分 {
牙嵌式——牙嵌离合器
摩擦式 { 单盘式摩擦离合器 / 多盘式摩擦离合器 }
}
按控制离合的方法不同分 {
操纵式
自动式
}
}

3. 制动器
{
外抱块式制动器
内涨蹄式制动器
}

习　题

一、判断题（认为正确的，在括号内打 √；反之打 ×）

1. 联轴器和离合器的主要区别是：联轴器靠啮合传动，离合器靠摩擦传动。　　　（　　）
2. 套筒联轴器主要适用于径向安装尺寸受限并要求严格对中的场合。　　　（　　）
3. 若两轴刚性较好，且安装时能精确对中，可选用刚性凸缘联轴器。　　　（　　）
4. 齿式联轴器的特点是有齿顶间隙，能吸收振动。　　　（　　）
5. 工作中有冲击、振动，两轴不能严格对中时，宜选用弹性联轴器。　　　（　　）
6. 弹性柱销联轴器允许两轴有较大的角度位移。　　　（　　）

7. 要求某机器的两轴在任何转速下都能接合和分离，应选用牙嵌离合器。　　　　　（　　）

8. 对于多盘摩擦式离合器，当压紧力和摩擦片直径一定时，摩擦片越多，传递转矩的能力越大。

　　　　　　　　　　　　　　　　　　　　　　　　　　　　　　　　　　　　　（　　）

9. 汽车上用制动器常采用内涨蹄式制动器。　　　　　　　　　　　　　　　　　（　　）

10. 制动器是靠摩擦来制动运动的装置。　　　　　　　　　　　　　　　　　　　（　　）

二、选择题（将正确答案的字母序号填入括号内）

1. 十字滑块联轴器主要适用于什么场合？　　　　　　　　　　　　　　　　　（　　）

A. 转速不高、有剧烈的冲击载荷、两轴线又有相对径向位移的连接的场合

B. 转速不高、没有剧烈的冲击载荷、两轴线有相对径向位移的连接的场合

C. 转速较高，载荷平稳且两轴严格对中的场合

2. 牙嵌离合器适合于哪种场合的接合？　　　　　　　　　　　　　　　　　　（　　）

A. 只能在很低转速或停车时接合

B. 任何转速下都能接合

C. 高速转动时接合

3. 刚性联轴器和弹性联轴器的主要区别是什么？　　　　　　　　　　　　　　（　　）

A. 弹性联轴器内有弹性元件，而刚性联轴器内则没有

B. 弹性联轴器能补偿两轴较大的偏移，而刚性联轴器不能补偿

C. 弹性联轴器过载时打滑，而刚性联轴器不能

4. 载荷变化不大，转速较低，两轴较难对中，宜选用_____。　　　　　　　（　　）

A. 刚性固定式联轴器　　　　B. 刚性可移式联轴器　　　　C. 弹性联轴器

5. 载荷具有冲击、振动，且轴的转速较高、刚性较小时，一般选用_____。　　（　　）

A. 刚性固定式联轴器　　　　B. 刚性可移式联轴器　　　　C. 弹性联轴器

6. 对低速、刚性大、对中性好的短轴，一般选用_____。　　　　　　　　　（　　）

A. 刚性固定式联轴器　　　　B. 刚性可移式联轴器　　　　C. 弹性联轴器

7. 下述联轴器中传递载荷较大的是_____。　　　　　　　　　　　　　　　（　　）

A. 滑块联轴器　　　　　　　B. 齿式联轴器　　　　　　　C. 万向联轴器

8. 生产实践中，一般电动机与减速器的高速级的连接常选用什么类型的联轴器？　（　　）

A. 凸缘联轴器　　　　　　　B. 十字滑块联轴器　　　　　C. 弹性套柱销联轴器

9. 下述离合器中接合最不平稳的是_____。　　　　　　　　　　　　　　　（　　）

A. 牙嵌离合器　　　　　　　B. 单盘式摩擦离合器　　　　C. 多盘式摩擦离合器

10. 制动器的功用是什么？　　　　　　　　　　　　　　　　　　　　　　　（　　）

A. 将轴与轴连成一体使其一起运转

B. 用来降低机械运动速度或使机械停止运转

C. 用来实现过载保护

三、设计计算题

离心式泵与电动机用凸缘联轴器相连接。已知电动机功率 $P = 22kW$，转速 $n = 1470r/min$，轴的外伸端直径 $d_1 = 48mm$，泵轴的外伸端直径 $d_2 = 42mm$。试选择联轴器型号。

参 考 文 献

[1]   柴鹏飞. 机械设计基础[M]. 北京：机械工业出版社，2004.

[2]   柴鹏飞. 机械设计基础[M]. 2 版. 北京：机械工业出版社，2005.

[3]   柴鹏飞. 机械设计课程设计指导书[M]. 2 版. 北京：机械工业出版社，2004.

[4]   柴鹏飞. 机械基础[M]. 北京：机械工业出版社，2009.

[5]   胡家秀. 机械设计基础[M]. 2 版. 北京：机械工业出版社，2008.

[6]   黄森彬. 机械设计基础[M]. 北京：机械工业出版社，2001.